자기주도학습 체크리스트 ✓

✓ [illegible]러분의 예습·복습을 도와 드릴게요.
✓ 공부를 마친 후에 [illegible] 체크하면서 스스로를 칭찬해 주세요.
✓ 강의를 듣는 데에는 30분이면 충분합니다.

날짜	강의명	확인
	강	
	강	
	강	
	강	
	강	
	강	
	강	
	강	
	강	
	강	
	강	
	강	
	강	
	강	
	강	
	강	
	강	
	강	
	강	
	강	
	강	
	강	
	강	
	강	
	강	

날짜	강의명	확인
	강	
	강	
	강	
	강	
	강	
	강	
	강	
	강	
	강	
	강	
	강	
	강	
	강	
	강	
	강	
	강	
	강	
	강	
	강	
	강	
	강	
	강	
	강	
	강	
	강	

자기주도학습 체크리스트로 공부의 기쁨이 차곡차곡 쌓일 것입니다.

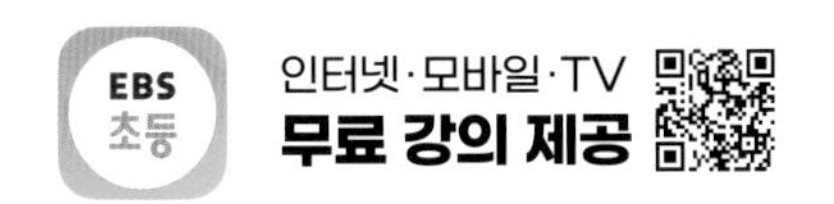

초 | 등 | 부 | 터 EBS

예습·복습·숙제까지 해결되는 교과서 완전 학습서

만점왕

과학 5-2

모든 교재 정보와 다양한 이벤트가 가득!
EBS 교재사이트 book.ebs.co.kr

본 교재는 EBS 교재사이트에서
eBook으로도 구입하실 수 있습니다.

기획 및 개발

오창호

집필 및 검토

윤창숙(서울봉은초)
홍현주(경운초)

검토

박지연 송혜미
성지만 임하정
주현하 장덕진
최의진
하지훈

본 교재의 강의는 TV와 모바일 APP, EBS 초등사이트(primary.ebs.co.kr)에서 무료로 제공됩니다.

발행일 2024. 5. 17. **2쇄 인쇄일** 2024. 6. 8. **신고번호** 제2017-000193호 **펴낸곳** 한국교육방송공사 경기도 고양시 일산동구 한류월드로 281 **제조국** 대한민국
표지디자인 디자인싹 **편집** 다우 **인쇄** 동아출판㈜ **사진** 게티이미지코리아, ㈜아이엠스톡, 필름피아
인쇄 과정 중 잘못된 교재는 구입하신 곳에서 교환하여 드립니다. 신규 사업 및 교재 광고 문의 pub@ebs.co.kr

EBS

인터넷·모바일·TV
무료 강의 제공

초 | 등 | 부 | 터 **EBS**

BOOK 1 개념책

예습·복습·숙제까지 해결되는 교과서 완전 학습서

과학 5-2

BOOK 1
개념책
BOOK 1 개념책으로
교과서에 담긴 학습 개념을
꼼꼼하게 공부하세요!

해설책 PDF 파일은 EBS 초등사이트(primary.ebs.co.kr)에서 내려받으실 수 있습니다.

교재 내용 문의	교재 내용 문의는 EBS 초등사이트 (primary.ebs.co.kr)의 교재 Q&A 서비스를 활용하시기 바랍니다.
교재 정오표 공지	발행 이후 발견된 정오 사항을 EBS 초등사이트 정오표 코너에서 알려 드립니다. 교재 검색 ▶ 교재 선택 ▶ 정오표
교재 정정 신청	공지된 정오 내용 외에 발견된 정오 사항이 있다면 EBS 초등사이트를 통해 알려 주세요. 교재 검색▶ 교재 선택 ▶ 교재 Q&A

BOOK 1
개념책
만점왕
과학
5-2

이 책의 구성과 특징

1 | 단원 도입

단원을 시작할 때마다 도입 그림을 눈으로 확인하며 안내 글을 읽으면, 학습할 내용에 대해 흥미를 갖게 됩니다.

2 | 교과서 내용 학습

본격적인 학습을 시작하는 단계입니다. 자세한 개념 설명과 그림을 통해 핵심 개념을 분명하게 파악할 수 있습니다.

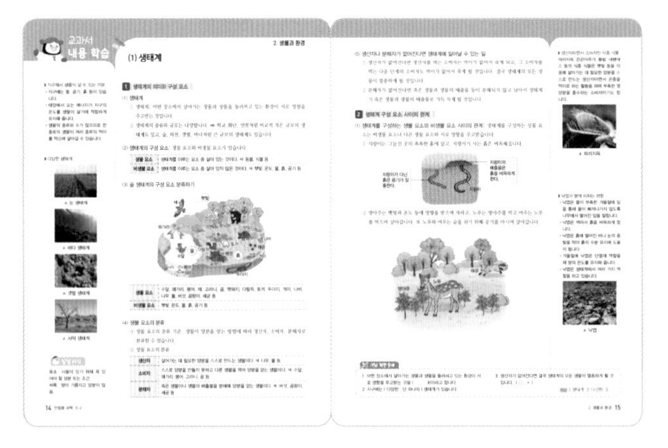

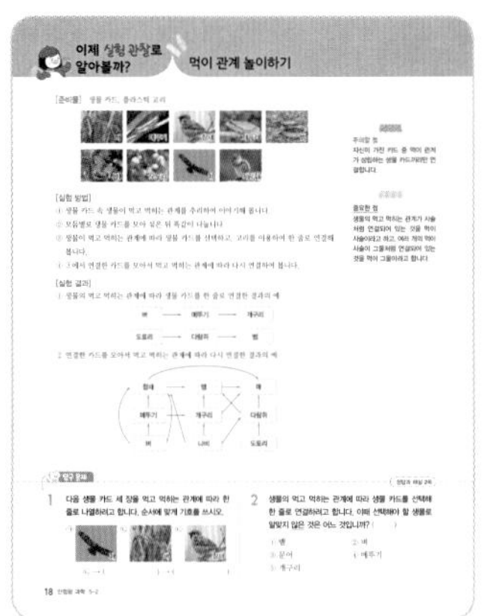

3 | 이제 실험 관찰로 알아볼까?

교과서 핵심을 적용한 실험·관찰을 집중 조명함으로써 학습 개념을 눈으로 확인하고 파악할 수 있습니다.

4 | 핵심 개념 + 실전 문제

[핵심 개념 문제 / 중단원 실전 문제]
개념별 문제, 실전 문제를 통해 교과서에 실린 내용을 하나하나 꼼꼼하게 살펴보며 빈틈없이 학습할 수 있습니다.

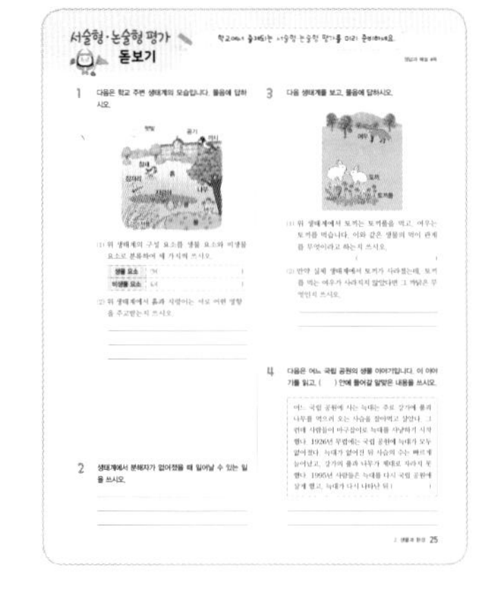

5 | 서술형·논술형 평가 돋보기

단원의 주요 개념과 관련된 서술형 문항을 심층적으로 학습하는 단계로, 강화될 서술형 평가에 대비할 수 있습니다.

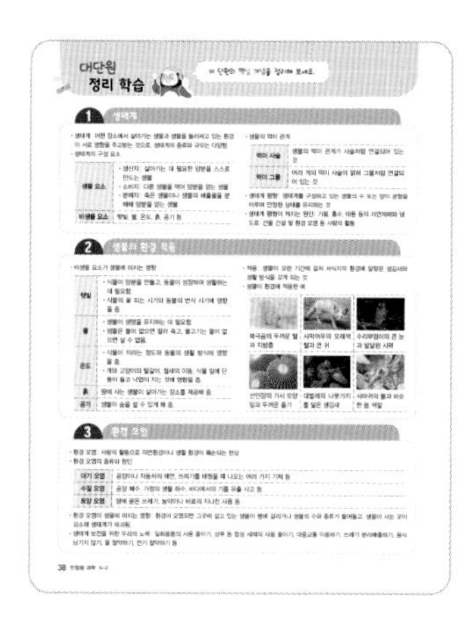

6 | 대단원 정리 학습

학습한 내용을 정리하는 단계입니다. 표나 그림을 통해 학습 내용을 보다 명확하게 정리할 수 있습니다.

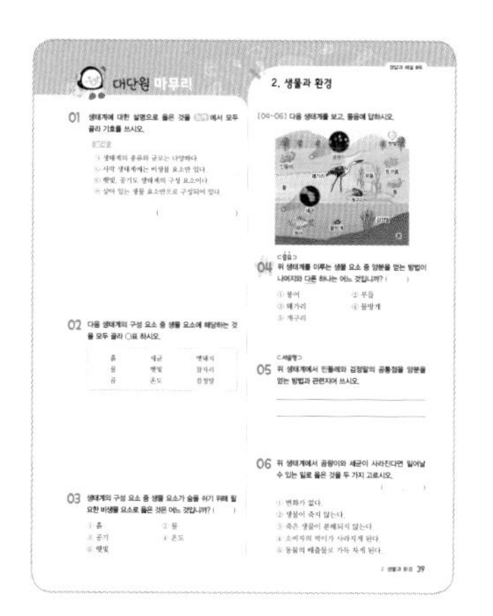

7 | 대단원 마무리

대단원 평가를 통해 단원 학습을 마무리하고, 자신이 보완해야 할 점을 파악할 수 있습니다.

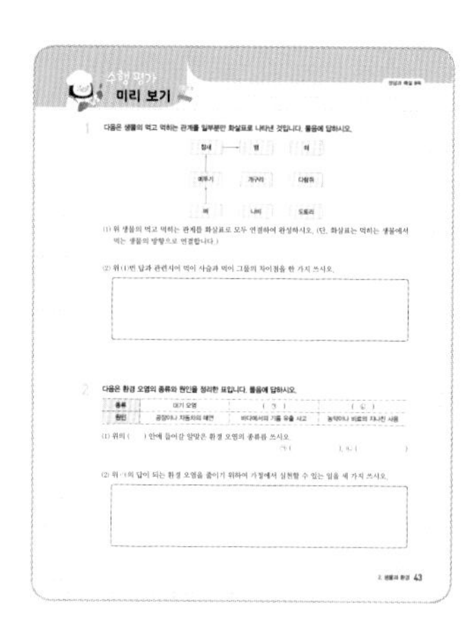

8 | 수행 평가 미리 보기

학생들이 고민하는 수행 평가를 대단원별로 구성하였습니다. 선생님께서 직접 출제하신 문제를 통해 수행 평가를 꼼꼼히 준비할 수 있습니다.

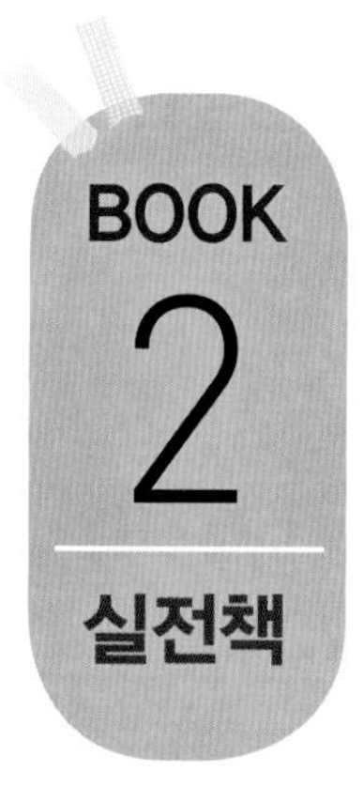

1 | 핵심 복습 + 쪽지 시험

핵심 정리를 통해 학습한 내용을 복습하고, 간단한 쪽지 시험을 통해 자신의 학습 상태를 확인할 수 있습니다.

3 | 서술형·논술형 평가

단원의 주요 개념과 관련된 서술형 문항을 심층적으로 학습하는 단계로, 강화될 서술형 평가에 대비할 수 있습니다.

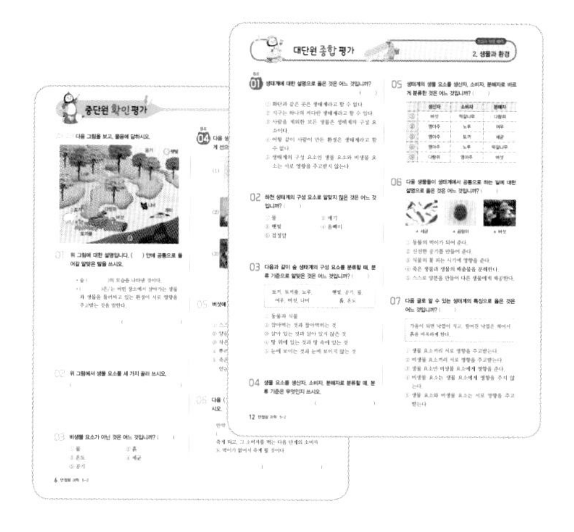

2 | 중단원 + 대단원 평가

[중단원 확인 평가 / 대단원 종합 평가]
앞서 학습한 내용을 바탕으로 더욱 다양한 문제를 경험하여 단원별 평가를 대비할 수 있습니다.

자기 주도 활용 방법

BOOK 1 개념책

평상시 진도 공부는

교재(북1 개념책)로 공부하기

만점왕 북1 개념책으로 진도에 따라 공부해 보세요.
개념책에는 학습 개념이 자세히 설명되어 있어요.
따라서 학교 진도에 맞춰 만점왕을 풀어 보면
혼자서도 쉽게 공부할 수 있습니다.

TV(인터넷) 강의로 공부하기

개념책으로 혼자 공부했는데, 잘 모르는 부분이 있나요?
더 알고 싶은 부분도 있다고요?
만점왕 강의가 있으니 걱정 마세요.
만점왕 강의는 TV를 통해 방송됩니다.
방송 강의를 보지 못했거나 다시 듣고 싶은 부분이 있다면
인터넷(EBS 초등사이트)을 이용하면 됩니다.

이 부분은
잘 모르겠으니
인터넷으로 다시
봐야겠어.

만점왕 방송 시간: EBS홈페이지 편성표 참조
EBS 초등사이트: primary.ebs.co.kr

시험 대비 공부는 북2 실전책으로! (북2 2쪽 자기 주도 활용 방법을 읽어 보세요.)

이 책의 **차례**

BOOK 1 개념책

1 단원

과학자는 어떻게 탐구할까요?

우리는 주변에서 나타나는 여러 가지 자연 현상에 대해 의문을 가지고, 그 의문을 해결하기 위해 탐구를 합니다. 생활 속에서 궁금하고 불편했던 점들을 개선할 수 있도록 탐구 문제를 정하고, 탐구 계획을 세워 탐구를 실행해 보며 과학적 탐구 능력을 길러 봅시다.

이 단원에서 우리는 주변의 여러 가지 현상에 대해 생기는 의문을 해결하기 위한 탐구 과정과 탐구 방법에 대해 배워봅니다.

단원 학습 목표

(1) 탐구 문제를 정하고, 탐구 계획을 세워 실행해 보기
- 일상생활에서 부딪히는 문제에 관심을 두고 궁금한 점을 찾아 문제 해결에 적합한 탐구 문제를 정해 봅니다.
- 탐구 문제를 해결하기 위한 탐구 계획을 세워 봅니다.
- 탐구 계획에 따라 탐구를 실행해 봅니다.

(2) 탐구 결과를 발표하고, 새로운 탐구를 시작해 보기
- 탐구 결과를 정리해 발표 자료를 만들어 봅니다.
- 발표 자료를 활용해 탐구 결과를 발표해 봅니다.
- 탐구 과정을 이해하고 새로운 탐구를 시작해 봅니다.

단원 진도 체크

회차	학습 내용	진도 체크
1차 / 2차 / 3차	(1) 탐구 문제를 정하고, 탐구 계획을 세워 실행해 보기	✓
4차 / 5차 / 6차	(2) 탐구 결과를 발표하고, 새로운 탐구를 시작해 보기	✓

* 1단원은 특별 단원이므로 문항은 출제되지 않습니다.

해당 부분을 공부한 후 ✓표를 하세요.

Thomas Alva
Edison

(1) 탐구 문제를 정하고, 탐구 계획을 세워 실행해 보기

1 탐구 문제를 정해 볼까요?

(1) 무엇이 필요할까요?: 종이띠, 굵은 빨대(지름 0.7 cm), 셀로판테이프, 양면테이프, 가위

(2) 어떻게 할까요?

① 종이띠의 끝을 셀로판테이프로 연결하여 삼각형 고리를 두 개 만들고, 삼각형 고리 두 개를 양면테이프를 이용하여 굵은 빨대의 양쪽 끝에 각각 고정해 고리 비행기를 만듭니다.

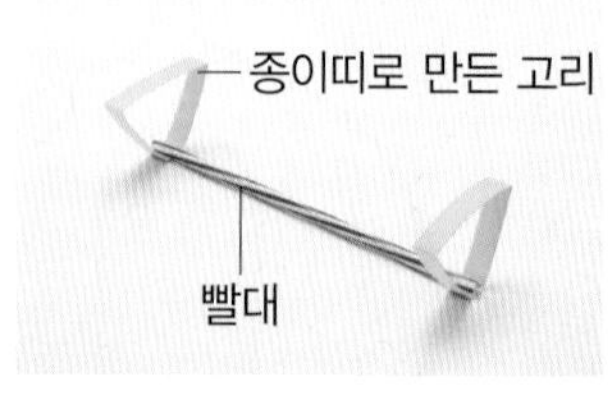

▲ 고리 비행기

② ①에서 만든 고리 비행기를 여러 번 날려 보면서 고리 비행기가 날아가는 모습을 관찰해 봅니다.

③ 고리 비행기를 만들고 날려 보면서 어떤 점이 궁금한지 떠올려 봅니다.

④ ③에서 떠올린 궁금한 점 중에서 가장 알아보고 싶은 것을 골라 탐구 문제로 정해 봅니다.

⑤ ④에서 정한 탐구 문제가 적절한지 확인해 봅니다.

(3) 탐구 문제 정하기

> 어떻게 하면 5 m 이상 날아가는 고리 비행기를 만들 수 있을까?

(4) 탐구 문제가 적절한지 확인해 보기

① 탐구하고 싶은 내용이 탐구 문제에 분명하게 드러나 있어야 합니다.

② 스스로 해결할 수 있는 탐구 문제이어야 합니다.

③ 탐구하는 데 필요한 준비물은 주변에서 쉽게 구할 수 있어야 합니다.

④ 간단한 조사를 통해 답을 쉽게 찾을 수 있는 탐구 문제는 피해야 합니다.

2 탐구 계획을 세워 볼까요?

(1) 탐구 문제: 어떻게 하면 5 m 이상 날아가는 고리 비행기를 만들 수 있을까?

(2) 어떻게 할까요?

① 탐구 문제를 해결할 수 있는 방법을 생각해 봅니다.

- 고리 비행기가 날아가는 데 영향을 주는 조건을 찾아봅니다. ➡ 고리의 모양, 고리의 크기, 고리의 위치, 고리의 무게, 빨대의 굵기, 빨대의 길이 등
- 위에서 찾은 조건 중 어떤 조건을 바꾸어 고리 비행기를 만들지 정합니다. ➡ 앞뒤 고리가 원 모양이고, 앞뒤 모두 폭 1.5 cm, 길이 9 cm인 종이띠를 사용하여 고리 비행기를 만듭니다.

② ①에서 정한 고리 비행기를 그림과 글로 나타내 봅니다.

◗ 고리 비행기를 만들고 날려 보면서 떠오를 수 있는 궁금한 점의 예
- 어떻게 하면 흔들리지 않고 멀리 날아가는 고리 비행기를 만들 수 있을까?
- 고리의 크기에 따라 고리 비행기가 날아가는 거리가 달라질까?
- 일정한 힘으로 고리 비행기를 날리려면 어떻게 해야 할까?

◗ 적절한 탐구 문제와 적절하지 않은 탐구 문제의 예

[적절한 탐구 문제]
- 1분을 측정하는 모래시계를 어떻게 만들까? → 스스로 탐구하여 해결할 수 있습니다.
- 자석의 힘은 얼마나 멀리까지 미칠까? → 인터넷 검색, 문헌 조사 등으로 쉽게 답을 찾을 수 없고, 탐구 계획을 세워 탐구를 실행해야 구체적인 탐구 결과를 얻을 수 있습니다.

[적절하지 않은 탐구 문제]
- 무중력 상태에서 모래시계는 작동할까? → 스스로 탐구하여 해결할 수 없습니다.
- 자석의 종류에는 어떤 것이 있을까? → 인터넷 검색, 문헌 조사 등으로 쉽게 답을 찾을 수 있습니다.

낱말 사전

수칙 행동이나 절차에 관하여 지켜야 할 사항을 정한 규칙
보완 모자라거나 부족한 것을 보충하여 완전하게 함.
점검 낱낱이 검사함.

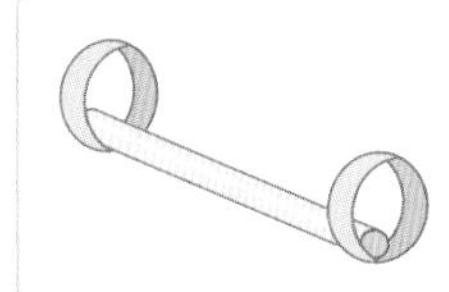

- 앞뒤 고리가 원 모양인 고리 비행기
- 앞뒤 모두 폭 1.5 cm, 길이 9 cm인 종이띠 사용

③ 탐구 순서, 준비물, 안전 수칙, 역할 나누기 등을 생각하여 탐구 계획을 세워 봅니다.

④ 탐구 계획을 친구들과 이야기해 봅니다.

3 탐구를 실행해 볼까요?

(1) 무엇이 필요할까요?: 종이띠, 굵은 빨대(지름 0.7 cm), 가는 빨대(지름 0.5 cm), 셀로판테이프, 양면테이프, 플라스틱판, 집게, 가위, 고무줄, 줄자, 종이테이프 등

(2) 어떻게 할까요?

① 탐구 계획에 따라 탐구 문제를 해결할 수 있는 고리 비행기를 만들어 봅니다.

② 고리 비행기를 만들 수 있는 발사대를 만들어 봅니다.

③ 발사대를 이용해 ①에서 만든 고리 비행기를 날려 보고, 날아간 거리를 측정해 봅니다.

㉠ 종이테이프로 바닥에 출발선을 표시합니다.

㉡ 출발선에 서서 고리 비행기 발사대를 이용하여 고리 비행기를 날립니다.

㉢ 고리 비행기가 떨어진 지점을 종이테이프로 표시하고, 줄자로 출발선으로부터의 거리를 측정하여 기록합니다.

㉣ 고리 비행기를 날리고, 날아간 거리를 측정하는 과정을 3회 정도 반복합니다.

④ ①에서 만든 고리 비행기로 탐구 문제가 해결되었는지 확인합니다.

(3) 고리 비행기 보완하기

① 탐구를 실행하며 만든 고리 비행기의 문제점을 찾고, 보완 방법을 생각해 봅니다.

② ①에서 생각한 방법에 따라 고리 비행기를 다시 만들어 봅니다.

③ 완성된 고리 비행기를 날려 보고, 날아간 거리를 3회 정도 반복하여 측정해 봅니다.

④ 보완된 고리 비행기로 탐구 문제가 해결되었는지 확인해 보고, 그렇지 않다면 과정 ①~③을 반복합니다.

⑤ 탐구 결과를 정리하고, 이번 탐구로 알게 된 것을 이야기해 봅니다.

탐구 결과	고리 비행기의 고리를 원 모양으로 만들고, 고리 비행기의 앞부분에 클립을 끼워 약간 무겁게 하면 고리 비행기가 5 m 이상 날아간다.
알게 된 것	• 고리 비행기의 고리 모양을 원 모양으로 만든 것이 더 멀리 날아간다. • 클립을 끼워 앞부분을 약간 무겁게 하고 앞의 고리보다 뒤의 고리를 더 크게 만들면 고리 비행기가 더 멀리 날아간다.

◗ 고리 비행기 발사대 만들기

① 집게의 손잡이를 빼서 고무줄 두 개를 끼운 후, 플라스틱판에 집게를 고정합니다.

② 가는 빨대의 끝부분을 갈라 고무줄에 끼운 후, 끝부분을 셀로판테이프로 감아 붙입니다.

③ 굵은 빨대를 잘라 가는 빨대에 끼운 후 판에 붙이고, 가는 빨대에 고무줄을 감습니다.

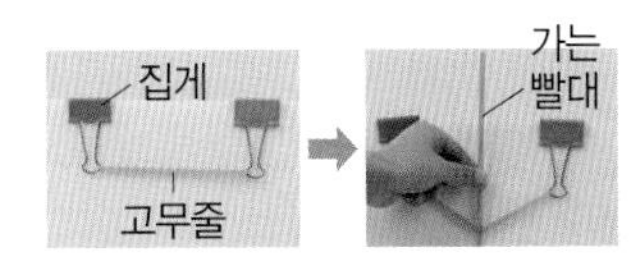

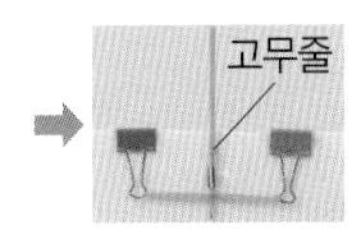

◗ 탐구를 실행하는 방법

① 작품 만들기: 탐구 계획에 따라 작품을 만듭니다.

② 작품 점검하기: 만든 작품이 탐구 문제를 해결할 수 있는지 확인합니다.

③ 문제점을 발견했을 때: 원인을 찾은 후 보완할 점을 찾습니다.

④ 탐구 문제를 해결했을 때: 탐구 결과를 정리합니다.

◗ 고리 비행기를 보완하는 과정

[1차 탐구 결과물]

- 문제점: 날아가다가 앞의 고리가 위로 들리며 떨어집니다.
- 보완 방법: 앞쪽에 클립을 끼워 앞부분을 약간 무겁게 해 봅니다.

[2차 탐구 결과물]

- 문제점: 앞쪽에 클립을 끼웠더니 1차 탐구 결과물보다 멀리 날아가긴 하지만, 날아가다가 앞의 고리가 약간 위로 들리며 떨어집니다.
- 보완 방법: 뒤에 있는 고리를 더 큰 고리로 바꿔 봅니다.

개념 확인 문제

1 탐구 문제를 정할 때 인터넷 검색을 통해 답을 쉽게 찾을 수 있는 탐구 문제를 정하는 것이 좋습니다. (○, ×)

2 탐구 계획을 세울 때는 탐구 순서, 안전 수칙, 역할 나누기, (준비물 , 새로운 탐구) 등을 생각합니다.

3 탐구를 실행하는 고리 비행기에서 문제점을 발견했을 때 원인을 찾은 후 (　　　)할 방법을 찾습니다.

정답 **1** × **2** 준비물 **3** 보완

(2) 탐구 결과를 발표하고, 새로운 탐구를 시작해 보기

1 탐구 결과 발표 자료를 만들어 볼까요?

(1) 무엇이 필요할까요?: 스마트 기기, 발표 자료를 만드는 데 필요한 준비물

(2) 어떻게 할까요?

① 탐구 결과를 잘 전달할 수 있는 발표 방법을 정해 봅니다.

② 발표 방법에 맞는 발표 자료를 어떻게 만들면 좋을지 생각해 봅니다.

③ 발표 자료에 어떤 내용이 들어가면 좋을지 이야기해 봅니다. ➡ 발표 자료에 사진, 그림, 표 등을 넣으면 발표를 듣는 사람이 더 잘 이해할 수 있습니다.

④ 탐구 결과를 발표 자료로 만들어 봅니다.

▲ 탐구 결과 발표 자료 예시

(3) 탐구 결과를 발표하는 방법

▲ 컴퓨터를 이용하여 발표하기

▲ 포스터로 발표하기

▲ 전시회 발표하기

2 탐구 결과를 발표해 볼까요?

(1) 무엇이 필요할까요?: 발표 자료

(2) 어떻게 할까요?

① 준비한 발표 자료를 점검하고, 탐구 결과를 발표해 봅니다.

② 탐구에 대한 친구들의 질문에 답해 봅니다.

③ 다른 모둠의 발표를 듣고 잘한 점을 칭찬하거나 궁금한 점을 질문해 봅니다.

- 탐구하고 싶은 내용이 분명하게 드러나는 탐구 문제였나?
- 스스로 탐구할 수 있는 탐구 문제였나?
- 탐구 순서가 구체적이고, 탐구 문제가 잘 해결되었나?
- 발표 자료를 이해하기 쉽게 만들었나?

▶ 발표 자료에 들어갈 내용
- 탐구 문제
- 모둠 이름
- 탐구 시간과 장소
- 탐구 방법
- 준비물
- 탐구 순서
- 역할 나누기
- 탐구 결과
- 탐구를 하여 알게 된 것
- 더 알아보고 싶은 것

▶ 발표할 때 주의 사항
- 모든 학생이 보이는 곳에 서서 시선을 똑바로 합니다.
- 친구들이 잘 알아들을 수 있는 크기의 목소리로 또박또박 말합니다.
- 너무 빠르지 않게 분명하고 바르게 말합니다.
- 요점을 빠뜨리지 않고 말합니다.

▶ 발표를 들을 때 주의 사항
- 발표자를 바라보고 바른 자세로 듣습니다.
- 소란스럽게 하지 않습니다.
- 궁금한 점이 있으면 기록합니다.

낱말 사전

요점 가장 중요하고 중심이 되는 사실이나 관점

개선 잘못된 것, 부족한 것, 나쁜 것 따위를 고쳐 더 좋게 만듦.

④ 우리 모둠의 발표에서 잘한 점과 보완해야 할 점을 정리해 봅니다.

잘한 점	• 목소리 크기가 적당했다. • 실험 영상과 함께 설명했다. • 발표 자료를 이해하기 쉽게 만들었다.
보완해야 할 점	• 예상하지 못한 질문에 대답하지 못했다. • 동영상에 배경 음악이 있으면 더 좋았을 것 같다.

⑤ 탐구하는 동안 더 알고 싶었던 점을 생각해 보고, 새로운 탐구 문제로 정해 봅니다.

더 알고 싶었던 점	고리 비행기를 더 멀리 날리려면 발사대를 어떻게 만들어야 할까?
새로운 탐구 문제	어떻게 하면 고리 비행기를 6 m 이상 날릴 수 있는 발사대를 만들 수 있을까?

▶ 주변에서 관찰한 생활용품과 관련 있는 과학 원리의 예
- 선풍기의 날개는 공기를 앞쪽으로 밀어냅니다.
- 호루라기는 공기의 진동을 이용해 소리를 냅니다.
- 거울은 빛을 반사합니다.
- 보온병은 단열재를 이용해 열의 이동을 줄입니다.

3 새로운 탐구를 시작해 볼까요?

(1) 무엇이 필요할까요?: 스마트 기기

(2) 어떻게 할까요?

① 탐구를 실행하며 새로 생긴 궁금한 점이나 주변에 있는 생활용품을 관찰하고 어떤 과학 원리와 관련이 있는지 알아봅니다.

② ①에서 알아본 것 가운데 직접 확인하고 싶은 과학 원리나 개선하고 싶은 기능을 생각해 봅니다.

③ ②에서 생각한 것 중 하나를 선택하여 탐구 문제로 정해 봅니다.

(3) 새로운 탐구 문제를 정하여 스스로 탐구하는 방법

① 우리 주변에 있는 생활용품을 관찰하고, 어떤 과학 원리가 숨어 있는지 알아봅니다.

② 학교에서 배웠거나 책이나 텔레비전, 인터넷 등에서 알게 된 과학 지식을 탐구하려면 어떻게 해야 할지, 이러한 과학 지식을 응용하여 무엇을 만들 수 있을지 생각해 봅니다. ㉠ 빨대 두 개와 고리 두 개로 6 m 이상 날아가는 고리 비행기를 만들어 볼까?

▶ 생활용품을 알아본 것 가운데 직접 확인하고 싶은 과학 원리나 개선하고 싶은 기능의 예
- 강한 바람이 나오는 선풍기를 만들고 싶습니다.
- 공기의 진동을 이용한 악기를 만들 수 있는지 궁금합니다.
- 거울에서 반사되는 빛의 방향을 다양하게 바꿀 수 있을지 궁금합니다.
- 따뜻한 물의 온도를 오랫동안 유지하며 보관할 수 있는 방법을 찾고 싶습니다.

(4) 스스로 탐구하기

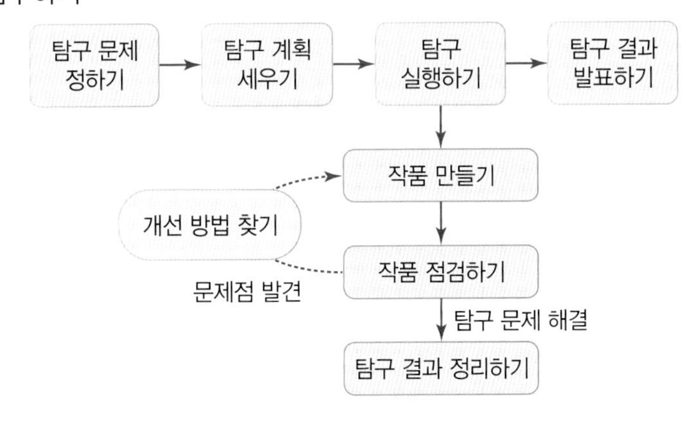

개념 확인 문제

1 탐구 결과 발표 자료에 들어갈 내용으로는 탐구 문제, 탐구 방법, (탐구 결과 , 탐구할 때 든 비용) 등이 있습니다.

2 탐구를 실행할 때 탐구 작품에 문제점이 발견되면 (   ) 방법을 찾아 다시 작품을 만들어 탐구를 실행해 봅니다.

정답 1 탐구 결과 2 개선

2 단원

생물과 환경

숲, 강, 바다, 사막 등 다양한 생태계에서 생물은 양분을 얻어 살아가고 있습니다. 생태계는 생물 요소뿐만 아니라 공기, 햇빛, 물, 온도 등 비생물 요소로도 구성되며, 우리 주변에는 다양한 규모의 생태계가 존재합니다.

이 단원에서는 생물 요소와 비생물 요소가 서로 영향을 주고받으며 연결되어 있는 생태계에 대해 이해하고, 비생물 요소가 생물에 미치는 영향과 생물이 환경에 적응한 예를 알아봅니다. 또한 환경 오염의 원인과 환경 오염이 생물에 미치는 영향을 조사하고, 생태계 보전을 위해 우리가 할 수 있는 일을 찾아 실천해 봅시다.

단원 학습 목표

(1) 생태계

- 생태계의 의미를 알아보고, 생태계의 구성 요소를 분류해 봅니다.
- 생태계를 구성하는 생물 요소와 비생물 요소 사이의 관계를 알아보고, 생물 요소 사이의 먹이 관계를 알아봅니다.
- 생태계 평형의 의미와 생태계 평형이 깨지는 원인에 대해 알아봅니다.

(2) 생물과 환경

- 비생물 요소가 생물에 어떤 영향을 미치는지에 대해 알아봅니다.
- 생물이 환경에 어떻게 적응하며 살아가고 있는지 알아봅니다.
- 환경 오염의 원인과 환경 오염이 생물에 미치는 영향에 대해 알아봅니다.

단원 진도 체크

회차	학습 내용		진도 체크
1차	(1) 생태계	교과서 내용 학습 + 핵심 개념 문제	✓
2차			
3차		중단원 실전 문제 + 서술형·논술형 평가 돋보기	✓
4차	(2) 생물과 환경	교과서 내용 학습 + 핵심 개념 문제	✓
5차			✓
6차		중단원 실전 문제 + 서술형·논술형 평가 돋보기	✓
7차	대단원 정리 학습 + 대단원 마무리 + 수행 평가 미리 보기		✓

해당 부분을 공부한 후 ✓표를 하세요.

(1) 생태계

▶ 지구에서 생물이 살 수 있는 까닭
- 지구에는 물, 공기, 흙 등이 있습니다.
- 태양에서 오는 에너지가 지구의 온도를 생물이 살기에 적합하게 유지해 줍니다.
- 생물의 종류와 수가 많으므로 한 종류의 생물이 여러 종류의 먹이를 먹으며 살아갈 수 있습니다.

▶ 다양한 생태계

▲ 논 생태계

▲ 바다 생태계

▲ 갯벌 생태계

▲ 사막 생태계

낱말 사전

요소 사물이 있기 위해 꼭 있어야 할 성분 또는 조건

비옥 땅이 기름지고 양분이 많음.

1 생태계의 의미와 구성 요소

(1) 생태계

① 생태계: 어떤 장소에서 살아가는 생물과 생물을 둘러싸고 있는 환경이 서로 영향을 주고받는 것입니다.

② 생태계의 종류와 규모는 다양합니다. ➡ 학교 화단, 연못처럼 비교적 작은 규모의 생태계도 있고, 숲, 하천, 갯벌, 바다처럼 큰 규모의 생태계도 있습니다.

(2) 생태계의 구성 요소: 생물 요소와 비생물 요소가 있습니다.

생물 요소	생태계를 이루는 요소 중 살아 있는 것이다. 예 동물, 식물 등
비생물 요소	생태계를 이루는 요소 중 살아 있지 않은 것이다. 예 햇빛, 온도, 물, 흙, 공기 등

(3) 숲 생태계의 구성 요소 분류하기

생물 요소	수달, 왜가리, 붕어, 매, 고라니, 곰, 멧돼지, 다람쥐, 토끼, 두더지, 개미, 나비, 나무, 풀, 버섯, 곰팡이, 세균 등
비생물 요소	햇빛, 온도, 물, 흙, 공기 등

(4) 생물 요소의 분류

① 생물 요소의 분류 기준: 생물이 양분을 얻는 방법에 따라 생산자, 소비자, 분해자로 분류할 수 있습니다.

② 생물 요소의 분류

생산자	살아가는 데 필요한 양분을 스스로 만드는 생물이다. 예 나무, 풀 등
소비자	스스로 양분을 만들지 못하고 다른 생물을 먹어 양분을 얻는 생물이다. 예 수달, 왜가리, 붕어, 고라니, 곰 등
분해자	죽은 생물이나 생물의 배출물을 분해해 양분을 얻는 생물이다. 예 버섯, 곰팡이, 세균 등

(5) 생산자나 분해자가 없어진다면 생태계에 일어날 수 있는 일

① 생산자가 없어진다면 생산자를 먹는 소비자는 먹이가 없어서 죽게 되고, 그 소비자를 먹는 다음 단계의 소비자도 먹이가 없어서 죽게 될 것입니다. 결국 생태계의 모든 생물이 멸종하게 될 것입니다.

② 분해자가 없어진다면 죽은 생물과 생물의 배출물 등이 분해되지 않고 남아서 생태계가 죽은 생물과 생물의 배출물로 가득 차게 될 것입니다.

2 생태계 구성 요소 사이의 관계

(1) **생태계를 구성하는 생물 요소와 비생물 요소 사이의 관계:** 생태계를 구성하는 생물 요소는 비생물 요소나 다른 생물 요소와 서로 영향을 주고받습니다.

① 지렁이는 그늘진 곳의 촉촉한 흙에 살고, 지렁이가 사는 흙은 비옥해집니다.

지렁이가 다닌 흙은 공기가 잘 통한다.
지렁이의 배출물은 흙을 비옥하게 한다.
지렁이

② 명아주는 햇빛과 온도 등에 영향을 받으며 자라고, 노루는 명아주를 먹고 여우는 노루를 먹으며 살아갑니다. 또 노루와 여우는 숨을 쉬기 위해 공기를 마시며 살아갑니다.

여우
노루
명아주

◗ 생산자이면서 소비자인 식충 식물

파리지옥, 끈끈이주걱, 통발, 네펜데스 등의 식충 식물은 햇빛 등을 이용해 살아가는 데 필요한 양분을 스스로 만드는 생산자이면서 곤충을 먹이로 하는 활동을 하며 부족한 영양분을 흡수하는 소비자이기도 합니다.

▲ 파리지옥

◗ 낙엽이 땅에 미치는 영향

- 낙엽은 물이 부족한 겨울철에 잎을 통해 물이 빠져나가지 않도록 나무에서 떨어진 잎을 말합니다.
- 낙엽은 썩어서 흙을 비옥하게 합니다.
- 낙엽은 흙에 떨어진 비나 눈의 증발을 막아 흙의 수분 유지에 도움이 됩니다.
- 겨울철에 낙엽은 단열재 역할을 해 땅의 온도를 유지해 줍니다.
- 낙엽은 생태계에서 여러 가지 역할을 하고 있습니다.

▲ 낙엽

개념 확인 문제

1 어떤 장소에서 살아가는 생물과 생물을 둘러싸고 있는 환경이 서로 영향을 주고받는 것을 (   )(이)라고 합니다.

2 지구에는 (다양한 , 단 하나의) 생태계가 있습니다.

3 생산자가 없어진다면 결국 생태계의 모든 생물이 멸종하게 될 것입니다. (○ , ×)

정답 1 생태계 2 다양한 3 ○

교과서 내용 학습

(2) 생태계를 구성하는 생물의 먹이 관계

① 먹이 사슬: 생물의 먹이 관계가 사슬처럼 연결되어 있는 것입니다.

㉨ 메뚜기는 벼를 먹고, 개구리는 메뚜기를 먹고, 뱀은 개구리를 먹고, 수리부엉이는 뱀을 먹습니다.

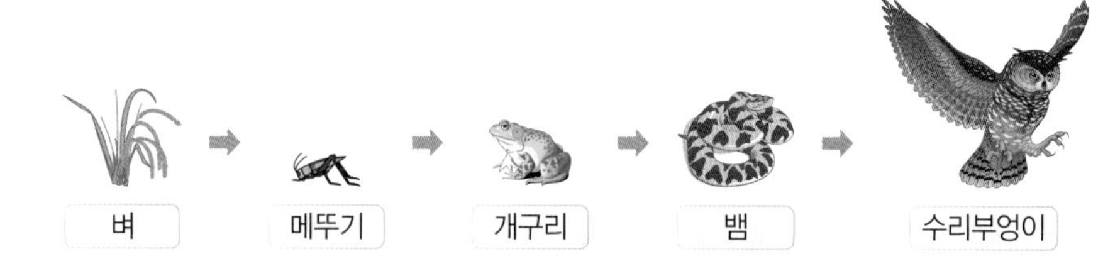

② 먹이 그물: 여러 개의 먹이 사슬이 얽혀 그물처럼 연결되어 있는 것입니다.

- 실제 생태계에서 소비자는 다양한 종류의 생물을 먹습니다.
- 실제 생태계에서 생물의 먹이 관계는 한 줄로 연결된 먹이 사슬 형태가 아닌, 먹이 그물 형태로 나타납니다.
- 먹이 그물은 먹이 사슬보다 생태계에서 생물이 살아가기에 유리한 먹이 관계입니다.
  ➡ 먹이 한 종류의 수나 양이 줄어들거나 없어져도 생태계에 있는 다른 종류의 먹이를 먹을 수 있어 영향을 덜 받기 때문입니다.

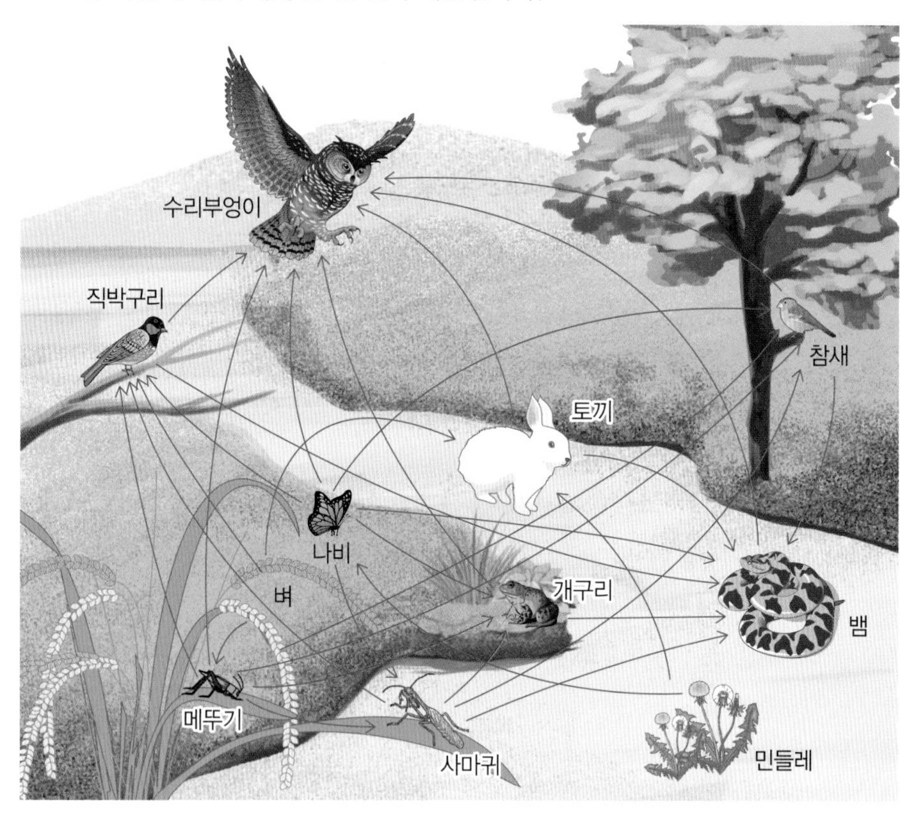

- 벼 → 메뚜기 → 참새 → 수리부엉이
- 벼 → 메뚜기 → 사마귀 → 개구리 → 수리부엉이
- 벼 → 메뚜기 → 직박구리 → 수리부엉이
- 민들레 → 토끼 → 수리부엉이
- 민들레 → 나비 → 개구리 → 뱀 → 수리부엉이

◗ 먹이 사슬과 먹이 그물의 공통점과 차이점

- 공통점: 생물의 먹고 먹히는 관계가 나타납니다.
- 차이점: 생물의 먹고 먹히는 관계가 먹이 사슬은 한 방향으로만 연결되었지만, 먹이 그물은 여러 방향으로 연결됩니다.

◗ 생물 사이의 다양한 상호 작용

- 포식과 피식: 생물 사이에서 먹고 먹히는 상호 작용을 뜻합니다. 잡아먹는 쪽을 포식자, 잡아먹히는 쪽을 피식자라고 합니다.
- 경쟁: 햇빛, 물, 먹이, 영역, 짝짓기 대상 등의 한정된 자원을 차지하기 위하여 둘 이상의 생물 사이에 벌어지는 상호 작용을 뜻합니다. 식물에서는 빛, 동물에서는 먹이 및 짝짓기 대상을 위한 경쟁이 가장 흔합니다.
- 공생: 생태계에서 두 종의 생물이 서로 긴밀한 관계를 맺고 살아가는 상호 작용을 뜻합니다. ㉨ 개미와 진딧물
- 기생: 한쪽 생물이 다른 생물에 붙어 양분을 빼앗는 등 피해를 주면서 생활하는 상호 작용을 뜻합니다. ㉨ 동물과 기생충

낱말 사전

상호 작용 생물이 주어진 환경에서 다른 생물과 서로 관계를 맺는 모든 과정과 방식

댐 발전 등의 목적으로 강이나 바닷물을 막아 두기 위해 쌓은 둑

3 생태계 평형

(1) **생태계 평형**: 생태계를 구성하고 있는 생물의 수 또는 양이 균형을 이루며 안정된 상태를 유지하는 것입니다.

(2) 특정한 생물의 수나 양이 갑자기 늘어나거나 줄어들면 생태계 평형이 깨집니다.

❶ 어느 국립 공원에 사는 늑대는 주로 강가에 풀과 나무를 먹으러 오는 사슴을 잡아먹고 살았다. 그런데 사람들은 마구잡이로 늑대를 사냥하기 시작했다.

❷ 1926년 무렵에는 국립 공원에 늑대가 모두 없어졌다. 늑대가 없어진 뒤 사슴의 수는 빠르게 늘어났고, 사슴의 먹이가 되는 강가의 풀과 나무가 제대로 자라지 못했다.

❸ 1995년 사람들이 늑대를 다시 국립 공원에 살게 하자 사슴의 수는 점차 줄어들었고, 강가의 풀과 나무는 다시 자랐다.

❹ 오랜 시간이 지나 국립 공원의 생태계는 다시 안정을 찾아 늑대와 사슴의 수는 적절하게 유지되었고, 강가의 풀과 나무도 잘 자랐다.

➡ 먹고 먹히는 관계에 있는 생물의 종류와 수가 균형을 이루어야 생물이 안정을 이루고 살아갈 수 있습니다.

(3) **생태계 평형이 깨지는 원인**

① 자연적인 원인: 가뭄, 홍수, 태풍, 지진, 산불 등 자연재해

② 인위적인 원인: 댐·도로·건물 건설, 환경 오염, 사람들의 무분별한 사냥 등 사람의 활동

▲ 가뭄

▲ 산불

▲ 댐 건설

(4) 생태계 평형이 깨지면 원래대로 회복하는 데 오랜 시간과 많은 노력이 필요합니다.

▶ 메뚜기의 수가 갑자기 늘어났을 경우 식물과 메뚜기의 관계

- 메뚜기는 기후 변화 등으로 번식 조건이 유리해지면 빠른 속도로 성장해 무리를 이루기도 합니다.
- 메뚜기의 수가 갑자기 늘어나면 메뚜기의 먹이가 되는 식물의 수나 양이 줄어듭니다.
- 메뚜기 수의 증가로 식물이 없어져 식물을 먹는 다른 생물도 피해를 입게 됩니다.

▶ 생태 피라미드

- 생태계에서 생산자인 식물 등을 먹이로 하는 생물을 1차 소비자, 1차 소비자를 먹이로 하는 생물을 2차 소비자, 마지막 단계의 소비자를 최종 소비자라고 합니다.
- 먹이 단계에 따라 생물의 수나 양을 아래에서부터 쌓아 올리면 위로 갈수록 줄어드는 피라미드 모양이 되는데, 이를 생태 피라미드라고 합니다.

▲ 생태 피라미드

개념 확인 문제

1 먹이 사슬은 먹이 그물보다 생태계에서 생물이 살아가기에 유리한 먹이 관계입니다. (○ , ×)

2 생태계 평형이 깨지면 원래대로 회복하는 데 (짧은 , 오랜) 시간이 걸립니다.

정답 1 × 2 오랜

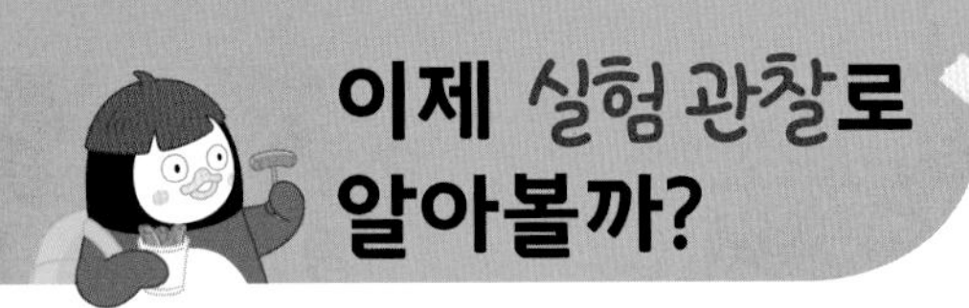

먹이 관계 놀이하기

[준비물] 생물 카드, 플라스틱 고리

주의할 점
자신이 가진 카드 중 먹이 관계가 성립하는 생물 카드끼리만 연결합니다.

[실험 방법]

① 생물 카드 속 생물이 먹고 먹히는 관계를 추리하여 이야기해 봅니다.

② 모둠별로 생물 카드를 모아 섞은 뒤 똑같이 나눕니다.

③ 생물이 먹고 먹히는 관계에 따라 생물 카드를 선택하고, 고리를 이용하여 한 줄로 연결해 봅니다.

④ ③에서 연결한 카드를 모아서 먹고 먹히는 관계에 따라 다시 연결하여 봅니다.

중요한 점
생물의 먹고 먹히는 관계가 사슬처럼 연결되어 있는 것을 먹이 사슬이라고 하고, 여러 개의 먹이 사슬이 그물처럼 연결되어 있는 것을 먹이 그물이라고 합니다.

[실험 결과]

① 생물의 먹고 먹히는 관계에 따라 생물 카드를 한 줄로 연결한 결과의 예

② 연결한 카드를 모아서 먹고 먹히는 관계에 따라 다시 연결한 결과의 예

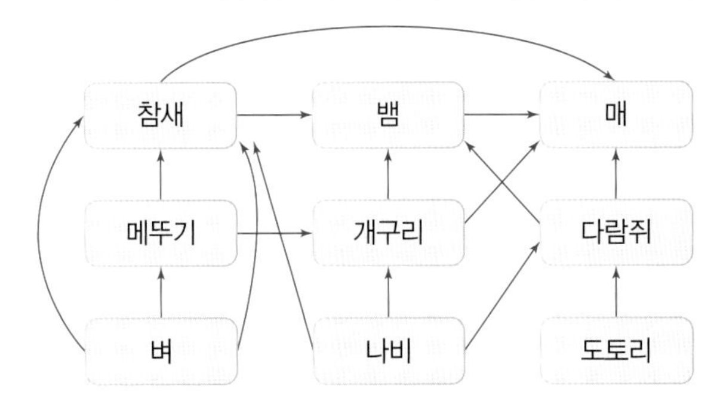

정답과 해설 2쪽

1 다음 생물 카드 세 장을 먹고 먹히는 관계에 따라 한 줄로 나열하려고 합니다. 순서에 맞게 기호를 쓰시오.

㉡ → (　　　　　　) → (　　　　　　)

2 생물의 먹고 먹히는 관계에 따라 생물 카드를 선택해 한 줄로 연결하려고 합니다. 이때 선택해야 할 생물로 알맞지 않은 것은 어느 것입니까? (　　　)

① 뱀　② 벼　③ 문어　④ 메뚜기　⑤ 개구리

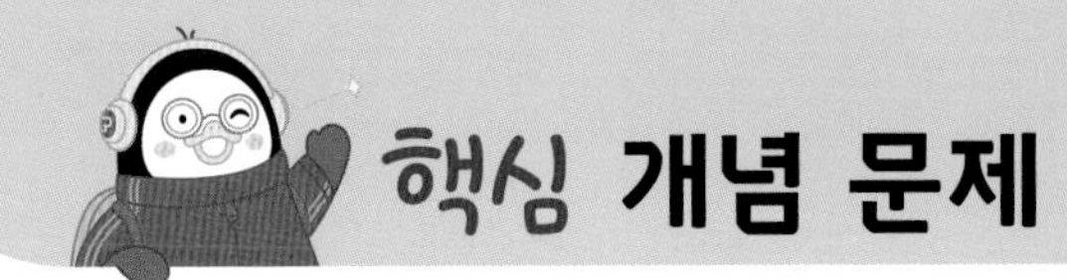

핵심 개념 문제

정답과 해설 2쪽

개념 1 생태계의 의미를 묻는 문제

(1) **생태계**: 어떤 장소에서 살아가는 생물과 생물을 둘러싸고 있는 환경이 서로 영향을 주고받는 것임.

(2) 학교 화단, 연못, 숲, 하천, 갯벌, 바다 등 다양한 종류와 규모의 생태계가 있음.

01 생태계에 대한 설명으로 옳지 않은 것을 보기 에서 골라 기호를 쓰시오.

보기

㉠ 생태계의 규모는 모두 같다.
㉡ 지구에는 다양한 종류의 생태계가 있다.
㉢ 어떤 장소에서 살아가는 생물과 생물을 둘러싸고 있는 환경이 서로 영향을 주고받는 것이다.

( )

02 생태계로 볼 수 없는 것은 어느 것입니까? ( )

① 숲
② 강
③ 화단
④ 햇빛
⑤ 연못

개념 2 생태계의 구성 요소를 묻는 문제

(1) 생태계의 구성 요소에는 생물 요소와 비생물 요소가 있음.

(2) 생물 요소는 동물, 식물처럼 살아 있는 것임.

(3) 비생물 요소는 햇빛, 온도, 물, 흙, 공기처럼 살아 있지 않은 것임.

03 생물 요소가 아닌 것은 어느 것입니까? ( )

①

▲ 벌

②

▲ 흙

③
▲ 토끼

④

▲ 조개

⑤

▲ 지렁이

04 다음 생태계의 구성 요소와 관계 있는 것을 바르게 선으로 연결하시오.

(1)

▲ 햇빛

• • ㉠ 생물 요소
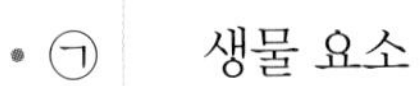

(2)

▲ 여우

• • ㉡ 비생물 요소

개념 3 생물 요소의 분류에 대해 묻는 문제

(1) 생물 요소는 생물이 양분을 얻는 방법에 따라 생산자, 소비자, 분해자로 분류할 수 있음.
(2) 생산자는 살아가는 데 필요한 양분을 스스로 만드는 생물임.
(3) 소비자는 스스로 양분을 만들지 못하고 다른 생물을 먹어 양분을 얻는 생물임.
(4) 분해자는 죽은 생물이나 생물의 배출물을 분해해 양분을 얻는 생물임.
(5) 생산자, 소비자, 분해자는 서로 영향을 주고받음.

05 다음 ㉠~㉢ 중 생산자를 골라 기호를 쓰시오.

(　　　　　　　　)

06 다음과 같이 죽은 생물이나 생물의 배출물을 분해해 양분을 얻는 생물을 무엇이라고 하는지 쓰시오.

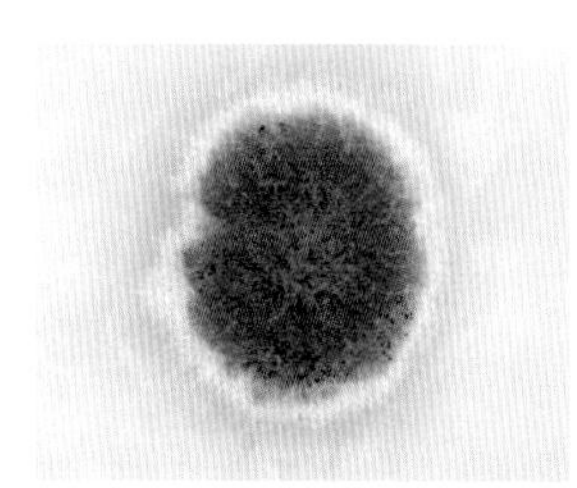
▲ 곰팡이

▲ 버섯

(　　　　　　　　)

개념 4 생태계를 구성하는 생물 요소와 비생물 요소 사이의 관계를 묻는 문제

(1) 생태계를 구성하는 생물 요소는 비생물 요소나 다른 생물 요소와 서로 영향을 주고받음.
(2) 지렁이는 그늘진 곳의 촉촉한 흙에서 살고, 지렁이의 배출물로 인해 흙이 비옥해짐.
(3) 명아주는 빛과 온도 등에 영향을 받으며 자라고, 노루는 명아주를 먹고, 여우는 노루를 먹음.

07 생태계의 생물 요소인 지렁이와 비생물 요소인 흙의 관계를 설명한 것으로 옳지 않은 것을 보기 에서 골라 기호를 쓰시오.

보기

㉠ 지렁이는 땅을 오염시킨다.
㉡ 지렁이가 다닌 흙은 공기가 잘 통한다.
㉢ 지렁이의 배출물로 인해 흙이 비옥해진다.
㉣ 지렁이는 그늘진 곳의 촉촉한 흙에서 산다.

(　　　　　　　　)

08 생태계를 구성하는 생물 요소와 비생물 요소 사이의 관계에 대한 설명으로 옳은 것에 ○표, 옳지 않은 것에 ×표 하시오.

(1) 동물은 공기를 마셔 숨을 쉰다. (　　)
(2) 식물이 자라는 데 온도의 영향을 받는다. (　　)
(3) 명아주는 햇빛의 영향을 받지 않고 자란다. (　　)

개념 5 먹이 사슬과 먹이 그물을 묻는 문제

(1) **먹이 사슬**: 생물의 먹이 관계가 사슬처럼 연결되어 있는 것임.

㉮ 벼 → 메뚜기 → 개구리 → 뱀 → 수리부엉이

(2) **먹이 그물**: 여러 개의 먹이 사슬이 얽혀 그물처럼 연결되어 있는 것임.

㉮ 메뚜기는 벼 외의 다른 먹이도 먹고, 개구리는 메뚜기 외의 다른 먹이도 먹고, 뱀은 개구리 외의 다른 먹이도 먹고, 수리부엉이는 뱀 외의 다른 먹이도 먹음.

(3) 먹이 그물은 먹이 사슬보다 생태계에서 생물이 살아가기에 유리한 먹이 관계임.

09 다음과 같이 생태계에서 생물의 먹고 먹히는 관계를 나타낸 것을 무엇이라고 하는지 쓰시오.

벼 → 메뚜기 → 참새 → 수리부엉이

( )

10 다음은 생태계를 구성하는 생물의 먹이 관계에 대한 설명입니다. ( ) 안에 들어갈 알맞은 말을 쓰시오.

실제 생태계에서 소비자는 다양한 종류의 먹이를 먹으며, 생물의 먹이 관계는 한 줄로 연결된 먹이 사슬 형태가 아닌, ( ) 형태로 나타난다.

( )

개념 6 생태계 평형을 묻는 문제

(1) **생태계 평형**: 생태계를 구성하고 있는 생물의 수 또는 양이 균형을 이루며 안정된 상태를 유지하는 것임.

(2) 특정한 생물의 수나 양이 갑자기 늘어나거나 줄어들면 생태계 평형이 깨짐.

(3) 가뭄, 홍수, 태풍, 지진, 산불 등의 자연재해나 댐·도로·건물 건설, 환경 오염 등 사람의 활동은 생태계 평형이 깨지는 원인이 됨.

(4) 깨진 생태계 평형을 다시 회복하려면 오랜 시간과 노력이 필요함.

11 다음 ( ) 안에 들어갈 알맞은 말에 ○표 하시오.

특정한 생물의 수나 양이 갑자기 늘어나거나 줄어들면 생태계 평형이 (유지된다 , 깨진다).

12 생태계 평형이 깨지는 원인으로 알맞지 않은 것은 어느 것입니까? ( )

① 햇빛
② 홍수
③ 산불
④ 도로 건설
⑤ 환경 오염

중단원 실전 문제

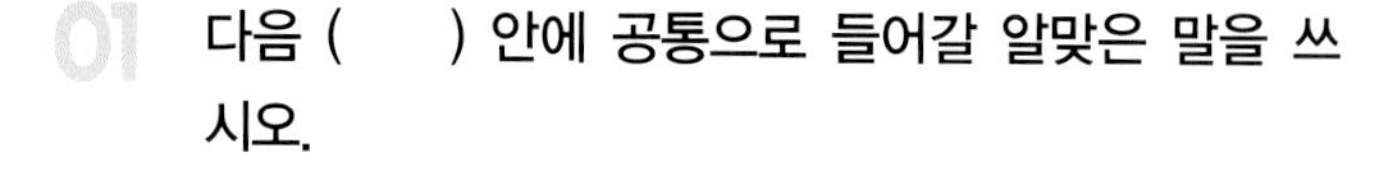

01 다음 (　　) 안에 공통으로 들어갈 알맞은 말을 쓰시오.

- (　　　　)은/는 어떤 장소에서 살아가는 생물과 생물을 둘러싸고 있는 환경이 서로 영향을 주고받는 것이다.
- 어항 속, 학교 화단처럼 비교적 작은 규모의 (　　　　)도 있고, 갯벌, 바다처럼 비교적 큰 규모의 (　　　　)도 있다.

(　　　　　　　　　　)

02 연못 생태계를 구성하는 생물 요소로 옳은 것은 어느 것입니까? (　　　)

① 물　② 돌　③ 흙
④ 붕어　⑤ 온도

03 비생물 요소로 옳은 것은 어느 것입니까? (　　　)

① 
▲ 흙

② 
▲ 벼

③ 
▲ 뱀

④ 
▲ 개구리

⑤ 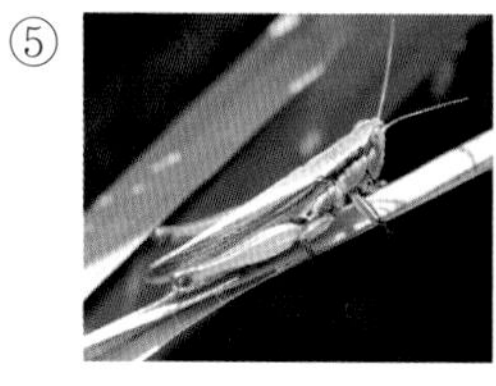
▲ 메뚜기

[04~06] 다음은 숲 생태계를 나타낸 것입니다. 물음에 답하시오.

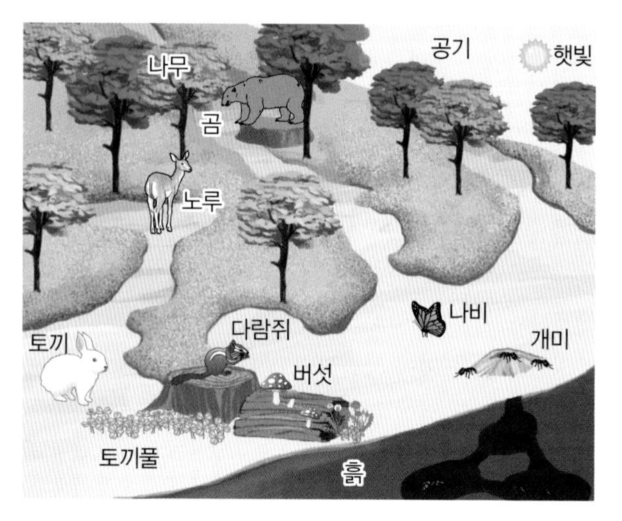

04 ⊂중요⊃
위 숲 생태계를 이루는 생물 요소끼리 바르게 짝 지은 것은 어느 것입니까? (　　　)

① 햇빛, 나무　② 나무, 토끼
③ 공기, 개미　④ 버섯, 공기
⑤ 흙, 다람쥐

05 위 숲 생태계를 이루는 생물 요소 중에서 생산자에 해당하는 생물을 한 가지 골라 쓰시오.

(　　　　　　　　　　)

06 위 숲 생태계를 이루는 생물 요소 중 분해자에 해당하는 것에 ○표 하시오.

(1) ▲ 햇빛 (　　　)
(2) ▲ 나비 (　　　)
(3) 
▲ 버섯 (　　　)

⊂중요⊃

07 다음과 같이 생태계를 구성하는 생물 요소를 분류하는 기준으로 옳은 것은 어느 것입니까? (   )

생산자　　소비자　　분해자

① 생물의 크기
② 생물이 사는 장소
③ 양분을 얻는 방법
④ 먹이가 되는 비생물 요소의 종류
⑤ 스스로 움직일 수 있는 날개와 다리의 유무

⊂서술형⊃

08 만약 생산자가 없어진다면 생태계에서 어떤 일이 일어날 수 있는지 쓰시오.

____

____

09 다음 설명으로 알 수 있는 생태계의 특징으로 옳은 것은 어느 것입니까? (   )

지렁이는 그늘진 곳의 촉촉한 흙에서 살고, 지렁이가 사는 흙은 지렁이의 배출물로 인해 비옥해진다.

① 생태계의 비생물 요소는 흙뿐이다.
② 지렁이는 흙과 물에서 모두 잘 산다.
③ 지렁이의 배출물은 땅을 오염시킨다.
④ 생물 요소는 서로 영향을 주고받는다.
⑤ 생물 요소와 비생물 요소는 서로 영향을 주고받는다.

[10~12] 다음은 숲 생태계의 모습입니다. 물음에 답하시오.

10 위 숲 생태계에서 생물 요소와 비생물 요소 사이의 관계에 대한 설명으로 옳지 않은 것을 보기에서 골라 기호를 쓰시오.

보기

㉠ 여우는 비생물 요소의 영향을 전혀 받지 않는다.
㉡ 노루는 비생물 요소인 공기가 없으면 살기 어렵다.
㉢ 명아주는 햇빛과 온도 등 비생물 요소의 영향을 받으며 자란다.

(　　　　　　　)

11 위 숲 생태계에서 생물의 먹이 관계를 연결하려고 합니다. (   ) 안에 들어갈 알맞은 생물의 이름을 쓰시오.

명아주 → (㉠) → (㉡)

㉠ (　　　　　), ㉡ (　　　　　)

12 위 11번의 먹이 관계에서 노루 대신에 들어갈 수 있는 생물로 알맞은 것은 어느 것입니까? (   )

① 개　　② 매
③ 토끼　　④ 붕어
⑤ 거북

[13~15] 다음은 생태계에서 생물의 먹이 관계를 나타낸 것입니다. 물음에 답하시오.

13 위와 같이 생태계에서 생물의 먹이 관계가 그물처럼 복잡하게 얽혀 연결되어 있는 것을 무엇이라고 하는지 쓰시오.

( )

14 위 생물의 먹이 관계를 잘못 나타낸 것은 어느 것입니까? ( )

① 벼 → 참새 → 토끼
② 벼 → 메뚜기 → 참새
③ 옥수수 → 참새 → 매
④ 메뚜기 → 개구리 → 뱀
⑤ 나방 애벌레 → 개구리 → 매

⊂서술형⊃

15 위 생물의 먹이 관계가 먹이 사슬보다 생태계에서 생물이 살아가기에 유리합니다. 그 까닭을 쓰시오.

16 어느 지역에 메뚜기의 수가 갑자기 늘어났을 경우, 일어날 수 있는 일에 대한 설명으로 옳은 것에 ○표 하시오.

(1) 메뚜기의 먹이가 되는 식물의 수나 양이 줄어든다. ( )
(2) 메뚜기의 수가 늘어나면 동시에 식물의 수도 늘어난다. ( )
(3) 메뚜기의 수가 갑자기 늘어나는 것은 그 지역 식물의 수나 양에 영향을 미치지 않는다. ( )

⊂중요⊃

17 다음은 위 16번 문제와 같은 상황에서 생길 수 있는 현상입니다. ( ) 안에 들어갈 알맞은 말을 쓰시오.

생태계에 특정한 생물의 수나 양이 갑자기 늘어나면 ( )이/가 깨진다.

( )

18 생태계 평형이 깨지는 자연적인 원인으로 옳은 것을 두 가지 고르시오. (,)

① 지진
② 가뭄
③ 댐 건설
④ 환경 오염
⑤ 사람들의 무분별한 사냥

서술형·논술형 평가 돋보기

학교에서 출제되는 서술형·논술형 평가를 미리 준비하세요.

정답과 해설 4쪽

1 다음은 학교 주변 생태계의 모습입니다. 물음에 답하시오.

(1) 위 생태계의 구성 요소를 생물 요소와 비생물 요소로 분류하여 세 가지씩 쓰시오.

생물 요소	㉠( )
비생물 요소	㉡( )

(2) 위 생태계에서 흙과 지렁이는 서로 어떤 영향을 주고받는지 쓰시오.

2 생태계에서 분해자가 없어졌을 때 일어날 수 있는 일을 쓰시오.

3 다음 생태계를 보고, 물음에 답하시오.

(1) 위 생태계에서 토끼는 토끼풀을 먹고, 여우는 토끼를 먹습니다. 이와 같은 생물의 먹이 관계를 무엇이라고 하는지 쓰시오.

( )

(2) 만약 실제 생태계에서 토끼가 사라졌는데, 토끼를 먹는 여우가 사라지지 않았다면 그 까닭은 무엇인지 쓰시오.

4 다음은 어느 국립 공원의 생물 이야기입니다. 이 이야기를 읽고, ( ) 안에 들어갈 알맞은 내용을 쓰시오.

> 어느 국립 공원에 사는 늑대는 주로 강가에 풀과 나무를 먹으러 오는 사슴을 잡아먹고 살았다. 그런데 사람들이 마구잡이로 늑대를 사냥하기 시작했다. 1926년 무렵에는 국립 공원에 늑대가 모두 없어졌다. 늑대가 없어진 뒤 사슴의 수는 빠르게 늘어났고, 강가의 풀과 나무가 제대로 자라지 못했다. 1995년 사람들은 늑대를 다시 국립 공원에 살게 했고, 늑대가 다시 나타난 뒤 ( )

(2) 생물과 환경

◗ 동물들이 겨울잠을 자는 까닭
- 곰, 뱀, 개구리 등은 겨울이 되면 겨울잠을 잡니다.
- 동물들이 겨울잠을 자는 까닭은 기온이 내려가면 활동하거나 먹이를 구하기 힘들기 때문입니다.

◗ 온도와 물이 아프리카 뿔말의 생활에 미치는 영향
아프리카의 초원에 사는 뿔말은 계절에 따라 사는 곳의 온도가 높아져 풀이 마르고 비가 내리지 않아 물이 부족하게 되면 살기에 어려워지므로 먹을 것과 물이 있는 적당한 장소를 찾아 떼를 지어 먼 길을 이동합니다.

◗ 빛이 일상생활에 미치는 영향
- 빛을 직접적으로 오래 받으면 피부에 문제가 생길 수 있습니다.
- 빛이 강할 때는 양산, 모자, 선글라스 등을 착용합니다.

털갈이 짐승이나 새의 묵은 털이 빠지고 새 털이 나는 일
서식지 생물이 일정한 곳에 자리를 잡고 사는 곳

1 비생물 요소가 생물에 미치는 영향

(1) 햇빛이 생물에 미치는 영향
① 식물이 양분을 만들고, 동물이 성장하며 생활하는 데 필요합니다.
② 식물의 꽃 피는 시기와 동물의 번식 시기에 영향을 줍니다.

(2) 물이 생물에 미치는 영향
① 생물이 생명을 유지하는 데 필요합니다.
② 식물은 물이 없으면 말라 죽고, 물고기는 물이 없으면 살 수 없습니다.
③ 지렁이는 땅 위에 있다가도 피부의 물기가 마르기 전에 흙 속으로 들어갑니다.

(3) 온도가 생물에 미치는 영향
① 식물이 자라는 정도와 동물의 생활 방식에 영향을 미칩니다.
② 계절에 따라 철새는 먹이를 구하기 쉽고, 온도가 적당한 곳으로 이동합니다.
③ 개와 고양이는 털갈이를 합니다.
④ 가을이 되면 나뭇잎에 단풍이 들고 낙엽이 집니다.

(4) 공기가 생물에 미치는 영향: 생물이 숨을 쉴 수 있게 해 줍니다.

(5) 흙이 생물에 미치는 영향: 땅에 사는 생물이 살아가는 장소를 제공해 줍니다.

2 다양한 환경에 적응한 생물

(1) 적응
① 적응: 생물이 오랜 기간에 걸쳐 서식지의 환경에 알맞은 생김새와 생활 방식을 갖게 되는 것입니다.
② 생물은 서식지 환경에 적응해 현재와 같은 생김새와 생활 방식 등을 갖게 되었습니다.

(2) 서식지에서 살아남기에 유리한 여우의 특징

티베트모래여우	북극여우	사막여우
회색과 황토색 털이 황토색의 마른풀과 회색 돌로 덮인 서식지 환경과 비슷해 몸을 숨기기 쉽다.	하얀색 털이 흰 눈으로 덮인 서식지 환경과 비슷해 몸을 숨기기 쉽다.	모래색 털이 모래가 많은 서식지 환경과 비슷해 몸을 숨기기 쉽다.

① 서식지의 환경과 털 색깔이 비슷하면 적에게서 몸을 숨기거나 먹잇감에 접근하기 유리합니다.

② 북극여우는 몸집이 크며 귀가 짧고 둥글어서 열이 덜 배출되어 추운 환경에서 살아남기에 유리하고, 사막여우는 몸집이 작으며 귀가 크고 얇아서 열이 잘 배출되어 더운 환경에서 살아남기에 유리합니다.

(3) 환경에 적응하여 살아가는 생물의 생김새와 생활 방식

선인장	북극곰	부레옥잠
잎이 가시 모양이라 수분 손실이 적고, 두꺼운 줄기에 물을 많이 저장하여 사막에서도 살아갈 수 있다.	온몸이 두꺼운 털로 덮여 있고 지방층이 두꺼워 추운 극지방에서 살아갈 수 있다.	잎자루에 있는 공기 주머니 때문에 물에 뜰 수 있어서 물이 많은 환경에서 살 수 있다.

박쥐	수리부엉이	고슴도치
시력이 나쁘지만 초음파를 들을 수 있어 어두운 동굴에서도 먹잇감을 찾아내며 빠르게 날아다닐 수 있다.	눈이 크고 시력이 발달해 빛이 적어도 잘 볼 수 있어 밤에 먹이를 잡기에 유리하다.	위협을 느끼면 몸을 둥글게 말고 가시를 세우는 행동은 적의 공격으로부터 몸을 보호하기에 유리하다.

대벌레	사마귀	공벌레
나뭇가지가 많은 주변 환경과 생김새가 비슷해 몸을 숨기기에 유리하다.	풀이 많은 주변 환경과 몸 색깔이 비슷해 몸을 숨기고 먹이를 잡기에 유리하다.	몸을 오므리는 행동은 적의 공격으로부터 몸을 보호하기에 유리하다.

환경에 적응한 식물

- 파리지옥: 땅이 대부분 물에 잠겨 있어 뿌리로 숨을 쉬기 어렵고, 식물에게 꼭 필요한 영양분이 별로 없는 습지에서 영양분이 풍부한 벌레를 잡아먹고 살 수 있게 적응하였습니다.
- 밤송이: 가시를 통해 밤을 먹으려고 하는 적에게서 밤을 보호하기 유리하게 적응하였습니다.

뇌조

사는 곳의 온도에 따라 여름과 겨울에 깃털의 색깔이 변합니다. 깃털의 색깔은 주변 환경과도 비슷해 몸을 보호하는 데 유리합니다.

▲ 겨울철의 뇌조

▲ 여름철의 뇌조

먹이의 종류에 따라 적응한 새의 부리 모양

- 독수리: 튼튼하고 끝부분이 갈고리처럼 휘어져 있는 부리는 고기를 찢거나 강하게 무는 데 알맞습니다.
- 마도요: 뾰족하고 긴 활 모양으로 굽어진 부리는 갯벌 속 게나 조개 등을 잡기에 유리합니다.
- 오리: 납작하고 양쪽 가장자리가 빗살 모양인 부리는 물속에서 곡식의 낟알이나 곤충을 걸러내어 먹기에 적합합니다.

▲ 독수리

▲ 마도요

▲ 오리

개념 확인 문제

1 햇빛은 식물이 양분을 만들고, 동물이 성장하며 생활하는 데 필요합니다. (○ , ×)

2 가을이 되면 나뭇잎에 단풍이 들고 (   )이/가 집니다.

3 (북극여우 , 사막여우)의 털 색깔은 서식지 환경과 비슷한 하얀색이고, 귀가 짧고 몸집이 큽니다.

정답 1 ○ 2 낙엽 3 북극여우

교과서 내용 학습

3 환경 오염이 생물에 미치는 영향

(1) 환경 오염의 종류와 원인

① 환경 오염: 사람의 활동으로 자연환경이나 생활 환경이 훼손되는 현상입니다.

② 환경 오염의 종류와 원인

대기 오염	공장이나 자동차의 매연, 쓰레기를 태웠을 때 나오는 여러 가지 기체 등
수질 오염	공장 폐수, 가정의 생활 하수, 바다에서의 기름 유출 사고 등
토양 오염	땅에 묻은 쓰레기, 농약이나 비료의 지나친 사용 등

(2) 환경 오염이 생물에 미치는 영향

① 환경 오염으로 인해 생물의 수나 종류가 줄어들고, 생물이 사는 곳이 감소해 생태계가 파괴됩니다.

② 환경 오염이 생물에 미치는 영향

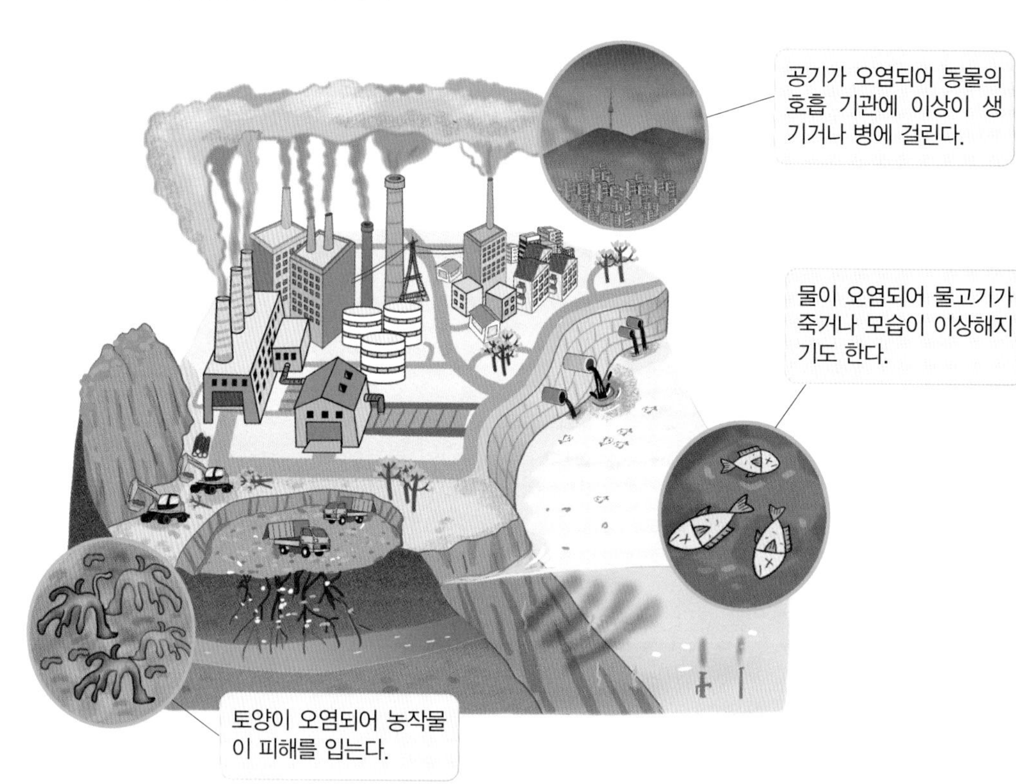

공기가 오염되어 동물의 호흡 기관에 이상이 생기거나 병에 걸린다.
물이 오염되어 물고기가 죽거나 모습이 이상해지기도 한다.
토양이 오염되어 농작물이 피해를 입는다.

4 생태계 보전을 위해 우리가 할 수 있는 일

(1) 생태계 보전

① 생태계 보전: 원래 상태의 생태계를 온전하게 보호하고 유지하는 것입니다.

② 생태계 보전으로 생태계 훼손을 막고 생태계 평형을 유지할 수 있습니다.

③ 생태계를 보전하기 위해 국가적, 사회적, 개인적인 노력이 모두 필요합니다.

④ 생태계 보전이 중요한 까닭: 훼손된 생태계가 원래 상태로 회복하는 데에는 오랜 시간과 많은 노력이 필요하므로, 생태계 보전과 개발이 균형 있게 이루어져야 합니다.

▶ 대기 오염이 생물에 미치는 영향
이산화 탄소 등이 많이 배출되어 지구의 평균 온도가 높아지면 동식물의 서식지가 파괴됩니다.

▶ 수질 오염이 생물에 미치는 영향
- 바다에서 유조선의 기름이 유출되면 생물의 서식지가 파괴됩니다.
- 바다에 버린 플라스틱 쓰레기로 바다에 미세 플라스틱이 많아지면, 먹이 사슬(미세 플라스틱 → 플랑크톤 → 물고기 → 사람)에 따라 미세 플라스틱이 우리 식탁으로 되돌아오게 됩니다.

▶ 토양 오염이 생물에 미치는 영향
- 쓰레기를 땅속에 묻으면 토양이 오염되어 나쁜 냄새가 심하게 납니다.
- 지하수가 오염되어 동물에게 질병을 일으킵니다.
- 식물에 오염 물질이 점점 쌓여 식물을 먹는 다른 생물에 나쁜 영향을 미칩니다.

▶ 대기 오염, 수질 오염, 토양 오염 이외에 일상생활에서 발생하는 환경 오염
공사할 때 생기는 큰 소음(소음 공해), 밤에 밝은 조명(빛 공해) 등도 환경 오염입니다.

낱말 사전

하수 집, 공장 등에서 쓰고 버리는 더러운 물
비료 농작물을 잘 자라게 하기 위해 논과 밭에 뿌리는 인공적인 영양 물질
정책 정치적 목적을 실현하기 위한 방책

(2) 생태계를 보전하기 위해 국가나 사회가 할 수 있는 노력

생태계 보전을 위한 법을 만들고, 정책을 시행합니다.

하천 생태계를 보전하기 위해 관리합니다.

동물의 서식지를 보전하며 개발합니다.

▶ 바다에 버린 플라스틱병이 바다거북에게 주는 영향

- 플라스틱은 바다거북이 사는 바다를 오염시킵니다.
- 멸종 위기종인 바다거북은 바다를 떠다니는 플라스틱 쓰레기 때문에 큰 피해를 보는 동물 중 하나입니다.
- 바다거북은 식도의 구조상 한번 삼킨 음식물을 다시 뱉어내는 것이 어렵습니다.
- 먹이인 줄 알고 먹은 폐플라스틱이 바다거북을 죽음으로 내몰고 있습니다.

(3) 생태계를 보전하기 위해 개인이 할 수 있는 노력

종이컵, 비닐봉지 등 일회용품의 사용을 줄입니다.

자동차를 타는 대신 대중교통을 이용합니다.

쓰레기를 분리배출합니다.

(4) 생태계 복원을 위한 계획 세우기

① 생태계 복원: 생물이나 생물의 서식지를 훼손되기 이전의 상태로 되돌리는 것입니다.

② 생태계 복원 계획을 세우는 방법: 우리 주변에서 생태계가 훼손된 사례를 찾아보고, 훼손된 생태계를 복원하기 위한 방법과 우리가 실천할 수 있는 일에 대한 계획을 세워 정리해 봅니다.

생태계 파괴 사례	유조선의 기름 유출로 물고기가 죽었다.
생태계를 복원하기 위한 방법	바다에 유출된 기름을 제거한다.
생태계를 복원하기 위해 우리가 실천할 수 있는 일	바다에 유출된 기름을 제거하는 활동에 참여하도록 홍보 영상을 만든다.

③ 생태계 복원을 위해 우리가 할 수 있는 일을 꾸준히 실천하는 것이 중요합니다.

▶ 생태계 보전을 위해 일상생활에서 실천할 수 있는 일

- 음식을 남기지 않습니다.
- 샤워 시간을 1분 줄입니다.
- 물티슈 대신에 손수건을 사용합니다.
- 양치할 때 컵에 물을 받아 사용합니다.
- 낮에는 전등을 끄고 자연광으로 생활합니다.
- 가까운 거리를 이동할 때는 걷거나 자전거를 탑니다.

개념 확인 문제

1 (   )은/는 사람의 활동으로 자연환경이나 생활 환경이 훼손되는 현상입니다.

2 공장 폐수나 가정의 생활 하수는 (대기 오염 , 수질 오염)의 원인이 됩니다.

3 생태계 보전을 위해 비닐봉지 등의 일회용품 사용을 줄이도록 노력해야 합니다. (○ , ×)

정답 **1** 환경 오염 **2** 수질 오염 **3** ○

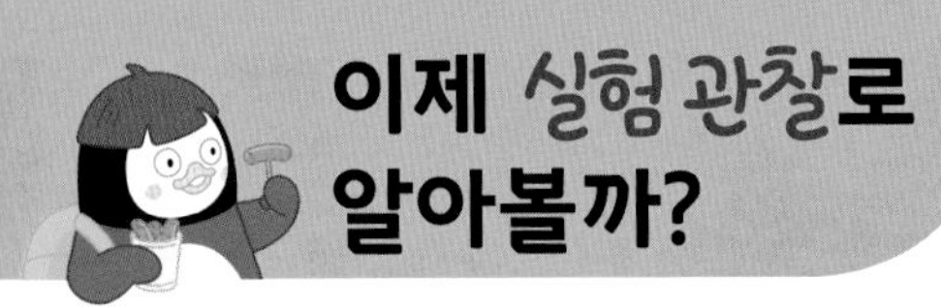

이제 실험 관찰로 알아볼까?

햇빛, 물, 온도가 콩나물의 자람에 미치는 영향 알아보기

[준비물] 테이프를 붙인 자른 페트병 여섯 개, 비슷한 굵기와 길이의 콩나물, 물, 탈지면, 가위, 비커, 어둠상자 네 개, 나무젓가락, 이름표, 냉장고, 실험용 장갑

[실험 방법 1] 햇빛과 물이 콩나물의 자람에 미치는 영향 알아보기

① 자른 페트병 네 개의 입구를 거꾸로 하고, 콩나물을 탈지면으로 감싸 페트병에 담습니다.

② 콩나물이 담긴 페트병 두 개는 햇빛이 잘 드는 곳에 두고, 그중 한 개에만 물을 자주 줍니다.

③ 콩나물이 담긴 나머지 페트병 두 개는 바닥에 나무젓가락을 놓고 어둠상자를 덮습니다. 그중 한 개에만 물을 자주 줍니다.

④ 콩나물이 자라는 모습을 일주일 이상 관찰하고 변화를 기록합니다.

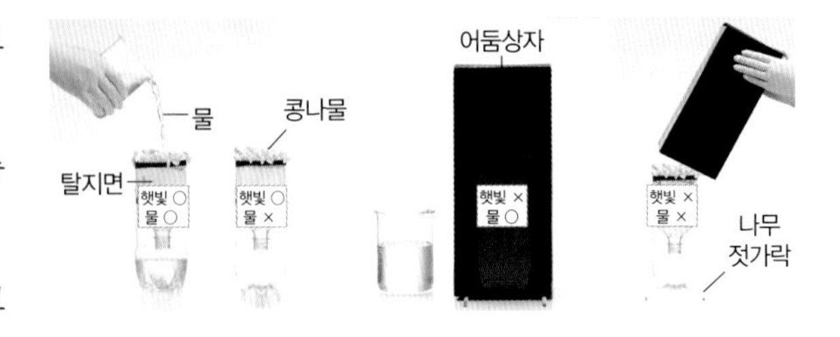

[실험 방법 2] 온도가 콩나물의 자람에 미치는 영향 알아보기

① 자른 페트병 두 개의 입구를 거꾸로 하고, 콩나물을 탈지면으로 감싸 페트병에 담습니다.

② 콩나물이 담긴 페트병 두 개는 바닥에 나무젓가락을 놓고 어둠상자를 덮습니다. 그중 한 개는 실온에 두고 물을 자주 주고, 또 다른 한 개는 냉장고에 두고 물을 자주 줍니다.

③ 콩나물이 자라는 모습을 일주일 이상 관찰하고 변화를 기록합니다.

주의할 점

바닥에 나무젓가락으로 틈을 주면 공기가 드나들 수 있는 작은 공간이 생기고 그곳으로 공기가 순환해 상자 내부의 온도가 상승하거나 습도가 증가하는 현상 등이 생기지 않습니다.

[실험 결과]

햇빛이 잘 드는 곳에 둔 콩나물		어둠상자로 덮어 놓은 콩나물		어둠상자로 덮고 온도를 다르게 한 콩나물	
물을 준 것	물을 주지 않은 것	물을 준 것	물을 주지 않은 것	실온에 두고 물을 준 것	냉장고에 두고 물을 준 것
떡잎과 떡잎 아래 몸통이 초록색으로 변했고, 떡잎 아래 몸통이 길어지고 굵어졌다.	떡잎이 연두색으로 변했고, 떡잎 아래 몸통이 가늘어지고 시들었다.	떡잎이 노란색이고, 떡잎 아래 몸통이 길게 자랐다.	떡잎이 노란색이고, 떡잎 아래 몸통이 매우 가늘어지고 시들었다.	떡잎이 노란색이고, 떡잎 아래 몸통이 길게 자랐다.	떡잎이 노란색이지만 작은 검은색 반점이 생겼고, 떡잎 아래 몸통이 거의 자라지 않았다.

중요한 점

- 햇빛이 콩나물의 자람에 미치는 영향을 알아볼 때 다르게 해야 할 조건은 햇빛의 양입니다.
- 물이 콩나물의 자람에 미치는 영향을 알아볼 때 다르게 해야 할 조건은 콩나물에 주는 물의 양입니다.
- 온도가 콩나물의 자람에 미치는 영향을 알아볼 때 다르게 해야 할 조건은 온도입니다.

탐구 문제

정답과 해설 5쪽

1 콩나물이 담긴 페트병 두 개를 햇빛이 잘 드는 곳에 두고 그중 한 개에만 어둠상자를 덮은 뒤, 모두 물을 자주 주었습니다. 어떤 비생물 요소가 콩나물의 자람에 미치는 영향을 알아보기 위한 것인지 쓰시오.

( )

2 위 실험에서 바닥에 나무젓가락을 놓고 콩나물이 담긴 페트병을 어둠상자로 덮는 까닭으로 옳은 것에 ○표 하시오.

(1) 물을 주기 위해서 ( )

(2) 공기가 통하게 하기 위해서 ( )

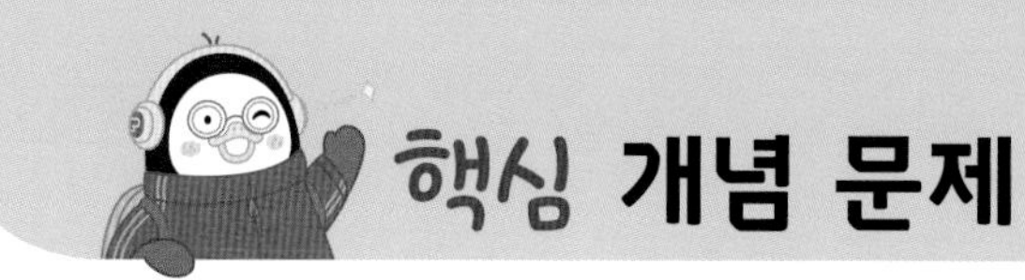

정답과 해설 5쪽

개념 1 햇빛, 물, 온도가 콩나물의 자람에 미치는 영향을 묻는 문제

(1) 햇빛과 물이 콩나물의 자람에 미치는 영향
- 햇빛이 잘 드는 곳에 두고 물을 준 콩나물: 떡잎과 떡잎 아래 몸통이 초록색으로 변했고, 떡잎 아래 몸통이 길어지고 굵어졌음.
- 햇빛이 잘 드는 곳에 두고 물을 주지 않은 콩나물: 떡잎이 연두색으로 변했고, 떡잎 아래 몸통이 가늘어지고 시들었음.
- 어둠상자로 덮고 물을 준 콩나물: 떡잎이 그대로 노란색이고, 떡잎 아래 몸통이 길게 자랐음.
- 어둠상자로 덮고 물을 주지 않은 콩나물: 떡잎이 그대로 노란색이고, 떡잎 아래 몸통이 매우 가늘어지고 시들었음.

(2) 온도가 콩나물의 자람에 미치는 영향
- 어둠상자를 덮어 실온에 두고 물을 준 콩나물: 떡잎이 그대로 노란색이고, 떡잎 아래 몸통이 길게 자랐음.
- 어둠상자를 덮어 냉장고에 두고 물을 준 콩나물: 떡잎이 노란색이지만 작은 검은색 반점이 생겼고, 떡잎 아래 몸통이 거의 자라지 않았음.

01 페트병에 담긴 콩나물을 일주일 뒤 관찰했을 때 가늘어지고 시든 것을 보기 에서 골라 기호를 쓰시오.

보기
㉠ 어둠상자로 덮고 물을 준 콩나물
㉡ 햇빛이 잘 드는 곳에 두고 물을 준 콩나물
㉢ 햇빛이 잘 드는 곳에 두고 물을 주지 않은 콩나물

( )

02 콩나물이 자라는 데 영향을 미치는 비생물 요소를 모두 골라 ○표 하시오.

온도 햇빛 물

개념 2 비생물 요소가 생물에 미치는 영향을 묻는 문제

(1) 햇빛은 식물이 양분을 만들고, 동물이 성장하며 생활하는 데 필요함.
(2) 물은 생물이 생명을 유지하는 데 필요함.
(3) 온도는 식물이 자라는 정도와 동물의 생활 방식에 영향을 줌.
(4) 공기는 생물이 숨을 쉴 수 있게 해 줌.
(5) 흙은 땅에 사는 생물이 살아가는 장소를 제공해 줌.

03 다음 경우에 식물과 동물에게 공통으로 필요한 비생물 요소는 무엇인지 쓰시오.

- 식물이 양분을 만들 때 필요하다.
- 동물이 성장하며 생활하는 데 필요하다.

( )

04 나뭇잎에 단풍이 들고 낙엽이 지는 것과 가장 관계 있는 비생물 요소는 어느 것입니까? ( )

① 돌
② 흙
③ 햇빛
④ 온도
⑤ 공기

개념 3 다양한 환경에 적응한 생물에 대해 묻는 문제

(1) **적응**: 생물이 오랜 기간에 걸쳐 서식지의 환경에 알맞은 생김새와 생활 방식을 갖게 되는 것임.
(2) 티베트모래여우, 북극여우, 사막여우의 털 색깔은 서식지 환경과 비슷하여 적으로부터 몸을 숨기거나 먹잇감에 접근하기 유리함.
(3) 선인장의 가시 모양 잎은 물이 부족한 환경에 적응한 결과임.
(4) 북극곰의 온몸이 두꺼운 털로 덮여 있고 지방층이 두꺼운 것은 추운 극지방의 환경에 적응한 결과임.
(5) 대벌레의 나뭇가지를 닮은 생김새는 나뭇가지가 많은 주변 환경에 적응한 결과임.

05 다음과 같은 모습의 여우가 살아남기에 유리한 서식지의 환경으로 옳은 것은 어느 것입니까? (　　)

① 나무가 많은 숲속
② 모래가 많은 사막
③ 자갈이 깔려 있는 연못가
④ 눈과 얼음으로 뒤덮여 있는 극지방
⑤ 황토색의 마른풀로 덮여 있는 고원

06 선인장의 생김새에 대한 설명입니다. (　　) 안에 들어갈 알맞은 말을 쓰시오.

> 선인장은 잎이 가시 모양으로 되어 있어 (　　　)이/가 부족한 사막 환경에서 살아가기에 유리하도록 적응하였다.

(　　　　　　　　)

개념 4 환경 오염의 종류와 원인을 묻는 문제

(1) **환경 오염**: 사람의 활동으로 자연환경이나 생활 환경이 훼손되는 현상임.
(2) 공장이나 자동차의 매연, 쓰레기를 태웠을 때 나오는 여러 가지 기체 등은 대기 오염의 원인이 됨.
(3) 공장 폐수, 가정의 생활 하수, 바다에서의 기름 유출 사고 등은 수질 오염의 원인이 됨.
(4) 땅에 묻은 쓰레기, 농약이나 비료의 지나친 사용 등은 토양 오염의 원인이 됨.

07 다음은 대기 오염, 수질 오염, 토양 오염 중 어떤 오염의 직접적인 원인이 되는지 쓰시오.

(　　　　　　　　)

08 사람의 활동으로 인한 환경 오염의 원인으로 옳지 않은 것은 어느 것입니까? (　　)

① 공장 폐수
② 동물의 배설물
③ 자동차의 매연
④ 땅에 묻은 쓰레기
⑤ 농약의 지나친 사용

개념 5 환경 오염이 생물에 미치는 영향을 묻는 문제

(1) 환경 오염으로 인해 생물의 수나 종류가 줄어들고, 생물이 사는 곳이 감소해 생태계가 파괴됨.

(2) 공기가 오염되면 동물의 호흡 기관에 이상이 생기거나 병에 걸림.

(3) 물이 오염되면 물고기가 죽거나 모습이 이상해지고, 물속 생물의 서식지가 파괴되기도 함.

(4) 토양이 오염되면 농작물이 피해를 입음.

09 다음은 환경 오염이 생물에 미치는 영향에 대한 설명입니다. (　　) 안에 들어갈 알맞은 말을 쓰시오.

> 환경 오염으로 인해 생물의 수나 종류가 줄어들고, 생물이 사는 곳이 감소해 결국 (　　　　)이/가 파괴된다.

(　　　　　　　　)

10 자동차의 매연이 생물에 미치는 직접적인 영향으로 옳은 것에 ○표 하시오.

(1) 지하수가 오염된다. (　　)

(2) 물고기의 모습이 이상해진다. (　　)

(3) 동물의 호흡 기관에 이상이 생긴다. (　　)

개념 6 생태계 보전과 복원을 위한 우리의 노력을 묻는 문제

(1) **생태계 보전:** 원래 상태의 생태계를 온전하게 보호하고 유지하는 것임.

(2) 훼손된 생태계가 원래대로 회복하는 데에는 오랜 시간과 많은 노력이 필요함.

(3) 생태계 보전을 위해 일회용품의 사용을 줄이고, 대중교통을 이용하며, 쓰레기 분리배출 등을 해야 함.

(4) **생태계 복원:** 생물이나 생물의 서식지를 훼손되기 이전의 상태로 되돌리는 것임.

11 다음 (　　) 안에 들어갈 알맞은 말을 보기 에서 골라 쓰시오.

> 원래 상태의 생태계를 온전하게 보호하고 유지하는 것을 생태계 (　　　　)(이)라고 하며, 훼손된 생태계가 원래대로 회복하는 데에는 시간이 오래 걸리고 많은 노력이 필요하다.

보기

평형　　보전　　복원

(　　　　　　　　)

12 생태계 보전을 위해 우리가 할 수 있는 노력에 대해 잘못 말한 사람의 이름을 쓰시오.

- 규태: 샴푸나 빨래용 세제는 많이 사용하는 것이 좋아.
- 아린: 종이컵이나 비닐봉지와 같은 일회용품의 사용을 줄여야 해.
- 다해: 가까운 거리를 이동할 때는 자전거나 대중교통을 이용해야 해.

(　　　　　　　　)

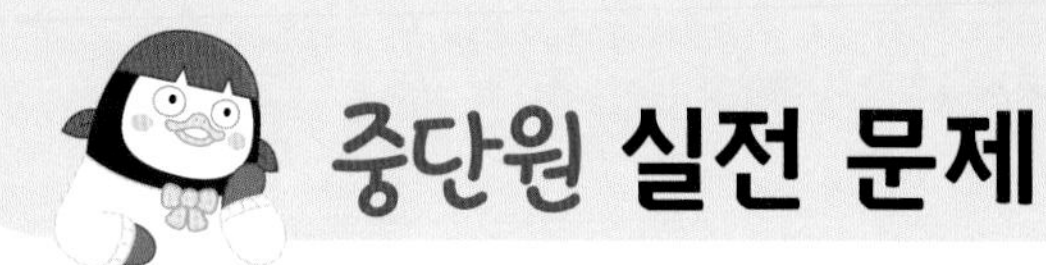

중단원 실전 문제

[01~03] 다음은 비생물 요소가 콩나물의 자람에 미치는 영향을 알아보는 실험입니다. 물음에 답하시오.

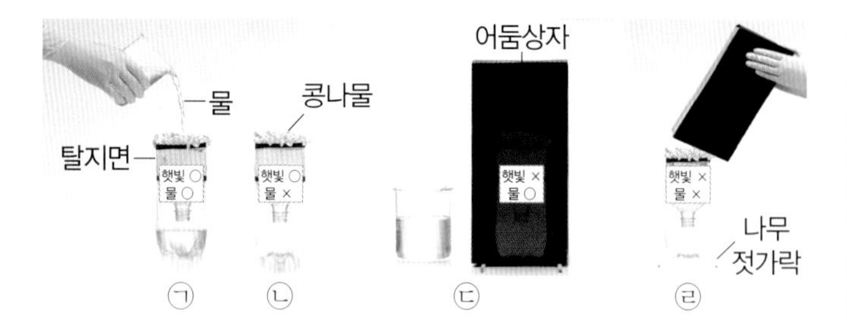

01 위 ㉠과 ㉡에서 서로 다르게 한 조건으로 옳은 것은 어느 것입니까? (　　　)

① 콩나물의 양
② 콩나물의 굵기
③ 자른 페트병의 크기
④ 콩나물에 주는 물의 양
⑤ 콩나물이 받는 햇빛의 양

02 위 실험 결과, 일주일 뒤에 관찰한 콩나물의 모습이 다음과 같았습니다. 어떤 실험 조건에서 자란 콩나물인지 기호를 쓰시오.

> 떡잎이 그대로 노란색이고, 떡잎 아래 몸통이 매우 가늘어지고 시들었다.

(　　　　　　　　　　)

03 ⊂중요⊃
위 실험을 통해 알 수 있는 콩나물의 자람에 영향을 미치는 비생물 요소로 옳은 것을 두 가지 고르시오. (　　,　　)

① 물　　② 흙
③ 햇빛　　④ 온도
⑤ 공기

[04~05] 다음과 같이 조건을 다르게 하여 콩나물이 자라는 모습을 일주일 이상 관찰하였습니다. 물음에 답하시오.

> (가) 콩나물이 담긴 페트병 한 개를 어둠상자로 덮은 후, 실온에 두고 물을 자주 준다.
> (나) 콩나물이 담긴 다른 페트병 한 개를 어둠상자로 덮은 후, 냉장고에 두고 물을 자주 준다.

04 위 실험으로 알아보려는 것을 보기에서 골라 기호를 쓰시오.

보기
> ㉠ 물이 콩나물의 자람에 미치는 영향
> ㉡ 햇빛이 콩나물의 자람에 미치는 영향
> ㉢ 온도가 콩나물의 자람에 미치는 영향

(　　　　　　　　　　)

05 ⊂서술형⊃
다음은 위 실험의 결과입니다. 이 결과를 보고, 알 수 있는 사실을 쓰시오.

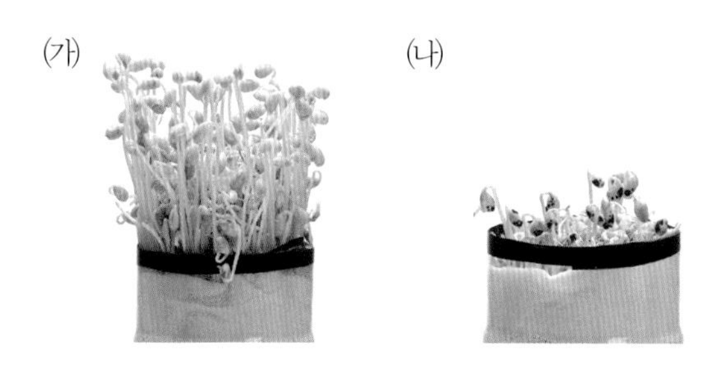

06 다음 (　　) 안에 공통으로 들어갈 알맞은 비생물 요소를 쓰시오.

> • 생물이 생명을 유지하는 데 (　　　　)이/가 필요하다.
> • 식물은 (　　　　)이/가 없으면 말라 죽는다.
> • (　　　　)이/가 없으면 물고기는 살 수 없다.

(　　　　　　　　　　)

07 다음과 같이 개가 털갈이를 하는 데 영향을 미치는 비생물 요소는 무엇인지 쓰시오.

(　　　　　　　　　　)

08 비생물 요소인 햇빛이 생물에 미치는 영향에 대한 설명으로 옳은 것을 보기 에서 골라 기호를 쓰시오.

보기

㉠ 철새의 이동에 영향을 준다.
㉡ 식물의 꽃 피는 시기에 영향을 준다.
㉢ 땅에 사는 생물이 살아가는 장소를 제공해 준다.

(　　　　　　　　　　)

중요

09 적응에 대한 설명으로 옳은 것은 어느 것입니까? (　　)

① 식물만 환경에 적응한다.
② 생물이 자리를 잡고 사는 장소이다.
③ 동물이 다른 동물을 잡아먹고 사는 것이다.
④ 생태계를 이루는 요소 중 살아 있는 것이다.
⑤ 생물이 오랜 기간에 걸쳐 서식지의 환경에 알맞은 생김새와 생활 방식을 갖게 되는 것이다.

[10~12] 다음 여러 가지 여우의 모습을 보고, 물음에 답하시오.

㉠  ㉡  ㉢ 

10 위 여우 중 다음과 같은 특징을 가진 것을 골라 기호를 쓰시오.

귀가 몸집에 비해 작아 열이 덜 배출되어 흰 눈과 얼음으로 뒤덮인 매우 추운 지역에서 살아남기에 유리하다.

(　　　　　　　　　　)

11 위 여우 중 다음과 같은 서식지에서 살아남기에 유리한 것을 골라 기호를 쓰시오.

(　　　　　　　　　　)

서술형

12 위 여우와 같이 털 색깔이 서식지의 환경과 비슷하면 유리한 점은 무엇인지 쓰시오.

13 주변 환경과 생김새가 비슷해 몸을 숨기기에 유리한 특징을 가진 생물은 어느 것입니까? (　　　)

① 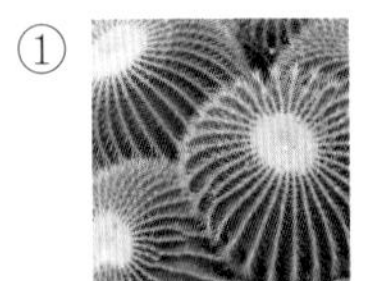
▲ 선인장

② 
▲ 박쥐

③ 
▲ 공벌레

④ ▲ 대벌레

⑤ ▲ 수리부엉이

14 다음과 같이 곰은 가을 내내 몸에 저장시킨 양분을 천천히 사용하며 추운 겨울을 지냅니다. 이와 같은 곰의 생활 방식을 무엇이라고 하는지 쓰시오.

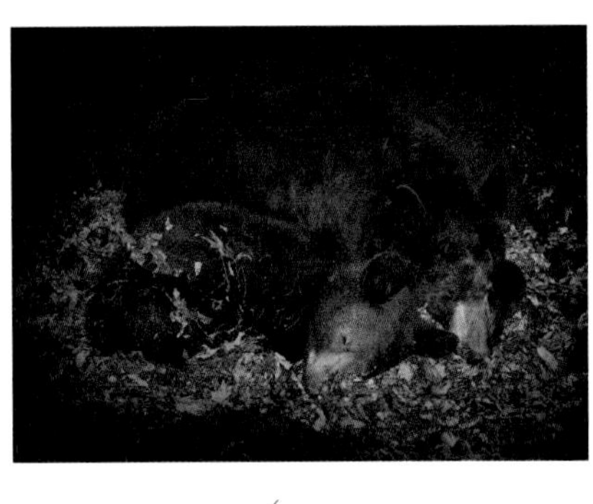

(　　　　　　　　　　)

15 수질 오염의 직접적인 원인이 되는 것을 두 가지 고르시오. (　　　,　　　)

① 공장의 매연
② 자동차의 소음
③ 가정의 생활 하수
④ 비료의 지나친 사용
⑤ 바다에서의 기름 유출 사고

⊂중요⊃
16 환경이 오염되었을 때 일어날 수 있는 일에 대한 설명으로 옳지 않은 것은 어느 것입니까? (　　　)

① 생태계가 파괴된다.
② 생물의 수가 늘어난다.
③ 생물의 종류가 줄어든다.
④ 생물이 사는 곳이 줄어든다.
⑤ 생물이 피해를 입거나 병에 걸린다.

17 생태계를 보전하기 위한 국가나 사회의 노력으로 옳지 않은 것을 보기 에서 골라 기호를 쓰시오.

보기

㉠ 도로나 건물을 많이 건설한다.
㉡ 생태계 보전을 위한 법을 만든다.
㉢ 훼손된 생태계를 복원하는 사업을 한다.
㉣ 생물이나 환경을 위한 보호 구역을 지정하고 관리한다.

(　　　　　　　　　　)

⊂서술형⊃
18 생태계 보전을 위해 우리가 실천할 수 있는 일을 다음의 낱말을 사용하여 두 가지 쓰시오.

일회용품　　　자동차

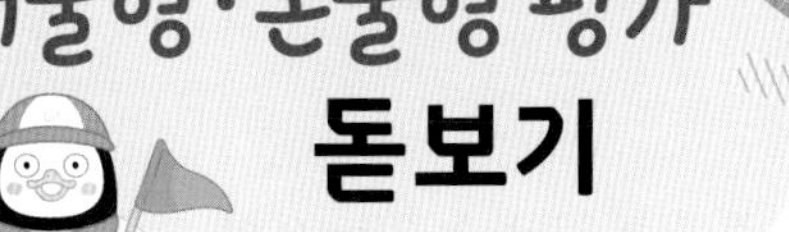

서술형·논술형 평가 돋보기

학교에서 출제되는 서술형·논술형 평가를 미리 준비하세요.

정답과 해설 7쪽

1 다음은 햇빛과 물 조건을 각각 다르게 하여 일주일 동안 기른 콩나물의 모습입니다. 물음에 답하시오.

(1) 위 실험 결과 햇빛이 잘 드는 곳에 두고 물을 준 콩나물을 골라 기호를 쓰시오.

( )

(2) 위 실험 결과를 통해 알 수 있는 사실을 쓰시오.

2 다음과 같이 철새가 계절에 따라 이동하는 까닭을 비생물 요소와 관련지어 쓰시오.

3 다음은 주로 밤에 활동하는 수리부엉이의 모습입니다. 수리부엉이가 환경에 적응한 점을 쓰시오.

4 다음은 농부가 논에 농약을 뿌리는 모습입니다. 물음에 답하시오.

(1) 위와 같은 행동으로 생길 수 있는 환경 오염은 대기 오염, 수질 오염, 토양 오염 중 어느 것인지 쓰시오.

( )

(2) 위 (1)번의 답이 되는 오염이 생물에 미치는 영향을 한 가지 쓰시오.

대단원 정리 학습

이 단원의 핵심 개념을 정리해 보세요.

1 생태계

• 생태계: 어떤 장소에서 살아가는 생물과 생물을 둘러싸고 있는 환경이 서로 영향을 주고받는 것으로, 생태계의 종류와 규모는 다양함.

• 생태계의 구성 요소

생물 요소	• 생산자: 살아가는 데 필요한 양분을 스스로 만드는 생물 • 소비자: 다른 생물을 먹어 양분을 얻는 생물 • 분해자: 죽은 생물이나 생물의 배출물을 분해해 양분을 얻는 생물
비생물 요소	햇빛, 물, 온도, 흙, 공기 등

• 생물의 먹이 관계

먹이 사슬	생물의 먹이 관계가 사슬처럼 연결되어 있는 것
먹이 그물	여러 개의 먹이 사슬이 얽혀 그물처럼 연결되어 있는 것

• 생태계 평형: 생태계를 구성하고 있는 생물의 수 또는 양이 균형을 이루며 안정된 상태를 유지하는 것

• 생태계 평형이 깨지는 원인: 가뭄, 홍수, 태풍 등의 자연재해와 댐·도로·건물 건설 및 환경 오염 등 사람의 활동

2 생물의 환경 적응

• 비생물 요소가 생물에 미치는 영향

햇빛	• 식물이 양분을 만들고, 동물이 성장하며 생활하는 데 필요함. • 식물의 꽃 피는 시기와 동물의 번식 시기에 영향을 줌.
물	• 생물이 생명을 유지하는 데 필요함. • 생물은 물이 없으면 말라 죽고, 물고기는 물이 없으면 살 수 없음.
온도	• 식물이 자라는 정도와 동물의 생활 방식에 영향을 줌. • 개와 고양이의 털갈이, 철새의 이동, 식물 잎에 단풍이 들고 낙엽이 지는 것에 영향을 줌.
흙	땅에 사는 생물이 살아가는 장소를 제공해 줌.
공기	생물이 숨을 쉴 수 있게 해 줌.

• 적응: 생물이 오랜 기간에 걸쳐 서식지의 환경에 알맞은 생김새와 생활 방식을 갖게 되는 것

• 생물이 환경에 적응한 예

북극곰의 두꺼운 털과 지방층

사막여우의 모래색 털과 큰 귀

수리부엉이의 큰 눈과 발달된 시력

선인장의 가시 모양 잎과 두꺼운 줄기

대벌레의 나뭇가지를 닮은 생김새

사마귀의 풀과 비슷한 몸 색깔

3 환경 오염

• 환경 오염: 사람의 활동으로 자연환경이나 생활 환경이 훼손되는 현상

• 환경 오염의 종류와 원인

대기 오염	공장이나 자동차의 매연, 쓰레기를 태웠을 때 나오는 여러 가지 기체 등
수질 오염	공장 폐수, 가정의 생활 하수, 바다에서의 기름 유출 사고 등
토양 오염	땅에 묻은 쓰레기, 농약이나 비료의 지나친 사용 등

• 환경 오염이 생물에 미치는 영향: 환경이 오염되면 그곳에 살고 있는 생물이 병에 걸리거나 생물의 수와 종류가 줄어들고, 생물이 사는 곳이 감소해 생태계가 파괴됨.

• 생태계 보전을 위한 우리의 노력: 일회용품의 사용 줄이기, 샴푸 등 합성 세제의 사용 줄이기, 대중교통 이용하기, 쓰레기 분리배출하기, 음식 남기지 않기, 물 절약하기, 전기 절약하기 등

대단원 마무리

2. 생물과 환경

01 생태계에 대한 설명으로 옳은 것을 보기 에서 모두 골라 기호를 쓰시오.

보기
- ㉠ 생태계의 종류와 규모는 다양하다.
- ㉡ 사막 생태계에는 비생물 요소만 있다.
- ㉢ 햇빛, 공기도 생태계의 구성 요소이다.
- ㉣ 살아 있는 생물 요소만으로 구성되어 있다.

( )

02 다음 생태계의 구성 요소 중 생물 요소에 해당하는 것을 모두 골라 ○표 하시오.

흙	세균	멧돼지
물	햇빛	잠자리
곰	온도	검정말

03 생태계의 구성 요소 중 생물 요소가 숨을 쉬기 위해 필요한 비생물 요소로 옳은 것은 어느 것입니까? ( )

① 흙 ② 물
③ 공기 ④ 온도
⑤ 햇빛

[04~06] 다음 생태계를 보고, 물음에 답하시오.

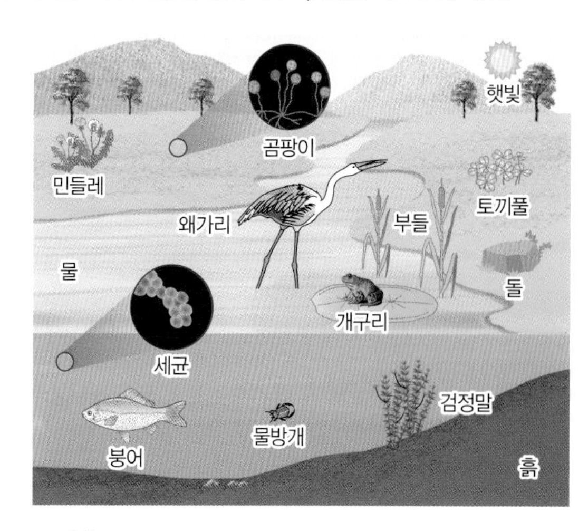

중요

04 위 생태계를 이루는 생물 요소 중 양분을 얻는 방법이 나머지와 다른 하나는 어느 것입니까? ( )

① 붕어 ② 부들
③ 왜가리 ④ 물방개
⑤ 개구리

서술형

05 위 생태계에서 민들레와 검정말의 공통점을 양분을 얻는 방법과 관련지어 쓰시오.

06 위 생태계에서 곰팡이와 세균이 사라진다면 일어날 수 있는 일로 옳은 것을 두 가지 고르시오.

(,)

① 변화가 없다.
② 생물이 죽지 않는다.
③ 죽은 생물이 분해되지 않는다.
④ 소비자의 먹이가 사라지게 된다.
⑤ 동물의 배출물로 가득 차게 된다.

⊂서술형⊃

07 학교 화단 생태계를 구성하는 생물 사이의 먹이 사슬을 한 가지 쓰시오(단, 생물은 세 종류 이상 쓰고, 화살표로 연결합니다.).

____

____

[08~09] 다음은 숲 생태계의 모습입니다. 물음에 답하시오.

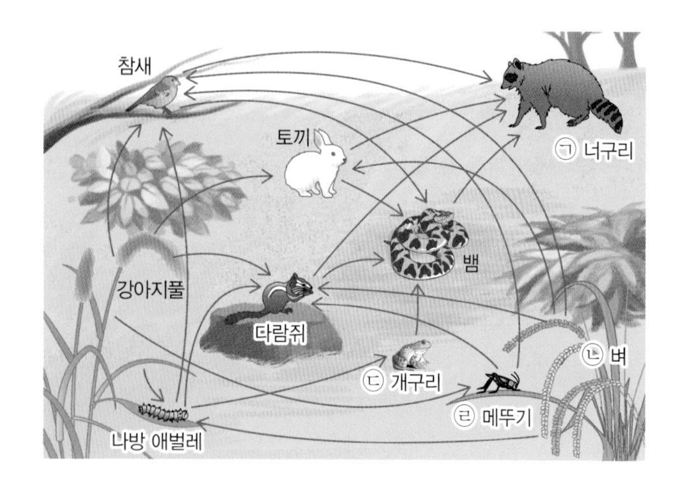

08 위 ㉠~㉣ 생물의 먹고 먹히는 관계를 한 방향으로 연결하려고 합니다. 순서에 맞게 기호를 쓰시오.

(　　　) → (　　　) → (　　　) → (　　　)

09 다음은 위 숲 생태계에서 생물의 먹고 먹히는 관계에 대한 설명입니다. (　　) 안에 들어갈 알맞은 말을 쓰시오.

> 다람쥐는 벼뿐만 아니라 메뚜기나 나방 애벌레를 먹고, 너구리뿐만 아니라 뱀에게도 먹힌다. 이와 같이 여러 개의 먹이 사슬이 얽혀 있는 먹이 관계를 (　　　　)(이)라고 한다.

(　　　　　　　　)

⊂중요⊃

10 먹이 사슬과 먹이 그물에 대한 설명으로 옳지 않은 것은 어느 것입니까? (　　　)

① 먹이 사슬의 처음 단계는 주로 식물이다.
② 먹이 그물에서 소비자는 다양한 종류의 생물을 먹는다.
③ 실제 생태계에서의 먹이 관계는 먹이 사슬보다 먹이 그물 형태로 나타난다.
④ 먹이 사슬이 먹이 그물보다 생태계에서 생물이 살아가기에 더 유리한 먹이 관계이다.
⑤ 먹이 사슬은 생물의 먹이 관계가 한 방향으로만 연결되어 있고, 먹이 그물은 여러 방향으로 연결되어 있다.

11 풀, 사슴, 늑대가 살아가는 어느 국립 공원에서 사람들이 마구잡이로 늑대를 사냥했습니다. 이때 생길 수 있는 일로 옳은 것은 어느 것입니까? (　　　)

① 풀의 양이 줄어든다.
② 사슴의 수가 줄어든다.
③ 풀의 종류가 다양해진다.
④ 생태계 평형이 그대로 유지된다.
⑤ 풀과 사슴의 수가 동시에 늘어난다.

12 위 11번의 답과 같은 일이 일어난 후에 늑대 무리가 다시 국립 공원에서 살게 될 경우, 생길 수 있는 일에 대한 설명으로 옳은 것에 ○표 하시오.

(1) 풀과 사슴이 사라지게 된다. (　　)
(2) 풀, 사슴, 늑대의 수가 동시에 늘어난다. (　　)
(3) 풀, 사슴, 늑대가 균형을 이루며 살게 된다. (　　)

13 햇빛이 콩나물의 자람에 미치는 영향을 알아보는 실험을 할 때 다르게 해야 할 조건은 어느 것입니까? (　　)

① 콩나물의 양
② 콩나물의 종류
③ 콩나물에 주는 물의 양
④ 콩나물에 주는 물의 온도
⑤ 콩나물이 받는 햇빛의 양

⊂서술형⊃
14 다음과 같이 콩나물이 담긴 페트병을 햇빛이 잘 드는 곳에 놓고 물을 주지 않았습니다. 일주일이 지난 뒤 관찰한 떡잎의 색깔과 떡잎 아래 몸통의 변화에 대해 쓰시오.

____

____

15 노란색이었던 콩나물의 떡잎이 초록색으로 변하는 데 영향을 미치는 비생물 요소로 옳은 것은 어느 것입니까? (　　)

① 물　② 흙
③ 온도　④ 햇빛
⑤ 공기

16 다음은 아프리카의 초원에 사는 뿔말에 대한 이야기입니다. 뿔말의 생활에 영향을 미치는 비생물 요소를 두 가지 쓰시오.

> 아프리카의 초원에 사는 뿔말은 계절에 따라 사는 곳의 온도가 높아져 풀이 마르고 비가 내리지 않아 물이 부족하게 되면 먹을 것과 마실 물이 있는 적당한 장소를 찾아 떼를 지어 먼 길을 이동한다.

(　　　　,　　　　)

⊂중요⊃
17 비생물 요소가 생물에 미치는 영향에 대한 설명으로 옳은 것은 어느 것입니까? (　　)

① 흙: 낙엽이 지는 데 영향을 미친다.
② 물: 생물이 숨을 쉬고 살게 해 준다.
③ 공기: 식물의 꽃 피는 시기에 영향을 미친다.
④ 온도: 개와 고양이의 털갈이에 영향을 미친다.
⑤ 햇빛: 철새가 먹이를 구하기 위해 먼 거리를 이동하는 데 영향을 미친다.

18 다음 두 여우의 털 색깔과 가장 관련 있는 환경 요인으로 옳은 것은 어느 것입니까? (　　)

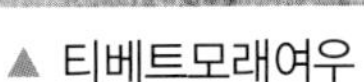
▲ 티베트모래여우

▲ 북극여우

① 서식지 환경의 색깔
② 서식지에 있는 물의 양
③ 서식지에 내리는 비의 양
④ 서식지에 있는 먹이의 종류
⑤ 서식지에서 잡아먹을 수 있는 먹이의 종류

19 다음은 모래로 뒤덮인 매우 덥고 건조한 사막에 사는 여우입니다. 이 여우가 살아남기에 유리한 특징을 두 가지 고르시오. (　　　,　　　)

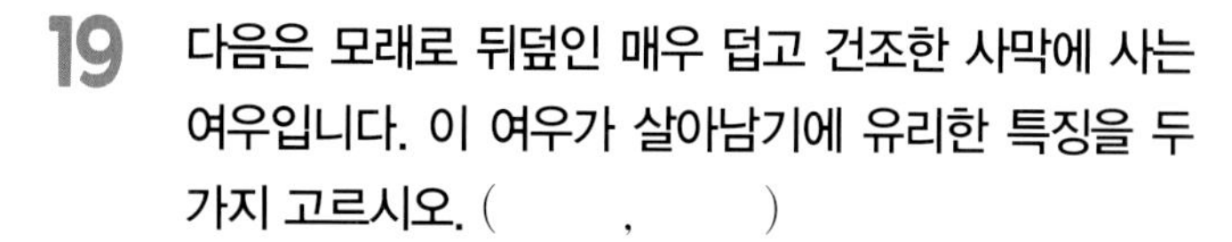

① 큰 귀　② 큰 몸집
③ 두꺼운 털　④ 모래색 털
⑤ 두꺼운 지방층

20 다음은 선인장에 대한 설명입니다. 잘못된 부분을 찾아 기호를 쓰시오.

> 선인장은 ㉠잎이 가시 모양이기 때문에 수분 손실이 적고 ㉡두꺼운 줄기에 많은 양의 물을 저장할 수 있어 비가 내리지 않아도 저장한 물을 이용해서 ㉢오랜 기간 견딜 수 있다. 이와 같이 선인장의 생김새는 ㉣비가 많이 오는 지역에서 살아남기에 유리하게 적응하였다.

(　　　　　　　　　　)

21 다음과 같은 사마귀가 환경에 적응한 방법으로 옳은 것은 어느 것입니까? (　　　)

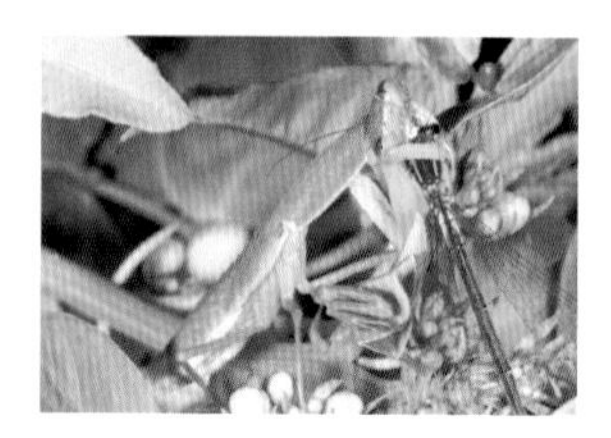

① 겨울잠을 잔다.
② 온몸에 털이 많다.
③ 무리를 지어 사냥을 한다.
④ 주변 풀과 몸 색깔이 비슷하다.
⑤ 적이 나타나면 몸을 동그랗게 오므려 보호한다.

중요

22 토양 오염의 직접적인 원인이 되는 것은 어느 것입니까? (　　　)

① 공장의 폐수
② 자동차의 매연
③ 땅에 묻은 쓰레기
④ 가정의 생활 하수
⑤ 쓰레기를 태울 때 나오는 연기

23 환경 오염이 생물에 미치는 영향으로 옳지 않은 것은 어느 것입니까? (　　　)

① 비료의 지나친 사용으로 벼가 잘 자란다.
② 물이 오염된 곳에 사는 물고기가 죽는다.
③ 미세 먼지 때문에 동물의 호흡 기관에 이상이 생긴다.
④ 바다에 버려진 플라스틱 쓰레기가 동물의 몸에 걸려서 다친다.
⑤ 농약 사용으로 생물의 몸속에 농약 성분이 쌓여 병에 걸린다.

24 생태계 보전을 위한 노력으로 옳은 것을 보기 에서 모두 골라 기호를 쓰시오.

보기

㉠

자동차를 타는 대신 대중교통을 이용한다.
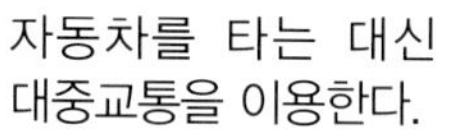

㉡

낮에도 전등을 켜고 생활한다.

㉢

양치할 때 컵에 물을 받아 사용한다.

㉣

비닐봉지나 일회용품을 자주 사용한다.

(　　　　　　　　　　)

정답과 해설 9쪽

1 다음은 생물의 먹고 먹히는 관계를 일부분만 화살표로 나타낸 것입니다. 물음에 답하시오.

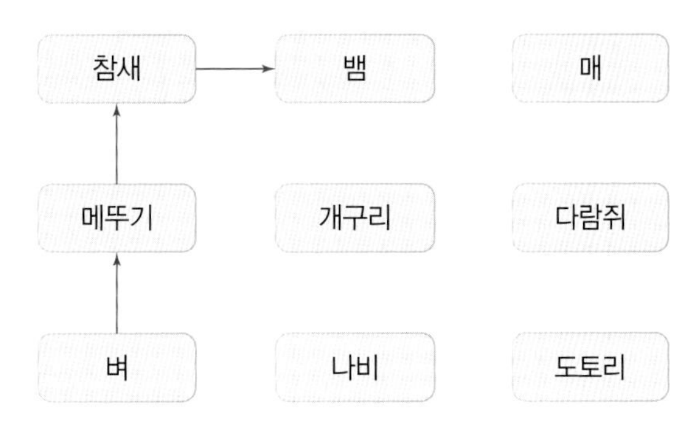

(1) 위 생물의 먹고 먹히는 관계를 화살표로 모두 연결하여 완성하시오. (단, 화살표는 먹히는 생물에서 먹는 생물의 방향으로 연결합니다.)

(2) 위 (1)번 답과 관련지어 먹이 사슬과 먹이 그물의 차이점을 한 가지 쓰시오.

2 다음은 환경 오염의 종류와 원인을 정리한 표입니다. 물음에 답하시오.

종류	대기 오염	(㉠)	(㉡)
원인	공장이나 자동차의 매연	바다에서의 기름 유출 사고	농약이나 비료의 지나친 사용

(1) 위의 (　) 안에 들어갈 알맞은 환경 오염의 종류를 쓰시오.

㉠ (　　　　), ㉡ (　　　　)

(2) 위 ㉠의 답이 되는 환경 오염을 줄이기 위하여 가정에서 실천할 수 있는 일을 세 가지 쓰시오.

3 단원

날씨와 우리 생활

우리는 여름철 밤에 너무 더워서 잠을 못 자거나 겨울철에 내린 눈으로 눈사람을 만들기도 합니다. 비옷이나 장갑과 같은 날씨와 관련된 생활용품을 사기도 합니다. 이처럼 날씨는 우리 생활에 많은 영향을 줍니다.

이 단원에서는 습도가 우리 생활에 미치는 영향과 이슬, 안개, 구름이 생기는 과정과 비와 눈이 내리는 과정에 대해 알아봅니다. 또한 고기압과 저기압은 무엇인지와 바람은 왜 부는지 등 날씨와 관련된 다양한 내용에 대해 알아봅니다.

단원 학습 목표

(1) 습도, 이슬, 안개, 구름, 비, 눈
- 습도를 측정해 보고, 습도가 우리 생활에 어떤 영향을 미치는지 알아봅니다.
- 이슬, 안개, 구름의 특징과 만들어지는 과정을 알아봅니다.
- 비와 눈이 내리는 과정을 알아봅니다.

(2) 기압과 바람
- 고기압과 저기압에 대해 알아봅니다.
- 바람이 부는 까닭을 기압과 관련지어 알아봅니다.

(3) 계절별 날씨와 우리 생활
- 우리나라의 계절별 날씨의 특징을 알아봅니다.
- 날씨는 우리 생활에 어떤 영향을 미치는지 알아봅니다.

단원 진도 체크

회차	학습 내용		진도 체크
1차	(1) 습도, 이슬, 안개, 구름, 비, 눈	교과서 내용 학습 + 핵심 개념 문제	✓
2차		중단원 실전 문제 + 서술형·논술형 평가 돋보기	✓
3차	(2) 기압과 바람	교과서 내용 학습 + 핵심 개념 문제	✓
4차		중단원 실전 문제 + 서술형·논술형 평가 돋보기	✓
5차	(3) 계절별 날씨와 우리 생활	교과서 내용 학습 + 핵심 개념 문제	✓
6차		중단원 실전 문제 + 서술형·논술형 평가 돋보기	✓
7차	대단원 정리 학습 + 대단원 마무리 + 수행 평가 미리 보기		✓

해당 부분을 공부한 후 ✓표를 하세요.

(1) 습도, 이슬, 안개, 구름, 비, 눈

▶ 과자 봉지를 열어 둔 채로 두면 과자가 눅눅해지는 까닭
공기 중에는 눈에 보이지 않지만 수증기가 있어서 과자 봉지를 열어 둔 채로 두면 과자가 공기 중의 수증기를 흡수해 눅눅해집니다.

▶ 건습구 습도계의 원리와 특징
- 건습구 습도계는 물이 증발하는 것을 이용하여 습도를 측정하는 장치입니다.
- 온도계 두 개 중 하나는 건구 온도계이고, 다른 하나는 습구 온도계입니다.
- 습구 온도계는 액체샘 부분을 감싸고 있는 젖은 헝겊의 물이 주변의 열에너지를 흡수하여 수증기로 증발하기 때문에 눈금이 낮아집니다.
- 건구 온도와 습구 온도의 온도 차로 현재의 습도를 알 수 있습니다.

낱말 사전

제습기 습기를 없애기 위해 사용하는 기계
응결 공기 중의 수증기가 물방울이 되는 현상

1 습도가 우리 생활에 미치는 영향

(1) 습도
① 습도: 공기 중에 수증기가 포함되어 있는 정도를 말합니다.
② 습도를 측정하는 도구는 습도계입니다.

(2) 건습구 습도계로 습도 측정하기
① 알코올 온도계 두 개 중 하나만 헝겊의 한쪽 끝이 액체샘 위로 2 cm~3 cm 정도 올라오도록 감싼 뒤 고무줄로 묶습니다.
② 뷰렛 집게로 스탠드에 ①의 온도계 두 개를 고정합니다.
③ 물이 담긴 비커를 헝겊으로 감싼 온도계의 아래에 놓은 뒤, 헝겊의 아랫부분이 물에 잠기도록 하여 건습구 습도계를 완성합니다.

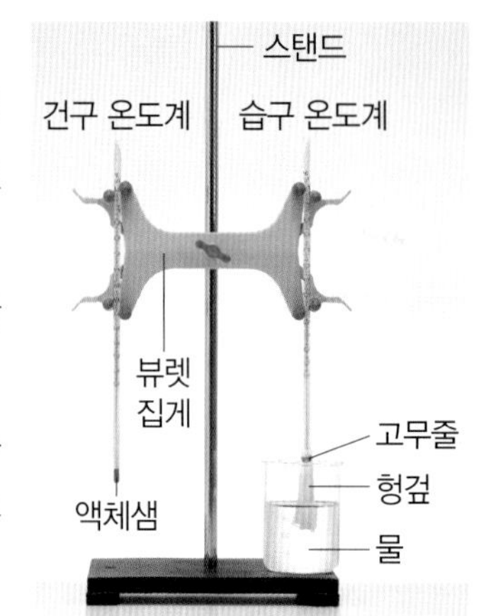

④ 10분 뒤 건구 온도와 습구 온도를 각각 측정해 봅니다.
⑤ 습도표 읽는 방법을 알아보고, 습도표를 이용하여 현재 습도를 구해 봅니다.

습도표 읽는 방법

예 건구 온도가 23 ℃, 습구 온도가 20 ℃일 때

(단위: %)

건구 온도 (℃)	건구 온도와 습구 온도의 차(℃)						
	0	1	2	3			
21	100	91	83	75	6		
22	100	92	83	75	6		
23	100	92	84	76			
24	100	92	84	77	6		
25	100	92	84	77	70	63	57

❶ 세로줄에서 건구 온도를 찾는다.
❷ 가로줄에서 건구 온도와 습구 온도의 차 (23 ℃−20 ℃=3 ℃)를 찾는다.
❸ ❶과 ❷가 만나는 지점이 현재 습도를 나타낸다.

➡ 현재 습도는 76 %이고, '칠십육 퍼센트'라고 읽습니다.

(3) 습도가 우리 생활에 미치는 영향
① 습도가 높을 때

음식물이 쉽게 상합니다.

곰팡이나 세균이 자라기 쉽습니다.

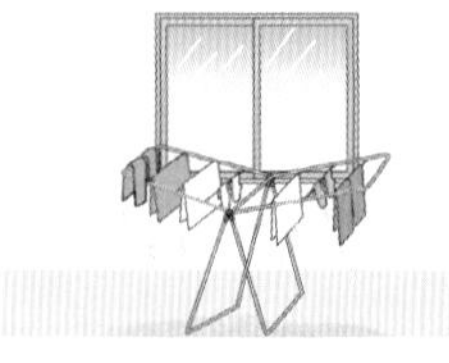
빨래가 잘 마르지 않습니다.

② 습도가 낮을 때

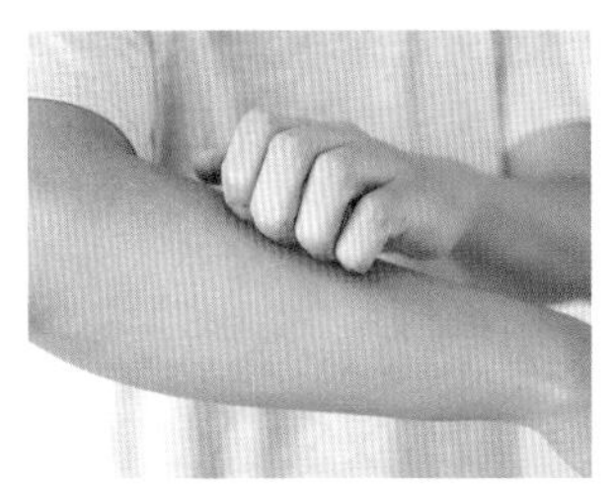

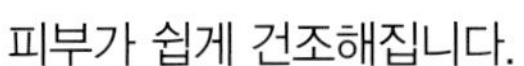
피부가 쉽게 건조해집니다.

산불이 발생하기 쉽습니다.

감기와 같은 호흡기 질환이 생기기도 합니다.

(4) **생활 속 습도 조절 방법**: 습도는 건강, 안전 등 우리 생활에 많은 영향을 줍니다. 따라서 상황에 맞는 습도를 유지하기 위해 다양한 방법으로 습도를 조절합니다.

습도가 높을 때	습도가 낮을 때
• 제습기나 에어컨을 사용한다. • 옷장이나 신발장 속에 습기 제거제를 넣어 둔다. • 마른 숯을 실내에 놓아둔다.	• 가습기를 사용한다. • 젖은 수건이나 빨래를 널어 둔다. • 물이나 차를 끓인다. • 어항을 놓아둔다.

(5) 더운 여름날, 습도가 높을 때와 낮을 때 사람들이 느끼는 온도와 감정

① 습도가 낮으면 덜 덥게 느껴지고 쾌적한 느낌이 듭니다.

② 습도가 높으면 더 덥게 느껴지고 불쾌한 느낌이 듭니다.

2 이슬, 안개, 구름이 만들어지는 과정

(1) 이슬이 만들어지는 과정

① 이슬: 공기 중의 수증기가 차가워진 물체 표면에 응결해 물방울로 맺혀 있는 것입니다.

② 밤이 되어 기온이 낮아지면 차가워진 나뭇가지나 풀잎 표면, 거미줄 등에 물방울이 맺힙니다.

▲ 풀잎 표면에 맺힌 이슬

▲ 거미줄에 맺힌 이슬

▶ 장소에 따른 습도
- 운동장 한가운데나 운동장 쪽 창가와 같이 햇볕이 잘 비치는 곳은 습도가 낮습니다.
- 화장실의 세면대나 연못처럼 물을 사용하거나 물이 있는 곳은 습도가 높습니다.

▶ 우리 주변에서 볼 수 있는 응결 현상

▲ 겨울철 유리창에 맺힌 물방울

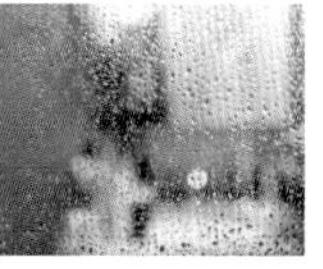
▲ 욕실 거울에 맺힌 물방울

▲ 추운 날 실내로 들어왔을 때 안경에 맺힌 물방울

▶ 이슬이 낮보다 새벽에 잘 맺히는 까닭
응결은 온도가 낮을 때 잘 일어납니다. 따라서 낮보다 온도가 낮은 새벽에 이슬이 잘 맺힙니다.

개념 확인 문제

1 건습구 습도계에서 알코올 온도계의 액체샘을 헝겊으로 감싼 뒤 헝겊의 아랫부분이 비커에 담긴 물에 잠기도록 한 온도계는 (   ) 온도계입니다.

2 습도가 높으면 빨래가 잘 마릅니다. (○ , ×)

3 이슬은 공기 중의 수증기가 차가워진 물체 표면에 (응결 , 증발) 해 물방울로 맺혀 있는 것입니다.

정답 1 습구 2 × 3 응결

(2) 안개가 만들어지는 과정

① 안개: 지표면 가까이에 있는 공기 중의 수증기가 응결해 작은 물방울로 떠 있는 것입니다.

② 이른 아침 숲이나 호수 위에 낀 안개를 볼 수 있습니다.

▲ 숲에 낀 안개

▲ 호수 위에 낀 안개

(3) 구름이 만들어지는 과정

① 구름: 공기 중의 수증기가 응결해 작은 물방울이나 작은 얼음 알갱이가 되어 하늘에 떠 있는 것입니다.

② 구름이 만들어지는 과정

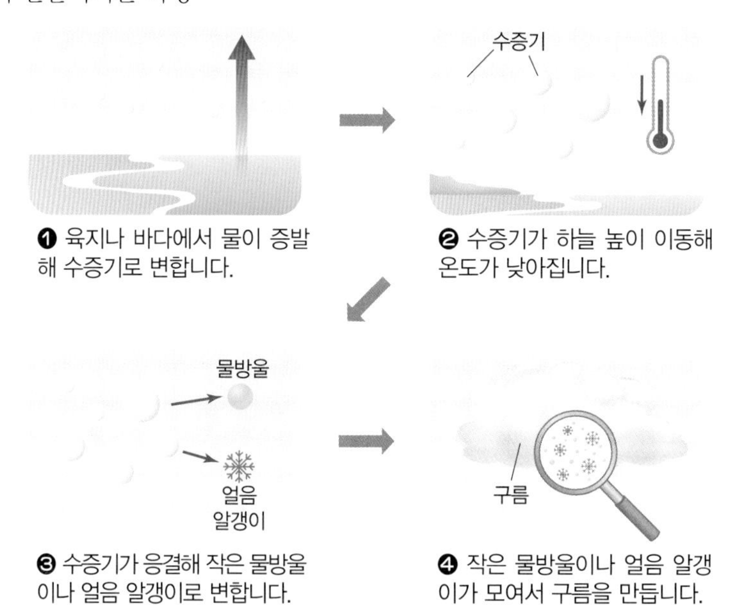

❶ 육지나 바다에서 물이 증발해 수증기로 변합니다.

❷ 수증기가 하늘 높이 이동해 온도가 낮아집니다.

❸ 수증기가 응결해 작은 물방울이나 얼음 알갱이로 변합니다.

❹ 작은 물방울이나 얼음 알갱이가 모여서 구름을 만듭니다.

(4) 이슬, 안개, 구름의 공통점과 차이점

구분		이슬	안개	구름
공통점		공기 중의 수증기가 응결해 나타나는 현상이다.		
차이점	만들어지는 과정	공기 중의 수증기가 차가워진 나뭇잎이나 풀잎 같은 물체 표면에 응결해 생긴다.	지표면 근처의 공기가 차가워지면서 공기 중의 수증기가 응결해 생긴다.	공기가 하늘로 올라가면 온도가 낮아지면서 공기 중의 수증기가 응결해 생긴다.
	만들어지는 위치	물체의 표면	지표면 근처	높은 하늘

◗ 안개는 수증기가 아닌 까닭

수증기는 물의 기체 상태로 우리 눈에 보이지 않지만, 안개는 수증기가 응결하여 작은 물방울 상태로 지표면 근처에 떠 있는 것입니다. 즉 안개를 이루는 입자는 물의 액체 상태로 작은 물방울이 많이 모여 있어 우리 눈에 보이는 것입니다. 이처럼 안개는 수증기가 아니라, 작은 물방울입니다.

◗ 이슬, 안개, 구름이 잘 생기는 날씨 조건

공기 중에 수증기가 많고 기온 차가 큰 날씨에 잘 생깁니다. 이슬, 안개, 구름은 수증기의 응결로 생기는데, 수증기는 기온 차가 많이 날 때 잘 응결하기 때문입니다.

지표면 지구의 표면 또는 땅의 겉면

분무기 물이나 약품 따위를 안개처럼 뿜어내는 도구

3 비와 눈이 내리는 과정

(1) 비가 내리는 과정 모형실험 하기

① 구멍이 있는 스펀지, 투명한 플라스틱 원통, 물이 담긴 분무기를 준비합니다.

② 투명한 플라스틱 원통에 스펀지를 올려놓고 작은 물방울이 흩뿌려지듯 나오도록 조절한 분무기로 물을 계속 뿌리면서 스펀지와 원통 안에서 나타나는 현상을 관찰해 봅니다.

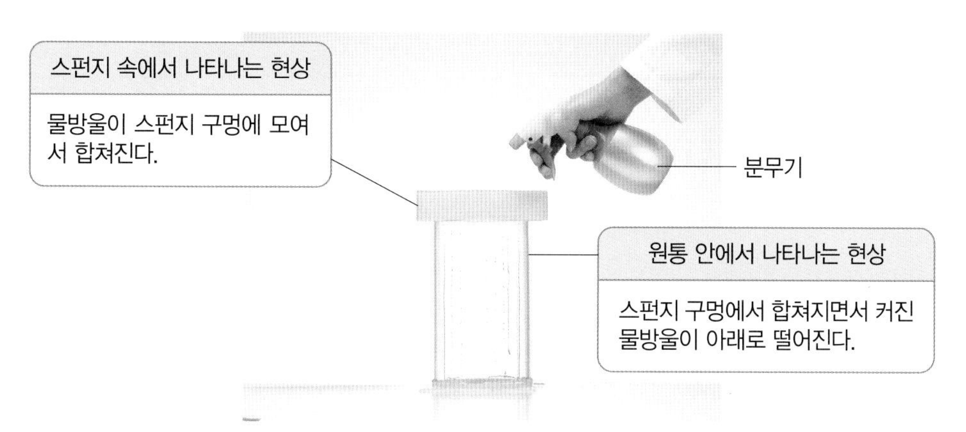

③ 스펀지에서 나타나는 현상은 자연에서 구름에 해당하고, 원통 안에서 나타나는 현상은 자연에서 비가 내리는 것에 해당합니다.

(2) 비와 눈이 내리는 과정

비가 내리는 과정	눈이 내리는 과정
커진 물방울	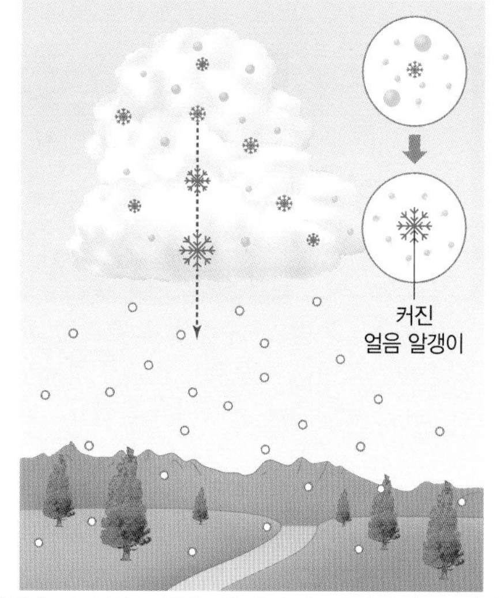 커진 얼음 알갱이
구름 속 작은 물방울이 합쳐지면서 커지고 무거워져 떨어지거나, 크고 무거워진 얼음 알갱이가 녹아서 떨어지면 비가 된다.	구름 속 작은 얼음 알갱이가 커지면서 무거워져 떨어질 때 녹지 않은 채로 떨어지면 눈이 된다.

▶ 비의 종류

- 이슬비: 매우 가늘게 내리는 비로, 언뜻 보면 물방울이 공중에 떠 있는 것처럼 보입니다.
- 가랑비: 이슬비보다 굵고, 보통 비보다 가늘게 내리는 비를 말합니다. 빗줄기는 약하지만 꾸준히 내립니다.
- 소나기: 짧고 굵게 내리는 비입니다. 갑자기 구름이 짙어지면서 굵은 빗방울(지름 5~8 mm)이 1~2시간 강하게 내리다가 그칩니다. 주로 한여름에 자주 내리고, 천둥과 번개를 동반하기도 합니다.
- 장마: 여름철 우리나라에 오랜 기간 집중적으로 내리는 비입니다.

▶ 비와 눈

▲ 비

▲ 눈

▶ 우리나라에서 여름에 눈이 내리지 않는 까닭

우리나라의 여름에는 온도가 높아 구름 속 작은 얼음 알갱이가 떨어질 때 녹기 때문입니다.

개념 확인 문제

1 (　　　)은/는 지표면 가까이에 있는 공기 중의 수증기가 응결해 작은 물방울로 떠 있는 것입니다.

2 공기는 지표면에서 하늘로 올라가면서 온도가 점점 낮아집니다. (○ , ×)

3 비는 구름 속 작은 물방울이 합쳐지면서 커지고 (가벼워져 , 무거워져) 떨어지는 것입니다.

정답 1 안개 2 ○ 3 무거워져

이제 실험 관찰로 알아볼까? 이슬과 안개 발생 실험하기

[준비물] 면장갑, 집기병, 페트리 접시, 물, 조각 얼음 여러 개, 집게, 마른 수건, 뜨거운 물, 향, 점화기

[실험 방법 1] 이슬 발생 실험하기

① 물기가 없는 집기병에 물과 조각 얼음을 $\frac{1}{2}$ 정도 넣습니다.

② 집기병 표면을 마른 수건으로 닦습니다.

③ 집기병 표면에 어떤 변화가 나타나는지 관찰해 봅니다.

물과 조각 얼음

[실험 방법 2] 안개 발생 실험하기

① 조각 얼음을 페트리 접시에 담습니다.

② 집기병에 뜨거운 물을 400 mL 정도 넣어 비커 안을 1분 정도 데운 뒤 물을 버립니다.

③ 향에 불을 붙여 연기가 나면 집기병 안에 넣고 2초 정도 지난 뒤 향을 빼내고, 바로 얼음이 담긴 페트리 접시를 집기병 위에 올려놓습니다.

④ 집기병 안에 어떤 변화가 나타나는지 관찰해 봅니다.

조각 얼음

주의할 점

- 얼음을 옮길 때에는 면장갑을 끼고, 집게를 사용합니다.
- 안개 발생 실험에서 집기병 안에 넣은 향 연기는 수증기의 응결이 잘 일어나도록 도와주는 역할을 합니다.

중요한 점

이슬과 안개는 공기 중의 수증기가 응결해 나타나는 현상입니다.

[실험 결과]

이슬 발생 실험하기	안개 발생 실험하기
물과 조각 얼음	
집기병 표면에 얼음물의 높이까지 작은 물방울이 생겼다. ➡ 집기병 밖의 수증기가 집기병의 표면에서 응결하여 물방울로 맺히기 때문이다.	집기병 안이 뿌옇게 흐려진다. ➡ 집기병 안의 따뜻한 수증기가 페트리 접시 위의 조각 얼음 때문에 집기병 속에서 응결하기 때문이다.

탐구 문제

정답과 해설 10쪽

1 물기가 없는 집기병에 물과 조각 얼음을 넣고 집기병 표면을 마른 수건으로 닦은 뒤 나타나는 변화로 옳은 것에 ○표 하시오.

(1) 집기병 표면의 색깔이 변한다. ( )

(2) 집기병 표면의 온도가 올라간다. ( )

(3) 집기병 표면에 작은 물방울이 맺힌다. ( )

2 다음은 안개 발생 실험에서 나타나는 변화를 설명한 것입니다. ( ) 안에 들어갈 알맞은 말을 쓰시오.

> 집기병 안의 따뜻한 수증기가 페트리 접시 위의 조각 얼음 때문에 집기병 속에서 ( )하기 때문에 집기병 안이 뿌옇게 흐려진다.

( )

핵심 개념 문제

정답과 해설 10쪽

개념 1 습도에 대해 묻는 문제

(1) 습도: 공기 중에 수증기가 포함되어 있는 정도임.
(2) 습도가 높으면 음식물이 쉽게 상하며, 세균이나 곰팡이가 자라기 쉽고, 빨래가 잘 마르지 않음.
(3) 습도가 낮으면 피부가 쉽게 건조해지고, 산불이 발생하기 쉬우며, 감기와 같은 호흡기 질환이 잘 생김.
(4) 습도가 높을 때는 제습기나 습기 제거제 등을 사용하고, 습도가 낮을 때는 가습기 등을 사용하여 상황에 맞게 습도를 조절함.

01 다음 ( ) 안에 들어갈 알맞은 말을 쓰시오.

> 공기 중에는 우리 눈에 보이지 않지만 수증기가 있으며, 공기 중에 수증기가 포함되어 있는 정도를 ( )(이)라고 한다.

( )

02 습도가 높을 때와 낮을 때 우리 생활에서 볼 수 있는 모습을 바르게 선으로 연결하시오.

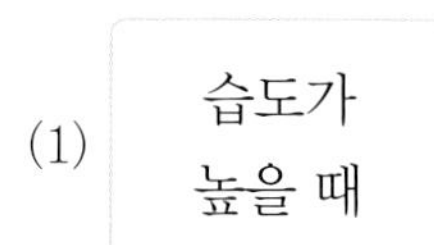

(1) 습도가 높을 때 • • ㉠

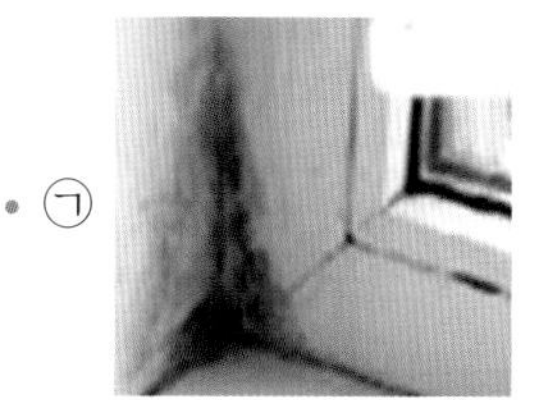

▲ 욕실에 핀 곰팡이

(2) 습도가 낮을 때 • • ㉡

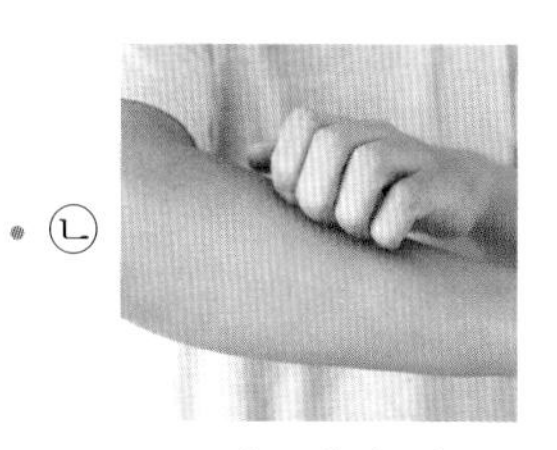

▲ 건조해진 피부

개념 2 건습구 습도계로 습도를 측정하는 방법에 대해 묻는 문제

(1) 건습구 습도계에서 건구 온도와 습구 온도를 각각 측정한 뒤 습도표를 이용하여 현재 습도를 구함.
(2) 습도표의 세로줄에서 건구 온도를 찾고 가로줄에서 건구 온도와 습구 온도의 차를 찾은 다음, 가로줄과 세로줄이 만나는 지점이 현재 습도임.

03 다음은 습도를 측정하는 장치입니다. 이 장치의 이름은 무엇인지 쓰시오.

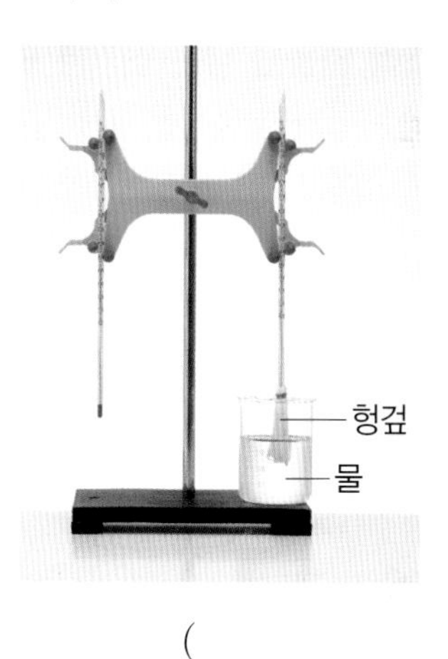

( )

04 건구 온도가 19 ℃이고 습구 온도가 17 ℃입니다. 습도표를 이용하여 구한 현재 습도로 옳은 것은 어느 것입니까? ( )

건구 온도 (℃)	건구 온도와 습구 온도의 차(℃)				
	0	1	2	3	4
15	100	90	80	71	61
16	100	90	81	71	63
17	100	90	81	72	64
18	100	91	82	73	65
19	100	91	82	74	65

① 65 % ② 72 % ③ 81 %
④ 82 % ⑤ 91 %

개념 3 이슬, 안개, 구름에 대해 묻는 문제

(1) 이슬: 공기 중의 수증기가 차가워진 물체 표면에 응결해 물방울로 맺혀 있는 것임.

(2) 안개: 지표면 가까이에 있는 공기 중의 수증기가 응결해 작은 물방울로 떠 있는 것임.

(3) 구름: 공기 중의 수증기가 응결해 작은 물방울이나 작은 얼음 알갱이가 되어 하늘에 떠 있는 것임.

(4) 이슬, 안개, 구름은 모두 공기 중의 수증기가 응결하여 나타나는 현상이지만, 만들어지는 과정과 만들어지는 위치가 다름.

05 물과 조각 얼음을 넣은 집기병 표면에서 나타나는 변화와 비슷한 자연 현상은 무엇인지 쓰시오.

(　　　　　　　　)

06 이슬, 안개, 구름에 대한 설명으로 옳은 것에 ○표, 옳지 않은 것에 ×표 하시오.

(1) 이슬은 공기 중의 수증기가 응결해 생긴다. (　　)

(2) 안개는 밤이 되어 차가워진 풀잎 표면에 맺힌 작은 물방울이다. (　　)

(3) 구름은 공기 중의 수증기가 응결해 작은 물방울로 지표면 가까이에 떠 있는 것이다. (　　)

개념 4 비, 눈에 대해 묻는 문제

(1) 비: 구름 속 작은 물방울이 합쳐지면서 커지고 무거워져 떨어지거나, 크고 무거워진 얼음 알갱이가 녹아서 떨어지는 것임.

(2) 눈: 구름 속의 얼음 알갱이가 커지면서 무거워져 떨어질 때 녹지 않은 채로 떨어지는 것임.

07 다음 (　　) 안에 들어갈 알맞은 말을 쓰시오.

> 구름 속에서 크고 무거워진 얼음 알갱이가 녹아서 떨어지면 (　　　　)이/가 된다.

(　　　　　　　　)

08 구름 속 얼음 알갱이의 크기가 커지면서 무거워져 떨어질 때 녹지 않은 채로 떨어지면 나타나는 현상으로 옳은 것은 어느 것입니까? (　　)

① 비가 내린다.
② 눈이 내린다.
③ 안개가 낀다.
④ 번개가 친다.
⑤ 이슬이 맺힌다.

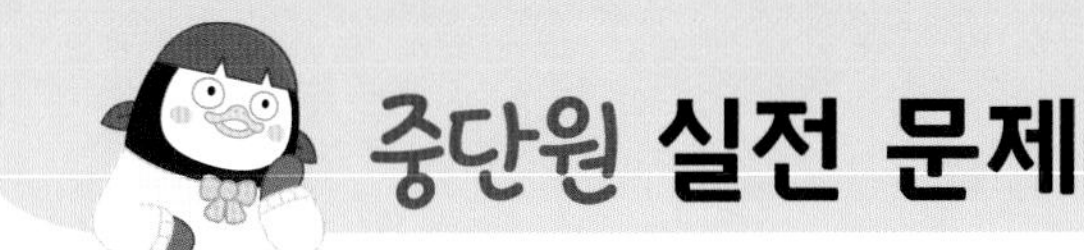

중단원 실전 문제

정답과 해설 10쪽

01 습도에 대해 잘못 말한 사람의 이름을 쓰시오.

- 건우: 습도의 단위는 %로 나타내.
- 정민: 습도를 측정하는 도구는 습도계야.
- 이수: 습도는 공기 중에 기체가 포함되어 있는 정도를 말하는 거야.

( )

02 오른쪽의 습도를 측정하는 장치에 대한 설명으로 옳지 않은 것은 어느 것입니까? ( )

ㄱ ㄴ 헝겊 물

① 건습구 습도계이다.
② ㄱ은 건구 온도계이다.
③ ㄴ은 습구 온도계이다.
④ ㄱ 온도계로 측정한 온도만으로도 습도를 구할 수 있다.
⑤ ㄴ 온도계의 액체샘을 감싼 헝겊의 아랫부분이 물에 잠기게 해야 한다.

중요

03 건구 온도가 23 ℃이고, 습구 온도가 20 ℃일 때, 습도표를 보고 습도를 구해 쓰시오.

건구 온도 (℃)	건구 온도와 습구 온도의 차(℃)				
	0	1	2	3	4
20	100	91	83	74	66
21	100	91	83	75	67
22	100	92	83	75	68
23	100	92	84	76	69

( ) %

04 습도가 가장 높은 상황으로 옳은 것에 ○표 하시오.

(1) ( ) (2) ( )

(3) ( ) (4) ( )

05 습도가 우리 생활에 미치는 영향에 대한 설명으로 옳은 것은 어느 것입니까? ( )

① 습도가 높으면 빨래가 잘 마른다.
② 습도가 높으면 곰팡이가 잘 생긴다.
③ 습도가 높으면 산불이 발생하기 쉽다.
④ 습도가 낮으면 음식물이 쉽게 상한다.
⑤ 습도가 낮으면 빨래가 잘 마르지 않는다.

서술형

06 두 친구의 대화를 읽고, 이와 같은 날씨에 습도를 조절하는 방법을 한 가지 쓰시오.

- 유준: 아까부터 왜 팔을 긁고 있는거야?
- 새롬: 요즘 습도가 낮아지니까 피부가 건조해져서 간지러워.

[07~08] 얼린 음료수 캔의 표면을 마른 수건으로 닦은 뒤 나타나는 현상을 관찰해 보았습니다. 물음에 답하시오.

07 위 실험에서 나타나는 현상으로 옳은 것은 어느 것입니까? (　　　)

① 변화가 없다.
② 캔이 터진다.
③ 음료수가 캔 밖으로 스며 나온다.
④ 캔 표면의 온도가 더욱 낮아진다.
⑤ 캔 표면에 작은 물방울이 맺힌다.

08 위 실험에서 나타나는 현상과 비슷한 자연 현상을 보기 에서 모두 골라 기호를 쓰시오.

보기

(　　　　　　　　　　)

09 추운 날 실내로 들어왔을 때 안경이 뿌옇게 흐려지는 현상과 관계 없는 것은 어느 것입니까? (　　　)

① 얼음이 녹아 물이 된다.
② 욕실의 거울이 뿌옇게 흐려진다.
③ 겨울철 유리창에 물방울이 맺힌다.
④ 얼음물이 든 컵 표면에 물방울이 맺힌다.
⑤ 여름철 차가운 물이 나오는 수도꼭지에 물방울이 맺힌다.

[10~11] 뜨거운 물을 넣어 집기병 안을 데운 뒤 물을 버리고 불을 붙인 향을 넣었다가 빼냈습니다. 그리고 집기병 위에 조각 얼음이 담긴 페트리 접시를 올려놓았습니다. 물음에 답하시오.

10 위 실험 결과에 대한 설명으로 옳은 것을 두 가지 고르시오. (　　　,　　　)

① 응결 현상이 나타난다.
② 집기병 안에 얼음이 생긴다.
③ 집기병 안이 뿌옇게 흐려진다.
④ 집기병의 겉 표면이 얼어붙는다.
⑤ 조각 얼음이 녹아 집기병 안으로 흐른다.

11 위 실험에서 나타나는 현상과 가장 비슷한 자연 현상은 어느 것입니까? (　　　)

① 비　　② 눈
③ 안개　　④ 구름
⑤ 이슬

12 중요
다음 (　　) 안에 들어갈 알맞은 말을 쓰시오.

지표면 근처의 공기가 하늘로 올라가면서 온도가 낮아지면 공기 중의 수증기가 응결해 물방울이 되거나 얼음 알갱이가 되어 하늘에 떠 있게 되는데, 이를 (　　　　)(이)라고 한다.

(　　　　　　　　　　)

13 ⊂중요⊃
안개와 구름의 차이점으로 옳은 것을 골라 기호를 쓰시오.

	안개	구름
㉠	고체 상태이다.	기체 상태이다.
㉡	주로 낮에 볼 수 있다.	주로 밤에 볼 수 있다.
㉢	지표면 근처에 떠 있다.	하늘에 떠 있다.
㉣	물이 얼어서 생긴다.	수증기가 응결해서 생긴다.

( )

⊂서술형⊃
14 이슬, 안개, 구름의 공통점을 쓰시오.

15 구름 속 작은 물방울이 합쳐지면서 커지고 무거워져 떨어지는 현상으로 옳은 것을 보기 에서 골라 기호를 쓰시오.

보기

▲ 눈 ▲ 비
▲ 번개 ▲ 안개

( )

[16~17] 투명한 플라스틱 원통에 스펀지를 올려놓고 분무기로 물을 계속 뿌리면서 스펀지와 원통 안에서 나타나는 현상을 관찰하였습니다. 물음에 답하시오.

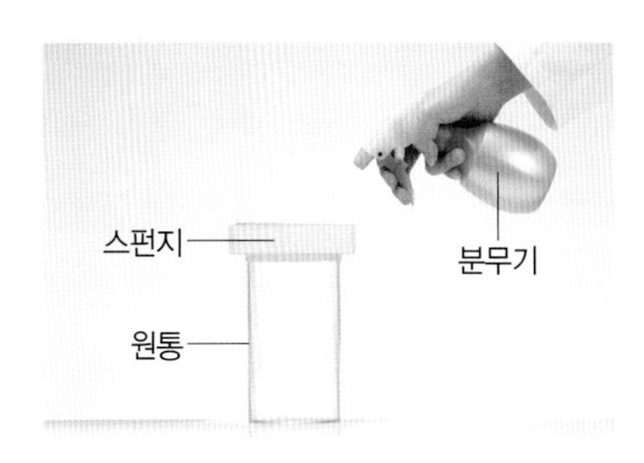

16 위의 스펀지에서 나타나는 현상은 자연에서 무엇을 나타내는지 쓰시오.

( )

17 위의 원통 안에서 나타나는 현상으로 옳은 것을 보기 에서 골라 기호를 쓰시오.

보기
㉠ 원통 안이 뿌옇게 흐려진다.
㉡ 작은 얼음 알갱이가 아래로 떨어진다.
㉢ 스펀지 구멍에서 합쳐지면서 커진 물방울이 아래로 떨어진다.

( )

18 다음과 같이 구름 속 얼음 알갱이가 커지면서 무거워져 떨어질 때 녹지 않은 채로 떨어지는 것을 무엇이라고 하는지 쓰시오.

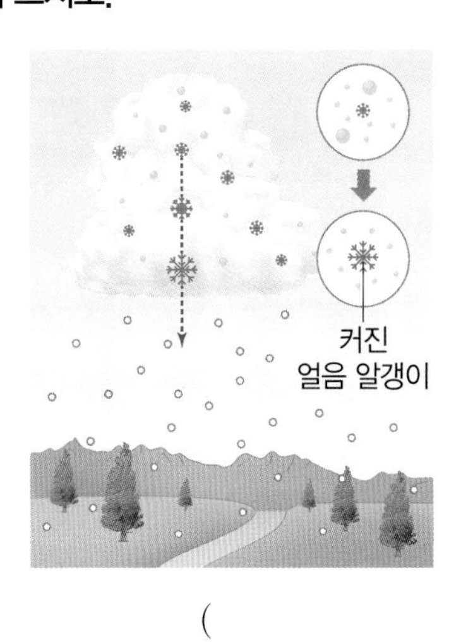

( )

서술형·논술형 평가 돋보기

학교에서 출제되는 서술형·논술형 평가를 미리 준비하세요.

정답과 해설 11쪽

1 다음 상황을 보고, 물음에 답하시오.

(1) 위 상황에 대한 설명입니다. ( ) 안에 들어갈 알맞은 말에 ○표 하시오.

> 습도가 (높을 , 낮을) 때는 실제보다 더 덥게 느껴져 불쾌감을 느끼기도 한다.

(2) 위와 같은 상황에서 습도를 조절할 수 있는 방법을 한 가지 쓰시오.

____

____

2 다음과 같이 이른 아침 풀잎 표면에 이슬이 맺히는 까닭을 쓰시오.

____

____

3 다음은 안개가 만들어지는 과정을 알아보기 위한 실험 장치입니다. 물음에 답하시오.

(1) 위 실험에서 뜨거운 물로 집기병 안을 데운 뒤 물을 버리고 조각 얼음이 담긴 페트리 접시를 집기병 위에 올리기 전에 수증기의 응결이 잘 일어나도록 하기 위해 집기병 안에 넣었다가 빼는 것은 무엇인지 쓰시오.

(   )

(2) 위 실험 결과 집기병 안에서 나타나는 변화를 쓰시오.

____

____

4 다음과 같은 날씨가 발생하는 과정을 쓰시오.

▲ 비

____

____

(2) 기압과 바람

▶ 머리말리개를 이용하여 기온에 따른 공기의 무게를 비교하는 실험

① 플라스틱 통의 안쪽 바닥에 액정 온도계를 붙여 온도를 측정한 뒤, 뚜껑을 닫고 전자저울로 무게를 측정해 봅니다.

예

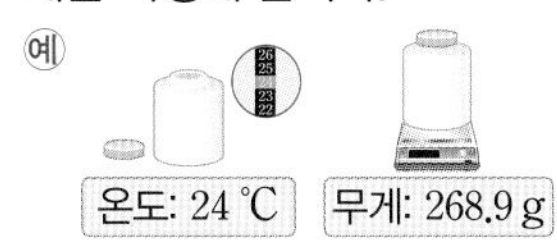

② 플라스틱 통의 뚜껑을 열고 뒤집은 뒤 머리말리개의 온풍 기능을 선택해 1분 동안 공기를 넣고 온도를 측정해 봅니다. 예 36 ℃

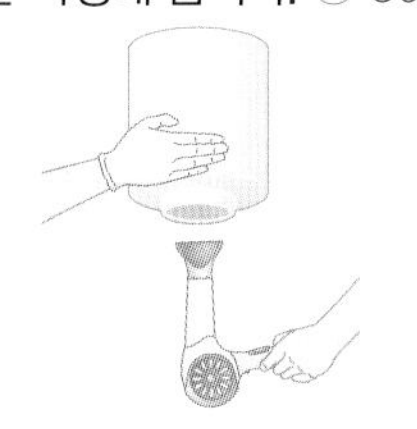

③ 플라스틱 통의 뚜껑을 닫고 전자저울로 무게를 측정해 봅니다. 예 268.7 g

④ 플라스틱 통 안 공기의 온도가 높아지면 공기의 무게는 줄어듭니다.

▶ 공기의 무게

- 공기의 무게는 공기의 온도에 따라 달라집니다.
- 공기의 온도가 낮아지면 같은 부피에 있는 공기의 양이 많아져서 무거워집니다.
- 공기의 온도가 높아지면 같은 부피에 있는 공기의 양이 적어져서 가벼워집니다.

기온 대기의 온도. 보통 지면으로부터 1.5 m 높이의 백엽상 속에 놓인 온도계로 잰 온도를 말함.

액정 온도계 액체와 고체의 중간 성질을 띠는 액정을 이용한 온도계로, 특정 온도에 해당할 때 색깔이 변하면서 온도를 나타냄.

1 고기압과 저기압

(1) 기온에 따른 공기의 무게 비교하기

[실험 방법]

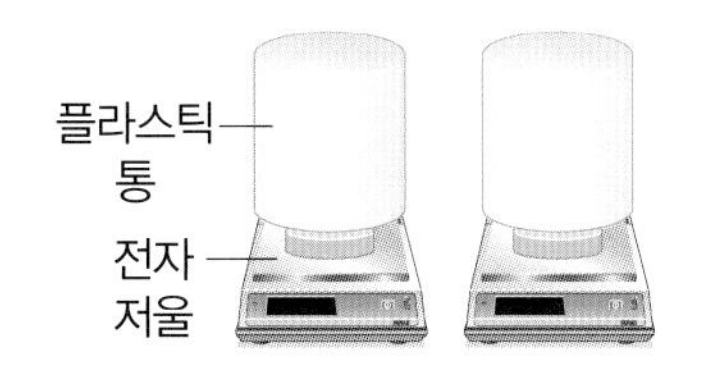

① 뚜껑을 닫은 플라스틱 통 두 개의 무게를 각각 측정합니다.

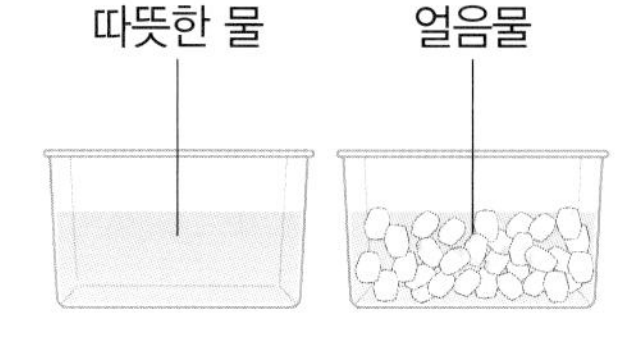

② 수조 하나에는 따뜻한 물을, 다른 하나에는 얼음물을 절반 정도 채웁니다.

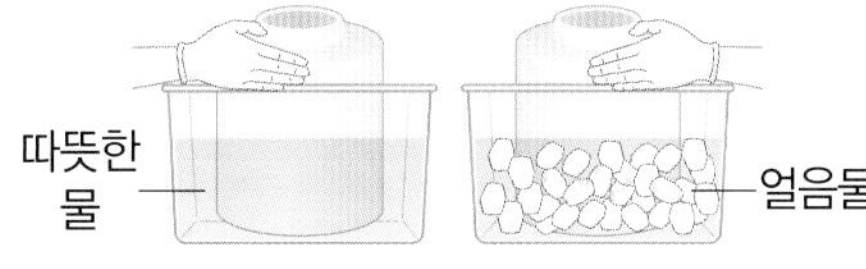

③ 두 플라스틱 통의 뚜껑을 열고, ②의 수조에 각각 넣은 뒤 통을 누릅니다.

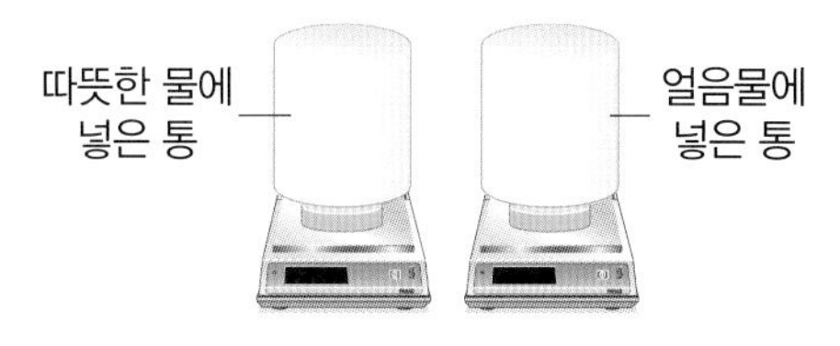

④ 5분 후 두 플라스틱 통의 뚜껑을 동시에 닫고 수조에서 꺼내 물기를 모두 닦은 후, 두 플라스틱 통의 무게를 각각 측정해 봅니다.

[실험 결과]

구분	따뜻한 물에 넣은 플라스틱 통	얼음물에 넣은 플라스틱 통
처음 무게(g)	285.6	285.6
5분 후 무게(g)	285.3	285.9

➡ 따뜻한 물에 넣은 플라스틱 통보다 얼음물에 넣은 플라스틱 통의 무게가 더 무거운 것으로 보아, 같은 부피일 때 따뜻한 공기보다 차가운 공기가 더 무겁다는 것을 알 수 있습니다.

(2) 기압

① 기압: 공기의 무게 때문에 생기는 힘입니다.

② 같은 부피에서 공기의 무게가 무거우면 기압이 높고, 공기의 무게가 가벼우면 기압이 낮습니다.

③ 같은 부피에서 차가운 공기가 따뜻한 공기보다 무거워 기압이 더 높습니다.

④ 상대적으로 주위보다 공기의 양이 많아 무거워져 기압이 높은 것을 고기압이라고 하고, 상대적으로 주위보다 공기의 양이 적어 가벼워져 기압이 낮은 것을 저기압이라고 합니다.

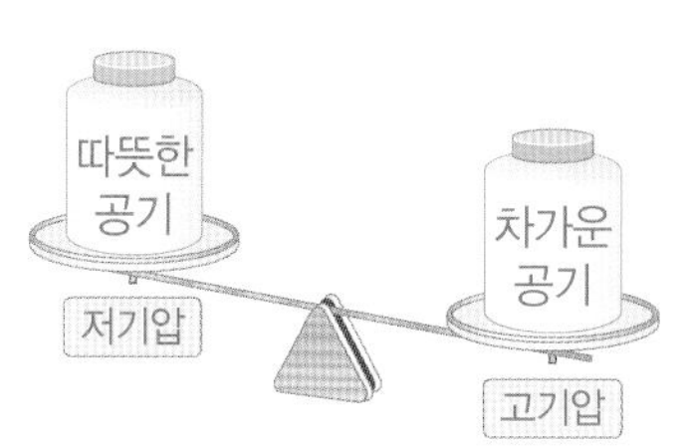

▲ 공기의 온도에 따른 기압 비교

2 바람이 부는 까닭

(1) 바람 발생 모형실험 하기

[실험 방법]

① 뒷면이 검은 투명한 상자 안에 같은 크기의 투명한 사각 플라스틱 그릇을 나란히 놓고, 그 사이에 고무찰흙을 이용하여 향을 세웁니다.

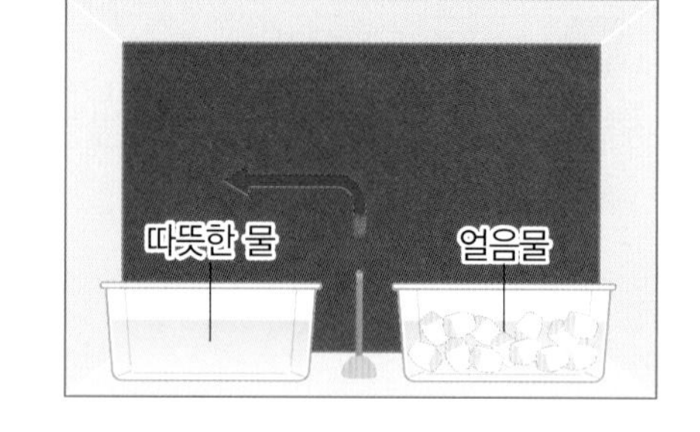

② 투명한 사각 플라스틱 그릇에 따뜻한 물과 얼음물을 각각 $\frac{3}{4}$ 정도 담고 3분 동안 기다립니다.

③ 향에 불을 붙이고 향 연기가 움직이는 방향을 관찰합니다.

[실험 결과]

① 상자 아래쪽에서 향 연기는 얼음물 쪽에서 따뜻한 물 쪽으로 이동합니다.

② 두 지점의 공기의 온도가 다르면 공기의 움직임이 생깁니다.

(2) 바람이 부는 까닭과 기압과의 관계

① 두 지역 사이에 공기의 온도 차가 생기면 상대적으로 온도가 높은 곳은 공기가 주변보다 가벼워 저기압이 되고, 상대적으로 온도가 낮은 곳은 공기가 주변보다 무거워 고기압이 됩니다.

② 바람은 두 지역 사이에 기압 차가 생겨 공기가 이동하는 것으로, 바람은 고기압에서 저기압으로 붑니다.

③ 고기압과 저기압의 기압 차가 클수록 상대적으로 기압이 높은 곳에서 낮은 곳으로 작용하는 힘이 세지고 공기의 이동도 더 활발하여 바람이 더 세게 붑니다.

(3) 바닷가에서 맑은 날 낮과 밤에 부는 바람의 방향

① 바닷가에서 맑은 날 낮과 밤에 부는 바람의 방향이 다릅니다.

② 낮에는 육지가 바다보다 온도가 높으므로 육지 위는 저기압, 바다 위는 고기압이 됩니다. 따라서 바다에서 육지로 바람이 붑니다.

③ 밤에는 바다가 육지보다 온도가 높으므로 바다 위는 저기압, 육지 위는 고기압이 됩니다. 따라서 육지에서 바다로 바람이 붑니다.

일기 예보에서 고기압과 저기압의 위치가 변하는 까닭
- 공기는 고기압에서 저기압으로 이동하므로 공기가 이동하면 그 지역의 공기의 무게가 달라지기 때문입니다.
- 공기의 무게가 계속 변해 고기압과 저기압의 위치가 바뀝니다.

바람 발생 모형실험에서 향 연기의 움직임이 나타내는 것
- 공기의 움직임입니다.
- 바람을 의미합니다.
- 향 연기는 공기를 따라 움직인 것입니다.

바람이 부는 것을 느껴 본 경험
- 나뭇잎이 흔들립니다.
- 바람에 머리카락이 날립니다.
- 운동장의 태극기가 펄럭입니다.
- 바닷가에서 바람이 세게 불어 모자가 날아간 적이 있습니다.

바닷가에서 맑은 날 낮과 밤에 부는 바람
- 낮에 바다에서 육지로 부는 바람을 해풍이라고 합니다.

- 밤에 육지에서 바다로 부는 바람을 육풍이라고 합니다.

개념 확인 문제

1 기온에 따른 공기의 무게를 비교하는 실험에서 따뜻한 물에 넣은 플라스틱 통보다 얼음물에 넣은 플라스틱 통의 무게가 더 (가볍습니다 , 무겁습니다).

2 (　　　)은/는 공기의 무게 때문에 생기는 힘입니다.

3 바람은 온도가 높은 저기압에서 온도가 낮은 고기압으로 이동합니다. (○ , ×)

4 바닷가에서 맑은 날 밤에는 (육지 , 바다)에서 (육지 , 바다)로 바람이 붑니다.

정답 1 무겁습니다 2 기압 3 × 4 육지, 바다

이제 실험 관찰로 알아볼까? 바람 발생 모형실험 하기

[준비물] 투명한 사각 플라스틱 그릇 두 개, 물, 마른 모래, 수조, 전등 두 개, 고무찰흙, 향, 스탠드 두 개, 집게 잡이 두 개, 고정용 막대 두 개, 알코올 온도계 두 개, 실, 가위, 자, 초시계, 점화기, 검은색 종이, 보안경, 면장갑

[실험 방법]

① 플라스틱 그릇 두 개에 물과 모래를 약 $\frac{3}{4}$씩 각각 담고 수조 안에 나란히 놓은 다음, 고무찰흙에 향을 꽂고 두 그릇 사이에 세웁니다.

② 두 그릇으로부터 일정한 거리 위에 전등이 위치하도록 각각 설치합니다.

③ 수조 양옆에 스탠드를 하나씩 놓고 알코올 온도계를 스탠드에 매답니다.

④ 알코올 온도계의 액체샘 부분이 물과 모래에 약 1 cm 깊이로 꽂히도록 높이를 조정한 뒤, 물과 모래의 온도를 측정합니다.

⑤ 전등을 켜고 물과 모래를 5분~6분 동안 가열한 뒤, 온도를 측정합니다.

⑥ 전등과 스탠드를 다른 곳에 옮긴 뒤, 5분 정도 기다립니다.

⑦ 향불을 피우고 물과 모래 위에서 향 연기가 어떻게 움직이는지 관찰합니다.

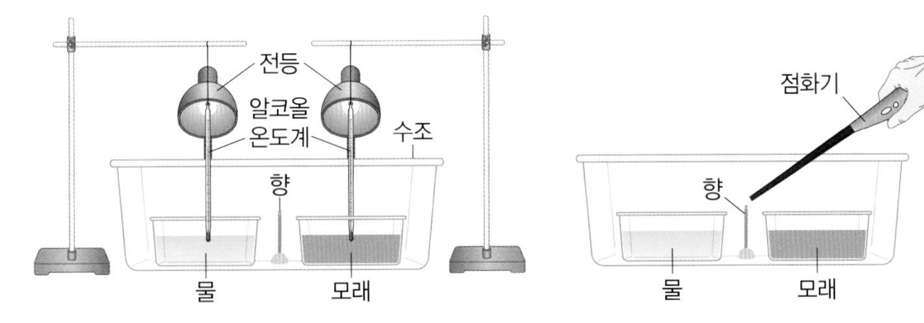

주의할 점
- 자를 이용하여 각 전등이 두 그릇으로부터 같은 높이에 위치하도록 설치합니다.
- 온도계의 눈금을 읽을 때에는 액체 기둥의 끝이 닿은 위치에 눈높이를 맞춥니다.
- 검은색 종이를 수조 뒤에 대면 향 연기의 움직임이 더 잘 보입니다.

중요한 점
모래 위와 물 위에서 향 연기의 움직임을 통해 바람이 부는 까닭과 기압과의 관계를 이해합니다.

[실험 결과]

① 물과 모래를 전등으로 같은 시간 동안 가열했을 때 모래의 온도가 물의 온도보다 높습니다.

② 향불을 피우면 향 연기는 물 위에서 모래 위로 이동합니다.

➡ 물 위의 공기가 모래 위의 공기보다 온도가 낮아 물 위는 고기압이 되고 모래 위는 저기압이 되어, 공기가 고기압에서 저기압으로 이동하는 것입니다.

탐구 문제

정답과 해설 12쪽

1 위 실험에서 물과 모래 사이에 향불을 피우는 까닭으로 옳은 것에 ○표 하시오.

(1) 물과 모래의 온도를 유지하기 위해서 ( )
(2) 공기 속 수증기의 응결을 돕기 위해서 ( )
(3) 공기가 이동하는 것을 관찰하기 위해서 ( )

2 위 실험 결과 물과 모래 위에서 향 연기가 움직이는 방향을 화살표로 나타내시오.

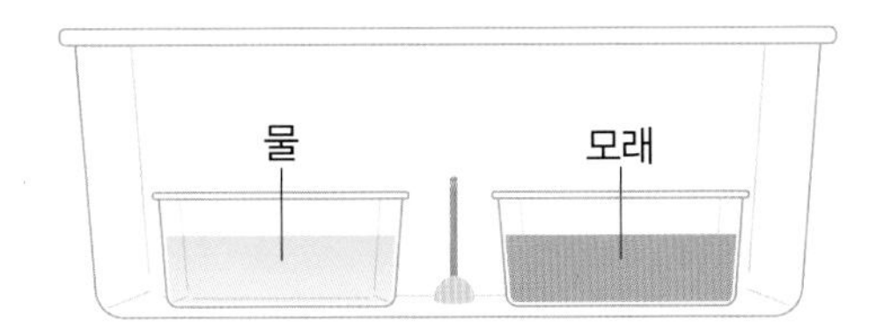

핵심 개념 문제

개념 1 기온에 따른 공기의 무게를 비교하는 실험에 대해 묻는 문제

(1) 뚜껑을 닫은 플라스틱 통 두 개의 처음 무게를 측정하고, 두 플라스틱 통의 뚜껑을 열어 따뜻한 물과 얼음물이 담긴 수조에 각각 5분 동안 넣어 놓은 후 뚜껑을 닫고 무게를 측정해 봄.

(2) 따뜻한 물에 넣은 플라스틱 통보다 얼음물에 넣은 플라스틱 통의 무게가 더 무거움.

(3) 따뜻한 공기보다 차가운 공기가 더 무겁다는 것을 알 수 있음.

01 같은 크기와 무게의 플라스틱 통 두 개의 뚜껑을 열고 각각 따뜻한 물과 얼음물에 5분 동안 넣어 두었다가 뚜껑을 닫고 꺼내 무게를 측정했습니다. 더 무거운 것을 골라 기호를 쓰시오.

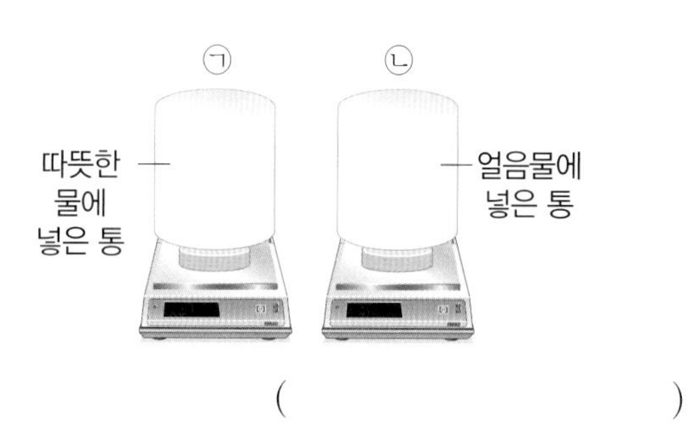

( )

02 다음은 위 01번의 실험 결과로 알 수 있는 사실입니다. ( ) 안에 들어갈 알맞은 말에 ○표 하시오.

공기는 무게가 있고, 같은 부피일 때 ㉠(따뜻한 , 차가운) 공기보다 ㉡(따뜻한 , 차가운) 공기가 더 무겁다.

개념 2 기압에 대해 묻는 문제

(1) 기압: 공기의 무게 때문에 생기는 힘

(2) 같은 부피에 공기의 양이 많을수록 무거워짐.

(3) 차가운 공기는 따뜻한 공기보다 같은 부피에 공기의 양이 더 많아 무거워지므로 상대적으로 기압이 더 높음.

(4) 상대적으로 주위보다 공기의 양이 많아 무거워져 기압이 높은 것을 고기압이라고 함.

(5) 상대적으로 주위보다 공기의 양이 적어 가벼워져 기압이 낮은 것을 저기압이라고 함.

03 공기의 무게 때문에 생기는 힘을 무엇이라고 합니까? ( )

① 기체 ② 기압
③ 기온 ④ 풍속
⑤ 날씨

04 고기압에 대한 설명으로 옳은 것을 보기 에서 모두 골라 기호를 쓰시오.

보기

㉠ 두 지점에서 상대적으로 더 차가운 공기
㉡ 두 지점에서 상대적으로 더 따뜻한 공기
㉢ 두 지점에서 상대적으로 더 가벼운 공기
㉣ 두 지점에서 상대적으로 더 무거운 공기

( )

정답과 해설 12쪽

개념 3 바람 발생 모형실험에 대해 묻는 문제

(1) 수조 안에 물과 모래가 각각 담긴 투명한 플라스틱 그릇 두 개를 나란히 놓고 전등으로 같은 시간 동안 두 그릇을 각각 가열한 뒤 전등을 다른 곳으로 옮기고, 그릇 사이에 향불을 피우면 향 연기가 물 위에서 모래 위로 이동함.

(2) 두 지점의 공기의 온도가 다르면 공기의 움직임이 생김.

[05~06] 다음은 바람 발생 모형실험 장치입니다. 물음에 답하시오.

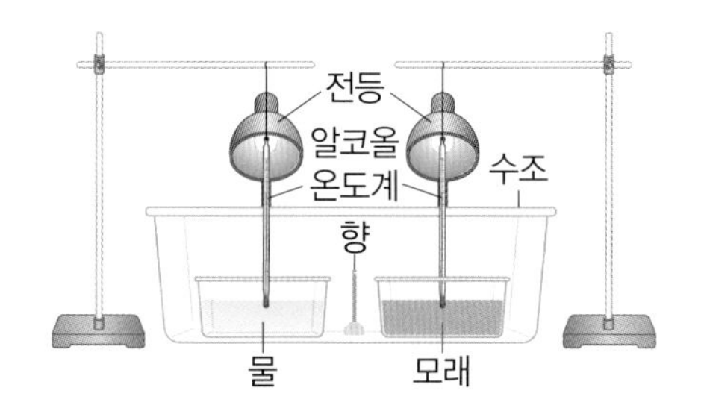

05 위 실험에 필요한 준비물이 아닌 것은 어느 것입니까? (　　　)

① 향
② 물
③ 모래
④ 페트리 접시
⑤ 투명한 플라스틱 그릇

06 위 실험에서 가열한 물과 모래 사이에서 향 연기의 움직임을 설명한 것으로 옳은 것을 보기 에서 골라 기호를 쓰시오.

보기
㉠ 물 아래로만 이동한다.
㉡ 모래 아래로만 이동한다.
㉢ 물 위에서 모래 위로 이동한다.
㉣ 모래 위에서 물 위로 이동한다.

(　　　　　　　　　　)

개념 4 바람이 부는 까닭과 기압과의 관계에 대해 묻는 문제

(1) 두 지역 사이에 공기의 온도 차가 생기면 상대적으로 온도가 높은 곳은 공기가 주변보다 가벼워져 저기압이 되고, 상대적으로 온도가 낮은 곳은 공기가 주변보다 무거워져 고기압이 됨.

(2) 바람은 두 지역 사이에 기압 차가 생겨 공기가 이동하는 것으로, 고기압에서 저기압으로 붊.

(3) 맑은 날 바닷가에서 낮에는 육지가 바다보다 온도가 높으므로 육지 위는 저기압, 바다 위는 고기압이 되어 바다에서 육지로 바람이 붊.

(4) 맑은 날 바닷가에서 밤에는 바다가 육지보다 온도가 높으므로 육지 위는 고기압, 바다 위는 저기압이 되어 육지에서 바다로 바람이 붊.

07 다음 (　　) 안에 들어갈 알맞은 말에 ○표 하시오.

바람은 ㉠(고기압 , 저기압)에서 ㉡(고기압, 저기압)으로 공기가 이동하는 현상이다.

08 맑은 날 바닷가에서 낮과 밤에 부는 바람에 대한 설명으로 옳은 것을 보기 에서 골라 기호를 쓰시오.

보기
㉠ 육지에서 바다로 바람이 분다.
㉡ 바다에서 육지로 바람이 분다.

(1)

▲ 바닷가의 낮

(　　　　)

(2)

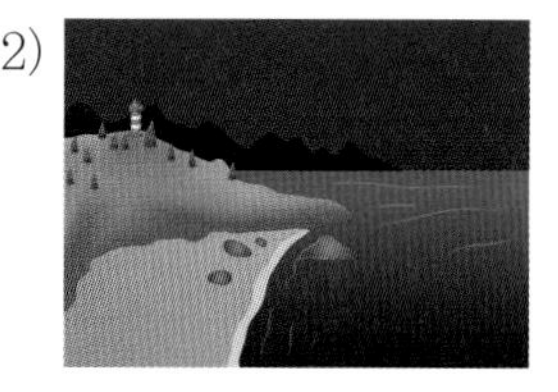

▲ 바닷가의 밤

(　　　　)

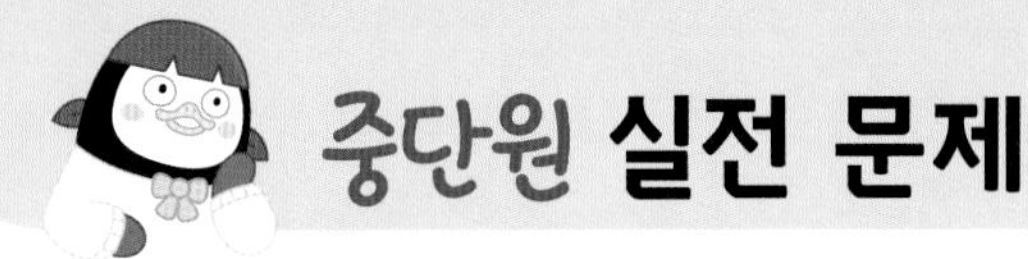

중단원 실전 문제

[01~04] 다음 실험 과정을 보고, 물음에 답하시오.

(가) 뚜껑을 닫은 플라스틱 통 두 개의 무게를 각각 측정한다.
(나) 수조 하나에는 따뜻한 물을, 다른 하나에는 얼음물을 절반 정도 채운다.
(다) 두 플라스틱 통의 뚜껑을 열고, (나)의 수조에 각각 넣은 뒤 통을 누른다.
(라) 5분 후 두 플라스틱 통의 뚜껑을 동시에 닫고 수조에서 꺼내 물기를 모두 닦은 후, 두 플라스틱 통의 무게를 각각 측정해 본다.

01 위 실험으로 알아보려는 것은 어느 것입니까? (　　)

① 이슬이 생기는 과정
② 구름이 만들어지는 과정
③ 기온에 따른 공기의 무게 비교
④ 기온에 따른 수조의 무게 비교
⑤ 공기 중에 포함되어 있는 수증기의 양

02 위 실험에서 필요한 준비물로 옳은 것을 모두 골라 ○표 하시오.

모래	수조	수건
얼음물	돋보기	따뜻한 물
현미경	전자저울	플라스틱 통

⊂중요⊃
03 위 실험에서 두 플라스틱 통의 무게를 측정한 결과를 다음과 같이 표로 정리하였습니다. ㉠에 들어갈 무게로 알맞은 것은 어느 것입니까? (　　)

구분	따뜻한 물에 넣은 플라스틱 통	얼음물에 넣은 플라스틱 통
처음 무게(g)	285.6	285.6
5분 후 무게(g)	㉠	285.9

① 285.3　② 285.6　③ 285.9
④ 286.2　⑤ 286.5

⊂서술형⊃
04 앞 실험 결과를 통해 알 수 있는 사실을 쓰시오.

[05~06] 플라스틱 통의 무게를 측정하고 뚜껑을 열어 머리말리개의 온풍 기능을 선택해 1분 동안 공기를 넣은 뒤 뚜껑을 닫고 플라스틱 통의 무게를 다시 측정했습니다. 물음에 답하시오.

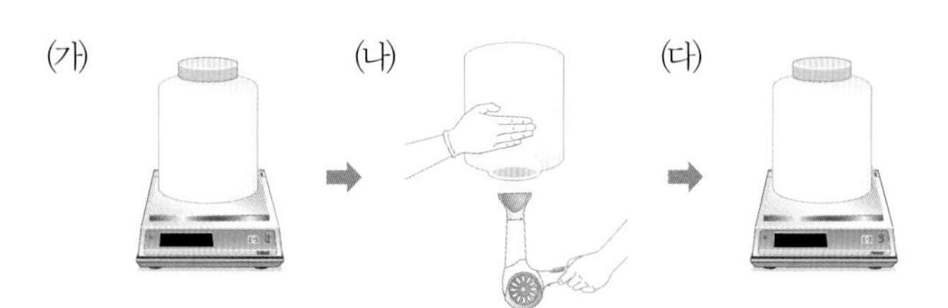

(가) 플라스틱 통의 뚜껑을 닫고 무게를 측정한다.
(나) 머리말리개의 온풍 기능으로 1분 동안 뜨거운 공기를 넣는다.
(다) 플라스틱 통의 뚜껑을 닫고 무게를 측정한다.

05 위 실험에 대한 설명으로 옳은 것은 어느 것입니까? (　　)

① 머리말리개의 기능을 알아보는 실험이다.
② (가)와 (다)에서 측정한 플라스틱 통의 무게는 같다.
③ (나)에서 머리말리개의 냉풍 기능을 선택해 차가운 공기를 넣어도 실험 결과는 같다.
④ (다)의 플라스틱 통의 무게는 (가)의 플라스틱 통의 무게보다 가볍다.
⑤ (다)의 플라스틱 통의 무게는 (가)의 플라스틱 통의 무게보다 무겁다.

06 다음은 위 05번의 답에 대한 설명입니다. (　　) 안에 들어갈 알맞은 말에 ○표 하시오.

따뜻한 공기는 차가운 공기보다 같은 부피에 들어 있는 공기의 양이 더 (많기 , 적기) 때문이다.

07 다음 (　　) 안에 공통으로 들어갈 알맞은 말을 쓰시오.

- 공기는 (　　　　)이/가 있다.
- 기압은 공기의 (　　　　) 때문에 생기는 힘이다.

(　　　　　　　　)

08 기압에 대한 설명으로 옳은 것에 ○표, 옳지 않은 것에 ×표 하시오.

(1) 주위보다 상대적으로 기압이 높은 것을 저기압이라고 한다. (　　)
(2) 같은 부피에서 차가운 공기가 따뜻한 공기보다 기압이 더 높다. (　　)
(3) 같은 부피에서 차가운 공기가 따뜻한 공기보다 무게가 더 가볍다. (　　)

09 다음은 고기압과 저기압의 무게를 비교하는 모습입니다. 고기압에 해당하는 것을 골라 기호를 쓰시오.

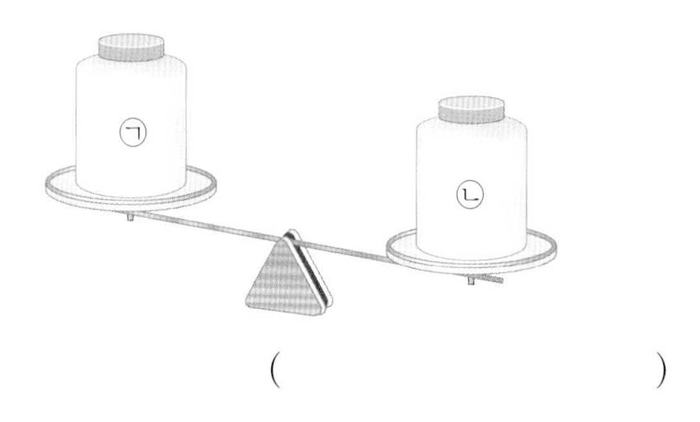

(　　　　　　　　)

[10~12] 다음은 전등으로 같은 시간 동안 가열한 물과 모래 사이에 세운 향에 불을 붙여 향 연기의 움직임을 관찰하는 실험입니다. 물음에 답하시오.

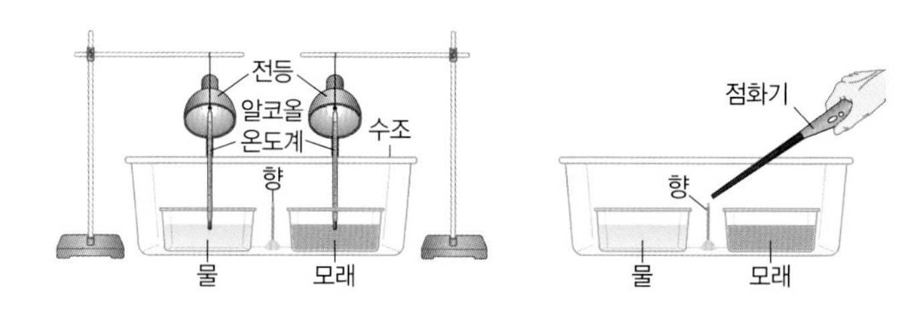

⊂중요⊃

10 위 실험에 대한 설명으로 옳지 않은 것을 보기 에서 골라 기호를 쓰시오.

보기

㉠ 바람 발생 모형실험이다.
㉡ 물이 모래보다 온도가 더 높다.
㉢ 향 연기는 공기를 따라 움직인다.
㉣ 물 위는 고기압, 모래 위는 저기압이다.

(　　　　　　　　)

11 위 실험 결과 향 연기의 움직임에 대한 설명으로 옳은 것은 어느 것입니까? (　　)

① 곧게 위로 올라온다.
② 제자리에서 빙빙 돈다.
③ 모래 위에서 물 위로 움직인다.
④ 물 위에서 모래 위로 움직인다.
⑤ 물과 모래가 담긴 그릇 아래쪽에서 옆으로 퍼진다.

⊂서술형⊃

12 위 11번의 답과 같이 향 연기가 움직이는 까닭을 쓰시오.

[13~15] 다음은 뒷면이 검은 투명한 상자 안에 따뜻한 물과 얼음물이 각각 담긴 투명한 플라스틱 그릇 두 개를 놓고, 그릇 사이에 향을 피운 모습입니다. 물음에 답하시오.

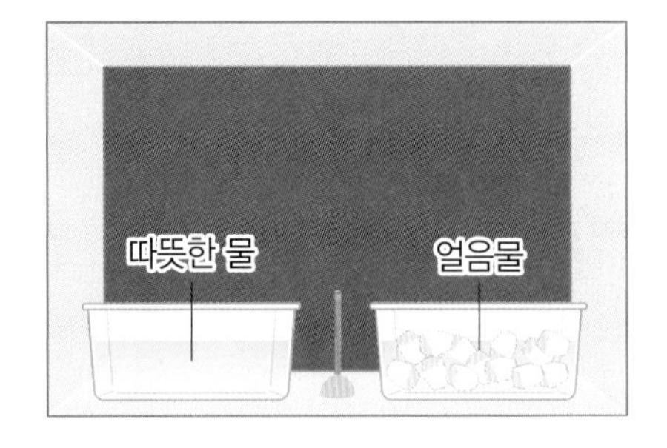

13 위 실험에서 상자의 뒷면이 검은색일 경우 편리한 점으로 옳은 것은 어느 것입니까? (　　)

① 물이 잘 증발한다.
② 향에 불이 잘 붙는다.
③ 얼음이 잘 녹지 않는다.
④ 향 연기의 움직임이 잘 보인다.
⑤ 따뜻한 물의 온도가 잘 유지된다.

14 위 실험에서 따뜻한 물과 얼음물 대신 사용해도 좋은 것에 ○표 하시오.

(1) 흙과 모래 (　　)
(2) 같은 온도로 데운 물과 모래 (　　)
(3) 따뜻한 물이 든 지퍼 백과 얼음물이 든 지퍼 백 (　　)

15 위 실험에 대한 설명으로 옳은 것을 보기 에서 골라 기호를 쓰시오.

보기
㉠ 바람의 세기를 알아보는 실험이다.
㉡ 따뜻한 물 위보다 얼음물 위의 온도가 더 높다.
㉢ 향 연기의 움직임으로 바람의 방향을 알 수 있다.
㉣ 향 연기는 따뜻한 물 위에서 얼음물 위로 이동한다.

(　　　　　　　　)

중요
16 기압과 바람에 대한 설명으로 옳은 것은 어느 것입니까? (　　)

① 기압과 바람은 관계가 없다.
② 기압 차가 없을 때 바람이 분다.
③ 바람은 저기압에서 고기압으로 분다.
④ 공기가 이동하는 것을 기압이라고 한다.
⑤ 바람은 두 지역 사이에 기압 차가 생겨 공기가 이동하는 것이다.

17 맑은 날 낮에 바닷가에서 바람이 불 때 육지 위와 바다 위의 기압에 해당하는 것에 ○표 하시오.

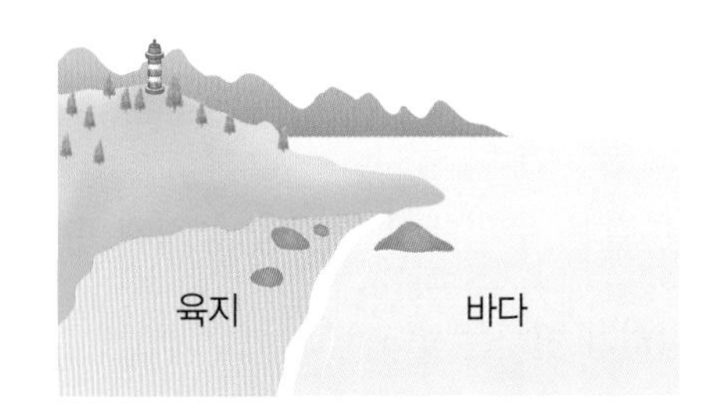

(1) 육지: (고기압 , 저기압)
(2) 바다: (고기압 , 저기압)

서술형
18 맑은 날 바닷가에서 낮과 밤에 부는 바람의 방향이 다른 까닭을 쓰시오.

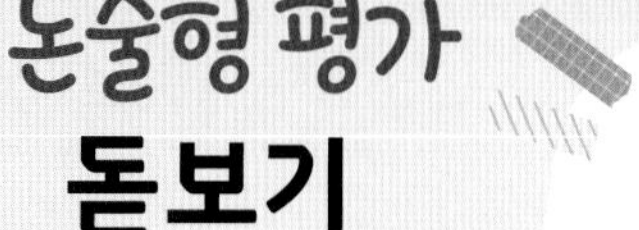

서술형·논술형 평가 돋보기

학교에서 출제되는 서술형·논술형 평가를 미리 준비하세요.

정답과 해설 14쪽

1 다음은 같은 크기와 무게의 플라스틱 통 두 개를 각각 따뜻한 물과 얼음물에 5분 동안 넣어 두었다가 꺼내 무게를 측정한 결과를 나타낸 것입니다. 물음에 답하시오.

구분	(㉠)에 넣은 플라스틱 통	(㉡)에 넣은 플라스틱 통
처음 무게(g)	285.6	285.6
5분 후 무게(g)	285.3	285.9

(1) 위 표의 ㉠과 ㉡에 들어갈 알맞은 말을 쓰시오.

㉠ (　　　　　　), ㉡ (　　　　　　)

(2) 위와 같이 따뜻한 물과 얼음물에 각각 넣은 플라스틱 통의 무게가 다른 까닭을 쓰시오.

2 일기 예보에서 고기압과 저기압의 위치가 일정하지 않고 변하는 것을 볼 수 있습니다. 고기압과 저기압의 위치가 변하는 까닭을 쓰시오.

3 다음과 같이 투명한 상자 안에 따뜻한 물과 얼음물이 각각 담긴 지퍼 백을 넣고 고무찰흙에 향을 꽂아 두 지퍼 백 사이에 놓은 뒤, 향에 불을 붙였습니다. 물음에 답하시오.

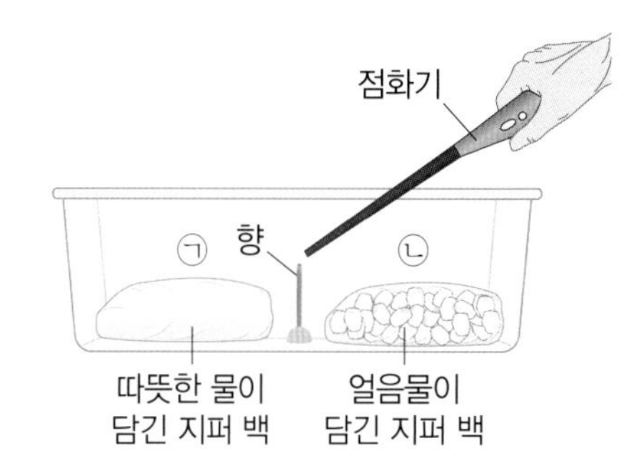

(1) 위 실험에서 두 지퍼 백 위의 기압은 고기압과 저기압 중 각각 무엇에 해당하는지 쓰시오.

㉠ (　　　　　　), ㉡ (　　　　　　)

(2) 위 실험에서 향 연기가 움직이는 방향과 그 까닭을 기압과 관련지어 쓰시오.

4 맑은 날 바닷가에서 낮과 밤에 부는 바람의 방향을 쓰시오.

(3) 계절별 날씨와 우리 생활

◗ 지구본으로 보는 우리나라의 주변 대륙과 바다

우리나라의 북쪽과 서쪽에는 대륙이 있고, 남쪽과 동쪽에는 바다가 있습니다.

◗ 우리나라의 초여름 날씨
우리나라의 초여름에는 북동쪽에 있는 차갑고 습한 공기 덩어리의 영향으로 동해안 지역에 서늘한 날씨가 나타납니다.

◗ 우리나라의 계절별 평균 기온과 평균 습도

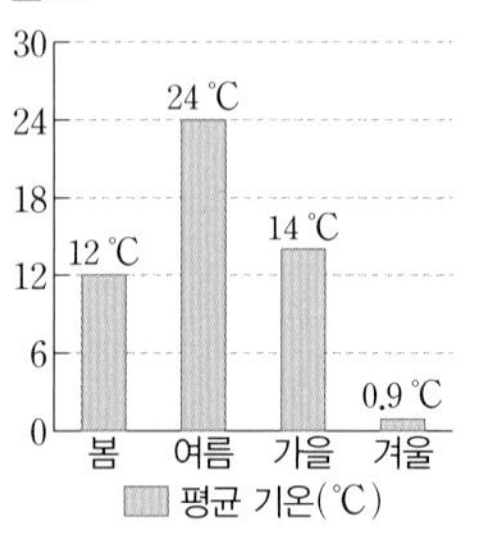

▲ 우리나라의 계절별 평균 기온

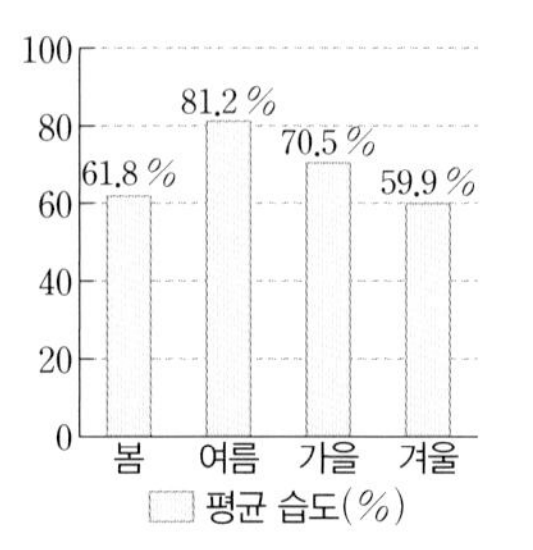

▲ 우리나라의 계절별 평균 습도

(출처: 기상청, 2020년)

낱말 사전

열사병 고온 다습한 곳에서 몸의 열을 발산하지 못해 생기는 병
비염 콧속의 염증

1 우리나라의 계절별 날씨의 특징

(1) 공기 덩어리의 성질

① 공기 덩어리가 대륙이나 바다와 같이 넓은 지역에 오래 머무르면 그 지역의 온도나 습도와 성질이 비슷해집니다.

② 공기 덩어리가 따뜻한 바다 위에 오래 머무르면 따뜻하고 습한 성질을 갖게 됩니다.

③ 공기 덩어리가 차가운 대륙 위에 오래 머무르면 차갑고 건조한 성질을 갖게 됩니다.

▲ 따뜻하고 습한 지역

▲ 춥고 건조한 지역

(2) 우리나라의 계절별 날씨에 영향을 미치는 공기 덩어리의 성질

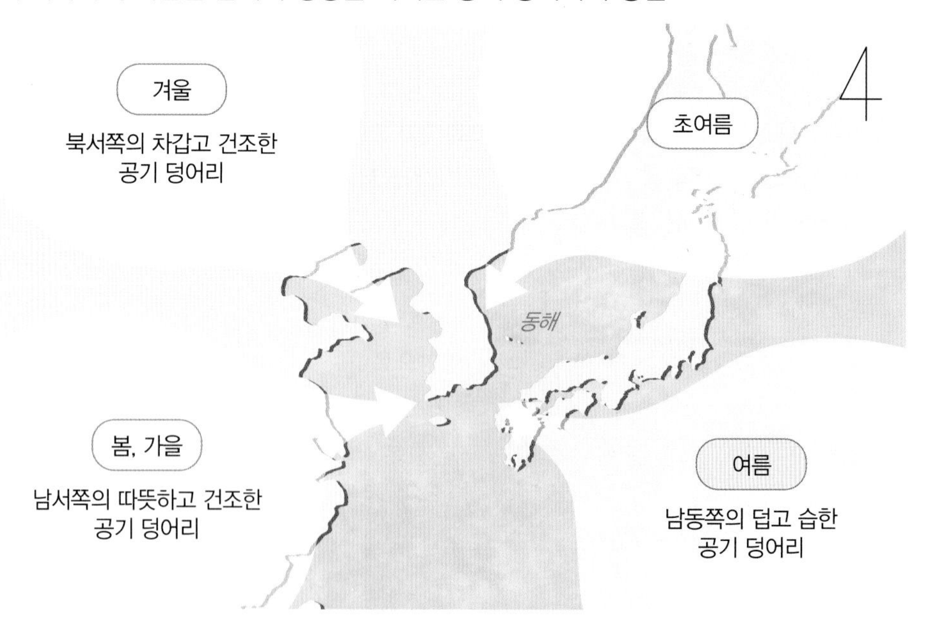

① 봄, 가을에 따뜻하고 건조한 날씨가 나타나는 까닭: 남서쪽 대륙에서 이동해 오는 따뜻하고 건조한 성질을 가진 공기 덩어리의 영향을 받기 때문입니다.

② 여름에 덥고 습한 날씨가 나타나는 까닭: 남동쪽 바다에서 이동해 오는 따뜻하고 습한 성질을 가진 공기 덩어리의 영향을 받기 때문입니다.

③ 겨울에 춥고 건조한 날씨가 나타나는 까닭: 북서쪽 대륙에서 이동해 오는 차갑고 건조한 성질을 가진 공기 덩어리의 영향을 받기 때문입니다.

2 날씨와 우리 생활과의 관계

(1) 날씨에 따른 우리의 생활 모습

① 비가 내리는 날에는 우산을 쓰고, 주로 실내에서 활동합니다.

② 춥고 눈이 내리는 날에는 따뜻한 옷을 입고 목도리나 장갑을 착용합니다.

③ 맑고 따뜻한 날에는 가벼운 옷차림으로 산책을 하거나 야외에서 운동을 합니다.

④ 황사나 미세 먼지가 많은 날에는 외출을 자제하거나 외출할 때 마스크를 착용합니다.

▲ 비가 내리는 날

▲ 눈이 내리는 날

▲ 맑고 따뜻한 날

(2) 날씨에 따른 사람들의 건강

① 날씨가 무덥고 습할 때는 실외에서 오랫동안 있으면 열사병에 걸릴 수 있습니다.

② 날씨가 춥고 건조할 때는 감기에 걸리거나 피부 질환이 생길 수 있습니다.

③ 꽃가루나 황사가 많은 봄에는 비염이나 호흡기 질환이 생길 수 있습니다.

(3) 날씨와 우리 생활과의 관계: 날씨는 사람들의 옷차림, 음식, 야외 활동, 건강 등 우리 생활에 다양한 영향을 주기 때문에 날씨와 우리 생활은 서로 밀접한 관계가 있습니다.

(4) 생활기상지수

① 기상청에서 다양한 날씨에 사람들이 적절하게 대처하여 생활할 수 있도록 제공하는 날씨 정보입니다.

② 다양한 날씨 요소들을 사람들이 알기 쉽게 지수화하여 나타낸 것입니다.

③ 우리 생활에 필요한 다양한 날씨 요소들을 수치화하여 표현한 것입니다.

④ 생활기상지수에는 자외선 지수, 감기 가능 지수, 식중독 지수, 빨래 지수, 운동 지수, 여행 지수 등 우리 생활과 관련된 유용한 지수들이 있습니다.

날씨에 따라 판매량이 달라지는 상품

- 날씨는 사람들이 상품을 구입하는 데에 중요한 영향을 미칩니다.
- 비가 내리는 날에는 우산이 많이 팔리고, 야외 나들이 용품은 덜 팔립니다.
- 맑고 더운 날에는 모자나 자외선 차단제가 많이 팔리고, 뜨거운 음식은 덜 팔립니다.
- 추운 날씨에는 따뜻한 음식과 방한용품이 많이 팔리고, 차가운 음식이나 얇은 의류는 덜 팔립니다.
- 날씨를 이용해 상품의 판매량을 증가시킬 수 있는 다양한 방법을 '날씨 마케팅'이라고 합니다.

날씨 정보의 활용

- 날씨 정보를 활용하면 우리 생활에 많은 도움이 됩니다.
- 눈이 많이 온다는 예보가 있으면 도로에 눈이 쌓이는 것을 막기 위해 제설차나 제설제 등을 미리 준비할 수 있습니다.
- 농작물을 재배할 때는 바람이나 기온 변화 등의 예보에 따라 수확하는 시기 등을 조절하여 피해를 예방할 수 있습니다.

날씨 정보를 얻는 방법

- 기상청 날씨누리 누리집 (www.weather.go.kr)
- 날씨 예보 안내 전화(131번)
- 검색 누리집(검색창에 '날씨' 입력)
- 날씨 애플리케이션(응용 프로그램)
- 신문

개념 확인 문제

1 우리나라의 계절 중 (   )에는 남동쪽 바다에서 이동해 오는 따뜻하고 습한 성질을 가진 공기 덩어리의 영향을 받습니다.

2 날씨와 우리 생활은 서로 밀접한 관계가 있습니다. (○ , ×)

3 (춥고 눈이 내리는 날 , 맑고 따뜻한 날)에는 따뜻한 옷을 입고 목도리나 장갑을 착용합니다.

정답 1 여름 2 ○ 3 춥고 눈이 내리는 날

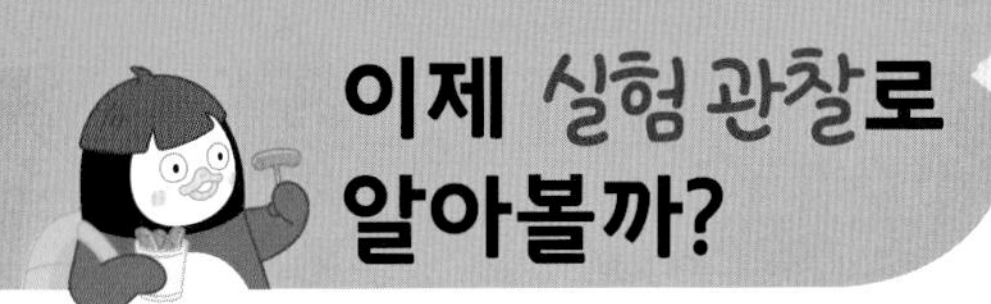

다양한 생활기상지수를 조사하여 날씨 표현하기

[준비물] 스마트 기기, 그림 도구

[활동 방법]

① 날씨를 우리 생활과 관련된 생활기상지수로 나타내면 어떤 점이 좋은지 이야기해 봅니다.

② 스마트 기기를 사용하여 다양한 생활기상지수를 찾아봅니다.

③ 내가 찾은 날씨 정보와 생활기상지수를 이용하여 날씨를 표현해 봅니다.

주의할 점

- 스마트 기기 사용 시 인터넷 예절을 지킵니다.
- 유해한 사이트에 접속하지 않도록 합니다.
- 바른 태도로 친구의 이야기를 경청합니다.

중요한 점

우리 생활에 필요한 다양한 날씨 요소들을 수치화하여 표현하면 사람들이 다양한 날씨에 적절하게 대처하여 생활할 수 있습니다.

[활동 결과]

① 다양한 생활 기상 지수

식중독 지수	최근 5년 동안의 세균성, 바이러스성 식중독 발생 자료를 기반으로 날씨에 따른 식중독 발생 가능성을 예측해 지수로 나타낸 것이다.
감기 가능 지수	기상 조건(최저 기온, 일교차, 현지 기압, 상대 습도)에 따른 감기 발생 가능 정도를 지수로 나타낸 것이다.
자외선 지수	하루 중 태양 고도가 가장 높을 때 지표에 도달하는 자외선량을 지수로 나타낸 것이다.

② 내가 찾은 날씨 정보와 생활기상지수를 이용하여 날씨 표현해 보기

서울특별시 00구 00동 00월 00일 0요일 날씨: 맑음 최고 기온: 13 ℃ 최저 기온: 3 ℃	감기 가능 지수	자외선 지수	식중독 지수
	높음	보통	낮음

➡ 날씨 정보를 생활과 관련된 생활기상지수로 나타내면 내게 필요한 생활 기상 정보를 선택적으로 볼 수 있어서 편리합니다.

탐구 문제

정답과 해설 15쪽

1 다음 (   ) 안에 들어갈 알맞은 말을 쓰시오.

> 기상청에서 다양한 날씨에 사람들이 적절하게 대처하여 생활할 수 있도록 제공하는 날씨 정보로, 다양한 날씨 요소들을 사람들이 알기 쉽게 지수화하여 나타낸 것을 (   )(이)라고 한다.

(   )

2 다음과 같은 경우에 민수가 찾아볼 생활기상지수로 알맞은 것을 쓰시오.

> 민수: 오후에 운동장에서 친구들과 축구 경기를 하려고 하는데, 자외선 차단제를 발라야 하는지 고민이 돼.

(   )

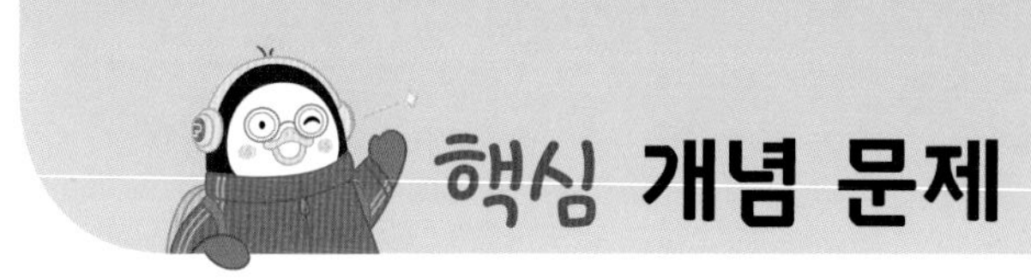

핵심 개념 문제

정답과 해설 15쪽

개념 1 공기 덩어리의 성질에 대해 묻는 문제

(1) 공기 덩어리가 따뜻한 바다 위에 오래 머무르면 따뜻하고 습한 성질을 갖게 됨.
(2) 공기 덩어리가 차가운 대륙 위에 오래 머무르면 차갑고 건조한 성질을 갖게 됨.

01 다음과 같은 지역에 오래 머무른 공기 덩어리의 성질을 바르게 선으로 연결하시오.

(1) 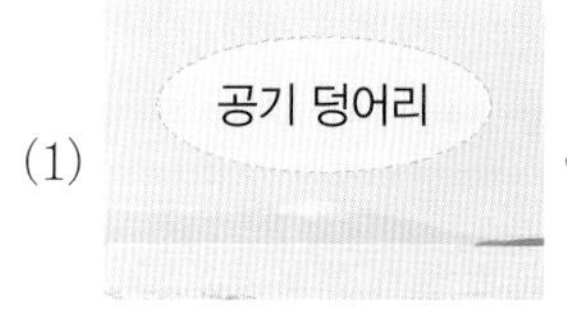

▲ 차가운 대륙

• • ㉠ 공기 덩어리가 따뜻하고 습해진다.

(2) 

▲ 따뜻한 바다

• • ㉡ 공기 덩어리가 차갑고 건조해진다.

02 다음은 공기 덩어리의 성질에 대한 설명입니다. (   ) 안에 들어갈 알맞은 말에 ○표 하시오.

• ㉠(대륙 , 바다)에서 이동해 오는 공기 덩어리는 습하다.
• ㉡(대륙 , 바다)에서 이동해 오는 공기 덩어리는 건조하다.

개념 2 공기 덩어리의 성질에 따른 우리나라 계절별 날씨의 특징에 대해 묻는 문제

(1) **봄, 가을:** 남서쪽 대륙에서 이동해 오는 따뜻하고 건조한 성질을 가진 공기 덩어리의 영향으로 따뜻하고 건조한 날씨가 나타남.
(2) **여름:** 남동쪽 바다에서 이동해 오는 따뜻하고 습한 성질을 가진 공기 덩어리의 영향으로 덥고 습한 날씨가 나타남.
(3) **겨울:** 북서쪽 대륙에서 이동해 오는 차갑고 건조한 성질을 가진 공기 덩어리의 영향으로 춥고 건조한 날씨가 나타남.

03 북서쪽 대륙에서 이동해 오는 차갑고 건조한 성질을 가진 공기 덩어리의 영향을 받는 우리나라의 계절은 언제인지 쓰시오.

(   )

04 우리나라의 남동쪽 바다에서 이동해 오는 공기 덩어리가 영향을 주는 계절의 특징으로 옳은 것을 보기 에서 골라 기호를 쓰시오.

보기

㉠ 덥고 습하다.
㉡ 춥고 습하다.
㉢ 덥고 건조하다.
㉣ 춥고 건조하다.

(   )

개념 3 날씨에 따라 달라지는 생활 모습과 건강에 대해 묻는 문제

(1) 비가 내리는 날에는 우산을 쓰고, 실내 활동을 주로 함.
(2) 맑고 따뜻한 날에는 가벼운 옷차림을 하고, 산책을 하거나 야외에서 운동을 함.
(3) 춥고 눈이 내리는 날에는 따뜻한 옷을 입고, 목도리나 장갑을 착용함.
(4) 덥고 습한 날에 실외에서 오랫동안 있으면 열사병에 걸릴 수 있음.
(5) 춥고 건조한 날이 지속되면 감기에 걸리기 쉬움.

05 비가 내리는 날에 우리의 생활 모습으로 가장 알맞은 것은 어느 것입니까? (　　)

① 장갑을 낀다.
② 우산을 쓴다.
③ 목도리를 착용한다.
④ 열사병에 걸리기 쉽다.
⑤ 야외 활동을 주로 한다.

06 날씨가 사람들의 건강에 미치는 영향에 대한 설명으로 옳은 것에 ○표, 옳지 않은 것에 ×표 하시오.

(1) 따뜻한 날에는 감기에 걸릴 수 있다. (　　)
(2) 황사로 인해 호흡기 질환이 생길 수 있다. (　　)
(3) 춥고 건조한 날에는 열사병에 걸리기 쉽다. (　　)

개념 4 생활기상지수에 대해 묻는 문제

(1) 생활기상지수: 기상청에서 다양한 날씨에 사람들이 적절하게 대처하여 생활할 수 있도록 날씨 요소들을 수치화하여 제공하는 날씨 정보임.
(2) 생활기상지수의 종류: 자외선 지수, 감기 가능 지수, 식중독 지수, 빨래 지수 등이 있음.

07 다음에서 설명하는 것은 무엇인지 쓰시오.

> 우리 생활에 필요한 다양한 날씨 요소들을 수치화하여 표현한 것으로, 식중독 지수, 감기 가능 지수 등이 있다.

(　　　　　　　　)

08 다음과 같은 상황에 찾아볼 생활기상지수로 알맞은 것은 어느 것입니까? (　　)

① 불쾌지수
② 여행 지수
③ 빨래 지수
④ 자외선 지수
⑤ 식중독 지수

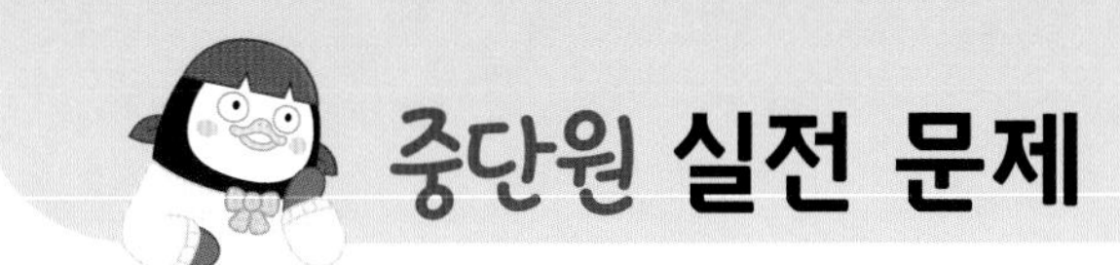

중단원 실전 문제

정답과 해설 15쪽

01 다음은 공기 덩어리의 성질에 대한 설명입니다. ( ) 안에 들어갈 알맞은 말을 두 가지 고르시오.

(,)

공기 덩어리가 대륙이나 바다와 같이 넓은 지역에 오래 머무르면 그 지역의 ( )(이)나 ( )과/와 성질이 비슷해진다.

① 모양 ② 습도
③ 색깔 ④ 온도
⑤ 생태계

02 차가운 대륙 위에 오래 머무른 공기 덩어리의 성질로 옳은 것을 보기 에서 모두 골라 기호를 쓰시오.

보기
㉠ 차갑다.
㉡ 따뜻하다.
㉢ 건조하다.
㉣ 습도가 높다.

( )

03 따뜻하고 습한 성질의 공기 덩어리가 오래 머물렀던 곳으로 알맞은 것을 골라 ○표 하시오.

사막 지역	북극 바다
남극 대륙	따뜻한 바다

[04~06] 다음은 우리나라의 계절별 날씨에 영향을 미치는 공기 덩어리를 나타낸 것입니다. 물음에 답하시오.

04 위 ㉠~㉣ 공기 덩어리 중 우리나라의 덥고 습한 여름 날씨에 영향을 미치는 공기 덩어리를 골라 기호를 쓰시오.

( )

중요
05 위 ㉠ 공기 덩어리의 성질로 옳은 것은 어느 것입니까? ( )

① 습하다.
② 차갑고 습하다.
③ 따뜻하고 습하다.
④ 차갑고 건조하다.
⑤ 따뜻하고 건조하다.

서술형
06 위 ㉢ 공기 덩어리는 우리나라의 어떤 계절에 어떤 영향을 주는지 공기 덩어리의 성질과 관련지어 쓰시오.

07 다음은 우리나라의 여름에 영향을 미치는 공기 덩어리에 대한 설명입니다. ( ) 안에 들어갈 알맞은 말에 ○표 하시오.

㉠(남서쪽 , 남동쪽) 바다에서 이동해 오는 따뜻하고 ㉡(습한 , 건조한) 성질을 가진 공기 덩어리이다.

08 다음의 생활 모습과 관련 있는 날씨는 어느 것입니까? ( )

① 비가 내린다.
② 눈이 내린다.
③ 맑고 따뜻하다.
④ 춥고 건조하다.
⑤ 습하고 바람이 약하게 분다.

중요

09 날씨에 따른 사람들의 생활 모습으로 옳은 것은 어느 것입니까? ( )

① 습도가 높은 날에는 빨래를 한다.
② 건조할 때는 피부 질환이 생길 수 있다.
③ 추운 날에는 옷을 얇고 간편하게 입는다.
④ 꽃가루나 황사가 많은 봄에는 열사병에 걸리기 쉽다.
⑤ 비가 내리는 날에는 우산을 쓰고, 야외 활동을 주로 한다.

10 황사나 미세 먼지가 많은 날에 외출할 때 건강을 위하여 착용해야 하는 것은 어느 것입니까? ( )

① ▲ 모자
② ▲ 우산
③ ▲ 장갑
④ ▲ 마스크
⑤ ▲ 색안경

11 생활기상지수에 대해 잘못 말한 사람의 이름을 쓰시오.

• 영민: 식중독 지수는 식중독 발생 가능성을 예측해 지수로 나타낸 거야.
• 지원: 감기 가능 지수가 높은 날에는 외출을 자제하고 과로하지 않는 것이 좋겠어.
• 소이: 자외선 지수가 높은 날은 햇빛이 강하니까 야외 활동을 많이 하는 것이 좋아.

( )

서술형

12 기상청에서 여러 가지 생활기상지수를 제공하는 까닭을 쓰시오.

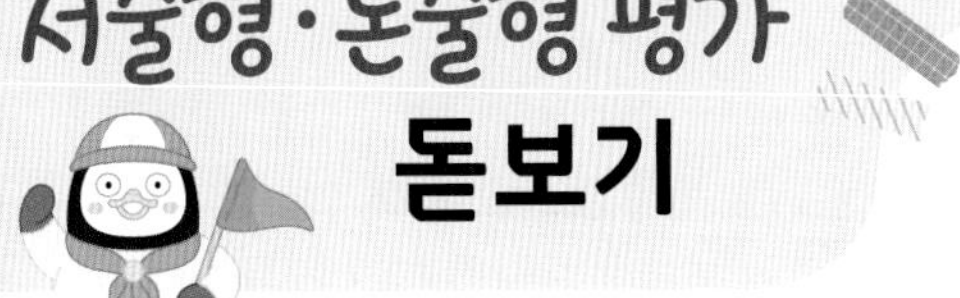

학교에서 출제되는 서술형·논술형 평가를 미리 준비하세요.

정답과 해설 16쪽

1 다음은 우리나라의 계절별 날씨에 영향을 미치는 공기 덩어리를 나타낸 것입니다. 물음에 답하시오.

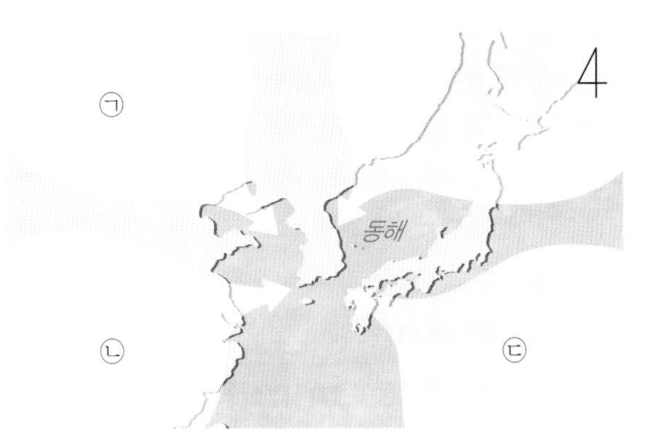

(1) 위 ㉠~㉢ 공기 덩어리 중에서 다음의 낱말과 관련 있는 계절에 영향을 미치는 것을 골라 기호를 쓰시오.

장마 　　에어컨 　　습기 제거제

(　　　　　　　　　　)

(2) 위 ㉠ 공기 덩어리의 영향을 받는 계절의 날씨를 공기 덩어리의 성질과 관련지어 쓰시오.

____

____

2 다음은 우리나라의 계절별 평균 기온과 평균 습도를 나타낸 그래프입니다. 우리나라의 여름에 기온과 습도가 높은 까닭을 우리나라에 영향을 미치는 공기 덩어리 성질과 관련지어 쓰시오.

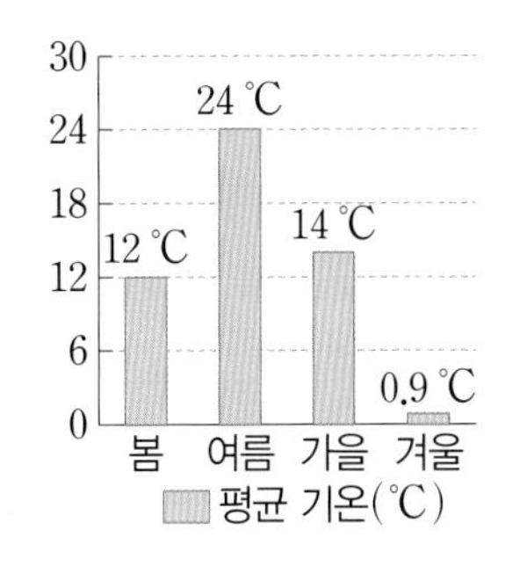

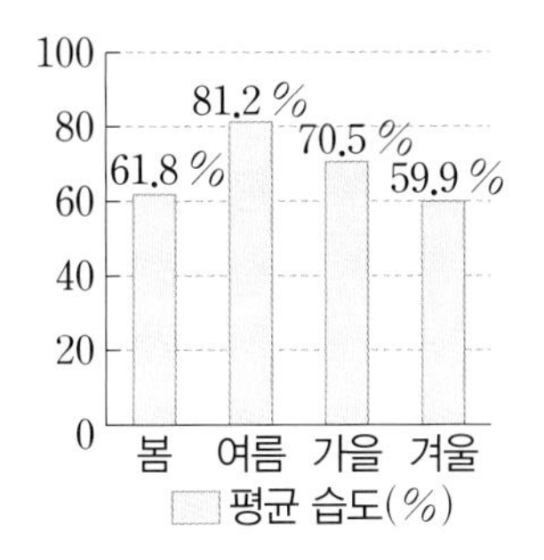

____

____

3 다음은 날씨와 우리 생활과의 관계에 대한 설명입니다. 물음에 답하시오.

(　　　　)에는 놀이터에서 뛰어노는 아이들이 거의 없고, 음식점에 배달 주문이 늘어난다.

(1) 위 (　　) 안에 들어갈 날씨로 알맞은 것을 보기 에서 골라 ○표 하시오.

보기

맑고 따뜻한 날 　　비가 내리는 날

(2) 위 (1)번의 답을 고른 까닭을 쓰시오.

____

____

____

4 다음과 같은 날씨는 우리의 건강에 어떤 영향을 미치는지 쓰시오.

무덥고 습한 날씨

____

____

____

대단원 정리 학습

이 단원의 핵심 개념을 정리해 보세요.

1 습도, 이슬, 안개, 구름, 비, 눈

- 습도: 공기 중에 수증기가 포함되어 있는 정도로, 건습구 습도계와 습도표를 이용하여 현재 습도를 구할 수 있음.
- 습도가 우리 생활에 미치는 영향과 습도를 조절하는 방법

구분	습도가 높을 때	습도가 낮을 때
우리 생활에 미치는 영향	빨래가 잘 마르지 않고, 음식물이 부패하기 쉬우며, 곰팡이나 세균이 자라기 쉬움.	피부가 쉽게 건조해지고, 감기에 걸리기 쉬우며, 산불이 발생하기 쉬움.
습도를 조절하는 방법	제습기나 에어컨을 사용하거나 옷장이나 신발장 속에 습기 제거제를 넣어둠.	가습기를 사용하거나 젖은 수건이나 빨래를 널어 두고, 물이나 차를 끓임.

- 이슬, 안개, 구름의 공통점과 차이점

구분	이슬	안개	구름
공통점	공기 중의 수증기가 응결해 나타나는 현상		
차이점	공기 중의 수증기가 차가워진 나뭇잎이나 풀잎 같은 물체 표면에 닿아 응결하여 생김.	지표면 근처의 공기가 차가워지면서 공기 중의 수증기가 응결하여 생김.	공기가 하늘로 올라가면 온도가 낮아지면서 공기 중의 수증기가 응결하여 생김.

- 비: 구름 속 작은 물방울이 합쳐지면서 커지고 무거워져 떨어지거나, 크고 무거워진 얼음 알갱이가 녹아서 떨어지는 것
- 눈: 구름 속 작은 얼음 알갱이가 커지면서 무거워져 떨어질 때 녹지 않은 채로 떨어지는 것

2 기압과 바람

- 기압: 공기의 무게 때문에 생기는 힘
- 저기압과 고기압

저기압	고기압
두 지점에서 상대적으로 주위보다 공기의 양이 적어 가벼워져 기압이 낮은 것	두 지점에서 상대적으로 주위보다 공기의 양이 많아 무거워져 기압이 높은 것

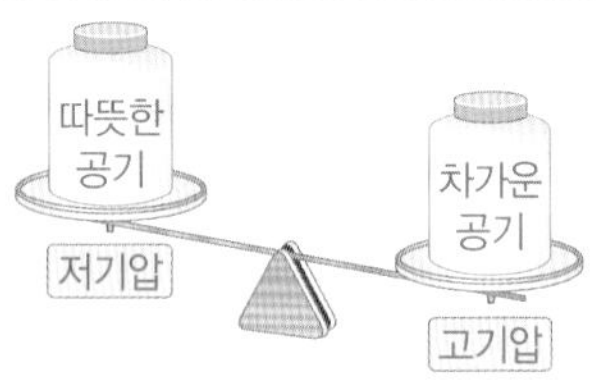

- 바람: 두 지역 사이에 기압 차가 생겨 공기가 이동하는 것으로, 바람은 고기압에서 저기압으로 붊.
- 바닷가에서 맑은 날에 낮과 밤에 부는 바람의 방향

낮	밤
바람의 방향 육지(저기압) 바다(고기압) 바다에서 육지로 바람이 붊.	바람의 방향 육지(고기압) 바다(저기압) 육지에서 바다로 바람이 붊.

3 계절별 날씨와 우리 생활

- 우리나라의 계절별 날씨에 영향을 미치는 공기 덩어리의 성질

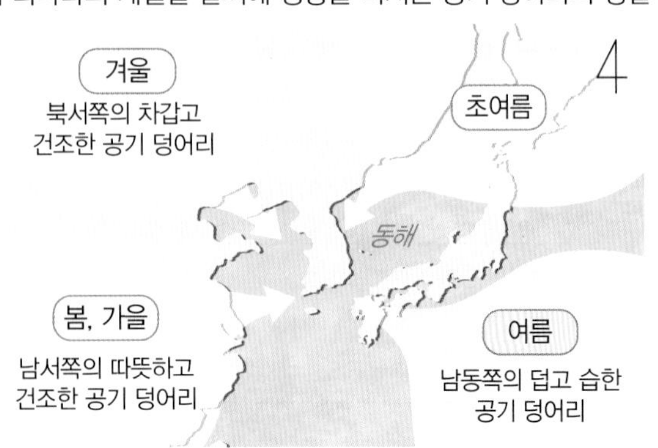

- 공기 덩어리의 성질에 따른 우리나라의 계절별 날씨의 특징

봄 · 가을의 날씨	남서쪽 대륙에서 이동해 오는 따뜻하고 건조한 공기 덩어리의 영향을 받아 따뜻하고 건조함.
여름의 날씨	남동쪽 바다에서 이동해 오는 따뜻하고 습한 공기 덩어리의 영향을 받아 덥고 습함.
겨울의 날씨	북서쪽 대륙에서 이동해 오는 차갑고 건조한 공기 덩어리의 영향을 받아 춥고 건조함.

- 날씨와 우리 생활과의 관계: 날씨는 사람들의 옷차림, 음식, 야외 활동, 건강 등 우리 생활에 다양한 영향을 주기 때문에 날씨와 우리 생활은 서로 밀접한 관계에 있음.

대단원 마무리

3. 날씨와 우리 생활

[01~02] 다음 습도표를 보고, 물음에 답하시오.

㉠ (℃)	건구 온도와 습구 온도의 차(℃)				
	0	1	2	3	4
15	100	90	80	71	61
16	100	90	81	71	62
17	100	90	81	72	63
18	100	91	82	73	64
19	100	91	82	74	65

01 위 습도표의 ㉠에 들어갈 알맞은 내용을 쓰시오.

( )

02 위 습도표를 이용하여 구한 현재 습도가 81 %이고 건구 온도가 17 ℃라면, 습구 온도는 몇 ℃입니까? ( )

① 14 ℃ ② 15 ℃
③ 16 ℃ ④ 17 ℃
⑤ 18 ℃

중요

03 습도가 높을 때 일어나는 현상으로 옳은 것을 두 가지 고르시오. (,)

① 음식물이 쉽게 상한다.
② 산불이 발생하기 쉽다.
③ 피부가 쉽게 건조해진다.
④ 세균이나 곰팡이가 자라기 쉽다.
⑤ 감기와 같은 호흡기 질환이 생기기 쉽다.

서술형

04 다음 상황에서 빨래를 잘 마르게 할 수 있는 방법을 한 가지 쓰시오.

05 물과 조각 얼음을 넣은 집기병 표면에 물방울이 맺히는 것과 비슷한 원리로 생기는 자연 현상은 어느 것입니까? ( )

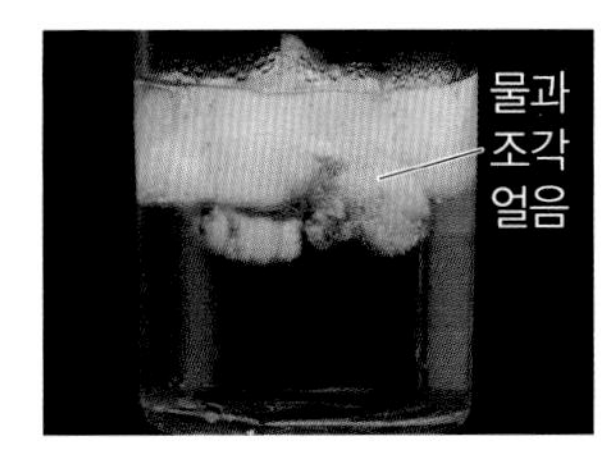

① 비 ② 눈
③ 이슬 ④ 구름
⑤ 안개

06 자연에서 이슬이나 안개를 주로 볼 수 있는 때는 언제입니까? ( )

① 한낮
② 오후 2시경
③ 비가 오는 날
④ 해가 질 무렵
⑤ 맑은 날 새벽

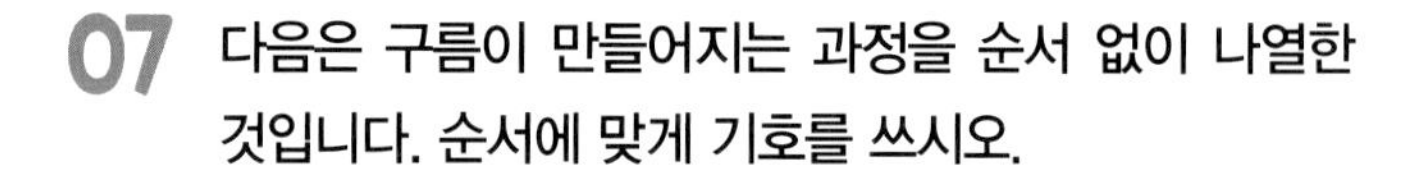

07 다음은 구름이 만들어지는 과정을 순서 없이 나열한 것입니다. 순서에 맞게 기호를 쓰시오.

㉠ 공기의 온도가 점점 낮아진다.
㉡ 공기가 지표면에서 하늘로 올라간다.
㉢ 공기 중의 수증기가 응결하여 작은 물방울이나 작은 얼음 알갱이가 되어 떠 있다.

(　　　) → (　　　) → (　　　)

⊂중요⊃

08 다음 자연 현상들의 공통점으로 옳은 것을 보기 에서 골라 기호를 쓰시오.

- 호숫가에 안개가 껴 있다.
- 하늘 높이 구름이 떠 있다.
- 거미줄에 이슬이 맺혀 있다.

보기

㉠ 증발　　㉡ 끓음　　㉢ 응결

(　　　)

09 투명한 플라스틱 원통 위에 스펀지를 올려놓고 분무기로 물을 계속 뿌리는 실험에 대한 설명으로 옳지 않은 것은 어느 것입니까? (　　)

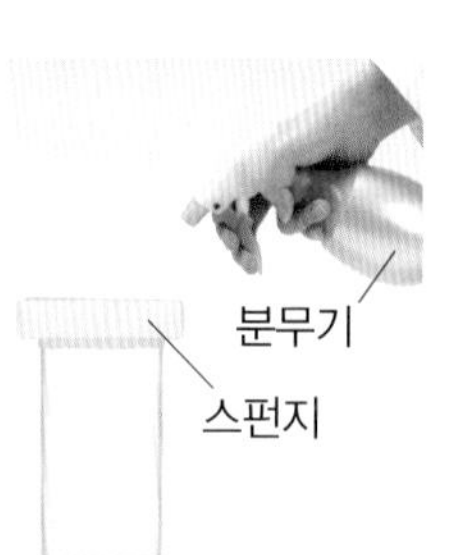

① 비가 내리는 과정을 알아보는 실험이다.
② 스펀지 속에서 나타나는 현상은 비를 나타낸다.
③ 분무기로 뿌린 물방울이 스펀지 구멍에 모여서 합쳐진다.
④ 분무기는 아주 작은 물방울이 흩뿌려지듯 나오도록 조절한다.
⑤ 스펀지에 모인 작은 물방울이 합쳐지고 무거워지면서 아래로 떨어진다.

⊂서술형⊃

10 자연 현상 중 눈이 내리는 과정을 쓰시오.

____

____

11 다음은 크기와 무게가 같은 플라스틱 통 두 개의 뚜껑을 열고 따뜻한 물과 얼음물에 넣었다가 5분 후 뚜껑을 닫고 무게를 측정하는 실험입니다. 이 실험으로 알아보려는 것을 보기 에서 골라 기호를 쓰시오.

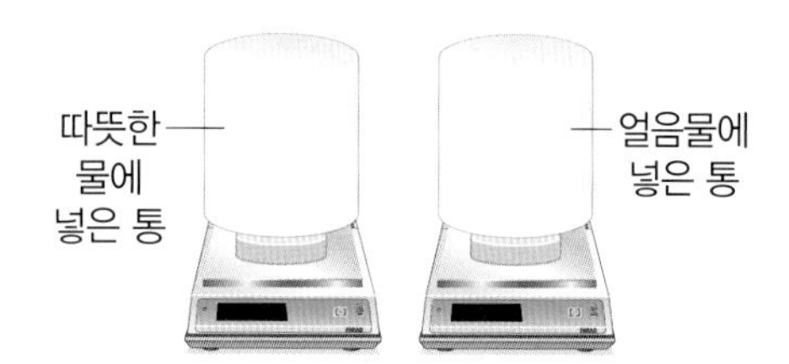

보기

㉠ 공기의 무게 변화
㉡ 바람이 부는 까닭
㉢ 기압이 생기는 까닭
㉣ 기온에 따른 공기의 무게 비교

(　　　)

[12~13] 다음은 크기와 무게가 같은 플라스틱 통 두 개의 뚜껑을 열고 각각 따뜻한 물과 얼음물에 넣었다가 뚜껑을 닫고 꺼내 무게를 비교한 것입니다. 물음에 답하시오.

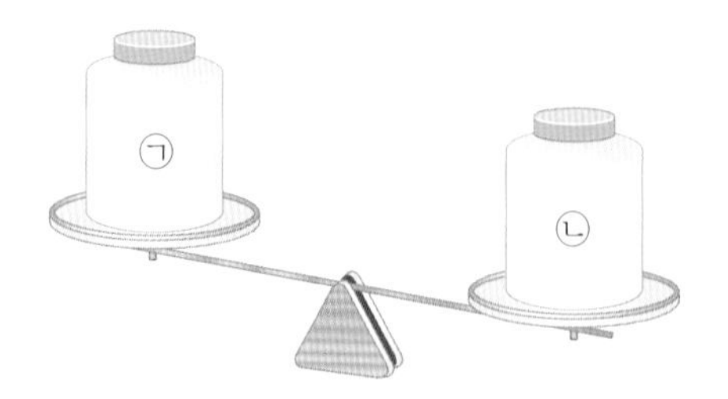

12 위 플라스틱 통 중에서 따뜻한 물에 넣었다가 꺼낸 플라스틱 통은 어느 것인지 기호를 쓰시오.

(　　　)

13 앞의 ㉡ 플라스틱 통 안 공기에 대한 설명으로 옳은 것은 어느 것입니까? (   )

① 저기압 상태이다.
② 상대적으로 기압이 높다.
③ 상대적으로 공기의 무게가 가볍다.
④ ㉠ 플라스틱 안보다 공기의 양이 적다.
⑤ ㉠ 플라스틱 안 공기와 같은 상태이다.

[14~15] 다음은 플라스틱 그릇 두 개에 물과 모래를 각각 $\frac{3}{4}$씩 담고 전등으로 같은 시간 동안 가열하기 전과 후에 온도를 측정한 것입니다. 물음에 답하시오.

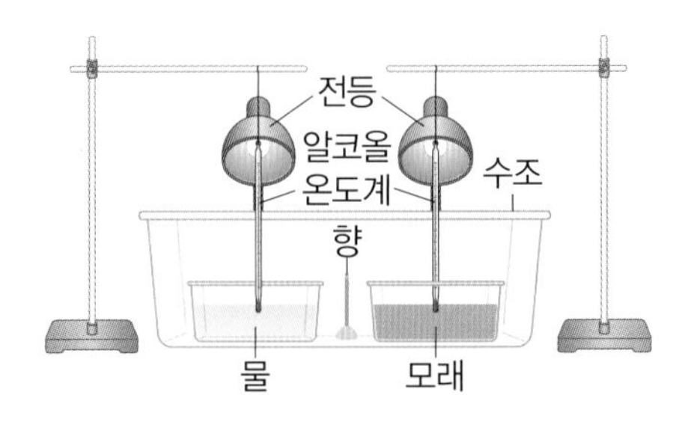

구분	물의 온도(℃)	모래의 온도(℃)
가열하기 전	14	14
가열한 후	17	24

14 위 실험에서 전등으로 가열한 뒤 물 위와 모래 위의 기압 상태를 바르게 나타낸 것을 골라 기호를 쓰시오.

	물 위	모래 위
㉠	저기압	저기압
㉡	저기압	고기압
㉢	고기압	저기압
㉣	고기압	고기압

(   )

15 위 실험에서 전등으로 가열한 뒤 물과 모래 사이에 향불을 피웠을 때, 물 위와 모래 위에서 향 연기의 움직임을 (   ) 안에 화살표로 나타내시오.

물 위 (   ) 모래 위

⊂서술형⊃

16 다음의 낱말을 모두 사용하여 바람에 대해 쓰시오.

공기   저기압   고기압   이동

[17~18] 다음은 맑은 날 밤 바닷가의 모습입니다. 물음에 답하시오.

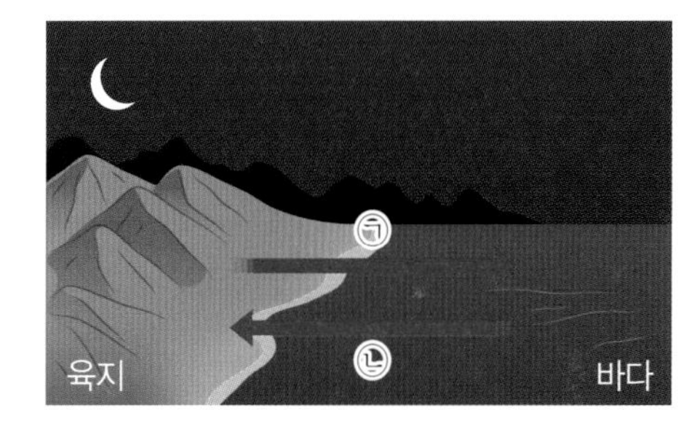

17 위 바닷가에서 밤에 부는 바람의 방향으로 옳은 것을 골라 기호를 쓰시오.

(   )

⊂중요⊃

18 위 바닷가에서 부는 바람에 대한 설명으로 옳은 것에 모두 ○표 하시오.

(1) 육지와 바다는 기압 차가 없다. (   )
(2) 육지 위는 고기압, 바다 위는 저기압이다. (   )
(3) 밤에 부는 바람은 낮에 부는 바람과 방향이 다르다. (   )

19 대륙이나 바다와 같이 넓은 지역에 오래 머물러 있는 공기 덩어리의 성질에 대한 설명으로 옳은 것을 두 가지 고르시오. (,   )

① 그 지역의 온도와 성질이 비슷해진다.
② 그 지역의 모양과 성질이 비슷해진다.
③ 그 지역의 습도와 성질이 비슷해진다.
④ 그 지역의 색깔과 성질이 비슷해진다.
⑤ 그 지역의 영향을 전혀 받지 않는다.

[20~21] 다음은 우리나라의 계절별 날씨에 영향을 미치는 공기 덩어리를 나타낸 것입니다. 물음에 답하시오.

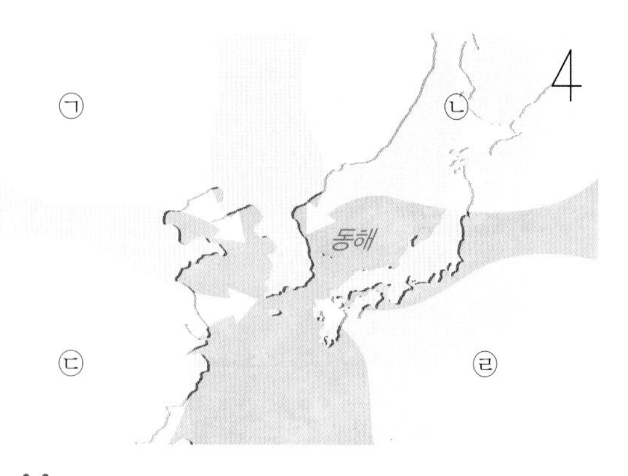

⊂중요⊃
20 위에서 차갑고 건조한 성질을 가진 공기 덩어리의 기호와 이 공기 덩어리가 우리나라에 영향을 미치는 계절을 바르게 짝 지은 것은 어느 것입니까? (   )

① ㉠ – 겨울　② ㉡ – 여름
③ ㉢ – 초여름　④ ㉣ – 초겨울
⑤ ㉣ – 봄, 가을

21 위에서 ㉣ 공기 덩어리의 영향을 받는 계절에 사람들이 주로 사용하는 물건을 모두 골라 ○표 하시오.

털장갑	우산	손난로
가습기	부채	습기 제거제
자외선 차단제	목도리	차가운 음료

22 우리나라의 봄과 가장 관련이 적은 현상은 어느 것입니까? (   )

① 따뜻하다.
② 건조하다.
③ 산불이 나기 쉽다.
④ 습도가 높아 음식물이 쉽게 상한다.
⑤ 남서쪽 대륙에서 이동해 오는 공기 덩어리의 영향을 받는다.

23 날씨가 다음과 같을 때 주변에서 볼 수 있는 모습으로 알맞은 것은 어느 것입니까? (   )

① 바닷가에서 수영을 한다.
② 운동장에서 축구를 한다.
③ 야외로 현장 학습을 간다.
④ 마당에 빨래를 널어놓는다.
⑤ 제설차로 거리의 눈을 치운다.

24 다음은 어떤 생활기상지수에 대한 설명입니까? (   )

> 최저 기온, 일교차, 현지 기압, 상대 습도 등에 따른 감기 발생 가능 정도를 지수로 나타낸 것으로, 이 지수가 높은 날은 가급적 외출을 자제하는 것이 좋으며, 외출 시 마스크, 목도리 등을 착용해 체온을 따뜻하게 유지하는 것이 중요하다.

① 운동 지수　② 여행 지수
③ 자외선 지수　④ 식중독 지수
⑤ 감기 가능 지수

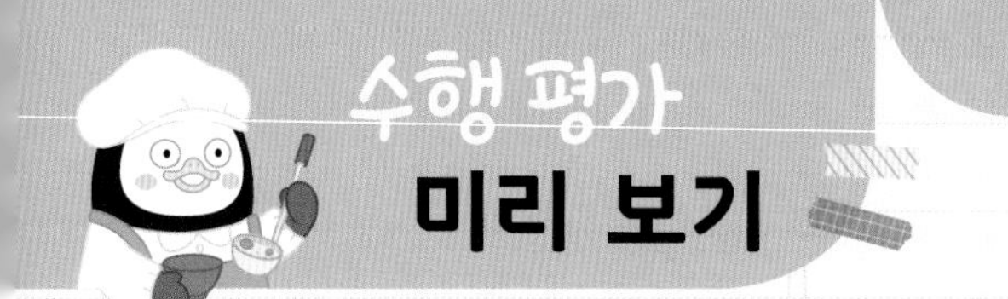

정답과 해설 19쪽

1 **다음은 건습구 습도계로 건구 온도와 습구 온도를 측정한 결과입니다. 물음에 답하시오.**

건구 온도(℃)	습구 온도(℃)
17	11

(1) 다음 습도표를 이용해 현재 습도를 구하시오.

건구 온도(℃)	건구 온도와 습구 온도의 차(℃)						
	0	1	2	3	4	5	6
15	100	90	80	70	61	52	44
16	100	90	81	71	63	54	45
17	100	90	81	72	64	55	47
18	100	91	82	73	65	56	48

( ) %

(2) 습도가 낮을 때 습도를 조절하는 방법을 한 가지 쓰시오.

2 **다음은 공기의 온도에 따른 공기의 무게를 비교해 보는 모습입니다. 물음에 답하시오.**

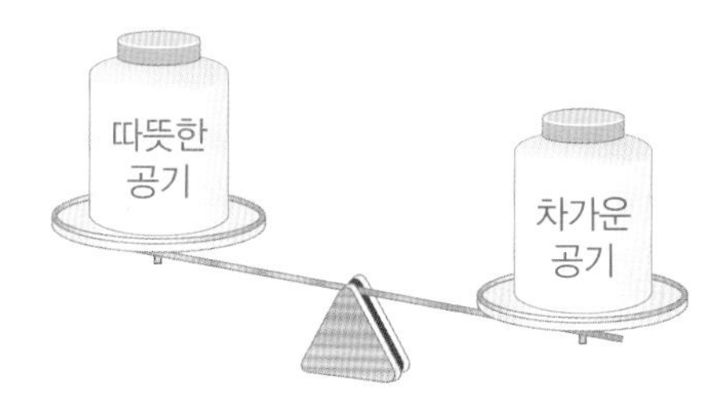

(1) 다음은 위와 같이 공기의 온도에 따른 공기의 무게를 비교하여 알 수 있는 사실입니다. ( ) 안에 들어갈 알맞은 말에 ○표 하시오.

> 상대적으로 공기의 온도가 낮으면 공기의 무게는 ㉠(가볍고 , 무겁고), 상대적으로 공기의 온도가 높으면 공기의 무게는 ㉡(가볍다 , 무겁다).

(2) 저기압과 고기압이 무엇인지 공기의 온도에 따른 공기의 무게와 관련지어 쓰시오.

4 단원

물체의 운동

놀이공원에 가면 신나는 놀이 기구들이 많이 있습니다. 큰 속력으로 움직이는 놀이 기구를 타고 있으면 아슬아슬 스릴이 넘치지요. 놀이 기구들의 움직임을 살펴보면 속력이 다양하다는 것을 알 수 있습니다.

이 단원에서는 다양한 물체의 속력과 속력이 어떻게 변하는지 알아보고, 다양한 물체의 속력의 크기도 비교해 봅니다. 또 속력과 관련된 안전장치와 교통안전 수칙에 대해서도 알아봅니다.

단원 학습 목표

(1) 물체의 운동과 빠르기
- 물체의 운동을 어떻게 나타내는지 알아봅니다.
- 여러 가지 물체의 운동은 어떻게 다른지 알아봅니다.

(2) 빠르기의 비교와 속력
- 같은 거리를 이동한 물체의 빠르기를 비교해 봅니다.
- 같은 시간 동안 이동한 물체의 빠르기를 비교해 봅니다.
- 물체의 속력을 어떻게 나타내는지 알아봅니다.

(3) 속력과 안전
- 속력과 관련된 안전장치에 대해 알아봅니다.
- 도로 주변에서 지켜야 할 교통안전 수칙에는 무엇이 있는지 알아봅니다.

단원 진도 체크

회차	학습 내용		진도 체크
1차	(1) 물체의 운동과 빠르기	교과서 내용 학습 ＋ 핵심 개념 문제	✓
2차		중단원 실전 문제 ＋ 서술형·논술형 평가 돋보기	✓
3차	(2) 빠르기의 비교와 속력	교과서 내용 학습 ＋ 핵심 개념 문제	✓
4차		중단원 실전 문제 ＋ 서술형·논술형 평가 돋보기	✓
5차	(3) 속력과 안전	교과서 내용 학습 ＋ 핵심 개념 문제	✓
6차		중단원 실전 문제 ＋ 서술형·논술형 평가 돋보기	✓
7차	대단원 정리 학습 ＋ 대단원 마무리 ＋ 수행 평가 미리 보기		✓

해당 부분을 공부한 후 ✓표를 하세요.

(1) 물체의 운동과 빠르기

▶ 운동하는 물체와 운동하지 않는 물체
- 운동하는 물체: 시간이 지남에 따라 위치가 변하는 물체
- 운동하지 않는 물체: 시간이 지나도 위치가 변하지 않는 물체

▶ 같은 장소를 1초 간격으로 나타낸 오른쪽 그림에서 물체의 운동 나타내기
- 자전거는 1초 동안 2 m를 이동했습니다.
- 자동차는 1초 동안 6 m를 이동했습니다.
- 할머니는 1초 동안 1 m를 이동했습니다.

1 물체의 운동 나타내기

(1) 물체의 운동을 나타내는 방법 알아보기

① 시간이 지남에 따라 물체의 위치가 변할 때 물체가 운동한다고 합니다.

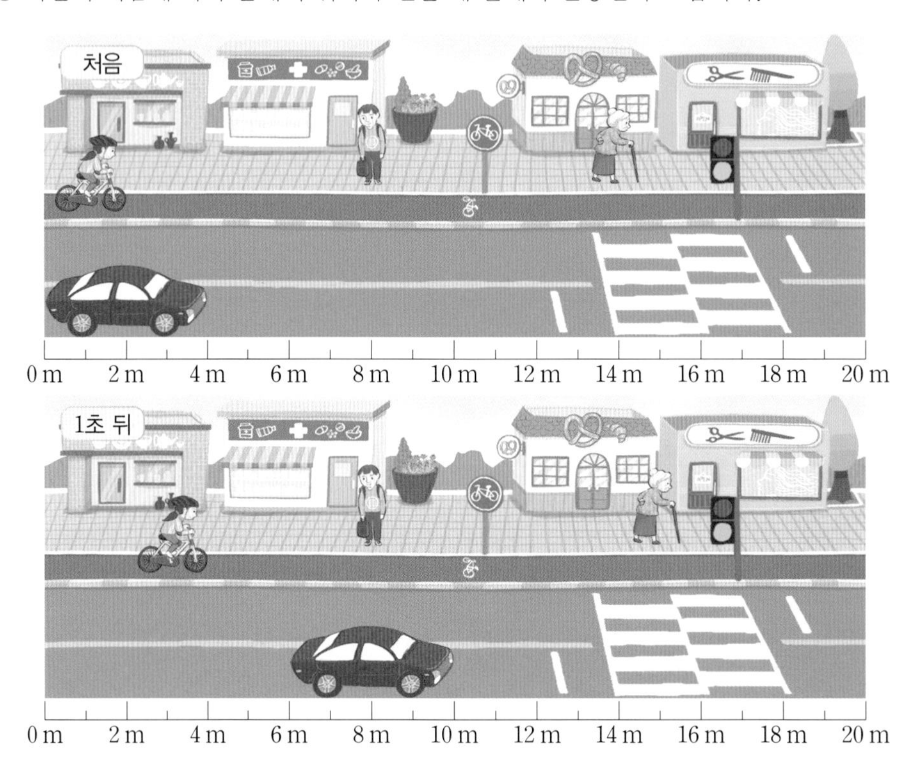

※ 과학에서 운동을 나타낼 때는 사람이나 동물도 물체에 포함됩니다.

운동한 물체	운동하지 않은 물체
자전거, 자동차, 할머니	남자아이, 나무, 신호등, 도로 표지판, 건물

② 물체의 운동을 나타내는 방법: 물체가 이동하는 데 걸린 시간과 이동 거리로 나타냅니다.

(2) 우리 주변에 있는 여러 가지 물체의 운동 나타내기

① 승강기나 구름은 시간이 지남에 따라 위치가 변하므로 운동하는 물체입니다.

② 교문이나 나무는 시간이 지남에 따라 위치가 변하지 않으므로 운동하지 않는 물체입니다.

③ 여러 물체의 운동을 걸린 시간과 이동 거리로 나타낼 수 있습니다.

- 개미는 5분 동안 100 m를 이동했습니다.
- 제비는 1시간 동안 250 km를 이동했습니다.
- 나는 학교에서 집까지 10분 동안 500 m를 이동했습니다.

낱말 사전

위치 일정한 곳에 자리를 차지함. 또는 그 자리

빠르기 물체 따위의 움직임이 빠르고 느린 정도

조형물 여러 가지 재료를 이용하여 구체적인 형태나 모양으로 만든 물체

2 여러 가지 물체의 운동 알아보기

(1) 여러 가지 물체의 운동 비교하기

① 여러 가지 물체는 다양한 빠르기로 운동합니다.

② 빠르게 운동하는 물체와 느리게 운동하는 물체를 비교해 봅니다.

예 치타는 달팽이보다 빠르게 운동하고, 달팽이는 치타보다 느리게 운동합니다.

③ 빠르기가 변하는 운동을 하는 물체와 빠르기가 일정한 운동을 하는 물체로 분류해 봅니다.

빠르기가 변하는 운동을 하는 물체	빠르기가 일정한 운동을 하는 물체
기차, 비행기, 치타, 펭귄, 배드민턴공, 컬링 스톤, 바이킹, 범퍼카 등	자동길, 자동계단, 순환 열차, 케이블카, 스키장 승강기, 회전목마 등

▲ 기차

▲ 컬링 스톤

▲ 자동길

▲ 케이블카

④ 빠르기가 변하는 운동을 하는 물체는 어떻게 운동하는지 알아봅니다.

기차	출발할 때는 점점 빨라지고 도착할 때는 점점 느려진다.
비행기	활주로에서 천천히 움직이다가 점점 빠르게 달려 하늘로 날아간다.
펭귄	천천히 헤엄치다가 범고래를 만나면 빠르게 헤엄쳐 도망간다.
배드민턴공	배드민턴 채로 배드민턴공을 치면 처음에는 빠르게 날아가다가 점점 느려지면서 바닥으로 떨어진다.
컬링 스톤	빠르게 미끄러져 가다가 점점 느려지면서 결국 멈춘다.

(2) 놀이공원에서 운동하는 물체의 빠르기

① 롤러코스터: 오르막길에서는 빠르기가 점점 느려지고 내리막길에서는 빠르기가 점점 빨라지는 운동을 합니다.

② 바이킹: 위로 올라갈 때는 점점 느리게 운동하다가 최고 높이에서 잠시 멈추고 아래로 내려올 때는 점점 빠르게 운동합니다.

③ 범퍼카: 출발하면서 빨라졌다가 다른 차와 부딪치면서 느려집니다.

④ 자이로 드롭: 높은 곳까지 천천히 올라갔다가 아래로 내려올 때는 빠르게 내려옵니다.

⑤ 대관람차: 원을 그리며 빠르기가 일정한 운동을 합니다.

⑥ 회전목마: 조형물이 위아래로 움직이면서 일정한 빠르기로 회전하는 운동을 합니다.

◗ 우리 주변에 있는 여러 가지 물체의 운동

- 빠르게 운동하는 물체도 있고 느리게 운동하는 물체도 있습니다.
- 빠르기가 변하는 운동을 하는 물체도 있고 빠르기가 일정한 운동을 하는 물체도 있습니다.
- 같은 물체라도 빠르기가 일정한 운동을 할 때도 있고 빠르기가 변하는 운동을 할 때도 있습니다.

◗ 여러 가지 놀이 기구

- 빠르기가 변하는 운동을 하는 놀이 기구

▲ 롤러코스터

▲ 바이킹

▲ 범퍼카

▲ 자이로 드롭

- 빠르기가 일정한 운동을 하는 놀이 기구

▲ 대관람차

▲ 회전목마

개념 확인 문제

1 시간이 지남에 따라 물체의 위치가 변할 때 물체가 (　　　)한다고 합니다.

2 승강기나 구름은 시간이 지남에 따라 위치가 변하므로 (운동하지 않는 , 운동하는) 물체입니다.

3 컬링 스톤은 빠르기가 일정한 운동을 하는 물체입니다. (○ , ×)

정답 1 운동 2 운동하는 3 ×

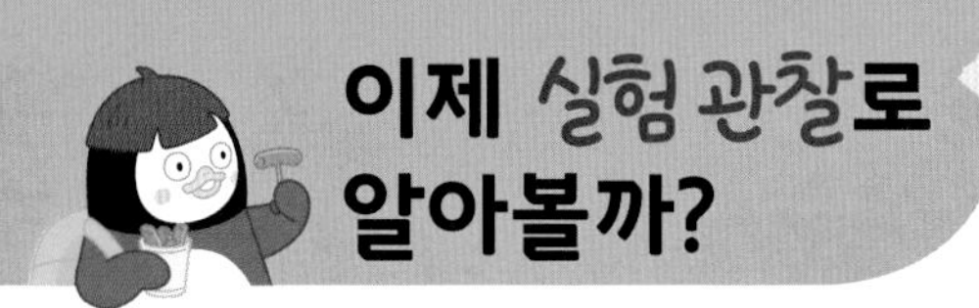

물체의 운동 관찰하기

[준비물] 기록판, 초시계

[실험 방법]

① 운동장의 한 곳에 서서 2분 동안 여러 가지 물체를 관찰해 봅니다.

② 운동장에서 관찰한 물체를 움직이는 물체와 움직이지 않는 물체로 구분해 봅니다.

③ 움직이는 물체와 움직이지 않는 물체로 구분한 까닭을 이야기해 봅니다.

주의할 점

운동장에서 관찰 활동이 어려울 때는 일정 시간 동안 촬영한 영상을 활용할 수 있습니다.

중요한 점

물체가 운동했다는 것을 알려면 시간이 지남에 따라 물체의 위치가 변했는지 확인해야 합니다.

[실험 결과]

① 움직이는 물체와 움직이지 않는 물체

움직이는 물체	움직이지 않는 물체
달리는 어린이, 날아가는 축구공, 날아가는 비행기 등	축구 골대, 미끄럼틀, 철봉 나무, 학교 건물 등

② 움직이는 물체와 움직이지 않는 물체로 구분한 까닭

- 움직이는 물체는 위치가 변했고 움직이지 않는 물체는 위치가 변하지 않았습니다.
- 시간이 지남에 따라 물체의 위치가 변하면 물체가 운동했다고 합니다.

탐구 문제

정답과 해설 20쪽

1 운동장에서 관찰한 여러 가지 물체 중에서 운동하는 것을 보기에서 모두 골라 기호를 쓰시오.

보기

㉠ 철봉　　㉡ 미끄럼틀
㉢ 학교 건물　　㉣ 축구 골대
㉤ 달리는 어린이　　㉥ 날아가는 비행기

(　　　　　　　　)

2 운동장에서 2분 동안 관찰한 여러 가지 물체의 운동에 대해 잘못 말한 사람의 이름을 쓰시오.

- 태민: 구름은 위치가 변했으니 운동한 물체야.
- 의정: 나무는 위치가 변하지 않았으니 운동하지 않은 물체야.
- 지연: 날아가는 축구공은 위치가 변했으니 운동하지 않는 물체야.

(　　　　　　　　)

핵심 개념 문제

정답과 해설 20쪽

개념 1 물체의 운동을 묻는 문제

(1) 시간이 지남에 따라 물체의 위치가 변할 때 물체가 운동한다고 함.

(2) 운동하는 물체와 운동하지 않는 물체

운동하는 물체	시간이 지남에 따라 위치가 변하는 물체
운동하지 않는 물체	시간이 지남에 따라 위치가 변하지 않는 물체

01 다음 (　　) 안에 들어갈 알맞은 말을 쓰시오.

시간이 지남에 따라 물체의 (　　　　)이/가 변할 때 물체가 운동한다고 한다.

(　　　　　　　　)

02 윤서가 자전거를 타고 집에서 도서관까지 이동했습니다. 운동한 물체로 옳은 것을 보기 에서 골라 기호를 쓰시오.

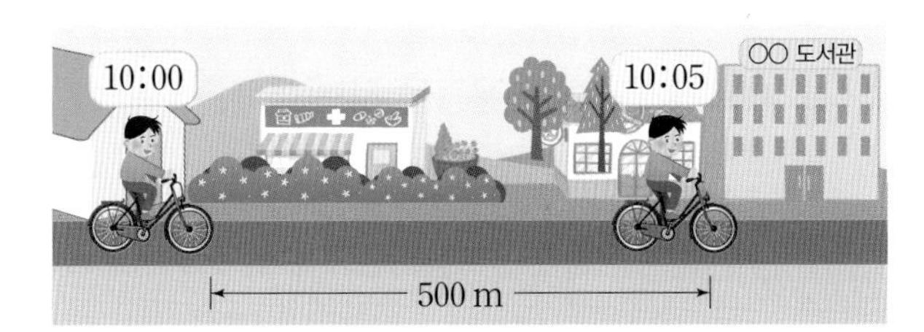

보기

㉠ 건물　　㉡ 나무
㉢ 자전거　　㉣ 도서관 간판

(　　　　　　　　)

개념 2 물체의 운동을 나타내는 방법을 묻는 문제

(1) 물체의 운동은 물체가 이동하는 데 걸린 시간과 이동 거리로 나타냄.

(2) 자동차의 운동 나타내기

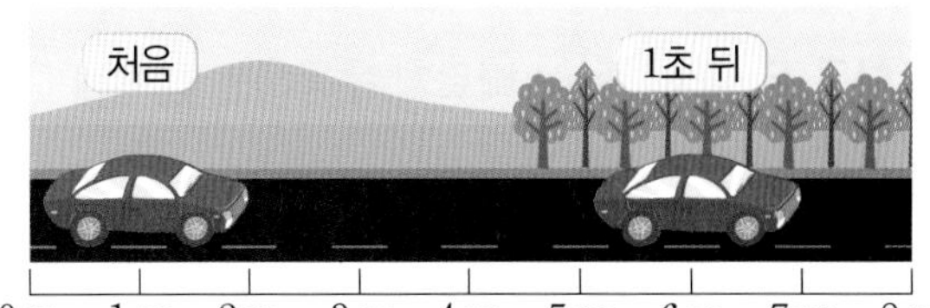

- 자동차는 시간이 지남에 따라 위치가 변함.
- 자동차는 1초 동안 5 m를 이동했음.

03 물체의 운동을 나타낼 때 필요한 것을 보기 에서 모두 골라 기호를 쓰시오.

보기

㉠ 걸린 시간　　㉡ 이동 거리
㉢ 물체의 크기　　㉣ 물체의 색깔

(　　　　　　　　)

04 물체의 운동을 걸린 시간과 이동 거리로 바르게 나타낸 것에 ○표 하시오.

(1) 소영이는 학교에서 학원까지 가는 데 5분이 걸렸다. (　　)

(2) 재식이는 민식이네 집에서 놀다가 뛰어서 집으로 갔다. (　　)

(3) 해미는 집에서 슈퍼마켓까지 3분 동안 300 m를 이동했다. (　　)

개념 3 여러 가지 물체의 운동을 빠르기로 비교하는 문제

(1) 여러 가지 물체는 다양한 빠르기로 운동함.
(2) 빠르게 운동하는 물체와 느리게 운동하는 물체가 있음.
(3) 치타는 달팽이보다 빠르게 운동하고, 달팽이는 치타보다 느리게 운동함.

05 다음 두 물체 중 더 빠르게 운동하는 물체에 ○표 하시오.

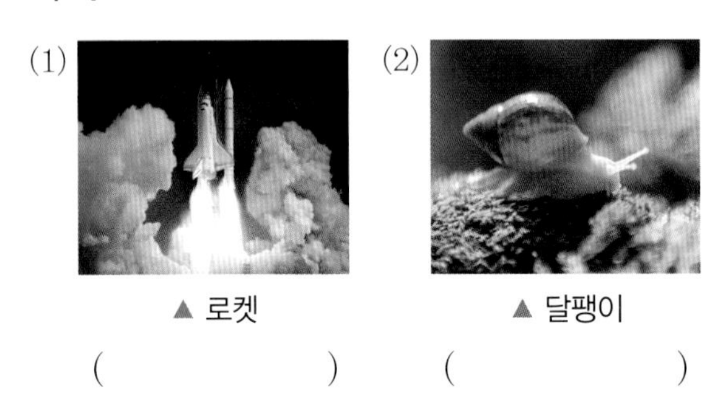

(1) ▲ 로켓 (　　　)
(2) ▲ 달팽이 (　　　)

06 우리 주변에 있는 여러 가지 물체의 운동에 대한 설명으로 옳은 것을 보기에서 골라 기호를 쓰시오.

보기
㉠ 빠르게 운동하는 물체만 있다.
㉡ 모든 물체는 항상 느리게 운동하다가 빠르게 운동한다.
㉢ 빠르게 운동하는 물체와 느리게 운동하는 물체가 있다.

(　　　)

개념 4 빠르기가 변하는 운동을 하는 물체와 빠르기가 일정한 운동을 하는 물체를 묻는 문제

(1) 빠르기가 변하는 운동을 하는 물체: 기차, 비행기, 치타, 펭귄, 배드민턴공, 컬링 스톤, 바이킹, 범퍼카 등
(2) 빠르기가 일정한 운동을 하는 물체: 자동길, 자동계단, 순환 열차, 케이블카, 스키장 승강기, 회전목마 등

07 운동하는 물체의 빠르기에 대한 설명으로 옳지 않은 것은 어느 것입니까? (　　　)

① 펭귄은 빠르기가 일정한 운동을 한다.
② 자동길은 빠르기가 일정한 운동을 한다.
③ 비행기는 빠르기가 변하는 운동을 한다.
④ 롤러코스터는 빠르기가 변하는 운동을 한다.
⑤ 스키장 승강기는 빠르기가 일정한 운동을 한다.

08 빠르기가 변하는 운동을 하는 물체를 보기에서 모두 고른 것은 어느 것입니까? (　　　)

보기
㉠ 치타　　㉡ 바이킹
㉢ 케이블카　　㉣ 컬링 스톤

① ㉠, ㉡　　② ㉠, ㉡, ㉢
③ ㉠, ㉡, ㉣　　④ ㉡, ㉢, ㉣
⑤ ㉠, ㉡, ㉢, ㉣

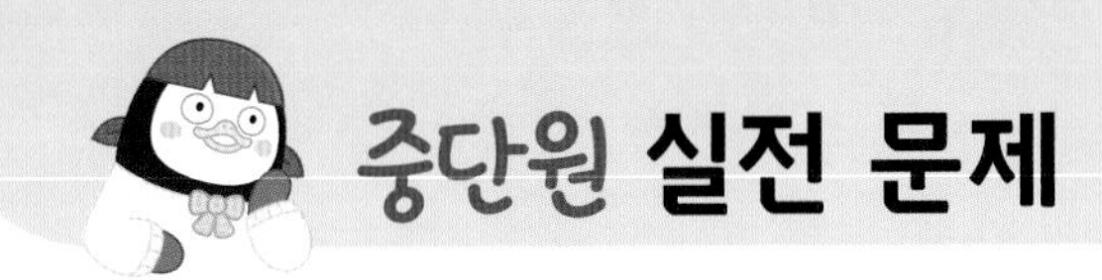

중단원 실전 문제

정답과 해설 20쪽

01 여러 가지 물체의 운동에 대한 설명으로 옳지 않은 것은 어느 것입니까? (   )

① 달리는 자동차는 시간이 지남에 따라 위치가 변한다.
② 도로의 표지판은 시간이 지남에 따라 위치가 변한다.
③ 걸어가는 사람은 시간이 지남에 따라 위치가 변한다.
④ 도로의 신호등은 시간이 지남에 따라 위치가 변하지 않는다.
⑤ 제자리에 서 있는 사람은 시간이 지남에 따라 위치가 변하지 않는다.

02 시간이 지남에 따라 물체의 위치가 변할 때 물체가 운동한다고 합니다. 지수가 다음과 같은 운동을 했을 때 위치 변화가 나타난 부분을 골라 기호를 쓰시오.

> 지수는 ㉠운동장에서 500 m를 걸어서 체육관에 도착하는 데 ㉡5분이 걸렸다.

(   )

03 중요
다음은 물체의 운동을 나타내는 방법입니다. (   ) 안에 들어갈 알맞은 말을 바르게 나타낸 것은 어느 것입니까? (   )

> 물체의 운동은 물체가 이동하는 데 (㉠) 과/와 (㉡)(으)로 나타낸다.

	㉠	㉡
①	걸린 시간	이동 거리
②	걸린 시간	물체의 크기
③	걸린 시간	물체의 무게
④	사용한 물체	걸린 시간
⑤	사용한 물체	이동 거리

[04~05] 다음은 1초 간격으로 나타낸 거리의 모습입니다. 물음에 답하시오.

04 위에서 운동하지 않은 물체를 두 가지 고르시오.
(,   )

① 나무 ② 자전거 ③ 자동차
④ 신호등 ⑤ 할머니

05 위 거리의 모습을 보고, (   ) 안에 들어갈 알맞은 수를 쓰시오.

> • 할머니는 (㉠)초 동안 1 m를 이동했다.
> • 자동차는 1초 동안 (㉡) m를 이동했다.

㉠ (   ), ㉡ (   )

06 물체의 운동을 바르게 나타낸 사람의 이름을 쓰시오.

> • 원영: 나는 우유 200 mL를 2분 동안 모두 마셨어.
> • 민재: 나는 3 kg짜리 상자를 5분 동안 들고 서 있었어.
> • 서윤: 나는 킥보드를 타고 10분 동안 2 km를 이동했어.

(   )

07 물체의 빠르기를 비교하여 (   ) 안에 들어갈 알맞은 말에 ○표 하시오.

(1) 달팽이는 펭귄보다 (느리게 , 빠르게) 운동한다.

(2) 비행기는 컬링 스톤보다 (느리게 , 빠르게) 운동한다.

08 다음 운동하는 물체들의 공통점으로 옳은 것은 어느 것입니까? (   )

▲ 자동길

▲ 케이블카

▲ 스키장 승강기

① 매우 빠르게 운동한다.
② 빠르기가 일정한 운동을 한다.
③ 빠르기가 계속 변하는 운동을 한다.
④ 처음에는 빠르게 움직이다가 점점 느려지는 운동을 한다.
⑤ 처음에는 느리게 움직이다가 점점 빨라지는 운동을 한다.

09 다음은 빠르기가 변하는 운동을 하는 물체에 대한 설명입니다. (   ) 안에 들어갈 알맞은 말에 ○표 하시오.

- 펭귄은 바다에 들어가면 ㉠(빠르게 , 천천히) 헤엄치다가 범고래를 만나면 ㉡(빠르게 , 천천히) 헤엄쳐 도망간다.
- 비행기는 활주로에서 ㉢(빠르게 , 천천히) 움직이다가 점점 ㉣(빠르게 , 천천히) 달려 하늘로 날아간다.
- 배드민턴공을 채로 치면 처음에는 ㉤(빠르게 , 천천히) 날아가다가 점점 ㉥(빨라져 , 느려져) 바닥으로 떨어진다.

⊂중요⊃

10 여러 가지 운동하는 물체의 빠르기에 대한 설명으로 옳지 않은 것은 어느 것입니까? (   )

① 빠르게 운동을 하는 물체가 있다.
② 느리게 운동을 하는 물체가 있다.
③ 빠르기가 변하는 운동을 하는 물체가 있다.
④ 빠르기가 일정한 운동을 하는 물체는 절대 멈추지 않는다.
⑤ 같은 물체라도 빠르기가 일정한 운동을 할 때도 있고 빠르기가 변하는 운동을 할 때도 있다.

[11~12] 다음은 놀이공원에서 볼 수 있는 여러 가지 놀이 기구의 모습입니다. 물음에 답하시오.

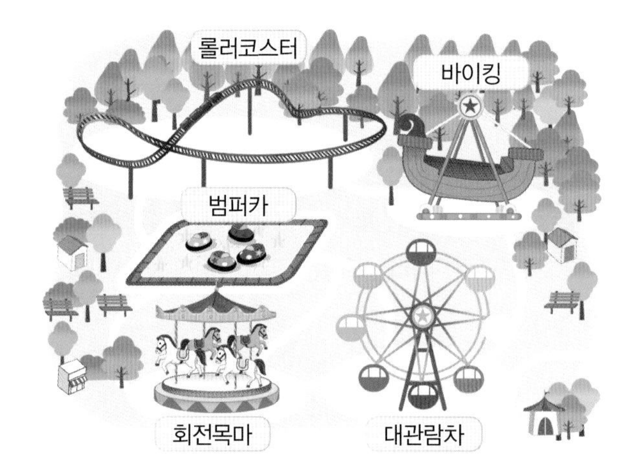

11 위에서 빠르기가 일정한 운동을 하는 놀이 기구와 빠르기가 변하는 운동을 하는 놀이 기구로 분류하시오.

(1) 빠르기가 일정한 운동을 하는 놀이 기구	(2) 빠르기가 변하는 운동을 하는 놀이 기구

⊂서술형⊃

12 위에서 빠르기가 변하는 운동을 하는 놀이 기구 중에서 한 가지를 골라 빠르기가 어떻게 변하는지 쓰시오.

(1) 내가 고른 놀이 기구: (   )

(2) 빠르기의 변화: ______________

서술형·논술형 평가 돋보기

학교에서 출제되는 서술형·논술형 평가를 미리 준비하세요.

정답과 해설 21쪽

1 물체의 운동에 대한 친구들의 대화입니다. 물음에 답하시오.

- 우진: 달리는 자동차는 시간이 지남에 따라 위치가 변했어.
- 정원: 시간이 지남에 따라 물체의 무게가 변할 때 물체가 운동한다고 해.
- 서현: 도로에 있는 신호등과 도로 표지판은 시간이 지나도 위치가 변하지 않아.

(1) 위에서 물체의 운동에 대해 잘못 말한 사람의 이름을 쓰시오.

( )

(2) 위 (1)번의 답으로 고른 친구가 한 말이 잘못된 까닭을 쓰시오.

2 다음은 **1**초 간격으로 나타낸 거리의 모습입니다. 물음에 답하시오.

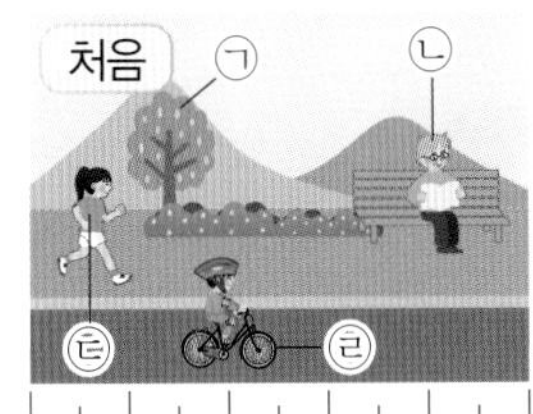

(1) 위에서 운동하지 않은 물체를 모두 골라 기호를 쓰시오.

( )

(2) 위에서 운동한 물체를 한 가지 고르고, 그 물체의 운동을 걸린 시간과 이동 거리로 나타내시오.

3 치타와 나무늘보의 빠르기를 비교하여 쓰시오.

▲ 치타

▲ 나무늘보

4 놀이공원에 있는 롤러코스터는 빠르기가 변하는 운동을 합니다. 롤러코스터의 빠르기가 어떻게 변하는지 쓰시오.

(2) 빠르기의 비교와 속력

1 같은 거리를 이동한 물체의 빠르기 비교하기

(1) 같은 거리를 이동하는 수영 경기에서 가장 빠른 선수를 뽑는 방법

순위	이름	걸린 시간
1	홍○○	28초 50
2	박○○	28초 75
3	이○○	29초 05
4	김○○	29초 20
5	양○○	30초 50

① 선수들이 출발선에서 동시에 출발했다면 결승선에 먼저 도착한 선수가 가장 빠릅니다.

② 결승선에 먼저 도착한 선수는 나중에 도착한 선수보다 같은 거리를 이동하는 데 걸린 시간이 더 짧습니다.

(2) 같은 거리를 이동한 물체의 빠르기를 비교하는 방법

① 같은 거리를 이동한 물체의 빠르기는 물체가 이동하는 데 걸린 시간으로 비교합니다.

② 같은 거리를 이동하는 데 걸린 시간이 짧은 물체가 걸린 시간이 긴 물체보다 더 빠릅니다.

2 같은 시간 동안 이동한 물체의 빠르기 비교하기

(1) 여러 교통수단의 빠르기 비교하기

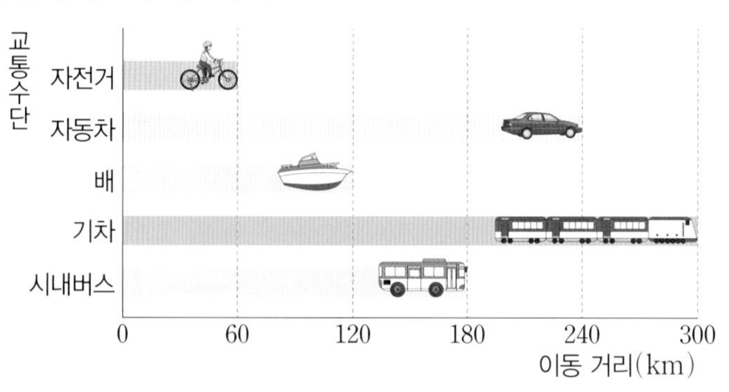

▲ 3시간 동안 여러 교통수단이 이동한 거리 비교

① 기차, 자동차, 시내버스, 배, 자전거의 순서로 빠릅니다.

② 같은 시간 동안 가장 긴 거리를 이동한 기차가 가장 빠른 교통수단입니다.

(2) 같은 시간 동안 이동한 물체의 빠르기를 비교하는 방법

① 같은 시간 동안 이동한 물체의 빠르기는 물체가 이동한 거리로 비교합니다.

② 같은 시간 동안 긴 거리를 이동한 물체가 짧은 거리를 이동한 물체보다 더 빠릅니다.

◗ 육상 경기에서 가장 빠른 사람을 뽑는 방법
- 같은 출발선에서 출발합니다.
- 달리는 경로가 같아야 합니다.
- 결승선이 같아야 합니다.
- 결승선에 가장 먼저 도착하는 사람이 가장 빠른 사람입니다.

◗ 같은 거리를 이동하는 데 걸린 시간을 측정해 빠르기를 비교하는 운동 경기

마라톤, 쇼트트랙, 수영, 사이클, 카약, 요트, 조정, 스키, 스노보드, 봅슬레이, 스피드 스케이팅 등

▲ 마라톤

▲ 쇼트트랙

낱말 사전

경로 지나는 길

교통수단 사람이 이동하거나 짐을 옮기는 데 쓰는 수단

3 물체의 속력

(1) 속력

① 속력: 1초, 1분, 1시간 등과 같은 단위 시간 동안 물체가 이동한 거리입니다.

(속력)=(이동 거리)÷(걸린 시간)

② 속력의 단위: km/h, m/s 등을 사용합니다.

③ 속력의 활용: 이동 거리와 이동하는 데 걸린 시간이 모두 다른 물체의 빠르기는 속력을 구해 비교할 수 있습니다.

④ 속력의 의미와 읽는 법

구분	의미	읽는 법
80 km/h	1시간 동안 80 km를 이동하는 빠르기	• 팔십 킬로미터 매 시 • 시속 팔십 킬로미터
15 m/s	1초 동안 15 m를 이동하는 빠르기	• 십오 미터 매 초 • 초속 십오 미터

(2) 여러 가지 물체의 속력 알아보기

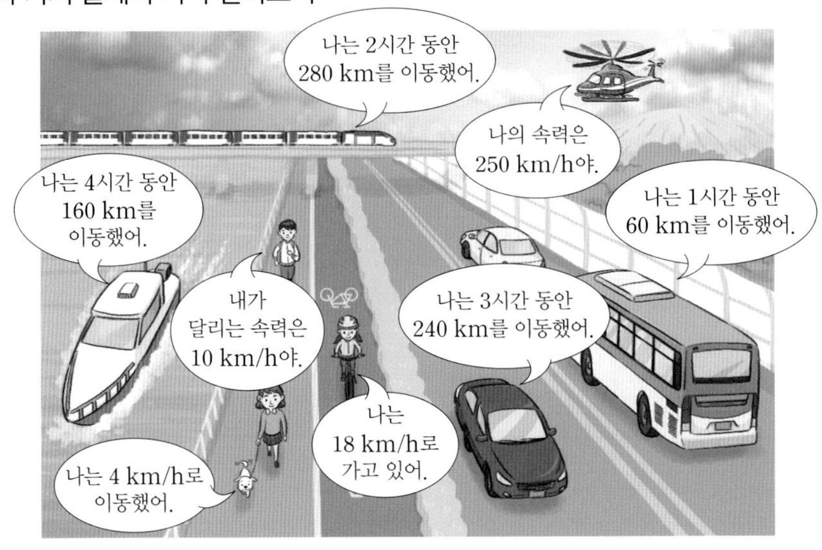

① 배의 속력은 40 km/h이고, 자전거의 속력은 18 km/h이므로 배가 자전거보다 더 빠릅니다.

② 달리는 사람의 속력은 10 km/h이고, 강아지의 속력은 4 km/h이므로 달리는 사람이 강아지보다 더 빠릅니다.

③ 기차의 속력은 140 km/h이고, 헬리콥터의 속력은 250 km/h이므로 헬리콥터가 기차보다 더 빠릅니다.

속력에서의 시간 표현
- 1초는 second(초)의 s를 따서 1 s로 나타냅니다.
- 1시간은 hour(시간)의 h를 따서 1 h로 나타냅니다.

속력이 크다는 것의 의미
- 물체가 빠르게 운동하고 있다는 뜻입니다.
- 같은 시간 동안 더 긴 거리를 이동한다는 뜻입니다.
- 같은 거리를 이동하는 데 더 짧은 시간이 걸린다는 뜻입니다.

속력과 속도의 차이
- 속력은 방향과 상관없이 얼마나 빠른지를 과학적으로 나타낸 말입니다.
- 속도는 단위 시간 동안 방향과 위치의 변화가 얼마나 있었는지를 나타내는 값입니다.

왼쪽 그림에 나타낸 여러 가지 물체의 속력

물체	속력
배	40 km/h (160 km÷4 h =40 km/h)
자전거	18 km/h
달리는 사람	10 km/h
강아지	4 km/h
기차	140 km/h (280 km÷2 h =140 km/h)
헬리콥터	250 km/h
자동차	80 km/h (240 km÷3 h =80 km/h
버스	60 km/h

개념 확인 문제

1 같은 거리를 이동한 물체의 빠르기는 이동하는 데 걸린 (　　　) 을/를 측정해 비교합니다.

2 같은 거리를 이동한 물체 중 걸린 시간이 (긴 , 짧은) 물체가 걸린 시간이 (긴 , 짧은) 물체보다 더 빠릅니다.

3 속력은 물체가 이동한 거리를 걸린 시간으로 (　　　) 구합니다.

4 (　　　)의 단위는 km/h, m/s 등입니다.

정답 1 시간 2 짧은, 긴 3 나누어 4 속력

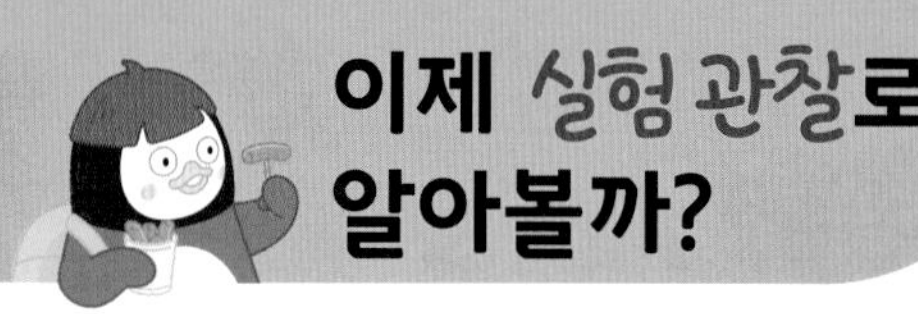

운동하는 물체의 빠르기 비교하기

[준비물] 종이로 만든 장난감 자동차, 부채, 색 테이프, 초시계, 줄자, 붙임쪽지

[실험 방법]

(1) 같은 거리를 운동한 물체의 빠르기를 비교하는 방법

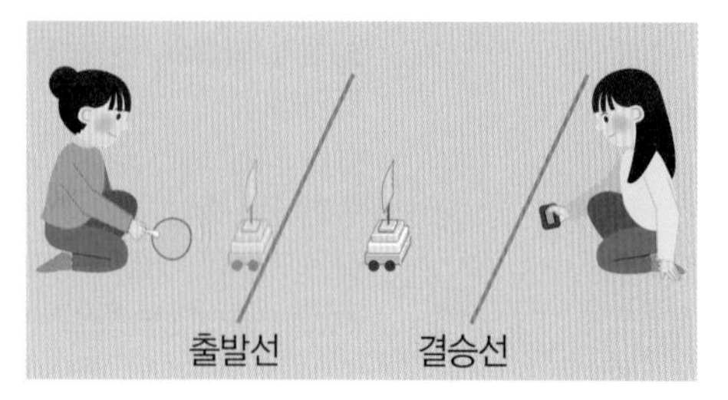

① 장난감 자동차를 출발선에 놓고, 출발 신호에 맞춰 부채질하면서 장난감 자동차를 출발시킵니다.

② 출발선에서 결승선까지 걸린 시간을 측정합니다.

(2) 같은 시간 동안 운동한 물체의 빠르기를 비교하는 방법

① 장난감 자동차를 출발선에 놓고, 출발 신호에 맞춰 부채질하면서 출발시킵니다.

② 출발 후 10초일 때 장난감 자동차의 위치에 붙임쪽지를 붙이고, 출발선에서 붙임쪽지까지의 거리를 줄자로 측정합니다.

[실험 결과]

(1) 같은 거리를 운동한 물체의 빠르기 비교하기

이름	민준	서현	시안	인정
걸린 시간	10초	9초	8초	7초

➡ 같은 거리를 이동하는 데 걸린 시간이 가장 짧은 인정이가 만든 장난감 자동차가 가장 빠릅니다.

(2) 같은 시간 동안 운동한 물체의 빠르기 비교하기

이름	도현	서우	우주	하율
이동한 거리	135 cm	146 cm	128 cm	109 cm

➡ 10초 동안 이동한 거리가 가장 긴 서우가 만든 장난감 자동차가 가장 빠릅니다.

주의할 점

- 같은 거리를 운동한 물체의 빠르기를 비교하는 실험을 할 때 출발선에서 결승선까지의 거리를 상황에 따라 조정할 수 있습니다.
- 같은 시간 동안 운동한 물체의 빠르기를 비교하는 실험을 할 때 경주 시간이 너무 긴 경우 움직인 거리를 측정하는 것이 어려우므로 시간을 적절히 조정합니다.

중요한 점

- 같은 거리를 운동한 물체의 빠르기는 운동하는 데 걸린 시간이 짧을수록 더 빠릅니다.
- 같은 시간 동안 운동한 물체의 빠르기는 이동한 거리가 길수록 더 빠릅니다.

탐구 문제

정답과 해설 21쪽

1 다음은 같은 거리를 운동한 장난감 자동차의 빠르기를 비교하는 방법입니다. (　　) 안에 들어갈 알맞은 말에 ○표 하시오.

> 장난감 자동차가 출발선에서 결승선까지 이동하는 데 걸린 시간이 (길수록 , 짧을수록) 빠르다.

2 10초 동안 이동한 거리를 측정한 다음 결과를 보고, 가장 느린 장난감 자동차를 만든 사람의 이름을 쓰시오.

이름	현우	서진	주희	하민
이동 거리	148 cm	135 cm	124 cm	119 cm

(　　　　　　　　　　)

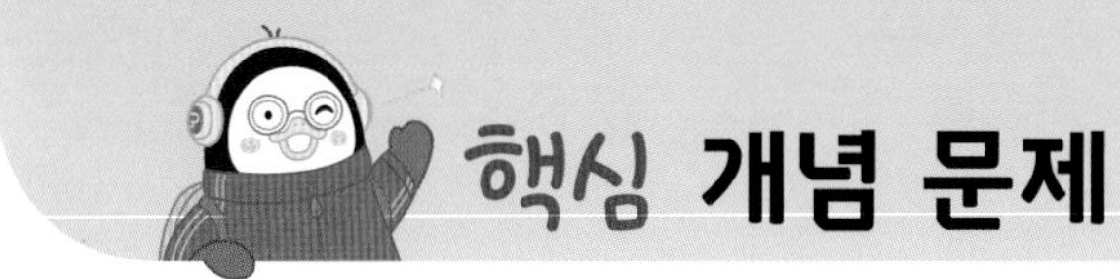

정답과 해설 22쪽

개념 1 같은 거리를 이동한 물체의 빠르기에 대해 묻는 문제

(1) 같은 거리를 이동한 물체의 빠르기는 물체가 이동하는 데 걸린 시간으로 비교함.
(2) 같은 거리를 이동하는 데 짧은 시간이 걸린 물체가 긴 시간이 걸린 물체보다 빠름.
(3) 수영, 스피드 스케이팅, 조정 등과 같은 운동 경기에서는 먼저 결승선에 도착한 선수가 나중에 도착한 선수보다 같은 거리를 이동하는 데 걸린 시간이 더 짧음.

01 다음 (   ) 안에 들어갈 알맞은 말에 ○표 하시오.

> 같은 거리를 이동한 물체의 빠르기는 물체가 이동하는 데 걸린 (시간 , 무게)(으)로 비교한다.

02 다음은 50 m 수영 경기의 결과입니다. 가장 빠른 선수의 이름을 쓰시오.

이름	걸린 시간	이름	걸린 시간
수아	28초 50	정인	30초 50
민지	29초 95	혜인	31초 20

(   )

개념 2 같은 시간 동안 이동한 물체의 빠르기에 대해 묻는 문제

(1) 같은 시간 동안 이동한 물체의 빠르기는 물체가 이동한 거리로 비교함.
(2) 같은 시간 동안 긴 거리를 이동한 물체가 짧은 거리를 이동한 물체보다 빠름.

03 같은 시간 동안 이동한 물체의 빠르기를 비교하는 방법으로 옳은 것에 ○표 하시오.

(1) 같은 시간 동안 이동한 물체의 빠르기는 물체의 크기로 비교한다. (   )
(2) 같은 시간 동안 이동한 물체의 빠르기는 물체가 이동한 거리로 비교한다. (   )

04 다음은 1초 동안 동물들이 이동한 거리를 나타낸 것입니다. 가장 빠른 동물은 무엇인지 쓰시오.

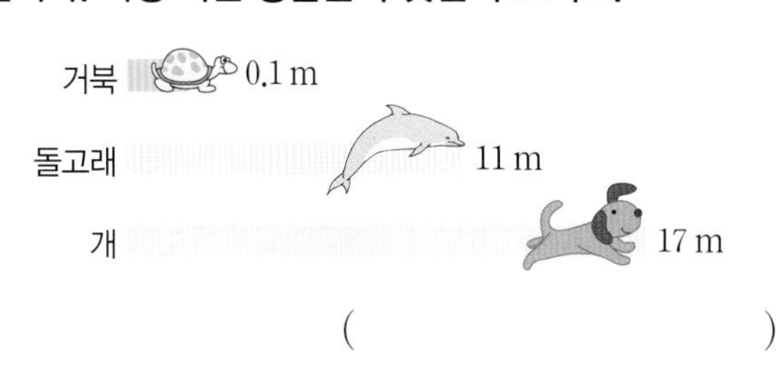

(   )

개념 3 속력에 대해 묻는 문제

(1) **속력**: 1초, 1분, 1시간 등과 같은 단위 시간 동안 물체가 이동한 거리

(2) **속력을 구하는 방법**: 물체가 이동한 거리를 걸린 시간으로 나누어 구함.

(속력)＝(이동 거리)÷(걸린 시간)

(3) 80 km/h는 1시간 동안 80 km를 이동한 물체의 빠르기를 나타내며, '팔십 킬로미터 매 시' 또는 '시속 팔십 킬로미터'라고 읽음.

05 **다음 (　　) 안에 들어갈 말로 옳은 것은 어느 것입니까? (　　　)**

(　　　　)은/는 1초, 1분, 1시간 등과 같은 단위 시간 동안 물체가 이동한 거리이다.

① 무게　② 질량　③ 속력　④ 중력　⑤ 길이

06 **다음 속력을 바르게 읽어 보시오.**

30 km/h

(　　　　　　　　　　)

개념 4 여러 가지 물체의 속력을 알아보는 문제

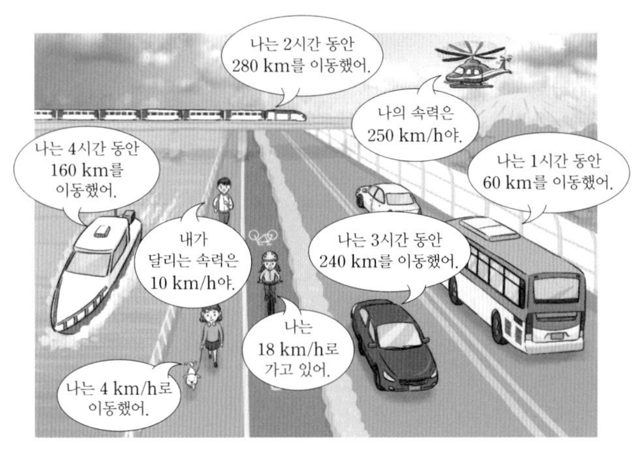

(1) 배의 속력은 40 km/h이고, 자전거의 속력은 18 km/h이므로 배가 자전거보다 더 빠름.

(2) 달리는 사람의 속력은 10 km/h이고, 강아지의 속력은 4 km/h이므로 달리는 사람이 강아지보다 더 빠름.

(3) 기차의 속력은 140 km/h이고, 헬리콥터의 속력은 250 km/h이므로 헬리콥터가 기차보다 더 빠름.

07 **5시간 동안 300 km를 이동하는 버스와 80 km/h로 이동하는 자동차 중 속력이 더 큰 것을 쓰시오.**

(　　　　　　　　　　)

08 **다음 물체들의 속력을 비교하여 ○ 안에 >, =, < 로 나타내시오.**

(1)	2시간 동안 20 km를 이동하는 자전거	○	3시간 동안 45 km를 이동하는 킥보드
(2)	10초 동안 100 m를 달리는 사람	○	5초 동안 50 m를 날아가는 공

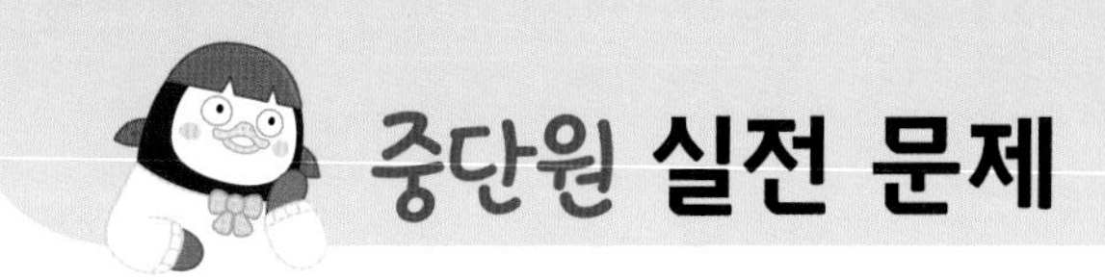

중단원 실전 문제

정답과 해설 22쪽

01 다음 (　　) 안에 공통으로 들어갈 알맞은 말을 쓰시오.

> 같은 거리를 이동하는 데 (　　　　)이/가 짧은 물체가 (　　　　)이/가 긴 물체보다 더 빠르다.

(　　　　　　　　　　)

[02~03] 다음은 100 m 달리기를 한 친구들의 기록을 나타낸 것입니다. 물음에 답하시오.

이름	걸린 시간	이름	걸린 시간
서영	17초 33	범석	16초 59
채린	20초 10	지민	18초 72
인우	19초 23	민준	22초 39

02 위의 표를 보고 친구들의 빠르기를 비교했을 때 옳지 않은 것은 어느 것입니까? (　　　)

① 서영이가 두 번째로 빠르게 달렸다.
② 인우가 채린이보다 더 빠르게 달렸다.
③ 지민이가 채린이보다 더 느리게 달렸다.
④ 범석이는 민준이보다 더 빠르게 달렸다.
⑤ 동시에 달렸다면 민준이가 가장 마지막에 결승선에 들어왔을 것이다.

03 ⊂중요⊃
위의 표를 보고 가장 빠르게 달린 친구의 이름과 그렇게 생각한 까닭을 쓰시오.

(1) 가장 빠르게 달린 친구: (　　　　　　　　)

(2) 그렇게 생각한 까닭: ____________________

____

____

[04~05] 다음은 3시간 동안 여러 교통수단이 이동한 거리를 나타낸 그래프입니다. 물음에 답하시오.

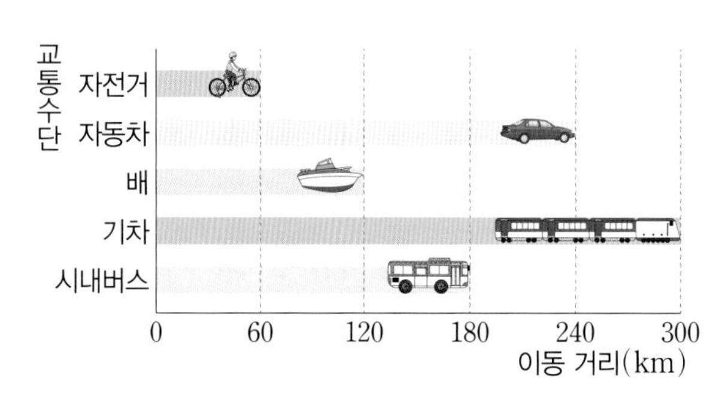

04 위에서 같은 시간 동안 가장 짧은 거리를 이동한 교통수단은 어느 것입니까? (　　　)

① 배　　② 기차
③ 자동차　　④ 자전거
⑤ 시내버스

05 3시간 동안 210 km를 이동한 오토바이가 있습니다. 위의 교통수단 중에서 오토바이보다 더 빠른 것을 두 가지 고르시오. (　　　,　　　)

① 배　　② 기차
③ 자동차　　④ 자전거
⑤ 시내버스

06 ⊂중요⊃
다음 (　　) 안에 들어갈 알맞은 말에 ○표 하시오.

> 같은 시간 동안 ㉠(긴 , 짧은) 거리를 이동한 물체가 ㉡(긴 , 짧은) 거리를 이동한 물체보다 더 빠르다.

중요

07 물체의 속력에 대한 설명으로 옳지 않은 것은 어느 것입니까? (　　)

① 속력이 큰 물체가 더 느리다.
② 물체의 빠르기는 속력으로 비교한다.
③ 속력의 단위에는 km/h, m/s 등이 있다.
④ 속력은 이동 거리를 걸린 시간으로 나누어 구한다.
⑤ 이동 거리와 걸린 시간이 모두 다른 물체의 빠르기를 비교할 때 속력으로 비교한다.

08 '속력이 크다.'라는 것이 의미하는 것을 보기 에서 모두 골라 기호를 쓰시오.

보기
㉠ 물체가 빠르다는 뜻이다.
㉡ 같은 시간 동안 더 긴 거리를 이동한다는 뜻이다.
㉢ 같은 거리를 이동하는 데 더 긴 시간이 걸린다는 뜻이다.

(　　　　　　　　　　)

09 다음은 2초 동안 8 m를 이동한 자전거의 속력을 구하는 과정입니다. (　　) 안에 들어갈 알맞은 말과 수를 바르게 나타낸 것은 어느 것입니까? (　　)

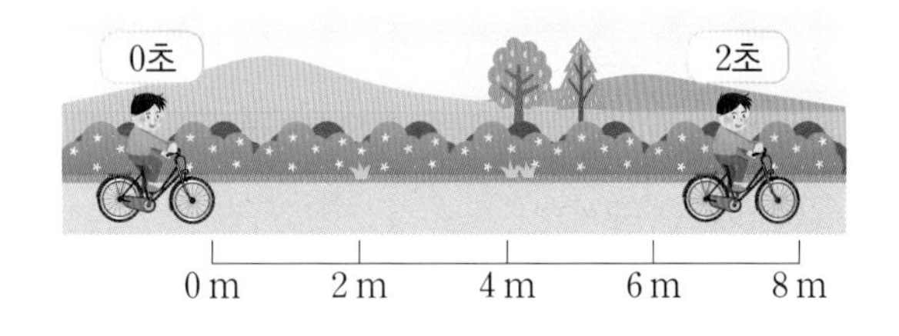

자전거의 속력＝(이동 거리)÷(㉠)
＝(㉡)÷(2초)
＝(㉢)

	㉠	㉡	㉢
①	걸린 시간	12 m	8 m/s
②	걸린 시간	8 m	8 m/s
③	걸린 시간	8 m	4 m/s
④	물체의 무게	4 m	4 m/s
⑤	물체의 무게	4 m	2 m/s

10 야구 경기에서 투수가 던진 공의 속력을 측정했더니 **140 km/h**였습니다. 이 투수가 던진 공이 1시간 동안 날아갔다고 가정했을 때 공의 이동 거리를 쓰시오.

(　　　　　　　　　　)

[11~12] 다음은 각 지역에 불 것으로 예상되는 바람의 방향과 속력을 나타낸 일기 예보입니다. 물음에 답하시오.

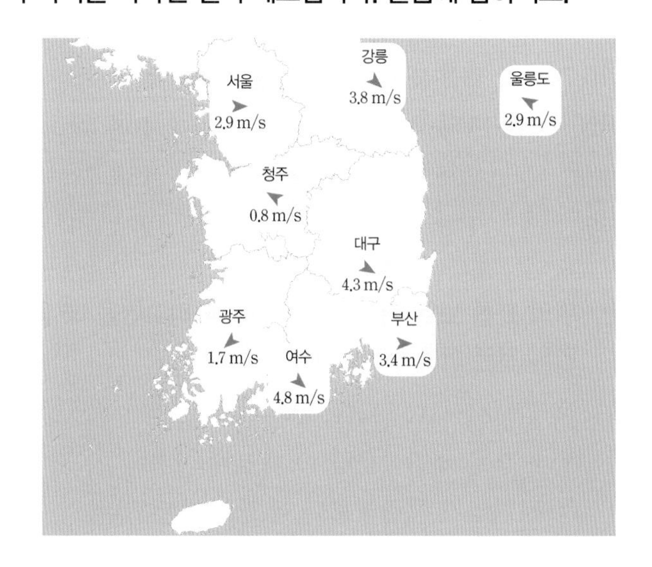

11 위에서 바람의 속력이 가장 큰 지역을 골라 쓰시오.

(　　　　　　　　　　)

12 위의 일기 예보에 대한 설명으로 옳지 않은 것은 어느 것입니까? (　　)

① 청주에서 부는 바람의 속력이 가장 작다.
② 울릉도에서 부는 바람의 속력은 2.9 m/s이다.
③ 여수에서 부는 바람의 속력은 대구에서 부는 바람의 속력과 같다.
④ 광주에서 부는 바람의 속력은 부산에서 부는 바람의 속력보다 더 작다.
⑤ 강릉에서 부는 바람의 속력은 서울에서 부는 바람의 속력보다 더 크다.

서술형·논술형 평가 돋보기

학교에서 출제되는 서술형·논술형 평가를 미리 준비하세요.

정답과 해설 23쪽

1 실에 출발점과 결승점을 쓴 붙임쪽지를 붙이고, 부채로 바람을 일으켜 비행 고깔의 빠르기를 비교하는 경기를 하려고 합니다. 이 경기에 대해 잘못 말한 사람의 이름을 쓰고, 바르게 고쳐 쓰시오.

- 준우: 결승점에 먼저 도착한 비행 고깔이 이기는 경기야.
- 지아: 같은 거리를 이동한 비행 고깔의 빠르기를 비교하는 경기야.
- 아린: 같은 거리를 이동하는 데 걸린 시간이 긴 비행 고깔이 가장 빠른 거야.

2 다음 두 운동 경기의 모습을 보고, 물음에 답하시오.

▲ 마라톤

▲ 쇼트트랙

(1) 위 운동 경기에서 선수들의 순위를 결정하는 방법을 쓰시오.

(2) 위 운동 경기와 같은 방법으로 순위를 결정하는 운동 경기의 예를 두 가지 쓰시오.

3 다음은 1초 동안 여러 동물이 이동한 거리를 나타낸 것입니다. 물음에 답하시오.

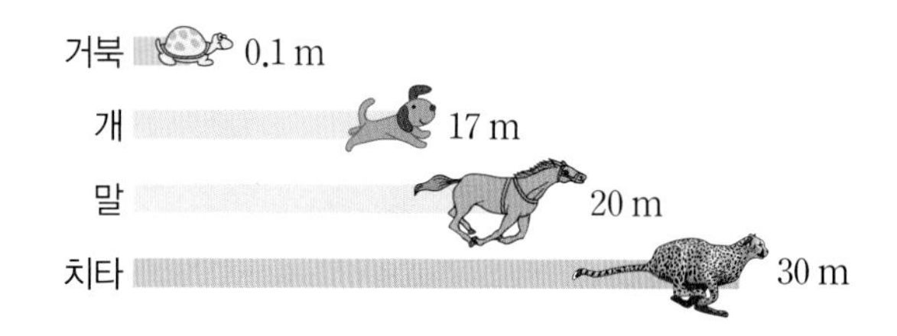

(1) 위 여러 동물의 속력을 비교하여 (　　) 안에 >, =, <로 나타내시오.

㉠	㉡
거북 (　　　) 개	치타 (　　　) 말

(2) 같은 시간 동안 이동한 물체의 빠르기를 비교하는 방법을 쓰시오.

4 다음은 여러 교통수단이 이동한 거리와 걸린 시간을 나타낸 것입니다. 물음에 답하시오.

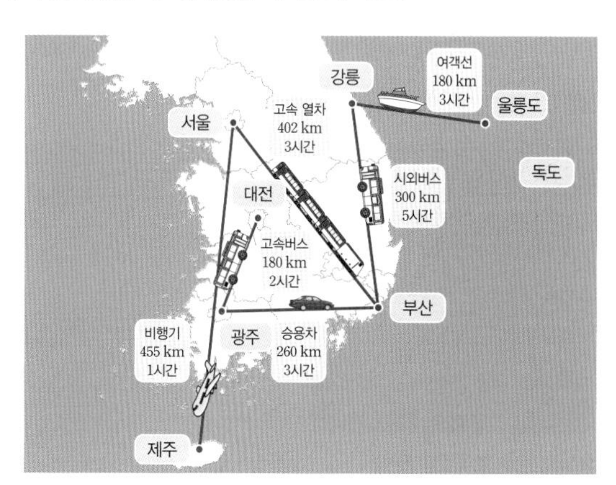

(1) 위의 여러 교통수단과 같이 이동 거리와 이동하는 데 걸린 시간이 모두 다를 때 빠르기를 비교할 수 있는 방법을 쓰시오.

(2) 위 (1)번 답과 같은 방법으로 서울에서 부산까지 이동하는 고속 열차와 서울에서 제주까지 이동하는 비행기의 빠르기를 비교하여 쓰시오.

(3) 속력과 안전

1 속력과 관련된 안전장치

(1) 자동차의 속력이 클 때의 위험성

① 자동차 운전자가 도로의 위험 상황에 바로 대처하기 어렵습니다.

② 보행자가 빠르게 접근하는 자동차를 쉽게 피할 수 없어 자동차와 부딪칠 수 있습니다.

③ 자동차 운전자가 제동 장치를 밟더라도 자동차를 바로 멈출 수 없어 위험합니다.

④ 속력이 작은 자동차에서 충돌이 일어났을 때보다 속력이 큰 자동차에서 충돌이 일어났을 때 자동차 탑승자와 보행자가 모두 더 크게 다칠 수 있습니다.

(2) 속력과 관련된 안전장치가 필요한 까닭: 물체의 속력이 클수록 충돌할 때 큰 충격을 받아 물체가 많이 파손되거나 사람이 크게 다칠 수 있으므로 물체의 속력을 줄이거나 충돌할 때 받는 충격을 줄여 주는 안전장치가 필요합니다.

(3) 자동차에 설치된 안전장치

안전띠	긴급 상황에서 탑승자의 몸을 고정한다.
에어백	충돌 사고가 일어났을 때 순식간에 부풀어 탑승자의 몸에 가해지는 충격을 줄여 준다.
자동 긴급 제동 장치	앞차와의 충돌 위험이 있을 때 자동차를 멈춘다.
차간 거리 유지 장치	가속 발판을 밟지 않아도 자동차를 운전자가 원하는 속력으로 운행하여 안전거리를 유지한다.

▲ 안전띠

▲ 에어백

(4) 도로에 설치된 안전장치

어린이 보호 구역 표지판	학교 주변 도로에서 자동차의 속력을 30 km/h 이하로 제한해 어린이들의 교통 안전사고를 막는다.
과속 방지 턱	자동차의 속력을 줄여서 사고를 예방한다.
횡단보도	보행자가 안전하게 길을 건널 수 있도록 보행자를 보호하는 구역이다.

▲ 어린이 보호 구역 표지판

▲ 과속 방지 턱

▲ 횡단보도

◗ 어린이 안전을 위해 도로에 설치된 안전장치

• 옐로 카펫: 횡단보도 근처에 있는 어린이를 운전자가 잘 볼 수 있도록 하기 위해 초등학교 근처 횡단보도 양쪽 바닥과 벽을 노랗게 칠한 것입니다.

• 붉은색 바닥: 운전자가 어린이 보호 구역을 잘 인지할 수 있도록 붉은색으로 칠한 도로입니다.

▲ 옐로 카펫

▲ 붉은색 바닥

• 과속 단속 카메라: 도로마다 자동차가 일정한 속력 이상 달리지 못하도록 제한하고, 제한 속력보다 빠르게 달리는 차량을 단속합니다.

▲ 과속 단속 카메라

◗ 교통 표지판

자동차 운전자와 보행자에게 위험 상황이나 규칙을 알려 줍니다.

▲ 교통 표지판

낱말 사전

보행자 걸어서 길거리를 왕래하는 사람

탑승자 배나 비행기, 차 따위에 타고 있는 사람

제동 기계나 자동차 등의 운동을 멈추게 하는 것

가속 점점 속도를 더함. 또는 그 속도

(5) 자전거를 탈 때 사용하는 보호 장구

안전모	머리를 다치는 것을 막기 위해 쓰는 모자이다.
팔꿈치 보호대	팔꿈치를 보호하기 위해 사용하는 것이다.
무릎 보호대	무릎 부위를 보호하기 위하여 대거나 두르는 것이다.

➡ 자전거, 킥보드, 인라인스케이트 등을 타고 큰 속력으로 달리다가 부딪칠 때 피해를 줄이기 위해서 보호 장구를 착용해야 한다.

2 도로 주변에서 지켜야 할 교통안전 수칙

(1) 교통안전 수칙: 도로 주변에서 운전자나 보행자가 지켜야 할 규칙을 말합니다.

(2) 도로 주변에서의 위험한 행동과 안전한 행동

위험한 행동	안전한 행동
• 도로 주변에서 공놀이를 한다. • 버스를 기다릴 때 차도로 내려간다. • 도로 주변에서 바퀴 달린 신발을 탄다. • 횡단보도를 건널 때 휴대 전화를 본다.	• 도로 주변에서 공은 공 주머니에 넣는다. • 버스를 기다릴 때는 인도에서 기다린다. • 바퀴 달린 신발은 안전한 장소에서 탄다. • 횡단보도에서 좌우를 살피며 길을 건넌다.

(3) 어린이가 지켜야 할 교통안전 수칙

① 무단 횡단을 하지 않습니다.

② 도로 주변에서 킥보드를 타지 않습니다.

③ 멈춰 있는 자동차 주변에서 놀지 않습니다.

④ 차가 지나가지 않는 인도로 걸어 다닙니다.

⑤ 길을 건너기 전에 자동차가 멈췄는지 확인합니다.

⑥ 횡단보도를 건널 때에는 자전거에서 내려 자전거를 끌고 건넙니다.

▶ 킥보드의 분류

- 킥보드는 스케이트보드 모양의 판에 긴 손잡이가 달린 형태의 탈 것으로 2~3개의 바퀴가 달려 있습니다.
- 어린이용 킥보드는 도로교통법상 만 13세 이하가 이용할 때 보행자로 취급됩니다.
- 동력장치가 달린 킥보드는 도로교통법 등 교통 법규에서 자동차와 같이 취급됩니다.

▶ 횡단보도를 건널 때 어린이 교통사고가 많이 일어나는 까닭

- 횡단보도를 건너기 전에 차가 오는지 확인하지 않았기 때문입니다.
- 자동차가 너무 빨리 달려 지나가는 어린이를 보지 못하기 때문입니다.
- 횡단보도에 신호등이 설치되지 않은 곳이 있기 때문입니다.
- 신호등의 노란색 불이 깜빡일 때 급하게 길을 건너려고 하기 때문입니다.

▶ 도로 주변에서 어린이 교통안전을 위해 어른들이 지켜야 할 교통안전 수칙

- 학교 주변이나 어린이 보호 구역에서 자동차를 운전할 때는 속력을 30 km/h 이하로 줄입니다.
- 어린이가 통행하는 장소에서는 어린이가 길을 건널 때까지 자동차가 기다립니다.

개념 확인 문제

1 도로나 자동차에 안전장치를 설치하면 큰 (   )(으)로 달리는 자동차와 충돌했을 때 발생하는 피해를 줄일 수 있습니다.

2 (   )은/는 보행자가 안전하게 길을 건널 수 있도록 보행자를 보호하는 구역입니다.

3 도로 주변에서 버스를 기다릴 때는 (인도 , 차도)에서 기다립니다.

정답 **1** 속력 **2** 횡단보도 **3** 인도

이제 실험 관찰로 알아볼까? 속력과 관련된 안전장치 및 교통안전 수칙 조사하기

[준비물] 스마트 기기, 도화지, 색연필

[실험 방법]

① 속력이 큰 자동차가 보행자와 충돌했을 때의 위험성에 대해 이야기합니다.

② 학교 주변 도로와 자동차에 설치된 안전장치를 찾아보고 역할을 조사합니다.

③ 학교 주변 도로에서 지켜야 할 교통안전 수칙을 조사해 봅니다.

[실험 결과]

① 속력이 큰 자동차가 보행자와 충돌했을 때의 위험성: 자동차의 속력이 클수록 자동차와 보행자가 충돌할 때 보행자가 심하게 다칠 위험이 커집니다.

② 학교 주변 도로와 자동차에 설치된 안전장치의 역할

도로에 설치된 안전장치	과속 단속 카메라	도로마다 자동차가 일정한 속력 이상 달리지 못하도록 제한하고, 제한 속력보다 빠르게 달리는 차량을 단속한다.
	붉은색 바닥	운전자가 어린이 보호 구역을 잘 인지할 수 있도록 붉은색으로 칠한 도로이다.
	옐로 카펫	횡단보도 근처에 있는 어린이를 운전자가 잘 볼 수 있도록 하기 위해 초등학교 근처 횡단보도 양쪽 바닥과 벽을 노랗게 칠한 것이다.
자동차에 설치된 안전장치	안전띠	자동차의 속력이 갑자기 변할 때 탑승자의 몸을 고정해 피해를 줄인다.
	에어백	자동차가 어느 속력 이상으로 달리다가 충돌 사고가 일어났을 때 순식간에 부풀어 탑승자가 받는 충격을 줄여 준다.

③ 학교 주변 도로에서 지켜야 할 교통안전 수칙

- 횡단보도를 건널 때 좌우를 살피면 큰 속력으로 달리는 자동차를 피할 수 있습니다.
- 어린이 보호 구역 내에서 자동차는 속력을 30 km/h 이하로 줄이고 보행하는 사람을 유의하며 지나갑니다.

주의할 점

- 학교 주변의 위험한 장소나 상황을 사진이나 영상으로 볼 수 있습니다.
- 인터넷을 활용하면 다양한 종류의 자동차 충돌 실험 영상을 찾을 수 있습니다.

중요한 점

속력이 큰 물체의 위험성을 알아봄으로써 속력과 관련된 교통안전 수칙, 안전장치의 필요성을 인식하고 교통안전 수칙을 실천할 수 있도록 합니다.

탐구 문제

정답과 해설 24쪽

1 자동차 충돌 사고가 발생했을 때 피해를 줄이기 위해 자동차에 설치된 안전장치로 옳은 것을 보기 에서 모두 골라 기호를 쓰시오.

보기

㉠ 에어백　㉡ 신호등
㉢ 안전띠　㉣ 횡단보도
㉤ 교통 표지판　㉥ 과속 방지 턱

(　　　　　　　　)

2 횡단보도 근처에 있는 어린이를 운전자가 잘 볼 수 있도록 하기 위해 초등학교 근처 횡단보도의 양쪽 바닥과 벽을 노랗게 칠한 안전장치의 이름을 쓰시오.

(　　　　　　　　)

정답과 해설 24쪽

개념 1 자동차의 속력이 클 때의 위험성과 속력과 관련된 안전장치가 필요한 까닭

(1) 자동차의 속력이 클 때의 위험성
- 자동차 운전자가 도로의 위험 상황에 바로 대처하기 어려움.
- 보행자가 빠르게 접근하는 자동차를 쉽게 피할 수 없어 자동차와 부딪칠 수 있음.
- 자동차 운전자가 제동 장치를 밟더라도 자동차를 바로 멈출 수 없어 위험함.
- 속력이 작은 자동차에서 충돌이 일어났을 때보다 속력이 큰 자동차에서 충돌이 일어났을 때 자동차 탑승자와 보행자가 모두 더 크게 다칠 수 있음.

(2) 속력과 관련된 안전장치가 필요한 까닭: 물체의 속력이 클수록 충돌할 때 큰 충격을 받아 물체가 많이 파손되거나 사람이 크게 다칠 수 있으므로 물체의 속력을 줄이거나 충돌할 때 받는 충격을 줄여 주는 안전장치가 필요함.

01 다음 (　　) 안에 들어갈 알맞은 말에 ○표 하시오.

> 속력이 작은 자동차에서 충돌이 일어났을 때보다 속력이 큰 자동차에서 충돌이 일어났을 때 자동차 탑승자와 보행자가 모두 다칠 수 있는 위험성이 더 (작다 , 크다).

02 다음 (　　) 안에 들어갈 알맞은 말을 쓰시오.

> 도로나 자동차에 속력과 관련된 (　　　　)을/를 설치하면 물체의 속력을 줄이거나 충돌할 때 받는 충격을 줄일 수 있다.

(　　　　　　　　　　)

개념 2 자동차에 설치된 안전장치에 대해 묻는 문제

(1) 안전띠: 긴급 상황에서 탑승자의 몸을 고정함.
(2) 에어백: 충돌 사고가 일어났을 때 순식간에 부풀어 탑승자의 몸에 가해지는 충격을 줄여 줌.
(3) 자동 긴급 제동 장치: 앞차와의 충돌 위험이 있을 때 자동차를 멈춤.
(4) 차간 거리 유지 장치: 가속 발판을 밟지 않아도 자동차를 운전자가 원하는 속력으로 운행하여 안전거리를 유지함.

03 자동차에 설치된 안전장치가 아닌 것은 어느 것입니까? (　　　)

① 핸들
② 안전띠
③ 에어백
④ 차간 거리 유지 장치
⑤ 자동 긴급 제동 장치

04 다음은 자동차에 설치된 안전장치에 대한 설명입니다. 이와 같은 안전장치의 이름을 쓰시오.

> 긴급 상황에서 탑승자의 몸을 고정한다.

(　　　　　　　　　　)

개념 3 도로에 설치된 안전장치에 대해 묻는 문제

(1) 과속 방지 턱: 자동차의 속력을 줄여서 사고를 예방함.
(2) 어린이 보호 구역 표지판: 학교 주변 도로에서 자동차의 속력을 30 km/h 이하로 제한해 어린이들의 교통 안전사고를 막음.
(3) 횡단보도: 보행자가 안전하게 길을 건널 수 있도록 보행자를 보호하는 구역임.

05 다음은 도로에 설치된 안전장치에 대한 설명입니다. 이와 같은 안전장치의 이름을 쓰시오.

- 어린이들의 안전한 통학 공간을 확보해 교통안전 사고를 예방하려는 목적으로 지정되어 설치된 교통 표지판이다.
- 학교 주변 도로에서 자동차의 속력을 30 km/h 이하로 제한해 어린이들의 교통안전 사고를 막는다.

( )

06 다음과 같이 도로에 설치된 안전장치의 이름을 쓰시오.

( )

개념 4 도로에서 지켜야 할 교통안전 수칙에 대해 묻는 문제

(1) 어린이가 지켜야 할 교통안전 수칙
- 횡단보도를 건널 때 좌우를 살핌.
- 도로 주변에서 공은 공 주머니에 넣음.
- 길을 건너기 전에 자동차가 멈췄는지 확인함.
- 버스가 정류장에 도착할 때까지 인도에서 기다림.

(2) 어른들이 지켜야 할 교통안전 수칙
- 학교 주변이나 어린이 보호 구역에서 자동차를 운전할 때는 속력을 30 km/h 이하로 줄임.
- 어린이가 통행하는 장소에서는 어린이가 길을 건널 때까지 자동차가 기다림.

07 도로 주변에서 지켜야 할 교통안전 수칙으로 옳지 않은 것을 보기에서 모두 골라 기호를 쓰시오.

보기
㉠ 버스는 인도에서 기다린다.
㉡ 횡단보도를 건널 때 휴대 전화를 본다.
㉢ 도로 주변에서 바퀴 달린 신발을 탄다.

( )

08 도로에서 지켜야 할 교통안전 수칙을 잘 지키는 어린이에 해당하면 ○표, 잘 지키지 못한 어린이에 해당하면 ×표를 고르시오.

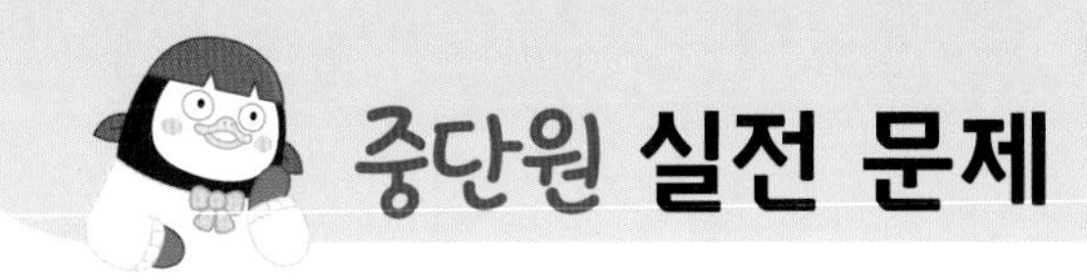

중단원 실전 문제

정답과 해설 25쪽

01 자동차의 속력이 클수록 위험한 까닭으로 옳지 않은 것을 보기 에서 골라 기호를 쓰시오.

보기

㉠ 자동차 운전자가 도로의 위험 상황에 바로 대처하기 어렵기 때문에
㉡ 자동차의 속력은 충돌하는 물체가 받는 충격과는 관련이 없기 때문에
㉢ 자동차 운전자가 제동 장치를 밟더라도 자동차를 바로 멈출 수 없기 때문에
㉣ 보행자가 빠르게 접근하는 자동차를 쉽게 피할 수 없어 자동차와 부딪칠 수 있기 때문에

(   )

[02~03] 다음은 자동차 충돌 실험을 하는 모습입니다. 물음에 답하시오.

㉠ 

㉡ 

02 위에서 속력이 더 컸을 것으로 생각되는 상황을 골라 기호를 쓰시오.

(   )

⊂서술형⊃

03 위의 자동차 충돌 실험을 보고, 자동차의 속력이 작을 때와 클 때 자동차 탑승자와 보행자가 위험해지는 정도를 비교하여 쓰시오.

[04~05] 다음은 속력과 관련된 안전장치입니다. 물음에 답하시오.

(가) 

(나) 

(다) 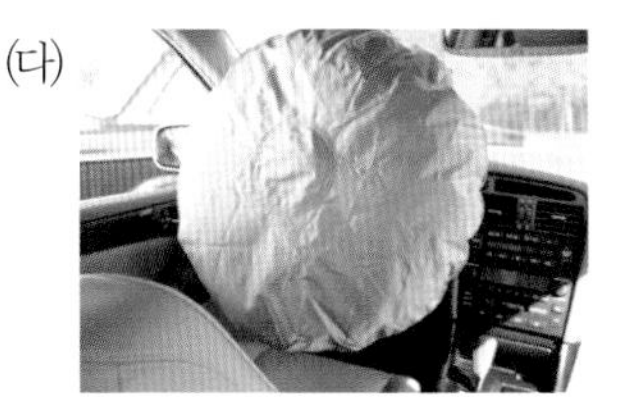

(라) 

04 위 안전장치를 설치된 곳에 맞게 분류해 기호를 쓰시오.

(1) 자동차에 설치된 안전장치: (   )
(2) 도로에 설치된 안전장치: (   )

⊂중요⊃

05 위 안전장치의 역할에 알맞은 설명을 보기 에서 골라 기호를 쓰시오.

보기

㉠ 긴급 상황에서 탑승자의 몸을 고정한다.
㉡ 자동차의 속력을 제한해 어린이들의 교통안전 사고를 막는다.
㉢ 보행자가 안전하게 길을 건널 수 있도록 보호하는 구역이다.
㉣ 충돌 사고에서 순식간에 부풀어 탑승자의 몸에 가해지는 충격을 줄여 준다.

(가) (   ), (나) (   )
(다) (   ), (라) (   )

06 다음 (   ) 안에 들어갈 알맞은 말을 쓰시오.

자동차에 (   )을/를 설치하면 가속 발판을 밟지 않아도 자동차를 운전자가 원하는 속력으로 운행하여 안전거리를 유지할 수 있다.

(   )

07 다음과 같이 도로에 설치된 안전장치의 이름을 쓰시오.

( )

08 다음과 같이 자전거를 탈 때 사용하는 보호 장구에 대한 설명을 바르게 짝 지은 것은 어느 것입니까? ( )

① ㉠: 엉덩이를 보호하기 위해 사용한다.
② ㉠: 팔을 움직이지 않기 위해 사용한다.
③ ㉡: 음악을 듣기 위해 사용한다.
④ ㉡: 땀이 흐르지 않도록 하기 위해 사용한다.
⑤ ㉢: 무릎 부위를 보호하기 위해 사용한다.

09 횡단보도를 건널 때 어린이 교통사고가 많이 일어나는 까닭으로 옳지 않은 것은 어느 것입니까? ( )

① 횡단보도에 신호등이 설치되지 않은 곳이 있기 때문이다.
② 신호등의 노란색 불이 깜빡일 때 급하게 길을 건너기 때문이다.
③ 어린이와 자동차가 모두 조심해서 횡단보도를 건너가기 때문이다.
④ 횡단보도를 건너기 전에 자동차가 오는지 확인하지 않았기 때문이다.
⑤ 자동차가 너무 빨리 달려 횡단보도를 건너가는 어린이를 보지 못하기 때문이다.

⊂중요⊃

10 횡단보도에서 어린이가 지켜야 할 교통안전 수칙으로 옳은 것을 보기 에서 모두 골라 기호를 쓰시오.

보기

㉠ 횡단보도를 건널 때에는 뛰어서 건넌다.
㉡ 횡단보도를 건널 때에는 좌우를 살피며 건넌다.
㉢ 횡단보도를 건널 때에는 자전거를 타고 빠르게 건넌다.
㉣ 횡단보도를 건널 때에는 신호등에 초록색 불이 켜졌을 때 건넌다.

( )

[11~12] 다음은 학교 주변 도로의 모습입니다. 물음에 답하시오.

11 위에서 위험하게 행동한 어린이를 모두 골라 기호를 쓰시오.

( )

⊂서술형⊃

12 위 11번의 답으로 고른 위험하게 행동한 어린이들 중 두 명을 골라 고쳐야 하는 점을 각각 쓰시오.

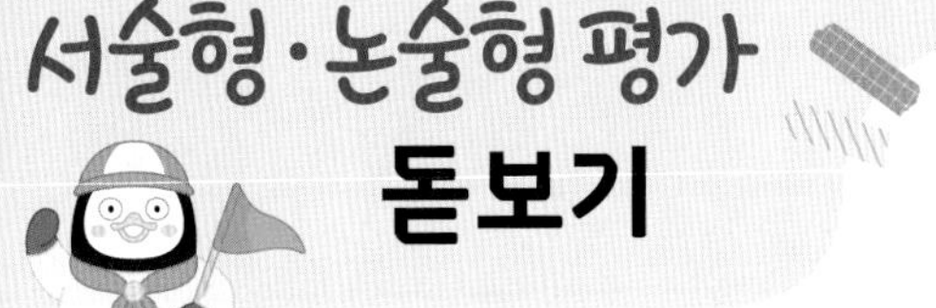

학교에서 출제되는 서술형·논술형 평가를 미리 준비하세요.

정답과 해설 26쪽

1 다음은 달리는 자동차의 운전자가 보행자를 발견한 뒤 자동차가 멈출 때까지 이동한 거리를 나타낸 것입니다. 이 자료를 보고 자동차의 속력이 클수록 위험한 까닭을 쓰시오.

구분		보행자를 발견한 후 자동차가 멈출 때까지 이동한 거리
자동차의 속력	30 km/h	15 m
	50 km/h	32 m

2 다음은 도로에 설치된 안전장치입니다. 물음에 답하시오.

(가) 

(나) 

(1) 위 안전장치의 이름을 쓰시오.

(가) (　　　　　　　), (나) (　　　　　　　)

(2) 위 안전장치가 하는 역할을 쓰시오.

(가)

(나)

3 다음은 도로에서 지켜야 할 교통안전 수칙을 나타낸 것입니다. 물음에 답하시오.

(가)

50
30
안전속도 5030
속도를 줄이면 사람이 보입니다!

(나)

서다 한 발자국 뒤에 서서 좌우를 살펴요.
보다 자동차가 오는 방향을 보며 걸어요.
걷다 뛰지 말고 천천히 걸어서 길을 건너요.

(1) 위의 교통안전 수칙은 각각 누가 지켜야 할 것인지 골라 ○표 하시오.

(가) (운전자 , 보행자)가 지켜야 할 규칙
(나) (운전자 , 보행자)가 지켜야 할 규칙

(2) 위의 (가)와 같이 도로에서 자동차의 속력을 제한하는 까닭을 쓰시오.

4 자전거나 킥보드를 타는 어린이가 횡단보도를 건널 때 지켜야 할 교통안전 수칙을 쓰시오.

이 단원의 핵심 개념을 정리해 보세요.

1 물체의 운동과 빠르기

- 물체의 운동: 시간이 지남에 따라 물체의 위치가 변할 때 물체가 운동한다고 함.
  - 승강기나 구름은 시간이 지남에 따라 위치가 변하므로 운동하는 물체임.
  - 교문이나 나무는 시간이 지남에 따라 위치가 변하지 않으므로 운동하지 않는 물체임.
- 물체의 운동을 나타내는 방법: 물체가 이동하는 데 걸린 시간과 이동 거리로 나타냄.
  - ㊀ 자전거는 1초 동안 2 m를 이동했음.
- 여러 가지 물체의 운동 비교하기
  - 빠르게 운동하는 물체와 느리게 운동하는 물체가 있음.
  - 빠르기가 변하는 운동을 하는 물체와 빠르기가 일정한 운동을 하는 물체로 분류할 수 있음.

빠르기가 변하는 운동을 하는 물체	빠르기가 일정한 운동을 하는 물체
기차, 비행기, 치타, 펭귄, 배드민턴공, 컬링 스톤, 바이킹 등	자동길, 자동계단, 케이블카, 스키장 승강기, 회전목마 등

2 빠르기의 비교와 속력

- 같은 거리를 이동한 물체의 빠르기를 비교하는 방법
  - 같은 거리를 이동한 물체의 빠르기는 물체가 이동하는 데 걸린 시간으로 비교함.
  - 같은 거리를 이동하는 데 짧은 시간이 걸린 물체가 긴 시간이 걸린 물체보다 더 빠름.
- 같은 시간 동안 이동한 물체의 빠르기를 비교하는 방법
  - 같은 시간 동안 물체가 이동한 거리로 비교함.
  - 같은 시간 동안 긴 거리를 이동한 물체가 짧은 거리를 이동한 물체보다 빠름.
- 속력: 1초, 1분, 1시간 등과 같은 단위 시간 동안 물체가 이동한 거리

(속력)=(이동 거리)÷(걸린 시간)

- 속력의 단위: km/h, m/s 등
- 속력의 의미와 읽는 법

구분	의미	읽는 법
80 km/h	1시간 동안 80 km를 이동하는 빠르기	• 팔십 킬로미터 매 시 • 시속 팔십 킬로미터

3 속력과 안전

- 자동차에 설치된 안전장치

안전띠	긴급 상황에서 탑승자의 몸을 고정함.
에어백	충돌 사고가 일어났을 때 순식간에 부풀어 탑승자의 몸에 가해지는 충격을 줄여 줌.
자동 긴급 제동 장치	앞차와의 충돌 위험이 있을 때 자동차를 멈춤.
차간 거리 유지 장치	가속 발판을 밟지 않아도 자동차를 운전자가 원하는 속력으로 운행하여 안전거리를 유지함.

▲ 안전띠

▲ 에어백

- 도로에 설치된 안전장치

과속 방지 턱	자동차의 속력을 줄여서 사고를 예방함.
어린이 보호 구역 표지판	학교 주변 도로에서 자동차의 속력을 30 km/h 이하로 제한해 어린이들의 교통 안전사고를 막음.
횡단보도	보행자가 안전하게 길을 건널 수 있도록 보행자를 보호하는 구역임.

▲ 과속 방지 턱

▲ 어린이 보호 구역 표지판

▲ 횡단보도

- 도로 주변에서 어린이가 지켜야 할 교통안전 수칙
  - 횡단보도를 건널 때 좌우를 살핌.
  - 도로 주변에서 킥보드를 타지 않음.
  - 길을 건너기 전에 자동차가 멈췄는지 확인함.
  - 도로 주변에서 공은 공 주머니에 넣고 다님.
  - 버스가 정류장에 도착할 때까지 인도에서 기다림.
  - 횡단보도를 건널 때에는 자전거에서 내려 끌고 건넘.

대단원 마무리

4. 물체의 운동

01 다음은 민주가 산책하는 모습입니다. 시간이 지남에 따라 위치가 변한 물체를 모두 골라 기호를 쓰시오.

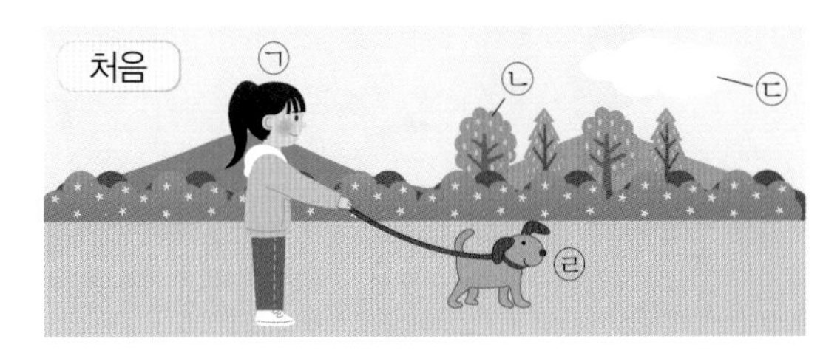

(　　　　　　　　)

02 다음 (　　) 안에 들어갈 알맞은 말을 바르게 나타낸 것은 어느 것입니까? (　　)

> (　㉠　)이/가 지남에 따라 물체의 (　㉡　) 이/가 변할 때 물체가 운동한다고 한다.

	㉠	㉡		㉠	㉡
①	시간	온도	②	시간	무게
③	시간	위치	④	위치	온도
⑤	위치	무게			

03 중요

물체의 운동을 나타내는 방법에 대한 설명으로 옳은 것에 ○표 하시오.

(1) 물체의 운동은 물체가 이동한 거리만으로 나타낸다. (　　)

(2) 물체의 운동은 물체가 이동한 거리와 물체의 온도를 함께 나타낸다. (　　)

(3) 물체의 운동은 물체가 이동하는 데 걸린 시간과 이동 거리를 함께 나타낸다. (　　)

[04~05] 다음은 1초 간격으로 나타낸 거리의 모습입니다. 물음에 답하시오.

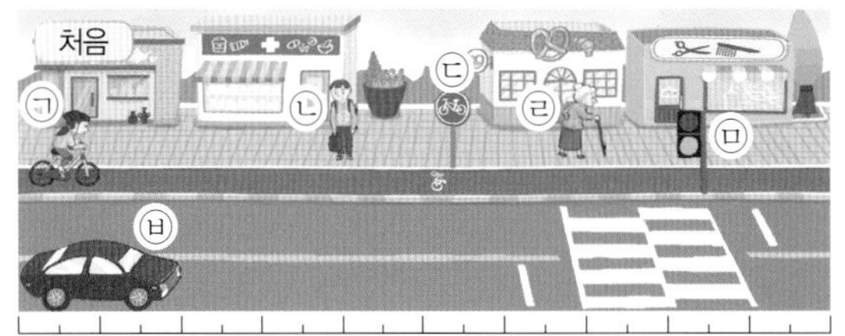

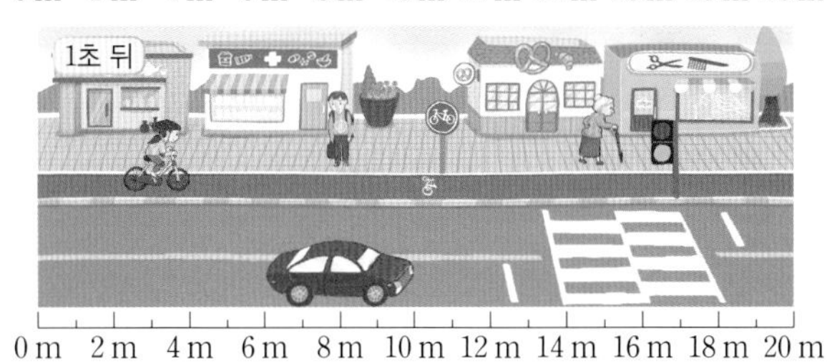

04 위에서 볼 수 있는 물체 ㉠~㉥을 운동한 물체와 운동하지 않은 물체로 분류하여 기호를 쓰시오.

(1) 운동한 물체	(2) 운동하지 않은 물체

05 위에서 볼 수 있는 물체의 운동을 표현한 것으로 옳지 않은 것은 어느 것입니까? (　　)

① 자전거는 1초 동안 2 m를 이동했다.
② 자동차는 1초 동안 6 m를 이동했다.
③ 할머니는 1초 동안 1 m를 이동했다.
④ 신호등은 1초 동안 이동하지 않았다.
⑤ 남자아이는 1초 동안 3 m를 이동했다.

06 두 물체 중 더 빠르게 운동하는 것에 ○표 하시오.

(1) ▲ 거미 (　　　　)　(2) ▲ 말 (　　　　)

07 다음에서 설명하는 물체를 바르게 나타낸 것은 어느 것입니까? (   )

> 우리 주변에는 ㉠ 빠르기가 변하는 운동을 하는 물체도 있고, ㉡ 빠르기가 일정한 운동을 하는 물체도 있다.

	㉠	㉡
①	자동길	치타
②	범퍼카	회전목마
③	케이블카	순환 열차
④	자동계단	배드민턴공
⑤	컬링 스톤	바이킹

⊂서술형⊃

08 물체의 운동에 대해 잘못 말한 사람의 이름을 쓰고, 바르게 고쳐 쓰시오.

> • 우주: 컬링 스톤은 빠르게 미끄러져 가다가 점점 느려지면서 결국 멈춰.
> • 도현: 비행기는 활주로에서 천천히 움직이다가 하늘로 날아갈 때쯤 더 느려져.
> • 하율: 배드민턴 채로 배드민턴공을 치면 처음에는 빠르게 날아가다가 점점 느려지면서 바닥에 떨어져.

____

____

09 같은 거리를 이동하는 데 걸린 시간을 측정해 빠르기를 비교하는 운동 경기가 아닌 것은 어느 것입니까? (   )

① 스키 ② 사격
③ 마라톤 ④ 쇼트트랙
⑤ 봅슬레이

[10~11] 다음은 같은 거리를 이동한 장난감 자동차의 빠르기를 비교하는 실험 결과입니다. 물음에 답하시오.

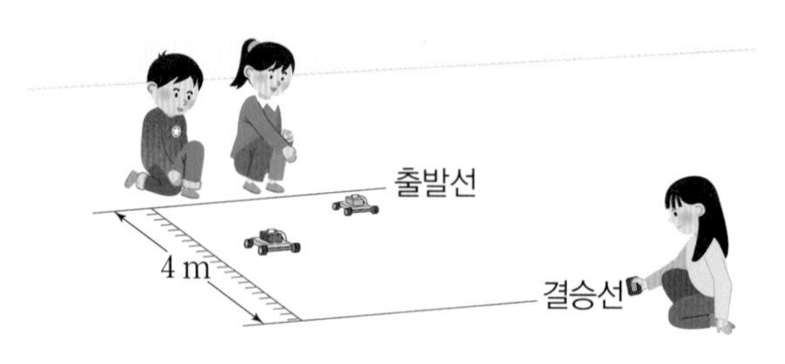

이름	민준	서현	시안
걸린 시간	10초	9초	8초

10 다음은 위 실험 과정을 순서 없이 나열한 것입니다. 순서대로 기호를 쓰시오.

> (가) 장난감 자동차를 출발선에서 출발시킨다.
> (나) 줄자와 종이테이프로 출발선에서 결승선까지의 거리가 4 m인 경주로를 만든다.
> (다) 장난감 자동차가 결승선에 오기까지 걸린 시간을 측정한 뒤 자동차의 빠르기를 비교한다.

(   ) → (   ) → (   )

⊂중요⊃

11 위 실험 결과에 대한 설명으로 옳은 것에 ○표 하시오.

(1) 시안이가 가장 느린 장난감 자동차를 만들었다. (   )

(2) 민준이가 가장 빠른 장난감 자동차를 만들었다. (   )

(3) 서현이의 장난감 자동차보다 시안이의 장난감 자동차가 더 빠르다. (   )

⊂중요⊃

12 다음 (   ) 안에 공통으로 들어갈 알맞은 말을 쓰시오.

> • 같은 거리를 운동한 물체의 빠르기는 운동하는 데 걸린 시간이 짧을수록 더 (   ).
> • 같은 시간 동안 운동한 물체의 빠르기는 이동한 거리가 길수록 더 (   ).

(   )

[13~14] 다음은 여러 가지 물체가 1초 동안 가장 빠르게 이동했을 때의 거리를 나타낸 것입니다. 물음에 답하시오.

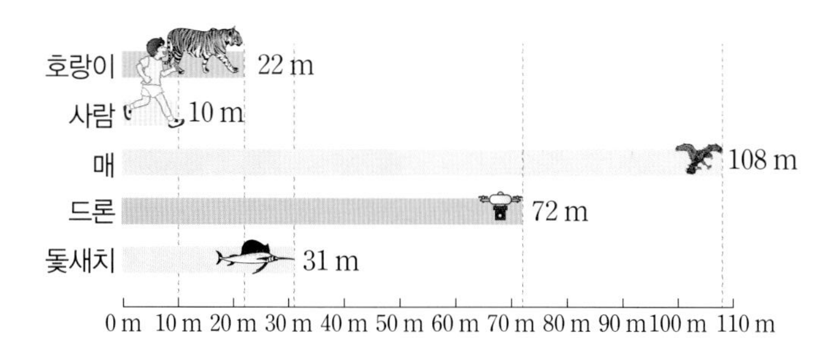

13 위에서 드론보다 더 빠른 물체의 이름을 쓰시오.

( )

14 위의 여러 가지 물체의 빠르기에 대한 설명으로 옳은 것을 보기 에서 모두 고른 것은 어느 것입니까?

( )

보기

㉠ 호랑이가 사람보다 더 빠르다.
㉡ 사람은 1초 동안 10 m를 이동한다.
㉢ 호랑이는 10초 동안 22 m를 이동한다.
㉣ 매가 돛새치보다 더 오랜 시간 동안 이동한다.

① ㉠, ㉡ ② ㉠, ㉣ ③ ㉡, ㉢
④ ㉡, ㉣ ⑤ ㉢, ㉣

15 다음은 어느 지역의 일기 예보입니다. 바람이 가장 빠르게 불 것으로 예상되는 섬의 이름을 쓰시오.

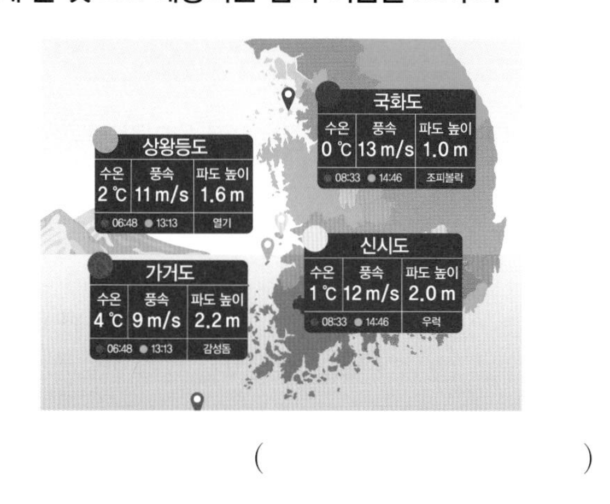

( )

중요

16 속력에 대한 설명으로 옳지 않은 것은 어느 것입니까? ( )

① 속력이 크다는 것은 물체가 빠르다는 뜻이다.
② 속력은 km/h와 m/s 등의 단위를 사용한다.
③ 속력이 크면 같은 시간 동안 더 긴 거리를 이동한다.
④ 속력이 작다는 것은 같은 거리를 이동하는 데 더 짧은 시간이 걸린다는 뜻이다.
⑤ 속력은 1초, 1분, 1시간 등과 같은 단위 시간 동안 물체가 이동한 거리를 말한다.

[17~18] 다음은 2시간 동안 여러 가지 교통수단이 이동한 거리를 나타낸 것입니다. 물음에 답하시오.

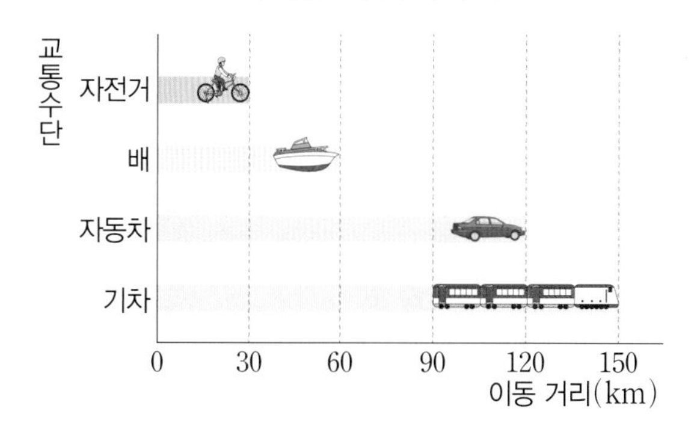

17 위 교통수단을 속력이 빠른 것부터 순서대로 나열하시오.

( )→( )→( )→( )

18 위 교통수단의 속력에 대해 잘못 말한 사람은 누구입니까? ( )

① 하윤: 자전거가 가장 느려.
② 이준: 배는 기차보다 빨라.
③ 도윤: 자동차는 자전거보다 빠르게 달려.
④ 서아: 배는 1시간 동안 30 km를 이동할 수 있어.
⑤ 수호: 기차와 자동차가 같은 시간에 같은 장소로 출발하면 기차가 먼저 도착할거야.

19 다음 물체의 속력으로 옳지 않은 것은 어느 것입니까? (　　　)

> 2시간에 200 km를 이동하는 자동차

① 100 m/s
② 100 km/h
③ 시속 백 킬로미터
④ 백 킬로미터 매 시
⑤ 1시간에 100 km를 이동하는 빠르기

20 다음에서 설명하는 도로에 설치된 안전장치로 옳은 것은 어느 것입니까? (　　　)

> 학교 주변 도로에서 자동차의 속력을 30 km/h 이하로 제한해 어린이들의 교통안전 사고를 막는다.

① 횡단보도
② 과속 방지 턱
③ 자동 긴급 제동 장치
④ 차간 거리 유지 장치
⑤ 어린이 보호 구역 표지판

21 다음은 자동차에 설치된 안전장치입니다. 이 안전장치에 대한 설명으로 옳은 것을 보기 에서 골라 기호를 쓰시오.

보기
㉠ 자동차 간의 안전거리를 유지한다.
㉡ 긴급 상황에서 탑승자의 몸을 고정한다.
㉢ 앞차와의 충돌 위험이 있을 때 자동차를 멈춘다.

(　　　　　　　　　　)

[22~23] 다음은 학교 주변 도로의 모습입니다. 물음에 답하시오.

중요
22 위에서 안전하게 행동하는 어린이의 모습과 그에 대한 설명이 아닌 것은 어느 것입니까? (　　　)

① ㉠: 자전거에서 내려서 끌고 건넌다.
② ㉡: 횡단보도에서 우측 통행으로 건넌다.
③ ㉢: 횡단보도를 건너기 전에 좌우를 살핀다.
④ ㉣: 운전자가 볼 수 있도록 손을 들고 건넌다.
⑤ ㉤: 휴대 전화를 보면서 길을 걷는다.

서술형
23 위에서 ㉥의 어린이는 도로 주변에서 공놀이를 하고 있습니다. 이 어린이가 지켜야 할 교통안전 수칙을 쓰시오.

24 다음 (　　　) 안에 공통으로 들어갈 알맞은 말을 쓰시오.

> • 어린이 보호 구역에서 자동차를 운전할 때는 (　　　　)을/를 30 km/h 이하로 줄인다.
> • 버스가 정류장에 도착할 때까지 큰 (　　　　)(으)로 달리는 자동차를 피해 인도에서 기다린다.

(　　　　　　　　　　)

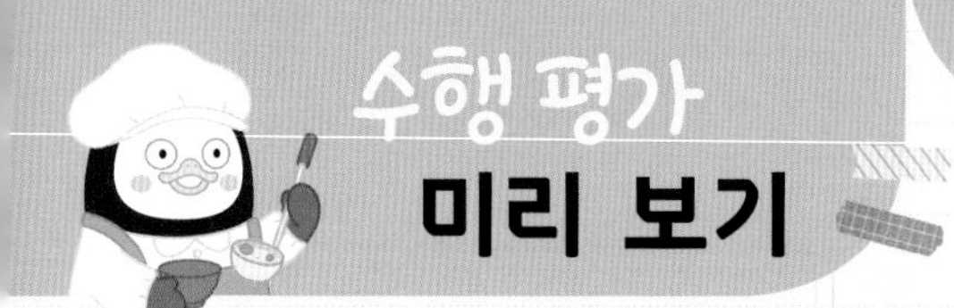

수행 평가 미리 보기

정답과 해설 28쪽

1 다음 놀이공원의 여러 가지 놀이 기구를 보고, 물음에 답하시오.

㉠ 대관람차

㉡ 바이킹

㉢ 롤러코스터

㉣ 회전목마

㉤ 범퍼카

㉥ 자이로 드롭

(1) 위 여러 가지 놀이 기구를 빠르기가 일정한 운동을 하는 것과 빠르기가 변하는 운동을 하는 것으로 분류하여 기호를 쓰시오.

(가) 빠르기가 일정한 운동을 하는 것	(나) 빠르기가 변하는 운동을 하는 것

(2) 위에서 빠르기가 변하는 운동을 하는 놀이 기구 중 한 가지를 골라 빠르기의 변화를 쓰시오.

2 다음은 3시간 동안 여러 교통수단이 이동한 거리를 나타낸 것입니다. 물음에 답하시오.

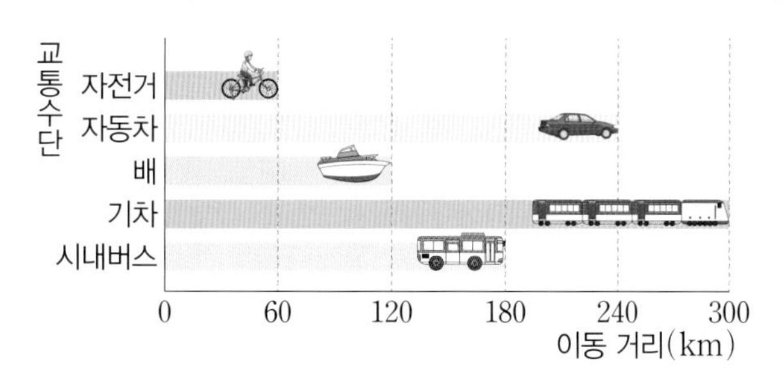

(1) 위 여러 교통수단의 속력을 구하시오.

교통수단	자전거	자동차	배	기차	시내버스
속력					

(2) 같은 시간 동안 이동한 물체의 빠르기를 비교하는 방법을 쓰시오.

5 단원

산과 염기

우리는 주변에서 식초, 레몬즙, 유리 세정제, 탄산수, 빨랫비누 물 등 여러 가지 용액을 볼 수 있습니다. 이러한 용액은 색깔, 투명한 정도 등 성질이 다릅니다.

이 단원에서는 여러 가지 용액을 다양한 기준으로 분류해 보고, 산성 용액과 염기성 용액으로 분류해 봅니다. 또한 산성 용액과 염기성 용액의 성질을 비교하고, 산성 용액과 염기성 용액을 섞었을 때의 변화와 우리 생활에서 산성 용액과 염기성 용액을 이용하는 예를 알아봅니다.

단원 학습 목표

(1) 용액의 분류와 지시약
- 여러 가지 용액을 색깔, 냄새, 투명한 정도 등 다양한 기준으로 분류해 봅니다.
- 여러 가지 용액에서 리트머스 종이, 페놀프탈레인 용액, 붉은 양배추 지시약의 색깔이 어떻게 변하는지 알아봅니다.
- 지시약의 색깔 변화를 이용해 여러 가지 용액을 산성 용액과 염기성 용액으로 분류해 봅니다.

(2) 산성 용액과 염기성 용액의 성질
- 산성 용액과 염기성 용액에 여러 가지 물질을 넣었을 때의 변화를 알아봅니다.
- 산성 용액과 염기성 용액을 섞었을 때 용액의 성질 변화를 알아봅니다.
- 우리 생활에서 산성 용액과 염기성 용액을 이용하는 예를 알아봅니다.

단원 진도 체크

회차	학습 내용		진도 체크
1차	(1) 용액의 분류와 지시약	교과서 내용 학습 + 핵심 개념 문제	✓
2차			
3차		중단원 실전 문제 ＋ 서술형·논술형 평가 돋보기	✓
4차			✓
5차	(2) 산성 용액과 염기성 용액의 성질	교과서 내용 학습 + 핵심 개념 문제	✓
6차		중단원 실전 문제 ＋ 서술형·논술형 평가 돋보기	✓
7차	대단원 정리 학습 + 대단원 마무리 + 수행 평가 미리 보기		✓

해당 부분을 공부한 후 ✓표를 하세요.

(1) 용액의 분류와 지시약

▶ 용액을 관찰할 때 주의할 점
- 용액의 냄새를 맡을 경우에는 손으로 바람을 일으켜 코에 이르게 하는 방식으로 냄새를 맡도록 합니다.
- 실험실에서 사용하는 용액은 선생님의 허락 없이는 절대 맛보지 않습니다.
- 모르는 용액은 절대 만지지 않습니다.

▶ 겉보기 성질
- 어떤 물질이 다른 물질과 구별되는 고유한 성질을 말합니다.
- 사람의 감각 기관이나 간단한 도구를 이용하여 쉽게 알아낼 수 있는 물질의 성질을 말합니다.
- 색깔이나 결정 모양(시각), 냄새(후각), 맛(미각), 촉감이나 굳기(촉각) 등이 포함됩니다.

▶ 여러 가지 용액을 분류하는 방법
용액의 공통점과 차이점에 따라 분류 기준을 세우면 여러 가지 용액을 분류할 수 있습니다.

낱말 사전

분류 어떤 물체들을 공통점과 차이점 등의 기준에 따라 무리 짓는 활동

1 여러 가지 용액을 분류하는 방법

(1) 여러 가지 용액 관찰하기

구분	식초	레몬즙	유리 세정제	탄산수
용액				
색깔	연한 노란색	연한 노란색	연한 푸른색	무색
투명한 정도	투명함.	불투명함.	투명함.	투명함.
냄새	냄새가 남.	냄새가 남.	냄새가 남.	냄새가 나지 않음.
흔든 뒤 거품 (3초 이상)	유지되지 않음.	유지되지 않음.	유지됨.	유지되지 않음.
구분	빨랫비누 물	석회수	묽은 염산	묽은 수산화 나트륨 용액
용액				
색깔	하얀색	무색	무색	무색
투명한 정도	불투명함.	투명함.	투명함.	투명함.
냄새	냄새가 남.	냄새가 나지 않음.	냄새가 남.	냄새가 나지 않음.
흔든 뒤 거품 (3초 이상)	유지됨.	유지되지 않음.	유지되지 않음.	유지되지 않음.

(2) 여러 가지 용액 분류하기

분류 기준: 투명한가?

그렇다.	그렇지 않다.
식초, 유리 세정제, 탄산수, 석회수, 묽은 염산, 묽은 수산화 나트륨 용액	레몬즙, 빨랫비누 물

분류 기준: 색깔이 있는가?

그렇다.	그렇지 않다.
식초, 레몬즙, 유리 세정제, 빨랫비누 물	탄산수, 석회수, 묽은 염산, 묽은 수산화 나트륨 용액

분류 기준: 흔들었을 때 거품이 3초 이상 유지되는가?	
그렇다.	그렇지 않다.
유리 세정제, 빨랫비누 물	식초, 레몬즙, 탄산수, 석회수, 묽은 염산, 묽은 수산화 나트륨 용액

▶ 겉보기 성질로 용액을 분류할 때의 어려움
- 무색이고 투명한 용액은 쉽게 구분되지 않아 분류하기가 어렵습니다.
- 어떤 용액들은 냄새를 맡기 어려워 분류하기가 어렵습니다.

2 지시약을 이용해 여러 가지 용액 분류하기

(1) 지시약의 특징 알아보기

① 지시약: 어떤 용액을 만났을 때 그 용액의 성질에 따라 눈에 띄는 색깔 변화가 나타나는 물질입니다.

② 겉보기 성질로 구별하기 어려운 용액을 지시약으로 분류할 수 있습니다.

③ 용액에 지시약을 넣으면 용액의 색깔이 변하는 것이 아니라, 지시약의 색깔이 변합니다.

④ 지시약의 종류: 리트머스 종이, 페놀프탈레인 용액, 붉은 양배추 지시약 등이 있습니다.

(2) 리트머스 종이와 페놀프탈레인 용액의 색깔 변화에 따라 용액 분류하기

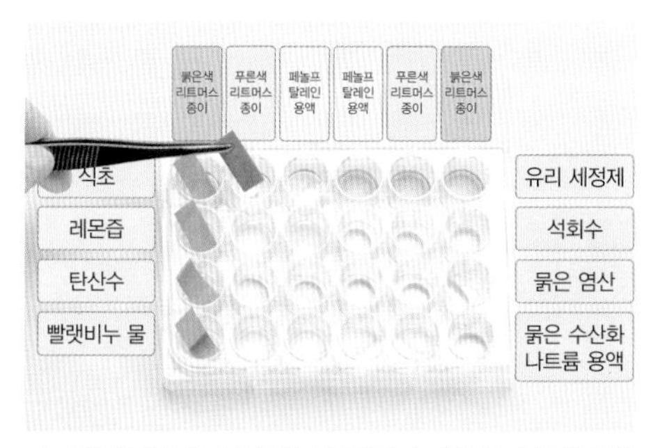

▲ 여러 가지 용액에 리트머스 종이 넣어보기

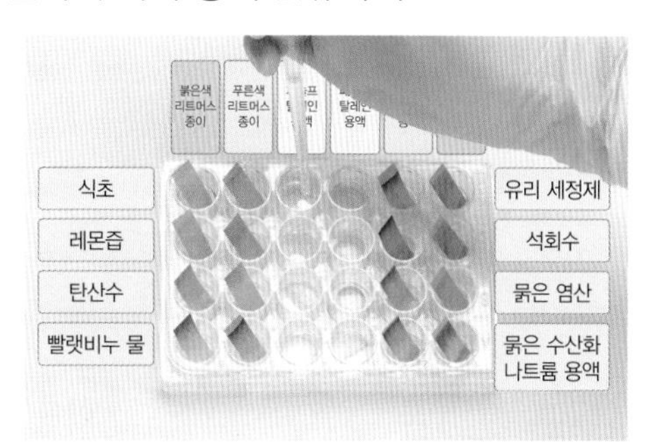

▲ 여러 가지 용액에 페놀프탈레인 용액 떨어뜨리기

① 리트머스 종이의 색깔 변화에 따라 용액 분류하기: 여러 가지 용액에 붉은색 리트머스 종이와 푸른색 리트머스 종이를 각각 넣었을 때 나타나는 색깔 변화를 관찰합니다.

리트머스 종이의 색깔 변화	푸른색 → 붉은색	붉은색 → 푸른색
용액	식초, 레몬즙, 탄산수, 묽은 염산	유리 세정제, 빨랫비누 물, 석회수, 묽은 수산화 나트륨 용액

▶ 지시약의 종류
- 리트머스 종이: 리트머스이끼의 색소를 우려낸 용액을 거름종이에 적신 다음 말려서 만든 종이입니다.
- 페놀프탈레인 용액: 물에 잘 용해되지 않는 페놀프탈레인을 에탄올에 녹여 만든 용액입니다.

개념 확인 문제

1 (레몬즙 , 빨랫비누 물)은 연한 노란색이고 불투명하며 냄새가 나는 용액입니다.

2 (　　　)은/는 어떤 용액을 만났을 때 그 용액의 성질에 따라 눈에 띄는 색깔 변화가 나타나는 물질입니다.

3 붉은색 리트머스 종이를 푸른색으로 변하게 하는 용액은 (묽은 염산 , 유리 세정제)입니다.

정답 1 레몬즙 2 지시약 3 유리 세정제

▶ 우리 주변의 여러 가지 산성 용액과 염기성 용액
- 산성 용액: 사이다, 콜라, 구연산 용액 등
- 염기성 용액: 제빵 소다 용액, 표백제, 하수구 세정제 등

② 페놀프탈레인 용액의 색깔 변화에 따라 용액 분류하기: 여러 가지 용액에 페놀프탈레인 용액을 한두 방울 떨어뜨렸을 때 나타나는 색깔 변화를 관찰합니다.

페놀프탈레인 용액의 색깔 변화	변화가 없다.	붉은색으로 변한다.
용액	식초, 레몬즙, 탄산수, 묽은 염산	유리 세정제, 빨랫비누 물, 석회수, 묽은 수산화 나트륨 용액

(3) 산성 용액과 염기성 용액으로 구분하기

① 푸른색 리트머스 종이를 붉은색으로 변하게 하고, 페놀프탈레인 용액의 색깔을 변하게 하지 않는 용액을 산성 용액이라고 합니다.

② 붉은색 리트머스 종이를 푸른색으로 변하게 하고, 페놀프탈레인 용액의 색깔을 붉은색으로 변하게 하는 용액을 염기성 용액이라고 합니다.

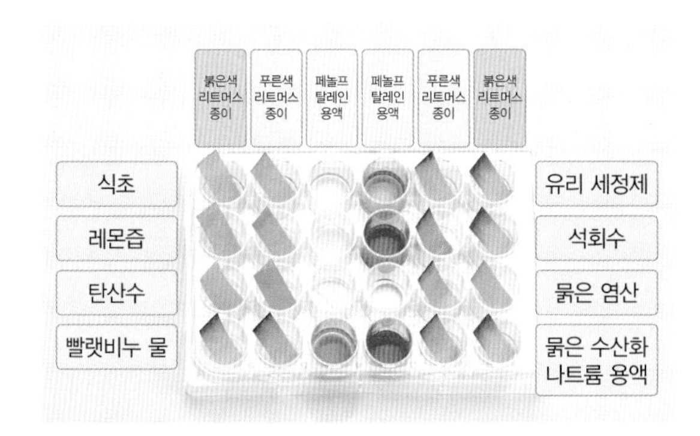

구분	산성 용액	염기성 용액
리트머스 종이의 색깔 변화	푸른색 리트머스 종이를 붉은색으로 변하게 한다.	붉은색 리트머스 종이를 푸른색으로 변하게 한다.
페놀프탈레인 용액의 색깔 변화	변하게 하지 않는다.	붉은색으로 변하게 한다.
용액	식초, 레몬즙, 탄산수, 묽은 염산	유리 세정제, 빨랫비누 물, 석회수, 묽은 수산화 나트륨 용액

(4) 붉은 양배추 지시약으로 용액 분류하기

① 붉은 양배추 지시약 만들기

▶ 붉은 양배추 지시약을 만드는 또 다른 방법
붉은 양배추를 가위로 잘라 뜨거운 물에 우려내는 방법 이외에도 자른 붉은 양배추에 물을 붓고 알코올램프와 같은 가열장치로 가열해 만들 수 있습니다.

붉은 양배추를 가위로 잘라 비커에 담습니다.

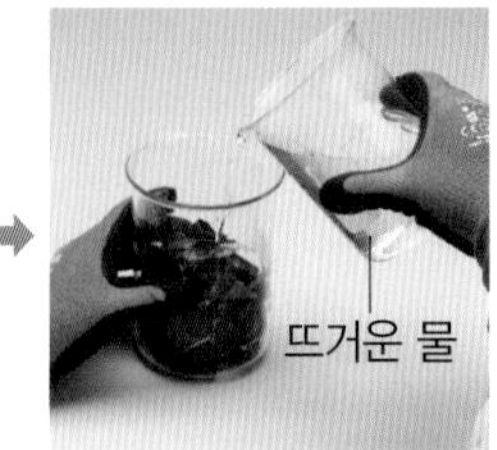

비커에 붉은 양배추가 잠길 정도로 뜨거운 물을 넣습니다.

붉은 양배추를 우려낸 용액을 충분히 식혀 체로 거릅니다.

거른 붉은 양배추 지시약을 점적병에 옮겨 담습니다.

② 붉은 양배추 지시약으로 용액 분류하기

❶ 12홈판의 각각의 홈에 여러 가지 용액을 $\frac{1}{3}$씩 넣습니다.

❷ 붉은 양배추 지시약을 각각의 용액에 다섯 방울씩 떨어뜨린 뒤 지시약의 색깔 변화를 관찰해 봅니다.

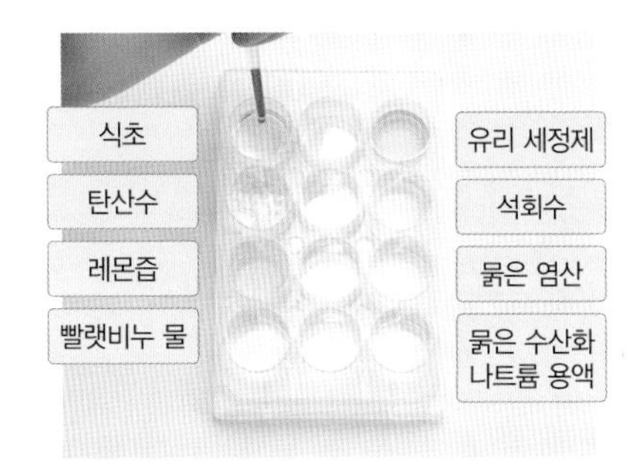

③ 여러 가지 용액에서 붉은 양배추 지시약의 색깔 변화

식초	탄산수	레몬즙	묽은 염산	유리 세정제	빨랫비누 물	석회수	묽은 수산화 나트륨 용액
붉은색	붉은색	붉은색	붉은색	푸른색	연한 푸른색	연두색	노란색

➡ 붉은 양배추 지시약을 여러 가지 용액에 떨어뜨리면 색깔이 다르게 나타납니다.

④ 붉은 양배추 지시약의 색깔 변화에 따라 용액 분류하기: 붉은 양배추 지시약은 산성 용액에서는 붉은색 계열로 변하고, 염기성 용액에서는 푸른색이나 노란색 계열로 변합니다.

구분	산성 용액	염기성 용액
용액	식초, 탄산수, 레몬즙, 묽은 염산	유리 세정제, 빨랫비누 물, 석회수, 묽은 수산화 나트륨 용액
붉은 양배추 지시약의 색깔 변화	붉은색 계열	푸른색이나 노란색 계열

여러 가지 천연 지시약

장미 비트 검은콩

- 장미, 비트, 검은콩 등도 천연 지시약으로 이용됩니다.
- 붉은 양배추, 장미, 비트, 검은콩은 공통적으로 안토사이아닌 색소를 포함합니다.
- 안토사이아닌 색소를 포함한 천연 지시약의 색깔은 대체로 산성 용액에서는 붉은색 계열로 변하고, 염기성 용액에서는 푸른색이나 노란색 계열로 변합니다.

흙이 산성일 때와 염기성일 때 색깔이 달라지는 수국

- 수국도 붉은 양배추, 장미 등과 같이 안토사이아닌 색소를 가지고 있습니다.
- 수국은 토양이 산성이면 푸른색 꽃을 피우고, 토양이 염기성이면 붉은색 꽃을 피웁니다.

▲ 푸른색 수국

▲ 붉은색 수국

개념 확인 문제

1 붉은색 리트머스 종이를 푸른색으로 변하게 하고, 페놀프탈레인 용액을 붉은색으로 변하게 하는 것은 (산성 , 염기성) 용액입니다.

2 붉은 양배추 지시약을 붉은색 계열로 변하게 하는 용액은 염기성 용액입니다. (○ , ×)

3 유리 세정제는 페놀프탈레인 용액을 붉은색으로 변하게 하고, 붉은 양배추 지시약을 (   )색이나 노란색 계열로 변하게 합니다.

정답 1 염기성 2 × 3 푸른

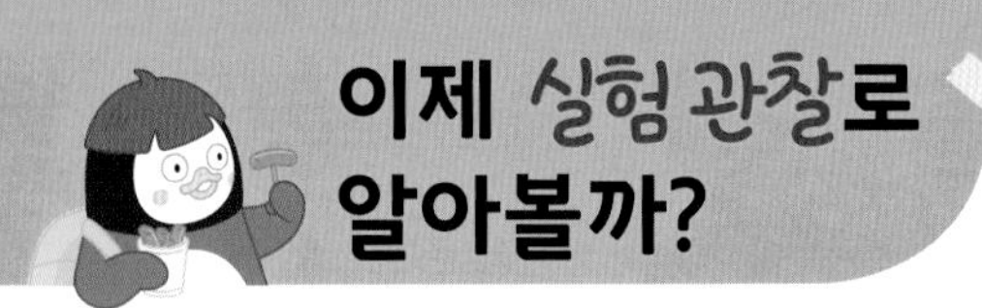

리트머스 종이와 페놀프탈레인 용액으로 용액 분류하기

[준비물] 24홈판, 푸른색 리트머스 종이, 붉은색 리트머스 종이, 가위, 핀셋, 점적병에 담긴 여러 가지 용액(식초, 레몬즙, 유리 세정제, 탄산수, 석회수, 빨랫비누 물, 묽은 염산, 묽은 수산화 나트륨 용액), 페놀프탈레인 용액, 보안경, 실험용 장갑

주의할 점
실험을 할 때는 반드시 보안경과 실험용 장갑을 착용해 안전사고에 대비하도록 합니다.

[실험 방법]

① 24홈판의 각각의 홈에 점적병에 담긴 용액을 다섯 방울씩 넣습니다.

② 붉은색 리트머스 종이와 푸른색 리트머스 종이를 $\frac{1}{3}$ 크기로 자른 뒤, 핀셋을 사용해 각각의 홈에 넣고 색깔 변화를 관찰합니다.

③ 페놀프탈레인 용액을 각각의 홈에 넣고 색깔 변화를 관찰합니다.

중요한 점
리트머스 종이의 색깔 변화에 따라 용액을 분류한 결과와 페놀프탈레인 용액의 색깔 변화에 따라 용액을 분류한 결과가 서로 일치합니다.

[실험 결과]

① 리트머스 종이의 색깔 변화

구분	식초	레몬즙	유리 세정제	탄산수	석회수	빨랫 비누 물	묽은 염산	묽은 수산화 나트륨 용액
푸른색 리트머스 종이	●	●	○	●	○	○	●	○
붉은색 리트머스 종이	○	○	◍	○	◍	◍	○	◍

• 푸른색 리트머스 종이가 붉은색으로 변한 경우: ●
• 붉은색 리트머스 종이가 푸른색으로 변한 경우: ◍
• 색깔 변화가 없는 경우: ○

② 페놀프탈레인 용액의 색깔 변화

구분	식초	레몬즙	유리 세정제	탄산수	석회수	빨랫 비누 물	묽은 염산	묽은 수산화 나트륨 용액
페놀프탈레인 용액	○	○	●	○	●	●	○	●

• 붉은색으로 변한 경우: ●
• 색깔 변화가 없는 경우: ○

③ 리트머스 종이와 페놀프탈레인 용액의 색깔 변화에 따라 용액 분류하기

• 산성 용액: 식초, 레몬즙, 탄산수, 묽은 염산
• 염기성 용액: 유리 세정제, 석회수, 빨랫비누 물, 묽은 수산화 나트륨 용액

탐구 문제

정답과 해설 29쪽

1 다음 용액들에 붉은색 리트머스 종이를 넣었을 때 색깔 변화가 다른 것을 골라 ○표 하시오.

유리 세정제　　탄산수　　빨랫비누 물

2 페놀프탈레인 용액을 붉은색으로 변하게 하는 용액에 모두 ○표 하시오.

(1) 석회수 (　　)　(2) 묽은 염산 (　　)
(3) 유리 세정제 (　　)　(4) 빨랫비누 물 (　　)

핵심 개념 문제

정답과 해설 29쪽

개념 1 여러 가지 용액을 관찰한 내용을 묻는 문제

(1) 투명한 용액에는 식초, 유리 세정제, 탄산수, 석회수, 묽은 염산, 묽은 수산화 나트륨 용액 등이 있음.

(2) 색깔이 있는 용액에는 식초, 레몬즙, 유리 세정제, 빨랫비누 물 등이 있음.

(3) 냄새가 나는 용액에는 식초, 레몬즙, 유리 세정제, 빨랫비누 물, 묽은 염산 등이 있음.

(4) 용액을 흔들었을 때 거품이 3초 이상 유지되는 용액에는 유리 세정제, 빨랫비누 물 등이 있음.

01 여러 가지 용액의 특징에 대한 설명으로 옳은 것에 ○표, 옳지 않은 것에 ×표 하시오.

(1) 식초는 연한 노란색이다. ( )

(2) 빨랫비누 물은 하얀색이다. ( )

(3) 유리 세정제는 불투명하고 냄새가 난다. ( )

(4) 묽은 염산은 흔들었을 때 거품이 3초 이상 유지된다. ( )

02 흔들었을 때 거품이 3초 이상 유지되는 용액을 보기 에서 골라 기호를 쓰시오.

보기

㉠ 탄산수	㉡ 레몬즙
㉢ 석회수	㉣ 빨랫비누 물

( )

개념 2 분류 기준에 따라 용액을 분류하는 방법을 묻는 문제

(1) 분류 기준: 투명한가?
- 그렇다: 식초, 유리 세정제, 탄산수, 석회수, 묽은 염산, 묽은 수산화 나트륨 용액
- 그렇지 않다: 레몬즙, 빨랫비누 물

(2) 분류 기준: 색깔이 있는가?
- 그렇다: 식초, 레몬즙, 유리 세정제, 빨랫비누 물
- 그렇지 않다: 탄산수, 석회수, 묽은 염산, 묽은 수산화 나트륨 용액

(3) 분류 기준: 냄새가 나는가?
- 그렇다: 식초, 레몬즙, 유리 세정제, 빨랫비누 물, 묽은 염산
- 그렇지 않다: 탄산수, 석회수, 묽은 수산화 나트륨 용액

03 여러 가지 용액을 관찰해 분류하려고 합니다. 분류 기준으로 옳은 것을 보기 에서 골라 기호를 쓰시오.

보기

㉠ 맛이 좋은가?
㉡ 색깔이 있는가?
㉢ 가격이 저렴한가?

( )

04 여러 가지 용액의 공통점과 차이점에 따라 분류 기준을 세우고 다음과 같이 분류하였습니다. ( ) 안에 들어갈 분류 기준으로 알맞은 것을 한 가지 쓰시오.

분류 기준: ( )

그렇다.	그렇지 않다.
식초, 레몬즙, 유리 세정제, 빨랫비누 물, 묽은 염산	탄산수, 석회수, 묽은 수산화 나트륨 용액

( )

개념 3 지시약을 묻는 문제

(1) 지시약: 어떤 용액을 만났을 때 그 용액의 성질에 따라 눈에 띄는 색깔 변화가 나타나는 물질임.
(2) 지시약을 이용해 산성 용액과 염기성 용액으로 분류할 수 있음.
(3) 지시약에는 리트머스 종이, 페놀프탈레인 용액, 붉은 양배추 지시약 등이 있음.

05 다음과 같은 성질을 가지는 물질을 무엇이라고 하는지 쓰시오.

- 어떤 용액을 만났을 때 그 용액의 성질에 따라 눈에 띄는 색깔 변화가 나타나는 물질이다.
- 여러 가지 용액을 산성 용액과 염기성 용액으로 분류할 수 있는 물질이다.

( )

06 지시약이 아닌 것을 두 가지 고르시오. (,)

① 우드록
② 리트머스 종이
③ 페놀프탈레인 용액
④ 붉은 양배추 지시약
⑤ 묽은 수산화 나트륨 용액

개념 4 리트머스 종이로 용액을 분류하는 문제

(1) 산성 용액은 푸른색 리트머스 종이를 붉은색으로 변하게 함.
예 식초, 레몬즙, 탄산수, 묽은 염산 등
(2) 염기성 용액은 붉은색 리트머스 종이를 푸른색으로 변하게 함.
예 유리 세정제, 빨랫비누 물, 석회수, 묽은 수산화 나트륨 용액 등

07 다음 ( ) 안에 들어갈 알맞은 말에 ○표 하시오.

푸른색 리트머스 종이를 붉은색으로 변하게 하는 용액을 (산성 , 염기성) 용액이라고 한다.

08 붉은색 리트머스 종이를 푸른색으로 변하게 하는 용액으로 옳은 것은 어느 것입니까? ( )

① 식초
② 레몬즙
③ 탄산수
④ 묽은 염산
⑤ 유리 세정제

개념 5 페놀프탈레인 용액으로 용액을 분류하는 문제

(1) 산성 용액에 페놀프탈레인 용액을 떨어뜨리면 색깔이 변하지 않음.

예 식초, 레몬즙, 탄산수, 묽은 염산 등

(2) 염기성 용액에 페놀프탈레인 용액을 떨어뜨리면 붉은색으로 변함.

예 유리 세정제, 빨랫비누 물, 석회수, 묽은 수산화 나트륨 용액 등

09 페놀프탈레인 용액을 떨어뜨렸을 때 색깔을 변하게 하지 않는 용액을 보기 에서 모두 골라 기호를 쓰시오.

보기

㉠ 식초
㉡ 석회수
㉢ 탄산수
㉣ 묽은 수산화 나트륨 용액

( )

10 무색이고 투명한 두 용액에 페놀프탈레인 용액을 떨어뜨렸더니 다음과 같이 색깔이 변하였습니다. 두 용액의 성질로 알맞은 것을 보기 에서 골라 기호를 쓰시오.

보기

㉠ 산성 용액 ㉡ 염기성 용액

(1) ( ) (2) ( )

개념 6 붉은 양배추 지시약으로 용액을 분류하는 문제

(1) 붉은 양배추 지시약은 산성 용액에서 붉은색 계열로 변함.

예 식초, 레몬즙, 탄산수, 묽은 염산 등

(2) 붉은 양배추 지시약은 염기성 용액에서 푸른색이나 노란색 계열로 변함.

예 유리 세정제, 빨랫비누 물, 석회수, 묽은 수산화 나트륨 용액 등

11 붉은 양배추 지시약을 떨어뜨렸을 때 붉은색 계열로 변하게 하는 용액을 보기 에서 모두 골라 기호를 쓰시오.

보기

㉠ 식초 ㉡ 레몬즙
㉢ 석회수 ㉣ 탄산수
㉤ 묽은 염산 ㉥ 빨랫비누 물

( )

12 다음 ( ) 안에 들어갈 알맞은 색깔을 쓰시오.

유리 세정제에 붉은 양배추 지시약을 떨어뜨리면 ( )으로 변한다.

( )

중단원 실전 문제

01 다음과 같은 특징을 가지는 용액은 어느 것입니까? (　　)

색깔이 없고 투명하다.

① 식초 ② 탄산수
③ 레몬즙 ④ 오렌지 주스
⑤ 빨랫비누 물

02 냄새가 나지 않는 용액은 어느 것입니까? (　　)

① 석회수 ② 레몬즙
③ 묽은 염산 ④ 빨랫비누 물
⑤ 유리 세정제

03 여러 가지 용액을 분류하려고 합니다. 이에 대한 설명으로 옳지 않은 것은 어느 것입니까? (　　)

① 모든 용액은 겉보기 성질로 분류할 수 있다.
② 용액의 성질을 관찰하고 다양한 기준으로 분류한다.
③ 용액의 공통점과 차이점에 따라 분류 기준을 세워 분류한다.
④ 용액과 만났을 때 나타나는 지시약의 색깔 변화로 용액을 분류할 수 있다.
⑤ 용액을 분류하는 기준은 분류하는 사람에 따라 결과가 달라지지 않는 것이어야 한다.

[04~06] 다음 여러 가지 용액을 보고, 물음에 답하시오.

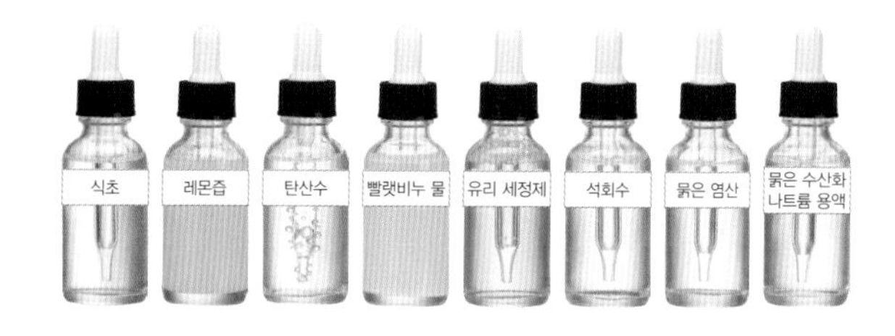

04 위 여러 가지 용액을 관찰한 뒤 분류하려고 합니다. 분류 기준으로 알맞은 것을 보기 에서 모두 골라 기호를 쓰시오.

보기
㉠ 투명한가?
㉡ 냄새가 나는가?
㉢ 색깔이 아름다운가?

(　　　　　　　　)

중요
05 위 04번의 답으로 고른 분류 기준 중 한 가지를 선택하여 여러 가지 용액을 분류하시오.

분류 기준: (　　　　　　　　)

그렇다. | 그렇지 않다.

06 위 여러 가지 용액을 다음과 같이 분류하였습니다. 분류 기준으로 옳은 것은 어느 것입니까? (　　)

① 끈적이는가?
② 색깔이 있는가?
③ 단맛이 나는가?
④ 기포가 있는가?
⑤ 흔들었을 때 거품이 3초 이상 유지되는가?

07 분류 기준을 세워 탄산수, 석회수, 묽은 염산, 묽은 수산화 나트륨 용액을 분류하려고 합니다. 분류 기준으로 알맞은 것을 보기 에서 골라 기호를 쓰시오.

보기

㉠ 투명한가?
㉡ 색깔이 있는가?
㉢ 냄새가 나는가?
㉣ 흔들었을 때 거품이 3초 이상 유지되는가?

( )

중요

08 다음에서 설명하는 것은 무엇인지 쓰시오.

- 용액의 성질을 알아볼 수 있는 물질이다.
- 여러 가지 용액에 넣었을 때 나타나는 색깔 변화를 이용해 산성 용액과 염기성 용액으로 분류할 수 있는 물질이다.

( )

09 지시약이 아닌 것은 어느 것입니까? ( )

① 유리 세정제
② 페놀프탈레인 용액
③ 붉은 양배추 지시약
④ 붉은색 리트머스 종이
⑤ 푸른색 리트머스 종이

[10~11] 다음은 리트머스 종이를 이용해 여러 가지 용액을 분류하는 실험입니다. 물음에 답하시오.

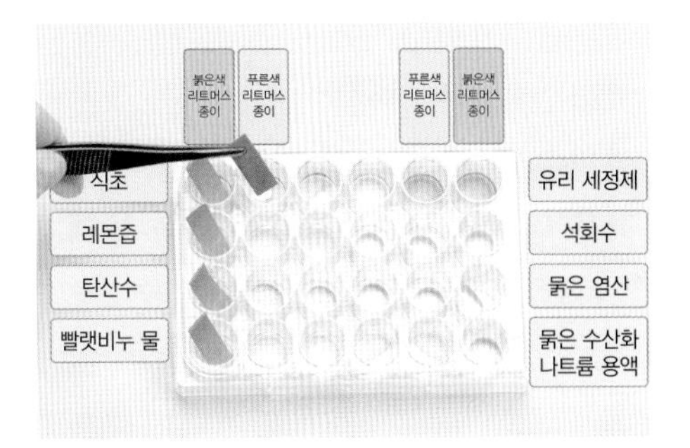

10 위 실험을 할 때 필요한 준비물로 옳지 않은 것은 어느 것입니까? ( )

① 24홈판
② 핫플레이트
③ 붉은색 리트머스 종이
④ 푸른색 리트머스 종이
⑤ 점적병에 담긴 여러 가지 용액

11 위 실험에서 푸른색 리트머스 종이를 붉은색으로 변하게 하는 용액을 모두 골라 쓰시오.

( )

12 푸른색 리트머스 종이와 붉은색 리트머스 종이에 각각 여러 가지 용액을 떨어뜨렸을 때 리트머스 종이의 색깔 변화에 맞게 색칠해 보시오.

- 푸른색 리트머스 종이가 붉은색으로 변한 경우: ●
- 붉은색 리트머스 종이가 푸른색으로 변한 경우: ●
- 색깔 변화가 없는 경우: ○

구분	탄산수	표백제	구연산 용액	제빵 소다 용액
푸른색 리트머스 종이	○	○	○	○
붉은색 리트머스 종이	○	○	○	○

13 페놀프탈레인 용액을 붉은색으로 변하게 하는 용액끼리 바르게 짝 지은 것은 어느 것입니까? (　　　)

① 식초, 탄산수
② 레몬즙, 석회수
③ 석회수, 묽은 염산
④ 석회수, 묽은 수산화 나트륨 용액
⑤ 묽은 염산, 묽은 수산화 나트륨 용액

⊂서술형⊃
14 식초와 유리 세정제에 페놀프탈레인 용액을 한두 방울씩 떨어뜨렸을 때의 색깔 변화를 각각 쓰시오.

(1) 식초: ______________________________

(2) 유리 세정제: ______________________________

15 다음과 같이 지시약의 색깔을 변하게 하는 용액을 두 가지 고르시오. (　　　,　　　)

- 붉은색 리트머스 종이를 푸른색으로 변하게 한다.
- 페놀프탈레인 용액을 붉은색으로 변하게 한다.

① 식초　② 탄산수
③ 레몬즙　④ 표백제
⑤ 빨랫비누 물

⊂중요⊃
16 붉은 양배추 지시약을 여러 가지 용액에 떨어뜨렸을 때의 변화로 옳지 않은 것은 어느 것입니까? (　　　)

① 식초에 떨어뜨리면 붉은색으로 변한다.
② 레몬즙에 떨어뜨리면 연두색으로 변한다.
③ 유리 세정제에 떨어뜨리면 푸른색으로 변한다.
④ 묽은 수산화 나트륨 용액에 떨어뜨리면 노란색으로 변한다.
⑤ 붉은 양배추 지시약은 용액에 따라 색깔이 다르게 나타난다.

⊂중요⊃
17 산성 용액에 대한 설명으로 옳지 않은 것은 어느 것입니까? (　　　)

① 모두 색깔이 있다.
② 식초, 묽은 염산은 산성 용액이다.
③ 푸른색 리트머스 종이를 붉은색으로 변하게 한다.
④ 페놀프탈레인 용액의 색깔을 변하게 하지 않는다.
⑤ 붉은 양배추 지시약을 붉은색 계열로 변하게 한다.

18 여러 가지 지시약이 염기성 용액과 만났을 때의 색깔 변화에 대한 설명으로 옳은 것을 보기 에서 모두 골라 기호를 쓰시오.

보기
㉠ 페놀프탈레인 용액이 붉은색으로 변한다.
㉡ 페놀프탈레인 용액의 색깔이 변하지 않는다.
㉢ 붉은색 리트머스 종이는 푸른색으로 변한다.
㉣ 푸른색 리트머스 종이는 붉은색으로 변한다.
㉤ 붉은 양배추 지시약이 붉은색 계열로 변한다.
㉥ 붉은 양배추 지시약이 푸른색이나 노란색 계열로 변한다.

(　　　　　　　)

서술형·논술형 평가 돋보기

학교에서 출제되는 서술형·논술형 평가를 미리 준비하세요.

정답과 해설 31쪽

1 다음은 여러 가지 용액을 분류 기준을 세워 분류한 것입니다. 물음에 답하시오.

식초, 탄산수, 석회수, 레몬즙, 묽은 염산, 유리 세정제, 묽은 수산화 나트륨 용액

분류 기준: ㉠		분류 기준: 냄새가 나는가?	
그렇다.	그렇지 않다.	그렇다.	그렇지 않다.
식초, 레몬즙, 유리 세정제	탄산수, 석회수, 묽은 염산, 묽은 수산화 나트륨 용액	㉡	㉢

(1) 위의 ㉠에 들어갈 알맞은 분류 기준을 쓰시오.

____

(2) 위의 분류 기준에 맞추어 ㉡과 ㉢에 들어갈 알맞은 용액을 쓰시오.

㉡: ____________________

㉢: ____________________

2 탄산수와 묽은 수산화 나트륨 용액이 들어 있는 두 개의 점적병에 이름표가 없습니다. 물음에 답하시오.

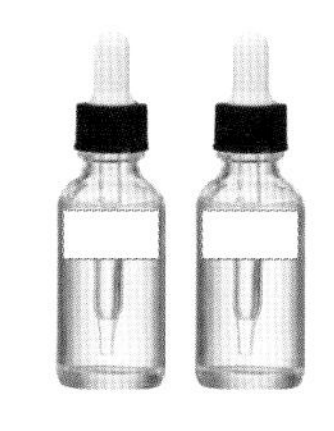

(1) 위 두 용액을 겉보기 성질만으로 구분할 수 없는 까닭을 쓰시오.

____

(2) 위 두 용액을 구분할 수 있는 방법을 쓰시오.

____

3 과학실에서 두 친구가 실험을 하고 있습니다. 지시약의 이름과 지시약의 성질을 쓰시오.

- 소미: 비커에 묽은 수산화 나트륨 용액이 들어 있대.
- 은수: 여기에 있는 지시약을 몇 방울 떨어뜨려 보자.
- 소미: 어? 지시약을 떨어뜨리니까 붉은색으로 변했어.

(1) 지시약의 이름: (   )

(2) 지시약의 성질: ____________________

4 붉은 양배추 지시약을 뿌려서 말린 종이에 어떤 용액으로 붉은색 사과를 그렸습니다. 물음에 답하시오.

(1) 붉은색 사과를 그릴 때 사용한 용액을 보기 에서 모두 골라 기호를 쓰시오.

보기

㉠ 식초　　㉡ 표백제
㉢ 묽은 염산　　㉣ 빨랫비누 물

(   )

(2) 붉은 양배추 지시약이 산성 용액과 염기성 용액을 만나면 어떤 색깔로 변하는지 쓰시오.

____

(2) 산성 용액과 염기성 용액의 성질

1 산성 용액과 염기성 용액에 여러 가지 물질을 넣었을 때의 변화

(1) 산성 용액에 여러 가지 물질을 넣었을 때의 변화

구분	달걀 껍데기	대리석 조각	삶은 달걀흰자	두부
묽은 염산에 넣은 직후	묽은 염산 +달걀 껍데기	묽은 염산+대리석 조각	묽은 염산 +삶은 달걀흰자	묽은 염산+두부
시간이 지난 후 변화	기포가 발생하면서 바깥쪽 껍데기가 녹는다.	기포가 발생하면서 대리석 조각이 녹는다.	변화가 없다.	변화가 없다.

(2) 염기성 용액에 여러 가지 물질을 넣었을 때의 변화

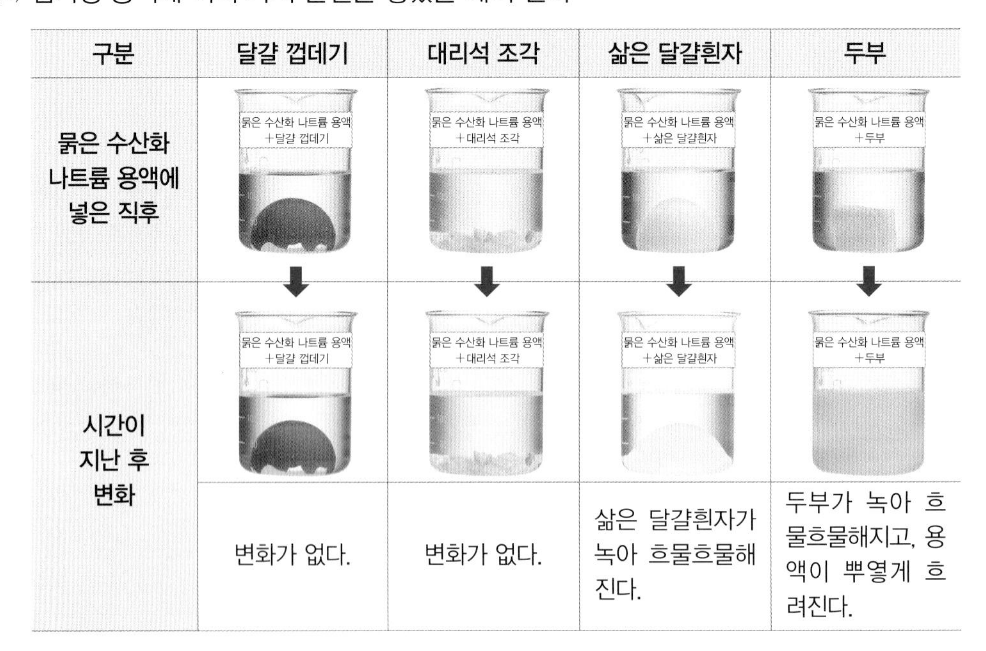

구분	달걀 껍데기	대리석 조각	삶은 달걀흰자	두부
묽은 수산화 나트륨 용액에 넣은 직후	묽은 수산화 나트륨 용액 +달걀 껍데기	묽은 수산화 나트륨 용액 +대리석 조각	묽은 수산화 나트륨 용액 +삶은 달걀흰자	묽은 수산화 나트륨 용액 +두부
시간이 지난 후 변화	변화가 없다.	변화가 없다.	삶은 달걀흰자가 녹아 흐물흐물해진다.	두부가 녹아 흐물흐물해지고, 용액이 뿌옇게 흐려진다.

(3) 산성 용액과 염기성 용액의 성질

① 산성 용액은 달걀 껍데기와 대리석 조각을 녹이지만, 삶은 달걀흰자와 두부는 녹이지 못합니다.

② 염기성 용액은 삶은 달걀흰자와 두부를 녹이지만, 달걀 껍데기와 대리석 조각은 녹이지 못합니다.

◗ 대리석으로 만든 서울 원각사지 십층 석탑에 유리 보호 장치를 한 까닭

▲ 서울 원각사지 십층 석탑

산성을 띤 빗물이나 산성을 띤 새의 배설물과 같은 물질이 대리석으로 만든 석탑에 닿으면 녹아 훼손될 수 있기 때문에 유리 보호 장치를 설치해 보호합니다.

◗ 산성 용액과 염기성 용액에 여러 가지 물질을 넣었을 때의 변화

- 산성 용액에 메추리알 껍데기와 대리암 조각을 넣으면 기포가 발생하면서 메추리알 껍데기와 대리암 조각이 녹습니다.
- 염기성 용액에 삶은 메추리알 흰자와 삶은 닭 가슴살을 넣으면 흐물흐물해지고 용액이 뿌옇게 흐려집니다.

낱말 사전

대리석 석회암이 강한 압력을 받아서 변질된 돌로, 주로 건축물, 조각 예술품 등을 만드는 데 사용됨.

2 산성 용액과 염기성 용액을 섞었을 때의 변화

(1) 산성 용액과 염기성 용액을 섞었을 때 붉은 양배추 지시약의 색깔 변화

① 묽은 염산 20 mL에 붉은 양배추 지시약을 열 방울 떨어뜨린 다음, 묽은 수산화 나트륨 용액을 5 mL씩 떨어뜨리면서 색깔 변화를 관찰해 봅니다.

➡ 붉은색에서 보라색을 거쳐 푸른색이나 노란색으로 변합니다.

묽은 염산에 묽은 수산화 나트륨 용액을 5 mL씩 넣은 횟수

0회 1회 2회 3회 4회 5회 6회 7회

② 묽은 수산화 나트륨 용액 20 mL에 붉은 양배추 지시약을 열 방울 떨어뜨린 다음, 묽은 염산을 5 mL씩 떨어뜨리면서 색깔 변화를 관찰해 봅니다.

➡ 노란색에서 청록색, 보라색을 거쳐 붉은색으로 변합니다.

묽은 수산화 나트륨 용액에 묽은 염산을 5 mL씩 넣은 횟수

(2) 붉은 양배추 지시약의 색깔 변화로 알 수 있는 용액의 성질 변화

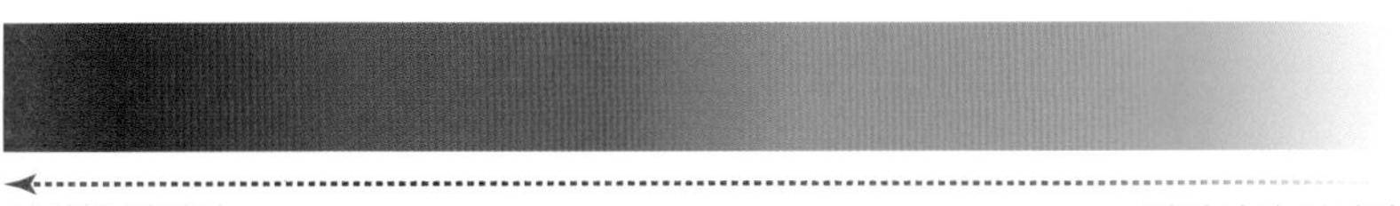

▲ 붉은 양배추 지시약의 색깔 변화표

① 묽은 염산에 묽은 수산화 나트륨 용액을 계속 넣으면 산성이 약해지다가 염기성 용액으로 변합니다.

② 묽은 수산화 나트륨 용액에 묽은 염산을 계속 넣으면 염기성이 약해지다가 산성 용액으로 변합니다.

◗ 산성 용액과 염기성 용액을 섞었을 때 나타나는 붉은 양배추 지시약의 색깔 변화

- 붉은 양배추 지시약을 넣은 묽은 염산에 묽은 수산화 나트륨 용액을 넣을수록 지시약의 색깔이 붉은색 계열에서 푸른색이나 노란색 계열로 변합니다.
- 붉은 양배추 지시약을 넣은 묽은 수산화 나트륨 용액에 묽은 염산을 넣을수록 지시약의 색깔이 노란색 계열에서 붉은색 계열로 변합니다.

◗ 염산 누출 사고에 소석회를 뿌리는 까닭

산성 용액인 염산이 새어 나온 사고 현장에 염기성을 띤 소석회를 뿌리면 산성인 염산의 성질이 점차 약해지기 때문입니다.

개념 확인 문제

1 묽은 염산에 달걀 껍데기를 넣으면 기포가 발생하면서 바깥쪽 껍데기가 녹습니다. (○ , ×)

2 염기성 용액에 넣은 (두부 , 대리석 조각)이/가 흐물흐물해지며 녹습니다.

3 붉은 양배추 지시약을 넣어 붉은색으로 변한 묽은 염산에 묽은 수산화 나트륨 용액을 계속 넣으면 (   )색이나 노란색으로 변합니다.

정답 1 ○ 2 두부 3 푸른

(3) 산성 용액과 염기성 용액을 섞었을 때의 성질 변화

① 산성 용액에 염기성 용액을 넣을수록 산성이 점점 약해지다가 염기성으로 변합니다.

② 염기성 용액에 산성 용액을 넣을수록 염기성이 점점 약해지다가 산성으로 변합니다.

③ 산성 용액과 염기성 용액을 섞으면 용액 속에 있는 산성을 띠는 물질과 염기성을 띠는 물질이 섞이면서 용액의 성질이 변합니다.

3 산성 용액과 염기성 용액의 이용

▶ 제빵 소다와 구연산
- 제빵 소다: 주성분은 탄산수소 나트륨이라는 물질로, 빵을 부풀리는 데 사용됩니다.
- 구연산: 탄산음료를 만드는 원료이고, 약품을 만드는 중요한 원료로 사용됩니다.

(1) 제빵 소다와 구연산의 성질

① 비커 두 개에 물을 50 mL씩 넣은 다음 제빵 소다와 구연산을 각각 한 숟가락씩 넣어 용액을 만듭니다.

② ①의 용액을 유리 막대로 찍어 붉은색 리트머스 종이와 푸른색 리트머스 종이에 각각 묻혀 색깔 변화를 관찰하고 용액의 성질을 이야기해 봅니다.

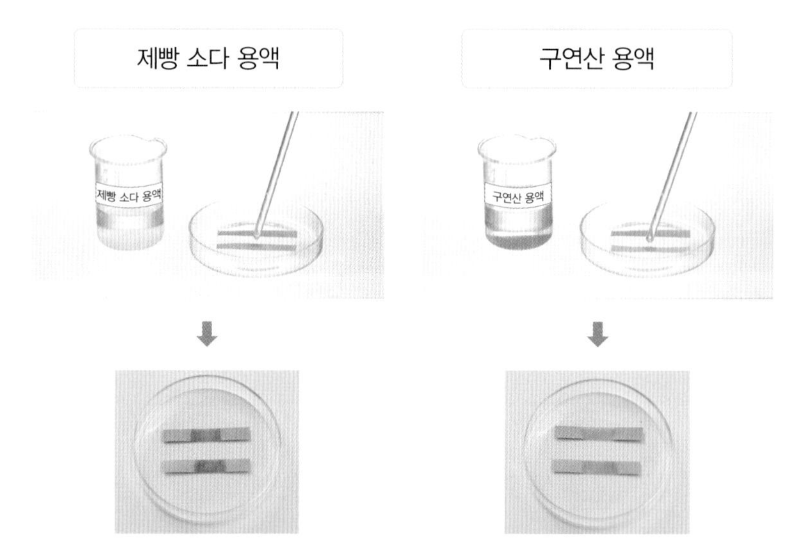

구분	붉은색 리트머스 종이	푸른색 리트머스 종이	용액의 성질
제빵 소다 용액	푸른색으로 변함.	변화 없음.	염기성
구연산 용액	변화 없음.	붉은색으로 변함.	산성

(2) 제빵 소다와 구연산이 우리 생활에 이용되는 예

① 제빵 소다가 이용되는 예
- 신 김치의 신맛을 줄이기 위해 넣습니다.
- 주방용품에 묻은 기름때, 과일이나 채소에 남아 있는 농약의 산성 부분을 제거하는 데 이용됩니다.
- 악취의 주성분인 산성을 약화해 냄새를 없애는 데 이용됩니다.

② 구연산이 이용되는 예
- 물에 섞어 뿌리면 세균의 번식을 막아 줍니다.
- 그릇에 남아 있는 염기성 세제 성분을 없애는 데도 이용됩니다.

제산제 위산으로 인해 속이 쓰릴 때 위산을 약하게 하기 위해 먹는 염기성을 띠는 위장약

표백제 색깔이 있는 물질을 화학 작용을 통해 분해하여 희게 하기 위해 사용하는 물질

(3) 우리 생활에서 산성 용액과 염기성 용액의 이용

① 산성 용액을 이용하는 예

음식의 신맛을 낼 때 식초를 넣습니다.

주전자의 하얀색 얼룩은 식초를 넣고 끓여 없앱니다.

생선에 레몬즙을 뿌려 비린내를 없앱니다.

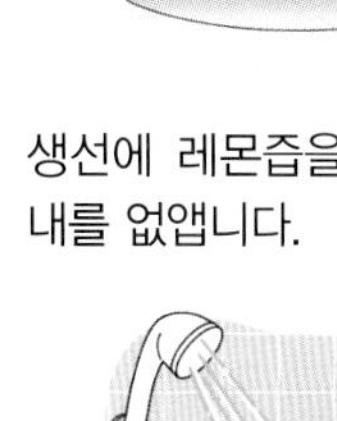

생선을 손질한 도마를 식초로 닦습니다.

변기용 세제로 화장실 변기의 때와 냄새를 없앱니다.

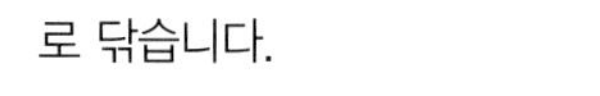

머리카락을 감을 때 린스로 헹구면 윤기가 나고 건강해집니다.

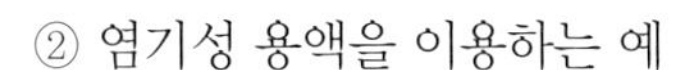

② 염기성 용액을 이용하는 예

속이 쓰릴 때 제산제를 먹습니다.

욕실을 청소할 때 표백제를 이용합니다.

유리를 닦을 때 유리 세정제를 이용합다.

하수구가 막혔을 때 하수구 세정제를 이용해 뚫습니다.

차량용 이물질 제거제로 자동차에 묻은 새 배설물이나 벌레 자국을 닦습니다.

치약으로 충치를 만드는 입안의 산성 물질을 없앱니다.

▶ 염기성 용액과 단백질이 만났을 때 나타나는 변화

- 염기성 용액은 단백질을 녹이는 성질이 있기 때문에 염기성 용액을 손끝에 묻혀 보면 미끈미끈합니다.
- 단백질로 되어 있는 머리카락으로 막힌 하수구를 뚫을 때 염기성인 하수구 세정제를 사용합니다.

▶ 요구르트를 마시고 난 후 양치질을 해야 하는 까닭

- 요구르트를 마시면 입안이 산성 환경이 되어 충치를 일으키는 세균이 활발히 활동합니다.
- 염기성인 치약으로 양치질을 하면 입안의 산성 물질을 없애 세균의 활동을 억제하므로 요구르트를 마시고 난 뒤에는 양치질을 해야 합니다.

▶ 염기성 용액을 이용하는 예

- 산성화된 호수에 염기성 물질인 석회를 뿌리면 산성을 사라지게 만듭니다.
- 김치의 신맛은 산성 물질 때문에 생깁니다. 신맛이 나는 김치에 염기성 물질인 달걀 껍데기 등을 넣어 두면 신맛이 줄어듭니다.
- 꿀벌 침의 성분은 산성이므로 꿀벌에 쏘였을 때 염기성 물질인 암모니아수를 바르면 통증이 가라앉습니다.

개념 확인 문제

1 산성 용액에 염기성 용액을 섞으면 산성 용액의 성질이 약해지다가 변합니다. (○ , ×)

2 생선을 손질한 도마를 닦거나 음식을 만들 때 (식초 , 표백제)를 이용합니다.

3 막혀 있는 하수구를 뚫을 때 이용하는 하수구 세정제는 (산성 , 염기성) 용액입니다.

정답 1 ○ 2 식초 3 염기성

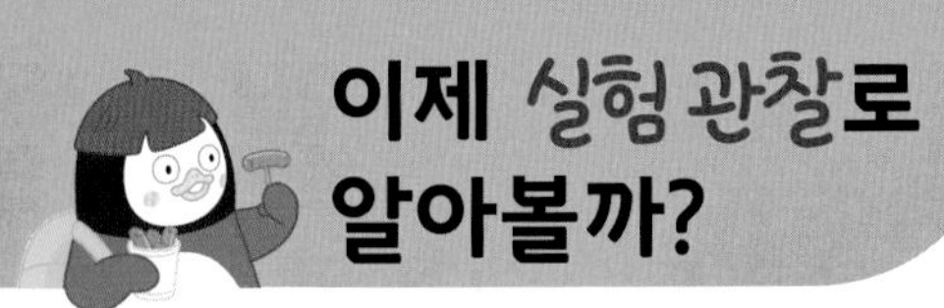

이제 실험 관찰로 알아볼까?

산성 용액과 염기성 용액을 섞었을 때 페놀프탈레인 용액의 색깔 변화

[준비물] 묽은 염산, 묽은 수산화 나트륨 용액, 페놀프탈레인 용액, 작은 점적병 두 개, 큰 점적병 한 개, 12홈판 두 개, 보안경, 실험용 장갑

[실험 방법]

① 12홈판의 홈 하나에 묽은 염산을 $\frac{1}{3}$까지 채우고 페놀프탈레인 용액을 세 방울 떨어뜨립니다.

② 홈 안의 용액에 묽은 수산화 나트륨 용액을 한 방울씩 떨어뜨리면서 색깔 변화를 관찰합니다.

③ 다른 12홈판의 홈 하나에 묽은 수산화 나트륨 용액을 $\frac{1}{3}$까지 채우고 페놀프탈레인 용액을 세 방울 떨어뜨립니다.

④ 홈 안의 용액에 묽은 염산을 한 방울씩 떨어뜨리면서 색깔 변화를 관찰합니다.

주의할 점

- 용액이 다른 곳으로 튀지 않도록 홈판에서 1 cm 정도의 높이에서 떨어뜨립니다.
- 홈에 페놀프탈레인 용액을 먼저 넣게 되면 페놀프탈레인 용액이 잘 섞이지 않고 바닥에 가라앉아서 색깔 변화가 나타나지 않을 수 있기 때문에 묽은 염산이나 묽은 수산화 나트륨 용액을 먼저 넣은 후 페놀프탈레인 용액을 넣습니다.

[실험 결과]

① 묽은 염산에 페놀프탈레인 용액을 떨어뜨리면 색깔 변화가 없고, 묽은 수산화 나트륨 용액을 떨어뜨릴수록 페놀프탈레인 용액의 색깔이 붉은색으로 변합니다.

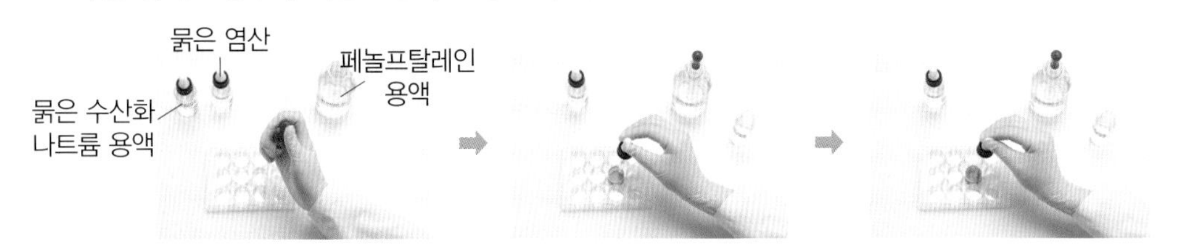

② 묽은 수산화 나트륨 용액에 페놀프탈레인 용액을 떨어뜨리면 붉은색으로 변하고, 묽은 염산을 떨어뜨릴수록 붉은색이던 페놀프탈레인 용액의 색깔이 무색이 됩니다.

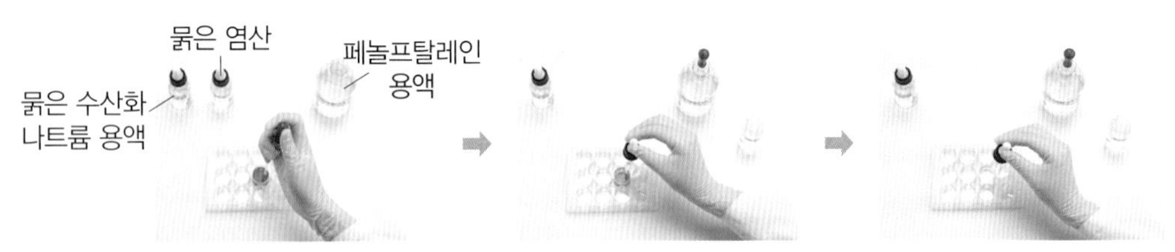

중요한 점

산성 용액과 염기성 용액을 섞을 때 지시약인 페놀프탈레인 용액의 색깔이 변하고, 산성 용액과 염기성 용액의 성질이 변합니다.

탐구 문제

정답과 해설 32쪽

1 페놀프탈레인 용액을 떨어뜨린 묽은 염산에 묽은 수산화 나트륨 용액을 한 방울씩 계속 떨어뜨렸을 때의 색깔 변화로 옳은 것에 ○표 하시오.

(1) 묽은 수산화 나트륨 용액을 계속 떨어뜨리면 무색에서 붉은색으로 변한다. ( )

(2) 묽은 수산화 나트륨 용액을 계속 떨어뜨리면 붉은색에서 노란색으로 변한다. ( )

2 산성 용액과 염기성 용액을 섞었을 때의 변화에 대한 설명입니다. ( ) 안에 들어갈 알맞은 말을 쓰시오.

> 산성 용액에 염기성 용액을 계속 섞으면 (㉠)이 점점 약해지고, 염기성 용액에 산성 용액을 계속 섞으면 (㉡)이 약해진다.

㉠ ( ), ㉡ ( )

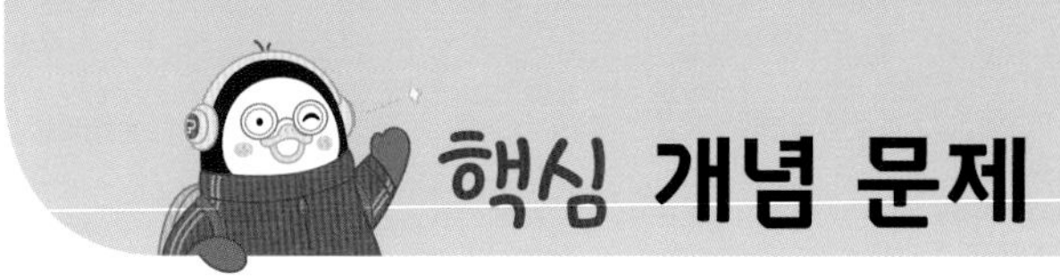

정답과 해설 32쪽

개념 1 산성 용액에 여러 가지 물질을 넣었을 때의 변화를 묻는 문제

(1) 묽은 염산에 달걀 껍데기를 넣으면 기포가 발생하면서 바깥쪽 껍데기가 녹아 없어짐.

(2) 묽은 염산에 대리석 조각을 넣으면 기포가 발생하면서 대리석 조각이 녹음.

(3) 묽은 염산에 삶은 달걀흰자와 두부를 넣으면 아무런 변화가 없음.

01 묽은 염산에 넣었을 때 기포가 발생하면서 녹는 물질을 보기 에서 모두 골라 기호를 쓰시오.

보기
㉠ 두부
㉡ 달걀 껍데기
㉢ 대리석 조각
㉣ 삶은 달걀흰자

( )

02 다음 ( ) 안에 들어갈 알맞은 말에 ○표 하시오.

묽은 염산이 담긴 비커 두 개에 삶은 달걀흰자와 두부를 각각 넣으면 (아무런 변화가 없다 , 기포가 발생한다).

개념 2 염기성 용액에 여러 가지 물질을 넣었을 때의 변화를 묻는 문제

(1) 묽은 수산화 나트륨 용액에 삶은 달걀흰자를 넣으면 삶은 달걀흰자가 녹아 흐물흐물해짐.

(2) 묽은 수산화 나트륨 용액에 두부를 넣으면 두부가 녹아 흐물흐물해지며, 용액이 뿌옇게 흐려짐.

(3) 묽은 수산화 나트륨 용액에 달걀 껍데기와 대리석 조각을 넣으면 아무런 변화가 없음.

03 묽은 수산화 나트륨 용액에 여러 가지 물질을 넣었을 때의 변화로 옳은 것에 ○표 하시오.

(1) 묽은 수산화 나트륨 용액에 대리석 조각을 넣으면 아무런 변화가 없다. ( )

(2) 묽은 수산화 나트륨 용액에 삶은 달걀흰자를 넣으면 삶은 달걀흰자가 딱딱해진다. ( )

04 묽은 수산화 나트륨 용액에 넣었을 때 녹아서 흐물흐물해지는 물질을 보기 에서 모두 골라 기호를 쓰시오.

보기
㉠ 두부
㉡ 달걀 껍데기
㉢ 대리석 조각
㉣ 삶은 달걀흰자

( )

개념 3 산성 용액에 염기성 용액을 섞을 때 붉은 양배추 지시약의 색깔 변화를 묻는 문제

(1) 묽은 염산에 붉은 양배추 지시약을 넣은 후에 묽은 수산화 나트륨 용액을 조금씩 넣으면 색깔이 붉은색 계열에서 점차 푸른색이나 노란색 계열로 변함.

(2) 묽은 염산에 묽은 수산화 나트륨 용액을 계속 넣으면 산성이 점점 약해지다가 염기성 용액으로 변함.

05 묽은 염산에 붉은 양배추 지시약을 넣은 후에 묽은 수산화 나트륨 용액을 조금씩 넣었습니다. 이때 나타나는 변화에 대해 잘못 말한 사람의 이름을 쓰시오.

- 로운: 묽은 염산에 붉은 양배추 지시약을 넣었더니 붉은색 계열로 변했어.
- 선우: 붉은 양배추 지시약을 넣은 묽은 염산에 묽은 수산화 나트륨 용액을 한두 방울 떨어뜨렸더니 무색투명하게 변했어.
- 지수: 붉은 양배추 지시약을 넣은 묽은 염산에 묽은 수산화 나트륨 용액을 조금씩 계속 넣었더니 푸른색이나 노란색 계열로 변했어.

( )

06 다음 ( ) 안에 들어갈 알맞은 말에 ○표 하시오.

묽은 염산에 붉은 양배추 지시약을 넣은 후에 묽은 수산화 나트륨 용액을 조금씩 계속 넣으면 (산성 , 염기성)이 점점 약해진다.

개념 4 염기성 용액에 산성 용액을 섞을 때 붉은 양배추 지시약의 색깔 변화를 묻는 문제

(1) 묽은 수산화 나트륨 용액에 붉은 양배추 지시약을 넣은 후에 묽은 염산을 조금씩 넣으면 색깔이 노란색 계열에서 점차 붉은색 계열로 변함.

(2) 묽은 수산화 나트륨 용액에 묽은 염산을 계속 넣으면 염기성이 점점 약해지다가 산성 용액으로 변함.

07 다음 ( ) 안에 들어갈 알맞은 용액의 성질을 쓰시오.

염기성인 묽은 수산화 나트륨 용액에 산성인 묽은 염산을 조금씩 계속 넣으면 ( )이 점점 약해진다.

( )

08 묽은 수산화 나트륨 용액에 붉은 양배추 지시약을 넣은 후에 묽은 염산을 조금씩 계속 넣으면서 관찰한 것으로 옳지 않은 것은 어느 것입니까? ( )

① 점점 산성 용액으로 변한다.
② 점차 묽은 수산화 나트륨 용액이 성질을 잃는다.
③ 묽은 염산을 계속 넣으면 푸른색 계열로 변한다.
④ 노란색 계열에서 점차 붉은색 계열로 색깔이 변한다.
⑤ 묽은 수산화 나트륨 용액에 붉은 양배추 지시약을 넣었을 때의 색깔은 노란색 계열이다.

개념 5 산성 용액과 염기성 용액을 섞을 때 페놀프탈레인 용액의 색깔 변화를 묻는 문제

(1) 묽은 염산에 페놀프탈레인 용액을 떨어뜨리고 묽은 수산화 나트륨 용액을 넣을 때의 변화

- 묽은 염산에 페놀프탈레인 용액을 떨어뜨리면 색깔 변화가 없고, 묽은 수산화 나트륨 용액을 떨어뜨릴수록 붉은색으로 변함.
- 산성 용액에 염기성 용액을 넣을수록 산성이 점점 약해지다가 염기성으로 변함.

(2) 묽은 수산화 나트륨 용액에 페놀프탈레인 용액을 떨어뜨리고 묽은 염산을 넣을 때의 변화

- 묽은 수산화 나트륨 용액에 페놀프탈레인 용액을 떨어뜨리면 붉은색으로 변하고, 묽은 염산을 떨어뜨릴수록 무색이 됨.
- 염기성 용액에 산성 용액을 넣을수록 염기성이 점점 약해지다가 산성으로 변함.

09 묽은 염산에 페놀프탈레인 용액을 떨어뜨린 뒤, 묽은 수산화 나트륨 용액을 한 방울씩 계속 떨어뜨리면서 관찰한 결과로 옳은 것에 ○표, 옳지 않은 것에 ×표 하시오.

(1) 묽은 염산은 무색투명하다. ( )

(2) 묽은 염산에 페놀프탈레인 용액을 떨어뜨리면 붉은색으로 변한다. ( )

(3) 페놀프탈레인 용액을 떨어뜨린 묽은 염산에 묽은 수산화 나트륨 용액을 계속 넣으면 붉은색으로 변한다. ( )

10 다음 ( ) 안에 들어갈 알맞은 말에 ○표 하시오.

> 염기성 용액에 산성 용액을 계속 섞으면 ㉠(산성 , 염기성)이 점점 약해지다가 ㉡(산성 , 염기성)으로 변한다.

개념 6 우리 생활에서 산성 용액과 염기성 용액을 이용하는 예를 묻는 문제

(1) 산성 용액의 이용

- 음식의 신맛을 낼 때 식초를 넣음.
- 생선을 손질한 도마를 식초로 닦음.
- 생선에 레몬즙을 뿌려 비린내를 없앰.
- 변기용 세제로 화장실 변기의 때와 냄새를 없앰.
- 주전자에 생긴 하얀색 얼룩은 식초를 넣고 끓여 없앰.
- 머리카락을 감을 때 린스로 헹구면 윤기가 나고 건강해짐.

(2) 염기성 용액의 이용

- 속이 쓰릴 때 제산제를 먹음.
- 욕실을 청소할 때 표백제를 이용함.
- 유리를 닦을 때 유리 세정제를 이용함.
- 막힌 하수구를 뚫을 때 하수구 세정제를 이용함.
- 치약으로 충치를 만드는 입안의 산성 물질을 없앰.
- 차량용 이물질 제거제로 자동차에 묻은 새 배설물이나 벌레 자국을 닦음.

11 다음은 우리 생활에서 산성 용액과 염기성 용액 중 공통으로 어떤 것을 이용한 것인지 쓰시오.

> - 생선을 손질한 도마는 식초로 닦는다.
> - 변기를 청소할 때는 변기용 세제를 사용한다.

( )

12 우리 생활에서 산성 용액이나 염기성 용액의 이용이 옳게 된 경우에 ○표 하시오.

(1) 속이 쓰릴 때 산성 용액인 탄산수를 먹는다. ( )

(2) 욕실을 청소할 때는 염기성 용액인 표백제를 이용한다. ( )

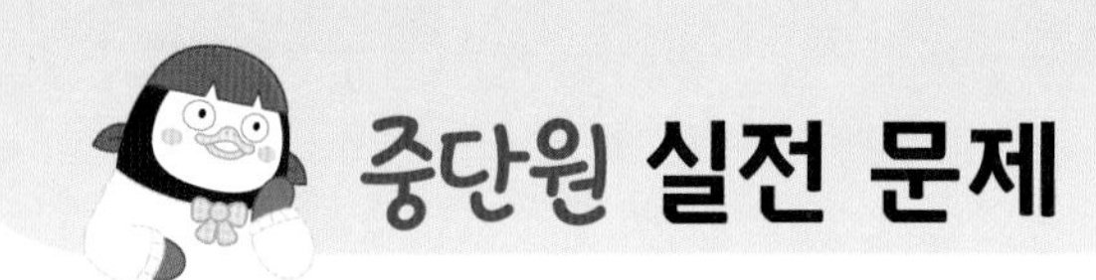

중단원 실전 문제

[01~02] 묽은 염산에 여러 가지 물질을 넣었을 때의 변화를 관찰하는 실험입니다. 물음에 답하시오.

(가) 

▲ 달걀 껍데기

(나) 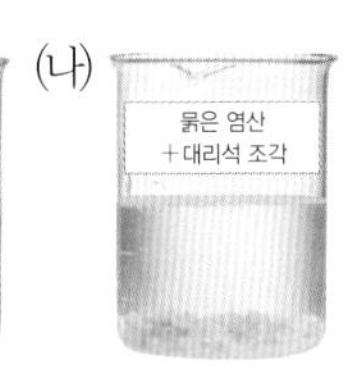

▲ 대리석 조각

(다) 

▲ 삶은 달걀흰자

(라) 

▲ 두부

01 위 실험에서 시간이 지난 후 변화가 나타나는 것을 모두 골라 기호를 쓰시오.

( )

02 위 실험 결과로 옳지 않은 것을 보기 에서 골라 기호를 쓰시오.

보기
- ㉠ 두부가 녹는다.
- ㉡ 삶은 달걀흰자는 변화가 없다.
- ㉢ 대리석 조각에서 기포가 발생한다.
- ㉣ 달걀 껍데기에서 기포가 발생한다.

( )

03 다음 ( ) 안에 들어갈 알맞은 말에 ○표 하시오.

- 대리석 조각을 ㉠(산성 , 염기성) 용액에 넣으면 녹는다.
- 삶은 달걀흰자를 ㉡(산성 , 염기성) 용액에 넣으면 변화가 없다.

04 오른쪽은 묽은 수산화 나트륨 용액에 삶은 달걀흰자를 넣은 모습입니다. 이 실험에 대한 설명으로 옳은 것은 어느 것입니까? ( )

① 기포가 발생한다.
② 용액이 푸른색으로 변한다.
③ 삶은 달걀흰자가 딱딱해진다.
④ 삶은 달걀흰자가 흐물흐물해진다.
⑤ 묽은 수산화 나트륨 용액은 산성 용액이다.

05 묽은 수산화 나트륨 용액에 여러 가지 물질을 넣었을 때 나타나는 변화로 옳은 것을 보기 에서 모두 고른 것은 어느 것입니까? ( )

보기
- ㉠ 묽은 수산화 나트륨 용액에 넣은 달걀 껍데기는 녹는다.
- ㉡ 묽은 수산화 나트륨 용액에 넣은 대리석 조각은 변화가 없다.
- ㉢ 묽은 수산화 나트륨 용액에 넣은 두부는 녹고, 용액이 뿌옇게 흐려진다.

① ㉠ ② ㉠, ㉡
③ ㉠, ㉢ ④ ㉡, ㉢
⑤ ㉠, ㉡, ㉢

⊂중요⊃
06 산성 용액과 염기성 용액에 여러 가지 물질을 넣었을 때 나타나는 변화로 옳은 것은 어느 것입니까?

( )

① 산성 용액에 넣은 두부는 흐물흐물해진다.
② 산성 용액에 넣은 달걀 껍데기는 변화가 없다.
③ 염기성 용액에 넣은 대리석 조각은 변화가 없다.
④ 염기성 용액에 달걀 껍데기를 넣으면 기포가 발생한다.
⑤ 염기성 용액에 삶은 달걀흰자를 넣으면 용액이 붉은색으로 변한다.

[07~08] 다음은 산성 용액에 염기성 용액을 섞을 때 나타나는 붉은 양배추 지시약의 색깔 변화를 관찰하는 실험 과정을 순서 없이 나열한 것입니다. 물음에 답하시오.

(가) 삼각 플라스크에 묽은 수산화 나트륨 용액을 5 mL씩 여섯 번 넣는다.
(나) 지시약의 색깔 변화를 관찰하여 붉은 양배추 지시약의 색깔 변화표와 비교한다.
(다) 삼각 플라스크에 묽은 염산 20 mL를 넣고, 붉은 양배추 지시약을 몇 방울 떨어뜨린다.

07 위 실험 과정의 순서에 맞게 기호를 쓰시오.

( ) → ( ) → ( )

⊂중요⊃
08 위 실험에 대한 설명으로 옳지 않은 것을 보기 에서 골라 기호를 쓰시오.

보기
㉠ 과정 (가)에서 묽은 수산화 나트륨 용액을 계속 넣으면 산성이 약해진다.
㉡ 과정 (다)에서 묽은 염산에 떨어뜨린 붉은 양배추 지시약은 붉은색 계열로 변한다.
㉢ 과정 (가)에서 묽은 수산화 나트륨 용액을 넣는 횟수가 많아질수록 염기성이 강해진다.
㉣ 과정 (가)에서 묽은 수산화 나트륨 용액을 넣을수록 붉은 양배추 지시약의 색깔은 분홍색, 보라색, 붉은색으로 변한다.

( )

09 다음은 붉은 양배추 지시약의 색깔 변화표입니다. ( ) 안에 들어갈 용액의 성질을 쓰시오.

(㉠)이 강하다. (㉡)이 강하다.

㉠ ( ), ㉡ ( )

10 다음은 묽은 수산화 나트륨 용액에 붉은 양배추 지시약을 떨어뜨린 후, 묽은 염산을 떨어뜨리면서 지시약의 색깔 변화를 관찰하는 실험입니다. 빈칸에 들어갈 지시약의 색깔 변화로 알맞은 것에 ○표 하시오.

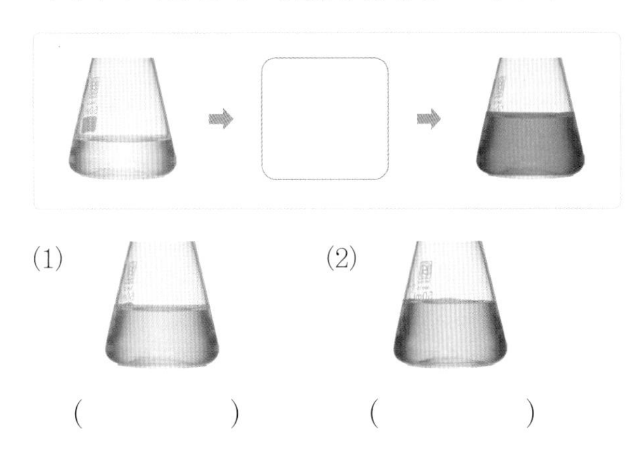

(1) ( ) (2) ( )

⊂서술형⊃
11 산성 용액과 염기성 용액을 섞는 실험에 대해 잘못 말한 사람의 이름을 쓰고, 바르게 고쳐 쓰시오.

- 수아: 염기성 용액에 산성 용액을 계속 넣으면 산성이 약해져.
- 정우: 산성 용액에 염기성 용액을 계속 넣으면 염기성이 강해져.
- 준희: 염기성 용액에 붉은 양배추 지시약을 넣은 뒤 산성 용액을 계속 넣으면 붉은색 계열의 색깔이 나타나.

12 염산 누출 사고가 일어난 현장에 소석회를 뿌리는 까닭으로 옳은 것에 ○표 하시오.

(1) 소석회가 향이 좋기 때문이다. ( )
(2) 소석회가 산성을 띠기 때문이다. ( )
(3) 염기성인 소석회를 뿌리면 산성인 염산의 성질이 약해지기 때문이다. ( )
(4) 염기성인 소석회를 뿌리면 산성인 염산의 성질이 강해지기 때문이다. ( )

[13~14] 오른쪽은 비커에 들어 있던 어떤 용액에 페놀프탈레인 용액을 떨어뜨린 모습입니다. 물음에 답하시오.

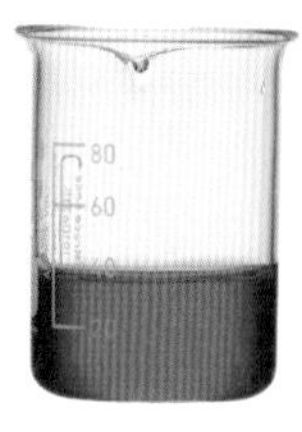

13 위 비커에 들어 있던 용액으로 옳은 것은 어느 것입니까? (　　　)

① 식초　② 사이다
③ 레몬즙　④ 탄산수
⑤ 묽은 수산화 나트륨 용액

14 위 페놀프탈레인 용액을 떨어뜨린 용액에 묽은 염산을 한 방울씩 계속해서 넣을 때 색깔 변화에 대한 설명으로 옳은 것은 어느 것입니까? (　　　)

① 무색이 된다.　② 푸른색으로 변한다.
③ 노란색으로 변한다.　④ 보라색으로 변한다.
⑤ 붉은색이 더 진해진다.

15 ⊂중요⊃
우리 생활에서 산성 용액을 이용하는 경우에 모두 ○표 하시오.

(1)

생선을 손질한 도마를 식초로 닦는다.
(　　　　　)

(2)

생선에 레몬즙을 뿌려 비린내를 없앤다.
(　　　　　)

(3)
하수구가 막혔을 때 하수구 세정제를 이용해 뚫는다.
(　　　　　)

(4)

차량용 이물질 제거제로 자동차에 묻은 새 배설물을 닦는다.
(　　　　　)

[16~17] 다음 편지글을 읽고, 물음에 답하시오.

> 안녕하세요.
> 저는 해민이예요.
> 얼마 전에 제가 속이 쓰리듯이 너무 아팠는데 선생님께서 주신 제산제를 먹었더니 아프지 않았어요.
> 감사합니다.

16 다음은 위 편지글에 있는 제산제에 대한 설명입니다. (　　) 안에 들어갈 알맞은 말에 ○표 하시오.

> 제산제는 위에서 위액이 많이 나와 속이 쓰릴 때 먹는 (산성 , 염기성) 용액이다.

17 ⊂서술형⊃
위 16번 답과 같은 성질의 용액을 우리 주변에서 이용하는 경우를 두 가지 쓰시오.

____

____

____

18 변기를 청소할 때는 변기용 세제를 이용합니다. 변기용 세제와 같은 성질을 가진 물질을 보기 에서 모두 고른 것은 어느 것입니까? (　　　)

보기
㉠ 구연산　㉡ 레몬즙
㉢ 표백제　㉣ 묽은 염산

① ㉠, ㉡
② ㉠, ㉡, ㉢
③ ㉠, ㉡, ㉣
④ ㉠, ㉢, ㉣
⑤ ㉠, ㉡, ㉢, ㉣

서술형·논술형 평가 돋보기

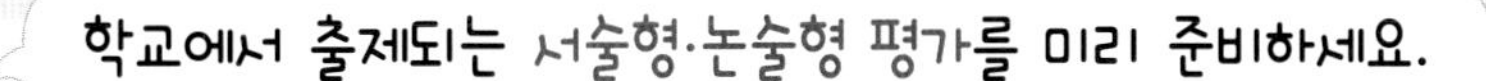

정답과 해설 34쪽

1 다음 여러 가지 물질을 묽은 염산과 묽은 수산화 나트륨 용액에 각각 넣었을 때 나타나는 변화를 관찰했습니다. 물음에 답하시오.

▲ 메추리알 껍데기

▲ 삶은 메추리알 흰자

▲ 대리암 조각

▲ 삶은 닭 가슴살

(1) 위 여러 가지 물질 중에서 묽은 염산에 넣었을 때 변화가 나타나는 물질과 나타나는 변화를 모두 쓰시오.

______

(2) 위 여러 가지 물질 중에서 묽은 수산화 나트륨 용액에 넣었을 때 변화가 나타나는 물질과 나타나는 변화를 모두 쓰시오.

______

2 어떤 용액에 붉은 양배추 지시약을 몇 방울 떨어뜨렸더니 노란색으로 변했습니다. 이 용액에 다음과 같이 묽은 염산을 조금씩 계속 떨어뜨렸을 때, 지시약의 색깔 변화와 용액의 성질 변화에 대해 쓰시오.

(1) 지시약의 색깔 변화: ______

(2) 용액의 성질 변화: ______

3 다음은 요구르트와 치약의 성질을 지시약으로 확인해 보는 실험 결과입니다. 물음에 답하시오.

(가)
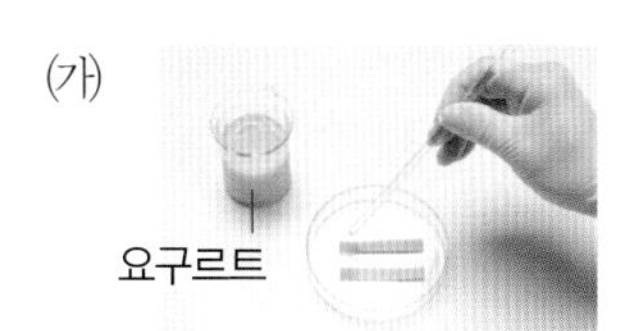

요구르트를 묻힌 푸른색 리트머스 종이가 붉은색으로 변한다.

(나)

요구르트에 페놀프탈레인 용액을 떨어뜨리면 색깔 변화가 없다.

(다)

물에 녹인 치약을 묻힌 붉은색 리트머스 종이가 푸른색으로 변한다.

(라)
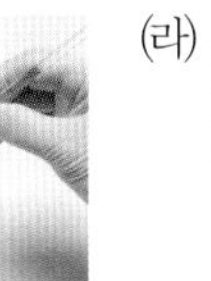

물에 녹인 치약에 페놀프탈레인 용액을 떨어뜨리면 붉은색으로 변한다.

(1) 위 실험 결과를 보고, 요구르트와 물에 녹인 치약의 성질을 쓰시오.

______

(2) 위 (1)번 답을 보고, 요구르트를 마신 후 양치질을 해야 하는 까닭을 쓰시오.

______

4 다음과 같이 유리를 닦을 때 이용하는 유리 세정제의 성질을 쓰고, 유리 세정제와 같은 성질의 용액을 우리 생활에서 이용하는 경우를 두 가지 쓰시오.

(1) 유리 세정제의 성질: (　　　　　　　　)

(2) 우리 생활에서 이용하는 경우

______

대단원 정리 학습

이 단원의 핵심 개념을 정리해 보세요.

1 용액의 분류와 지시약

• 여러 가지 용액 관찰하여 분류하기

분류 기준	그렇다.	그렇지 않다.
투명한가?	식초, 유리 세정제, 탄산수, 석회수, 묽은 염산, 묽은 수산화 나트륨 용액	레몬즙, 빨랫비누 물
색깔이 있는가?	식초, 레몬즙, 유리 세정제, 빨랫비누 물	탄산수, 석회수, 묽은 염산, 묽은 수산화 나트륨 용액
냄새가 나는가?	식초, 레몬즙, 유리 세정제, 빨랫비누 물, 묽은 염산	탄산수, 석회수, 묽은 수산화 나트륨 용액
흔들었을 때 거품이 3초 이상 유지되는가?	유리 세정제, 빨랫비누 물	식초, 레몬즙, 탄산수, 석회수, 묽은 염산, 묽은 수산화 나트륨 용액

• 지시약: 어떤 용액을 만났을 때 그 용액의 성질에 따라 눈에 띄는 색깔 변화가 나타나는 물질

• 지시약을 이용한 용액의 분류

구분	산성 용액	염기성 용액
용액의 종류	묽은 염산, 식초, 레몬즙, 탄산수	묽은 수산화 나트륨 용액, 석회수, 빨랫비누 물, 유리 세정제
지시약의 색깔 변화	• 푸른색 리트머스 종이가 붉은색으로 변함. • 페놀프탈레인 용액의 색깔이 변하지 않음. • 붉은 양배추 지시약이 붉은색 계열로 변함.	• 붉은색 리트머스 종이가 푸른색으로 변함. • 페놀프탈레인 용액의 색깔이 붉은색으로 변함. • 붉은 양배추 지시약이 푸른색이나 노란색 계열로 변함.

2 산성 용액과 염기성 용액의 성질

• 산성 용액과 염기성 용액에 여러 가지 물질 넣어보기

산성 용액	염기성 용액
달걀 껍데기와 대리석 조각은 녹이지만, 삶은 달걀흰자와 두부는 녹이지 못함.	삶은 달걀흰자와 두부는 녹이지만, 달걀 껍데기와 대리석 조각은 녹이지 못함.

• 산성 용액과 염기성 용액을 섞었을 때의 변화

산성 용액에 염기성 용액을 넣을 때 붉은 양배추 지시약의 색깔 변화	염기성 용액에 산성 용액을 넣을 때 붉은 양배추 지시약의 색깔 변화
• 지시약의 색깔이 붉은색 계열에서 푸른색이나 노란색 계열로 변함. • 산성 용액에 염기성 용액을 넣을수록 산성이 점점 약해짐.	• 지시약의 색깔이 노란색 계열에서 붉은색 계열로 변함. • 염기성 용액에 산성 용액을 넣을수록 염기성이 점점 약해짐.

• 우리 생활에서 산성 용액과 염기성 용액의 이용

산성 용액의 이용			염기성 용액의 이용		
생선에 레몬즙을 뿌려 비린내를 없앰.	생선을 손질한 도마를 식초로 닦음.	변기용 세제로 변기의 때와 냄새를 없앰.	속이 쓰릴 때 제산제를 먹음.	욕실을 청소할 때 표백제를 이용함.	유리창을 닦을 때 유리 세정제를 이용함.

대단원 마무리

5. 산과 염기

01 여러 가지 용액의 특징으로 옳지 않은 것은 어느 것입니까? (　　　)

① 탄산수는 무색이고, 투명하다.
② 석회수는 무색이고, 투명하다.
③ 빨랫비누 물은 하얀색이고, 불투명하다.
④ 유리 세정제는 연한 푸른색이고, 투명하다.
⑤ 묽은 염산은 연한 노란색이고, 불투명하다.

02 여러 가지 용액을 분류하려고 합니다. 분류 기준으로 옳지 않은 것은 어느 것입니까? (　　　)

① 냄새의 유무
② 투명한 정도
③ 용액의 색깔
④ 무거운 정도
⑤ 흔들었을 때 거품이 유지되는 정도

[03~04] 다음은 여러 가지 용액을 관찰한 뒤, 분류 기준을 정해 분류한 것입니다. 물음에 답하시오.

분류 기준: 색깔이 있는가?
- 그렇다. → 식초, 레몬즙, 빨랫비누 물
  - 분류 기준: 투명한가?
    - 그렇다. → ㉠
    - 그렇지 않다. → ㉡
- 그렇지 않다. → 석회수, 묽은 수산화 나트륨 용액
  - 분류 기준: ㈎

03 위 ㉠과 ㉡에 들어갈 용액의 이름을 모두 쓰시오.

㉠ (　　　　　　　　　　)
㉡ (　　　　　　　　　　)

⊂서술형⊃

04 겉보기 성질을 이용하여 분류 기준 ㈎는 정하기가 어렵습니다. 그 까닭을 한 가지 쓰시오.

____

____

⊂중요⊃

05 지시약에 대한 설명으로 옳은 것을 보기 에서 모두 골라 기호를 쓰시오.

보기
㉠ 용액의 성질을 확인할 수 있다.
㉡ 시간에 따라 다른 색깔로 변한다.
㉢ 용액의 성질에 따라 색깔이 변한다.
㉣ 여러 가지 용액을 산성 용액과 염기성 용액으로 분류할 수 있다.

(　　　　　　　　　　)

06 다음 여러 가지 용액을 리트머스 종이에 떨어뜨렸을 때 공통으로 나타나는 색깔 변화로 옳은 것을 보기 에서 모두 골라 기호를 쓰시오.

유리 세정제, 빨랫비누 물, 석회수

보기
㉠ 붉은색 리트머스 종이가 푸른색으로 변한다.
㉡ 푸른색 리트머스 종이가 붉은색으로 변한다.
㉢ 붉은색 리트머스 종이의 색깔이 변하지 않는다.
㉣ 푸른색 리트머스 종이의 색깔이 변하지 않는다.

(　　　　　　　　　　)

07 푸른색 리트머스 종이를 붉은색으로 변하게 하는 용액끼리 바르게 짝 지은 것은 어느 것입니까? (　　　)

① 탄산수, 석회수
② 탄산수, 묽은 염산
③ 석회수, 묽은 염산
④ 탄산수, 묽은 수산화 나트륨 용액
⑤ 석회수, 묽은 수산화 나트륨 용액

08 여러 가지 용액에 페놀프탈레인 용액을 넣었을 때 나타나는 변화를 바르게 말한 사람의 이름을 쓰시오.

- 도준: 석회수에 페놀프탈레인 용액을 넣었더니 변화가 없었어.
- 아윤: 레몬즙에 페놀프탈레인 용액을 넣었더니 붉은색으로 변했어.
- 서우: 빨랫비누 물에 페놀프탈레인 용액을 넣었더니 붉은색으로 변했어.

(　　　　　　　　　　)

중요

09 다음 (　　) 안에 들어갈 알맞은 말을 바르게 나타낸 것은 어느 것입니까? (　　　)

푸른색 리트머스 종이를 붉은색으로 변하게 하고 페놀프탈레인 용액의 색깔을 변하게 하지 않는 용액은 (㉠) 용액이고, 이에 해당하는 용액에는 (㉡)이/가 있다.

	㉠	㉡
①	산성	레몬즙, 탄산수
②	산성	유리 세정제, 빨랫비누 물
③	염기성	식초, 석회수
④	염기성	묽은 염산, 유리 세정제
⑤	염기성	석회수, 묽은 수산화 나트륨 용액

[10~11] 다음은 붉은 양배추 지시약을 만드는 실험입니다. 물음에 답하시오.

(가) 붉은 양배추를 가위로 잘라 비커에 담는다.
(나) 비커에 붉은 양배추가 잠길 정도로 (　　　　)을/를 넣는다.
(다) 붉은 양배추를 우려낸 용액을 충분히 식혀 체로 걸러 낸다.

10 위 과정 (나)의 (　　) 안에 들어갈 알맞은 말로 옳은 것을 보기 에서 골라 기호를 쓰시오.

보기
㉠ 얼음 조각　　㉡ 차가운 물
㉢ 뜨거운 물　　㉣ 페놀프탈레인 용액

(　　　　　　　　)

11 위 과정 (다)에서 걸러낸 붉은 양배추 지시약을 여러 가지 용액에 떨어뜨렸을 때 나타나는 색깔 변화로 옳지 않은 것은 어느 것입니까? (　　　)

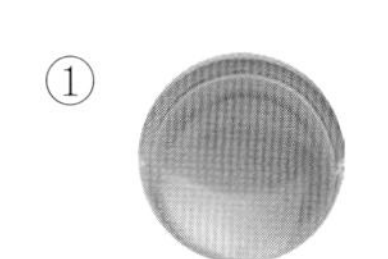
① ▲ 식초
② ▲ 레몬즙

③ ▲ 석회수
④ ▲ 묽은 염산
⑤ ▲ 유리 세정제

중요

12 용액의 성질에 따른 지시약의 색깔 변화에 대한 설명으로 옳은 것에 ○표, 옳지 않은 것에 ×표 하시오.

(1) 페놀프탈레인 용액을 붉은색으로 변하게 하는 것은 산성 용액이다. (　　)
(2) 푸른색 리트머스 종이를 붉은색으로 변하게 하는 것은 산성 용액이다. (　　)
(3) 붉은색 리트머스 종이를 푸른색으로 변하게 하는 것은 염기성 용액이다. (　　)
(4) 붉은 양배추 지시약으로 용액을 산성 용액과 염기성 용액으로 분류할 수 있다. (　　)

13 어떤 용액에 두부를 넣고 시간이 지난 뒤 관찰하였더니 두부가 흐물흐물해지고 용액이 뿌옇게 되었습니다. 이 용액에 대한 설명으로 옳은 것에 ○표 하시오.

(1) 산성 용액이다. (　　)
(2) 페놀프탈레인 용액을 붉은색으로 변하게 한다. (　　)
(3) 붉은색 리트머스 종이의 색깔을 변하게 하지 않는다. (　　)
(4) 푸른색 리트머스 종이의 색깔을 붉은색으로 변하게 한다. (　　)

14 묽은 염산에 달걀 껍데기와 대리석 조각을 넣고 관찰한 결과로 옳은 것을 보기 에서 모두 골라 기호를 쓰시오.

보기
㉠ 대리석 조각이 녹는다.
㉡ 대리석 조각은 변하지 않는다.
㉢ 달걀 껍데기에서 기포가 발생하면서 녹는다.
㉣ 달걀 껍데기가 흐물흐물해지고 용액의 색깔이 변한다.

(　　　　　　　　)

중요
15 다음 (　　) 안에 들어갈 알맞은 말에 ○표 하시오.

• ㉠(산성 , 염기성) 용액은 달걀 껍데기와 대리석 조각을 녹인다.
• ㉡(산성 , 염기성) 용액은 삶은 달걀흰자와 두부를 녹인다.

[16~17] 다음은 산성 용액과 염기성 용액을 섞어보는 실험입니다. 물음에 답하시오.

(가) 삼각 플라스크에 묽은 염산 20 mL를 넣고 붉은 양배추 지시약을 열 방울 떨어뜨린다.
(나) 삼각 플라스크에 (　　　　)을/를 5 mL씩 여섯 번 넣으면서 지시약의 색깔 변화를 관찰해 본다.

16 위 과정 (나)에서 (　　) 안에 들어갈 용액으로 옳은 것은 어느 것입니까? (　　)

① 식초　② 레몬즙
③ 사이다　④ 탄산수
⑤ 묽은 수산화 나트륨 용액

17 위 실험 결과 지시약의 색깔 변화에 맞게 순서대로 기호를 쓰시오.

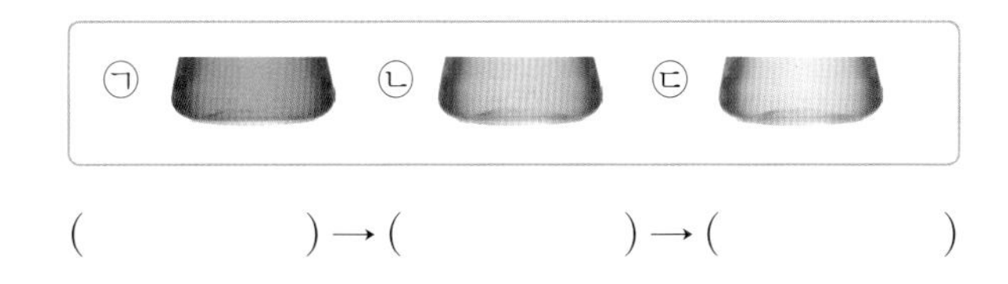

(　　　　) → (　　　　) → (　　　　)

18 다음은 여러 가지 용액에서 붉은 양배추 지시약의 색깔 변화표입니다. 이에 대한 설명으로 옳지 않은 것은 어느 것입니까? (　　)

① ㉠에 알맞은 용액은 식초이다.
② ㉡에 알맞은 용액은 레몬즙이다.
③ (가) 쪽으로 갈수록 산성이 강해진다.
④ (나) 쪽으로 갈수록 염기성이 강해진다.
⑤ 산성 용액에서는 붉은색 계열을 나타내고, 염기성 용액에서는 푸른색이나 노란색 계열을 나타낸다.

19 다음 (　　) 안에 들어갈 알맞은 말을 바르게 나타낸 것은 어느 것입니까? (　　)

> • 산성 용액에 염기성 용액을 넣을수록 (㉠)이 약해진다.
> • 염기성 용액에 산성 용액을 넣을수록 (㉡)이 약해진다.
> • 산성 용액과 염기성 용액을 섞으면 용액의 성질이 (㉢).

	㉠	㉡	㉢
①	산성	염기성	변한다
②	산성	염기성	변하지 않는다
③	염기성	산성	변한다
④	염기성	산성	변하지 않는다
⑤	염기성	염기성	변하지 않는다

20 다음 (　　) 안에 들어갈 알맞은 말을 쓰시오.

> • 아빠: 어, 이상하다. 왜 안 뚫리지?
> • 채연: 아빠, 무슨 일이에요?
> • 아빠: 하수구가 막혀서 변기용 세제를 넣었는데, 하수구가 뚫리질 않아.
> • 채연: 아빠, 변기용 세제는 (㉠) 용액이에요. 막힌 하수구를 뚫을 때는 (㉡) 용액인 하수구 세제를 넣어야 해요.

㉠ (　　　　　　), ㉡ (　　　　　　)

⊂서술형⊃

21 오른쪽과 같이 욕실을 청소할 때 이용하는 표백제와 같은 성질의 용액이 이용되는 예를 한 가지 쓰시오.

____

____

[22~23] 다음은 가정에서 여러 가지 용액을 사용하는 모습입니다. 물음에 답하시오.

22 위에서 염기성 용액을 이용하는 경우를 모두 골라 기호를 쓰시오.

(　　　　　　)

⊂중요⊃

23 위의 ㉡ 용액과 같은 성질의 용액을 이용하는 예로 옳은 것에 ○표 하시오.

(1) 머리카락을 감을 때 린스로 헹군다. (　　)
(2) 생선을 손질한 도마를 식초로 닦는다. (　　)
(3) 차량용 이물질 제거제로 자동차에 묻은 새 배설물이나 벌레 자국을 닦는다. (　　)

24 다음과 같은 성질을 가지고 있는 용액은 어느 것입니까? (　　)

> • 투명하고 연한 노란색을 띠며 시큼한 냄새가 난다.
> • 주전자에 생긴 하얀색 얼룩을 없애거나 음식을 만들 때 이용한다.

① 식초　② 탄산수
③ 석회수　④ 빨랫비누 물
⑤ 유리 세정제

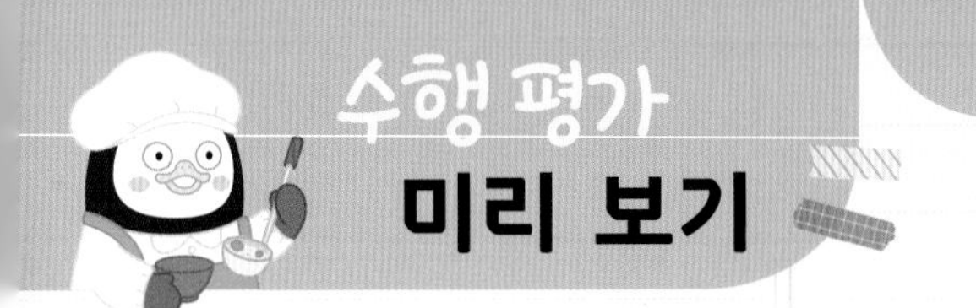

정답과 해설 37쪽

1

다음 리트머스 종이의 색깔 변화를 보고, 물음에 답하시오.

용액 (가)		용액 (나)	
푸른색 리트머스 종이를 붉은색으로 변하게 한다.	붉은색 리트머스 종이의 색깔을 변하게 하지 않는다.	붉은색 리트머스 종이를 푸른색으로 변하게 한다.	푸른색 리트머스 종이의 색깔을 변하게 하지 않는다.

(1) 위 용액 (가)와 (나)에 들어갈 알맞은 용액을 두 가지씩 쓰시오.

용액 (가)	용액 (나)

(2) 위 실험 결과를 보고 알 수 있는 용액 (가)와 (나)의 성질을 쓰시오.

2

다음은 묽은 염산과 묽은 수산화 나트륨 용액에 달걀 껍데기와 두부를 넣은 모습입니다. 물음에 답하시오.

㉠ 묽은 염산에 넣은 달걀 껍데기	㉡ 묽은 염산에 넣은 두부	㉢ 묽은 수산화 나트륨 용액에 넣은 달걀 껍데기	㉣ 묽은 수산화 나트륨 용액에 넣은 두부
묽은 염산 + 달걀 껍데기	묽은 염산 + 두부	묽은 수산화 나트륨 용액 + 달걀 껍데기	묽은 수산화 나트륨 용액 + 두부

(1) 위와 같이 묽은 염산과 묽은 수산화 나트륨 용액에 달걀 껍데기와 두부를 넣고 시간이 지난 뒤의 변화를 쓰시오.

㉠		㉡	
㉢		㉣	

(2) 위 (1)번 답을 보고 알 수 있는 산성 용액과 염기성 용액을 성질을 쓰시오.

MEMO

BOOK 1
개념책
BOOK 1 개념책으로
학습 개념을
확실하게 공부했나요?

BOOK 2
실전책
BOOK 2 실전책에는
요점 정리가 있어서
공부한 내용을 복습할 수 있어요!
단원 평가가 들어 있어
내 실력을 확인해 볼 수 있답니다.

EBS

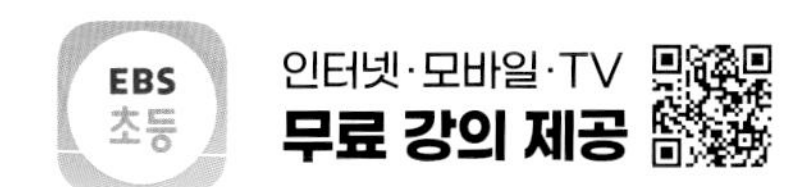

초 | 등 | 부 | 터 EBS

BOOK 2
실전책

예습·복습·숙제까지 해결되는 교과서 완전 학습서

만점왕

과학 5-2

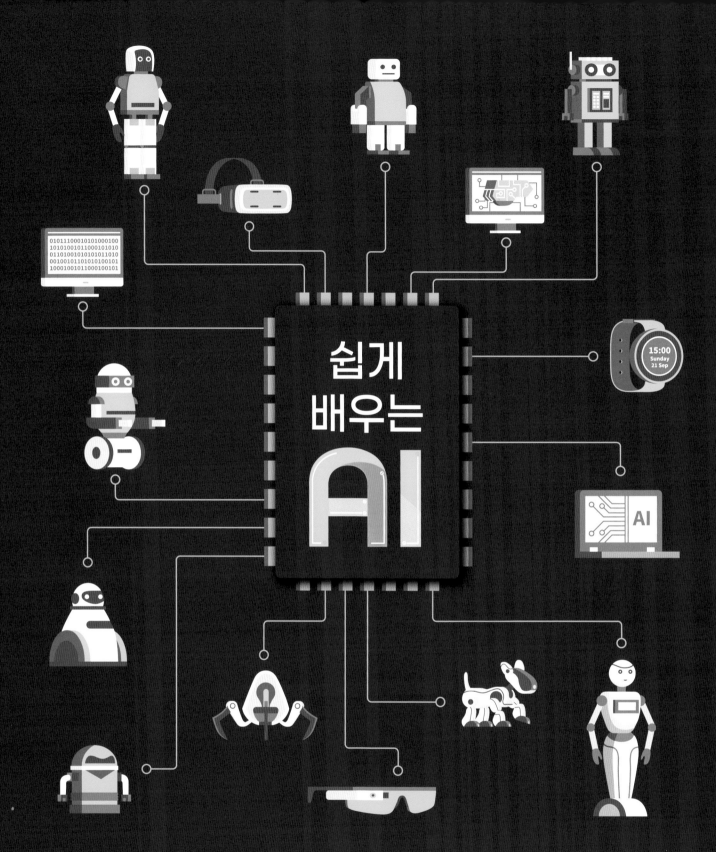

BOOK 2
실전책
만점왕
과학
5-2

자기 주도 활용 방법

시험 2주 전 공부

핵심을 복습하기

시험이 2주 남았네요. 이럴 땐 먼저 핵심을 복습해 보면 좋아요.

만점왕 북2 실전책을 펴 보면

각 단원별로 핵심 정리와 쪽지 시험이 있습니다.

정리된 핵심을 읽고 확인 문제를 풀어 보세요.

확인 문제가 어렵게 느껴지거나 자신 없는 부분이 있다면

북1 개념책을 찾아서 다시 읽어 보는 것도 도움이 돼요.

시험 1주 전 공부

시간을 정해 두고 연습하기

앗, 이제 시험이 일주일 밖에 남지 않았네요.

시험 직전에는 실제 시험처럼 시간을 정해 두고 문제를 푸는 연습을 하는 게 좋아요.

그러면 시험을 볼 때에 떨리는 마음이 줄어드니까요.

이때에는 **만점왕 북2의 중단원 확인 평가, 대단원 종합 평가,**

서술형·논술형 평가를 풀어 보면 돼요.

시험 시간에 맞게 풀어 본 후 맞힌 개수를 세어 보면

자신의 실력을 알아볼 수 있답니다.

이 책의 **차례**

CONTENTS

BOOK 2 실전책

* 1단원은 특별 단원이므로 문항은 출제되지 않습니다.

중단원 핵심 복습 2단원 (1)

❶ 생태계

- 생태계: 어떤 장소에서 살아가는 생물과 생물을 둘러싸고 있는 환경이 서로 영향을 주고받는 것
- 생태계는 학교 화단, 연못, 숲, 하천, 갯벌, 바다 등 종류와 규모가 다양함.

❷ 생태계의 구성 요소

생물 요소	살아 있는 것 예 동물, 식물 등
비생물 요소	살아 있지 않은 것 예 햇빛, 온도, 물, 흙, 공기 등

❸ 생물 요소의 분류

- 생물이 양분을 얻는 방법에 따라 생산자, 소비자, 분해자로 분류할 수 있음.
- 생물 요소의 분류

생산자	살아가는 데 필요한 양분을 스스로 만드는 생물 예 나무, 풀 등
소비자	다른 생물을 먹어 양분을 얻는 생물 예 수달, 왜가리, 붕어, 토끼, 개미 등
분해자	죽은 생물이나 생물의 배출물을 분해해 양분을 얻는 생물 예 버섯, 곰팡이, 세균 등

❹ 생산자나 분해자가 없어진다면 생태계에 일어날 수 있는 일

- 생산자가 없어진다면 생산자를 먹는 소비자는 먹이가 없어서 죽게 되고, 그 소비자를 먹는 다음 단계의 소비자도 먹이가 없어서 죽게 되어 결국 생태계의 모든 생물이 멸종하게 될 것임.
- 분해자가 없어진다면 죽은 생물과 생물의 배출물 등이 분해되지 않고 남아서 생태계가 죽은 생물과 생물의 배출물로 가득 차게 될 것임.

❺ 생물 요소와 비생물 요소 사이의 관계

- 지렁이는 그늘진 곳의 촉촉한 흙에서 살고, 지렁이의 배출물로 인해 흙이 비옥해짐.
- 명아주는 빛과 온도 등에 영향을 받으며 자라고, 노루는 명아주를 먹고 여우는 노루를 먹으며 살아감.
- 노루와 여우는 숨을 쉬기 위해 공기를 마시며 살아감.

➡ 생물 요소는 비생물 요소나 다른 생물 요소와 서로 영향을 주고받음.

❻ 생태계를 구성하는 생물의 먹이 관계

- 먹이 사슬: 생물의 먹이 관계가 사슬처럼 연결되어 있는 것

- 먹이 그물: 여러 개의 먹이 사슬이 얽혀 그물처럼 연결되어 있는 것

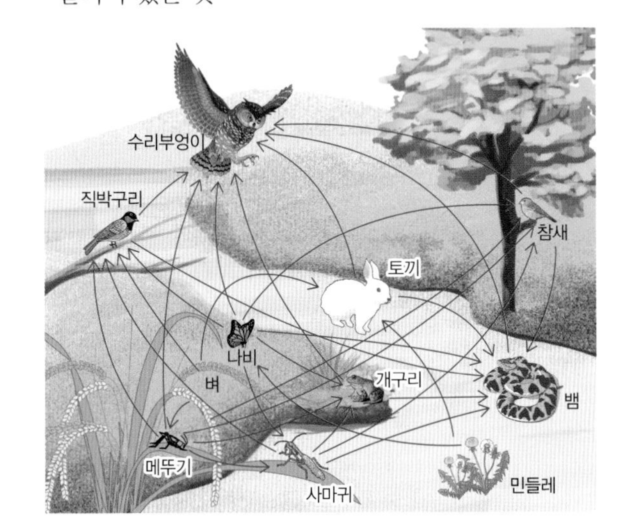

- 먹이 그물은 먹이 사슬보다 생태계에서 생물이 살아가기에 유리한 먹이 관계임. ➡ 먹이 한 종류의 수나 양이 줄어들어도 다른 종류의 먹이를 먹을 수 있어 영향을 덜 받기 때문임.

❼ 생태계 평형

- 생태계 평형: 생태계를 구성하고 있는 생물의 수 또는 양이 균형을 이루며 안정된 상태를 유지하는 것
- 특정한 생물의 수나 양이 갑자기 늘어나거나 줄어들면 생태계 평형이 깨지기도 함.

❽ 생태계 평형이 깨지는 원인

- 자연적인 원인: 가뭄, 홍수, 태풍, 지진, 산불 등 자연재해
- 인위적인 원인: 댐 · 도로 · 건물 건설, 환경 오염, 사람들의 무분별한 사냥 등 사람의 활동
- 생태계 평형이 깨지면 원래대로 회복하는 데 오랜 시간이 걸리고 많은 노력이 필요함.

중단원 쪽지 시험 2 (1) 생태계

정답과 해설 38쪽

01 어떤 장소에서 살아가는 생물과 생물을 둘러싸고 있는 환경이 서로 영향을 주고받는 것을 무엇이라고 합니까?

( )

02 생태계의 구성 요소 중 동물과 식물처럼 살아 있는 것을 (생물 요소 , 비생물 요소)라고 합니다.

03 생태계의 구성 요소 중 비생물 요소를 세 가지 쓰시오.

(, ,)

04 생물은 양분을 얻는 방법에 따라 ( ), 소비자, 분해자로 분류할 수 있습니다.

05 다람쥐, 강아지풀, 곰팡이 중 소비자는 어느 것입니까?

( )

06 만약 생태계에서 ( )이/가 없어진다면 죽은 생물과 생물의 배출물 등이 분해되지 않아서 우리 주변이 죽은 생물과 생물의 배출물로 가득 차게 될 것입니다.

07 동물이 숨을 쉬기 위해 공기를 마시는 것처럼 생태계를 구성하는 생물 요소와 ( )은/는 서로 영향을 주고받습니다.

08 생태계에서 생물의 먹이 관계가 사슬처럼 연결되어 있는 것을 무엇이라고 합니까?

( )

09 실제 생태계에서 생물의 먹이 관계는 한 줄로 연결된 (먹이 사슬 , 먹이 그물)이 여러 개 얽혀 있는 (먹이 사슬 , 먹이 그물) 형태로 나타납니다.

10 먹이 사슬과 먹이 그물 중 생태계에서 생물이 살아가기에 유리한 먹이 관계는 어느 것입니까?

( )

11 생태계에서 특정한 생물의 수나 양이 갑자기 늘어나거나 줄어들면 ( )이/가 깨집니다.

12 생태계 평형이 깨지는 인위적인 원인을 한 가지 쓰시오.

( )

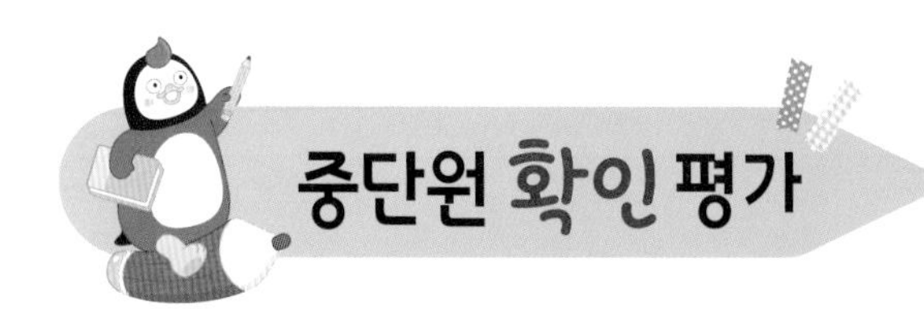

중단원 확인 평가

[01~02] 다음 그림을 보고, 물음에 답하시오.

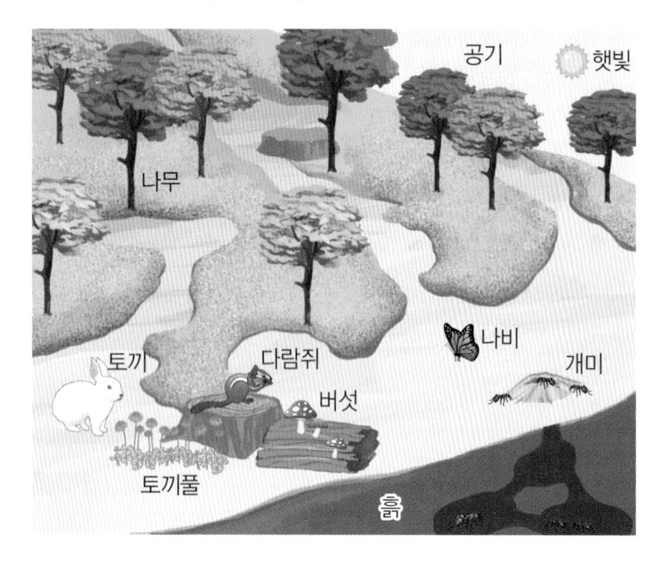

01 위 그림에 대한 설명입니다. (　　) 안에 공통으로 들어갈 알맞은 말을 쓰시오.

- 숲 (　　　　)의 모습을 나타낸 것이다.
- (　　　　)은/는 어떤 장소에서 살아가는 생물과 생물을 둘러싸고 있는 환경이 서로 영향을 주고받는 것을 말한다.

(　　　　　　　　)

02 위 그림에서 생물 요소를 세 가지 골라 쓰시오.

(　　　　　　　　　　　　　　　)

03 비생물 요소가 아닌 것은 어느 것입니까? (　　)

① 물　② 흙　③ 온도　④ 세균　⑤ 공기

중요
04 다음 생물을 양분을 얻는 방법에 따라 분류하여 바르게 선으로 연결하시오.

(1) 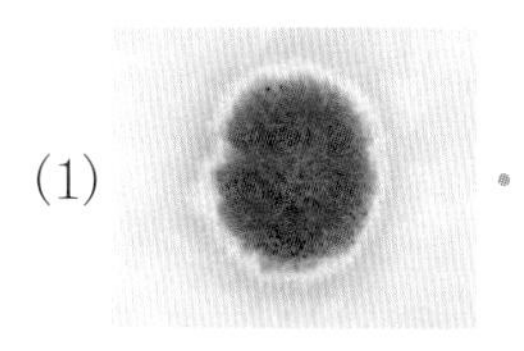
▲ 곰팡이
• 　• ㉠ 생산자

(2) 
▲ 두더지
• 　• ㉡ 소비자

(3) 
▲ 민들레
• 　• ㉢ 분해자

05 버섯에 대한 설명으로 옳은 것은 어느 것입니까? (　　)

① 스스로 양분을 만든다.
② 양분이 없어도 살아갈 수 있다.
③ 작은 곤충을 먹어 양분을 얻는다.
④ 뿌리를 이용해 흙에서 양분을 흡수한다.
⑤ 죽은 생물이나 생물의 배출물을 분해해 양분을 얻는다.

06 다음 (　　) 안에 공통으로 들어갈 알맞은 말을 쓰시오.

만약 생태계에서 (　　　　)이/가 없어진다면 (　　　　)을/를 먹는 소비자는 먹이가 없어서 죽게 되고, 그 소비자를 먹는 다음 단계의 소비자도 먹이가 없어서 죽게 될 것이다.

(　　　　　　　　)

07 생태계를 구성하는 생물 요소와 비생물 요소 사이의 관계에 대한 설명으로 옳지 않은 것은 어느 것입니까? (　　)

① 지렁이는 촉촉한 흙에서 산다.
② 낙엽은 썩어서 흙을 비옥하게 한다.
③ 여우는 숨을 쉬기 위해 공기를 마신다.
④ 명아주는 빛과 온도 등에 영향을 받는다.
⑤ 생물 요소는 비생물 요소의 영향을 크게 받지 않는다.

08 먹이 사슬을 잘못 나타낸 것은 어느 것입니까? (　　)

① 벼 → 메뚜기 → 개구리 → 뱀
② 벼 → 메뚜기 → 직박구리 → 뱀
③ 벼 → 메뚜기 → 참새 → 수리부엉이
④ 벼 → 개구리 → 다람쥐 → 수리부엉이
⑤ 벼 → 메뚜기 → 개구리 → 수리부엉이

중요
09 다음 생물의 먹이 관계에 대한 설명으로 옳은 것은 어느 것입니까? (　　)

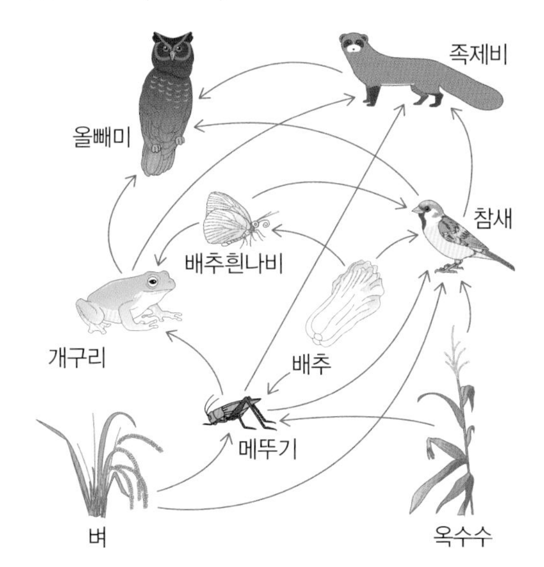

① 먹이 사슬을 나타낸 것이다.
② 소비자는 한 종류의 생물만 먹는다.
③ 생산자는 다양한 종류의 생물을 먹는다.
④ 생물의 먹이 관계가 그물처럼 복잡하다.
⑤ 생태계에서 생물이 살아가기에 불리한 먹이 관계이다.

10 생태계를 구성하고 있는 생물의 수 또는 양이 균형을 이루며 안정된 상태를 유지하는 것을 무엇이라고 하는지 쓰시오.

(　　　　　　　　　　)

11 다음 지역에 토끼의 수가 갑자기 늘어났을 경우에 일어날 수 있는 일로 옳은 것은 어느 것입니까? (　　)

① 토끼의 수에 맞추어 토끼풀의 양도 늘어난다.
② 토끼의 먹이가 되는 토끼풀의 양이 줄어든다.
③ 토끼를 먹는 여우의 수가 일시적으로 줄어든다.
④ 토끼의 수가 늘어나도 토끼풀의 양에 영향을 미치지 않는다.
⑤ 토끼의 먹이가 되는 토끼풀의 양과 토끼를 먹는 여우의 수가 동시에 늘어난다.

12 먹고 먹히는 관계에 있는 생물의 종류와 수가 균형을 이루어야 생물이 안정된 상태를 유지할 수 있는데, 이를 깨뜨리는 원인으로 옳은 것을 보기 에서 모두 골라 기호를 쓰시오.

보기
㉠ 지진과 산불
㉡ 홍수와 태풍
㉢ 생물의 복잡한 먹이 관계
㉣ 사람들의 활동으로 생기는 환경 오염

(　　　　　　　　　　)

❶ 햇빛, 물, 온도가 콩나물의 자람에 미치는 영향

햇빛이 잘 드는 곳에 둔 콩나물	
물을 준 것	물을 주지 않은 것
떡잎과 떡잎 아래 몸통이 초록색으로 변했고, 떡잎 아래 몸통이 길어지고 굵어졌음.	떡잎이 연두색으로 변했고, 떡잎 아래 몸통이 가늘어지고 시들었음.

어둠상자로 덮어 놓은 콩나물	
물을 준 것	물을 주지 않은 것
떡잎이 그대로 노란색이고, 떡잎 아래 몸통이 길게 자랐음.	떡잎이 그대로 노란색이고, 떡잎 아래 몸통이 매우 가늘어지고 시들었음.

어둠상자로 덮고 온도를 다르게 한 콩나물	
실온에 두고 물을 준 것	냉장고에 두고 물을 준 것
떡잎이 그대로 노란색이고, 떡잎 아래 몸통이 길게 자랐음.	떡잎의 대부분이 노란색이고, 떡잎 아래 몸통이 거의 자라지 않았음.

➡ 콩나물이 자라는 데 햇빛, 물, 알맞은 온도가 필요함.

❷ 비생물 요소가 생물에 미치는 영향

햇빛	• 식물이 양분을 만들고, 동물이 성장하며 생활하는 데 필요함. • 식물의 꽃 피는 시기와 동물의 번식 시기에 영향을 줌.
물	• 생물이 생명을 유지하는 데 필요함. • 식물은 물이 없으면 말라 죽고, 물고기는 물이 없으면 살 수 없음.
온도	• 개와 고양이가 털갈이를 함. • 나뭇잎에 단풍이 들고 낙엽이 짐.

❸ 생물의 적응

• 적응: 생물이 오랜 기간에 걸쳐 서식지의 환경에 알맞은 생김새와 생활 방식을 갖게 되는 것

• 생물은 서식지 환경에 적응해 현재와 같은 생김새와 생활 방식 등을 갖게 됨.

선인장	가시 모양의 잎과 굵은 줄기는 물이 부족한 환경에 적응한 결과임.
북극곰	두꺼운 털과 지방층은 추운 극지방 환경에 적응한 결과임.
박쥐	초음파를 들을 수 있는 귀는 어두운 동굴 환경에 적응한 결과임.
수리부엉이	큰 눈과 발달된 시력은 빛이 적어도 잘 볼 수 있도록 적응한 결과임.
대벌레	나뭇가지를 닮은 생김새는 나뭇가지가 많은 주변 환경에 적응한 결과임.
개구리	겨울잠을 자는 행동은 먹이를 구하기 힘든 추운 겨울을 지내기 유리하게 적응한 결과임.

❹ 환경 오염의 원인과 환경 오염이 생물에 미치는 영향

• 환경 오염: 사람의 활동으로 자연환경이나 생활 환경이 훼손되는 현상

• 환경 오염의 종류와 원인 및 생물에 미치는 영향

종류	원인	생물에 미치는 영향
대기 오염	공장이나 자동차의 매연, 쓰레기를 태울 때 나오는 연기 등	동물의 호흡 기관에 이상이 생기거나 병에 걸림.
수질 오염	공장 폐수, 가정의 생활 하수, 바다에서의 기름 유출 사고 등	물에서 악취가 나며, 물고기가 죽거나 모습이 이상해지기도 함.
토양 오염	땅에 묻은 쓰레기, 농약이나 비료의 지나친 사용 등	토양에서 악취가 나며, 농작물이 피해를 입음.

➡ 환경 오염으로 인해 생물의 수나 종류가 줄어들고, 생물이 사는 곳이 감소해 생태계가 파괴됨.

❺ 생태계 보전을 위해 우리가 할 수 있는 일

• 생태계 보전: 원래 상태의 생태계를 온전하게 보호하고 유지하는 것

• 훼손된 생태계를 원래대로 복원하려면 오랜 시간과 많은 노력이 필요함.

• 생태계 보전을 위해 일상생활에서 할 수 있는 일을 실천하도록 노력해야 함.

비닐봉지 등 일회용품 사용을 줄임.

자동차 대신 대중교통을 이용함.

쓰레기를 분리배출함.

정답과 해설 39쪽

01 물이 콩나물의 자람에 미치는 영향을 알아보는 실험을 할 때 다르게 할 조건은 (콩나물이 받는 햇빛의 양 , 콩나물에 주는 물의 양)입니다.

02 콩나물의 자람에 영향을 미치는 비생물 요소를 알아보기 위해 콩나물이 담긴 페트병 한 개는 그대로 두고 다른 한 개는 어둠상자로 덮었습니다. 어떤 비생물 요소의 영향을 알아보려는 것입니까?

( )

03 햇빛이 잘 드는 곳에 놓아두고 물을 준 콩나물은 떡잎과 떡잎 아래 몸통이 어떤 색깔로 변합니까?

( )

04 식물의 꽃 피는 시기와 동물의 번식 시기에 영향을 미치는 비생물 요소는 무엇입니까?

( )

05 개와 고양이의 털갈이에 영향을 미치는 비생물 요소는 무엇입니까?

( )

06 생물이 오랜 기간에 걸쳐 서식지의 환경에 알맞은 생김새와 생활 방식을 갖게 되는 것을 무엇이라고 합니까?

( )

07 겨울이 되어 온도가 내려가 활동하거나 먹이를 구하기 힘들어지면 곰, 뱀, 개구리 등은 ( )을/를 잡니다.

08 사막과 같이 건조한 지역에서 살아가는 선인장의 잎은 수분 손실을 줄이기 위해 어떤 모양으로 적응하였습니까?

( )

09 사람의 활동으로 자연환경이나 생활 환경이 훼손되는 현상을 무엇이라고 합니까?

( )

10 공장이나 자동차의 매연이 직접적인 원인이 되어 발생하는 환경 오염은 무엇입니까?

( )

11 (땅에 묻은 , 분리배출한) 쓰레기 때문에 토양이 오염되고 악취가 납니다.

12 생태계를 보전하기 위해 (자동차 , 자전거) 대신 대중교통을 이용하도록 합니다.

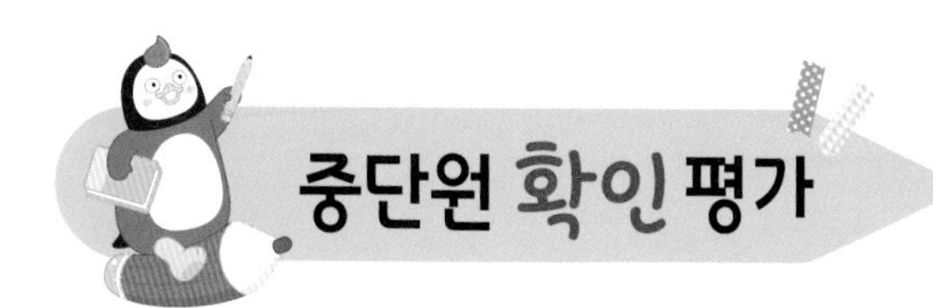

중단원 확인 평가

[01~03] 다음은 비생물 요소가 콩나물의 자람에 미치는 영향을 알아보는 실험입니다. 물음에 답하시오.

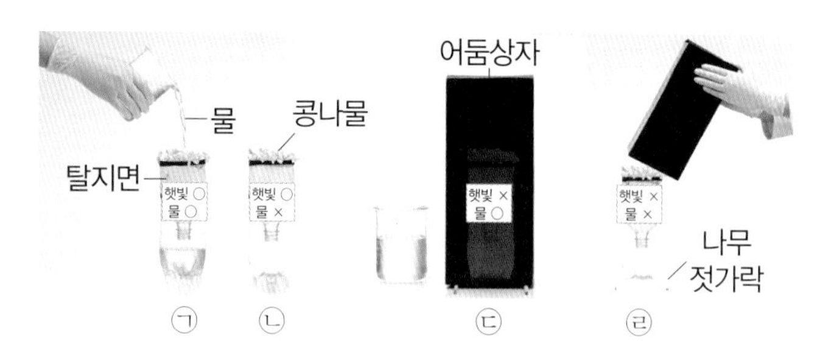

01 위 실험을 할 때 주의할 점으로 옳지 않은 것은 어느 것입니까? (　　)

① 비슷한 굵기와 길이의 콩나물을 준비한다.
② 콩나물이 자라는 모습을 일주일 이상 관찰한다.
③ ㉠과 ㉡은 콩나물이 받는 햇빛의 양을 다르게 한다.
④ 콩나물을 기르는 페트병의 크기는 같게 해야 한다.
⑤ ㉢과 ㉣에서 바닥에 나무젓가락을 놓고 어둠상자를 덮어 공기가 드나들 수 있도록 한다.

02 위 실험 결과, 일주일 뒤에 관찰했을 때 떡잎과 떡잎 아래 몸통이 초록색으로 변하고, 떡잎 아래 몸통이 길어지며 굵어지는 콩나물을 골라 기호를 쓰시오.

(　　　　　　)

중요
03 위 실험을 통해 알 수 있는 사실을 정리한 것입니다. (　) 안에 들어갈 알맞은 말을 쓰시오.

> 콩나물이 자라는 데에는 비생물 요소인 (㈎)과/와 (㈏)이/가 필요하다.

㈎ (　　　　　), ㈏ (　　　　　)

04 다음과 같이 생물의 생활 방식에 영향을 미치는 비생물 요소는 어느 것입니까? (　　)

> 계절에 따라 철새는 먹이를 구하거나 살기에 적당한 곳을 찾아 먼 거리를 이동한다.

① 물　② 흙
③ 온도　④ 햇빛
⑤ 공기

05 황토색의 마른풀과 회색 돌로 덮여 있는 춥고 건조한 지역에 적응하여 살아가는 여우를 찾아 ○표 하시오.

(1)

(2)

(3)

(　　　)　(　　　)　(　　　)

중요
06 물이 부족하고 건조한 환경에서 살아가기에 유리하게 적응한 생물은 어느 것입니까? (　　)

①

▲ 나비

②

▲ 박쥐

③

▲ 북극곰

④

▲ 선인장

⑤

▲ 개구리

07 추운 환경에 적응한 생물의 특징으로 옳은 것은 어느 것입니까? (　　　)

① 사막여우의 커다란 귀
② 북극곰의 두꺼운 지방층
③ 대벌레의 나뭇가지를 닮은 생김새
④ 독수리의 튼튼한 갈고리 모양의 부리
⑤ 부레옥잠의 잎자루에 있는 공기 주머니

08 다음 두 생물이 환경에 적응하며 살아가는 공통적인 특징으로 옳은 것은 어느 것입니까? (　　　)

▲ 고슴도치

▲ 공벌레

① 겨울이 오기 전에 털갈이를 한다.
② 몸을 보호하기 위해 가시로 덮여 있다.
③ 시력은 나쁘지만 초음파를 들을 수 있다.
④ 위협을 느끼면 몸을 둥글게 말아 보호한다.
⑤ 적을 만나면 빨리 도망가기 위해 다리가 무수히 많이 달려 있다.

09 대기 오염을 일으키는 직접적인 원인으로 옳은 것을 보기 에서 모두 골라 기호를 쓰시오.

보기

㉠ 땅에 묻은 쓰레기
㉡ 공장에서 나오는 매연
㉢ 바다에 떠다니는 플라스틱병
㉣ 쓰레기를 태울 때 나오는 여러 가지 기체

(　　　　　　　　　　)

10 다음에서 설명하는 환경 오염의 종류를 쓰시오.

기름을 운반하는 배의 사고로 유출된 기름이 바다 표면을 뒤덮으면서 바닷물이 더러워지고 바닷물 속 산소의 양이 줄어들게 되어 김, 바지락, 어패류 등이 죽을 수 있다. 또 생물의 몸이 기름으로 뒤덮여 생물의 체온이 내려가거나 피부병 등이 생긴다.

(　　　　　　　　　　)

중요

11 환경 오염이 생물에 미치는 영향에 대한 설명으로 옳지 않은 것은 어느 것입니까? (　　　)

① 땅속에 묻은 쓰레기로 악취가 심하게 난다.
② 오염된 환경으로 생물의 서식지가 파괴된다.
③ 자동차의 매연은 식물의 성장에 피해를 준다.
④ 미세먼지로 인해 동물의 호흡 기관에 병이 생긴다.
⑤ 바다로 떠내려간 쓰레기는 해양 동물의 좋은 먹이가 된다.

12 생태계 보전을 위한 행동으로 옳지 않은 것을 두 가지 고르시오. (　　　,　　　)

① 쓰레기 분리배출하기
② 일회용품을 많이 사용하기
③ 생태계 보전을 위한 법 만들기
④ 가까운 거리는 자동차를 이용하기
⑤ 낮에는 전등을 끄고 자연광으로 생활하기

대단원 종합 평가

정답과 해설 40쪽

중요

01 생태계에 대한 설명으로 옳은 것은 어느 것입니까? (　　)

① 화단과 같은 곳은 생태계라고 할 수 없다.
② 지구는 하나의 커다란 생태계라고 할 수 있다.
③ 사람을 제외한 모든 생물은 생태계의 구성 요소이다.
④ 어항 같이 사람이 만든 환경은 생태계라고 할 수 없다.
⑤ 생태계의 구성 요소인 생물 요소와 비생물 요소는 서로 영향을 주고받지 않는다.

02 하천 생태계의 구성 요소로 알맞지 않은 것은 어느 것입니까? (　　)

① 물　② 메기
③ 햇빛　④ 올빼미
⑤ 검정말

03 다음과 같이 숲 생태계의 구성 요소를 분류할 때, 분류 기준으로 알맞은 것은 어느 것입니까? (　　)

토끼, 토끼풀, 노루, 여우, 버섯, 나비	햇빛, 공기, 물, 흙, 온도

① 동물과 식물
② 잡아먹는 것과 잡아먹히는 것
③ 살아 있는 것과 살아 있지 않은 것
④ 땅 위에 있는 것과 땅 속에 있는 것
⑤ 눈에 보이는 것과 눈에 보이지 않는 것

04 생물 요소를 생산자, 소비자, 분해자로 분류할 때, 분류 기준은 무엇인지 쓰시오.

(　　　　　　　　)

05 생태계의 생물 요소를 생산자, 소비자, 분해자로 바르게 분류한 것은 어느 것입니까? (　　)

	생산자	소비자	분해자
①	버섯	떡갈나무	다람쥐
②	명아주	노루	여우
③	명아주	토끼	세균
④	명아주	노루	떡갈나무
⑤	다람쥐	명아주	버섯

06 다음 생물들이 생태계에서 공통으로 하는 일에 대한 설명으로 옳은 것은 어느 것입니까? (　　)

▲ 세균

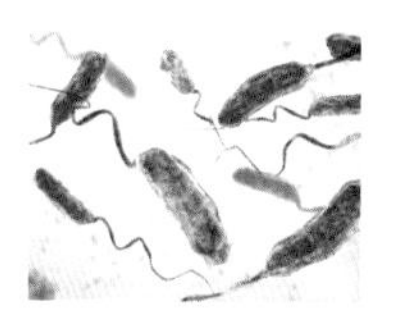
▲ 곰팡이

▲ 버섯

① 동물의 먹이가 되어 준다.
② 신선한 공기를 만들어 준다.
③ 식물의 꽃 피는 시기에 영향을 준다.
④ 죽은 생물과 생물의 배출물을 분해한다.
⑤ 스스로 양분을 만들어 다른 생물에게 제공한다.

07 다음 글로 알 수 있는 생태계의 특징으로 옳은 것은 어느 것입니까? (　　)

> 가을이 되면 낙엽이 지고, 떨어진 낙엽은 썩어서 흙을 비옥하게 한다.

① 생물 요소끼리 서로 영향을 주고받는다.
② 비생물 요소끼리 서로 영향을 주고받는다.
③ 생물 요소만 비생물 요소에게 영향을 준다.
④ 비생물 요소는 생물 요소에게 영향을 주지 않는다.
⑤ 생물 요소와 비생물 요소는 서로 영향을 주고받는다.

[08~09] 다음은 생태계에서 생물의 먹이 관계를 나타낸 것입니다. 물음에 답하시오.

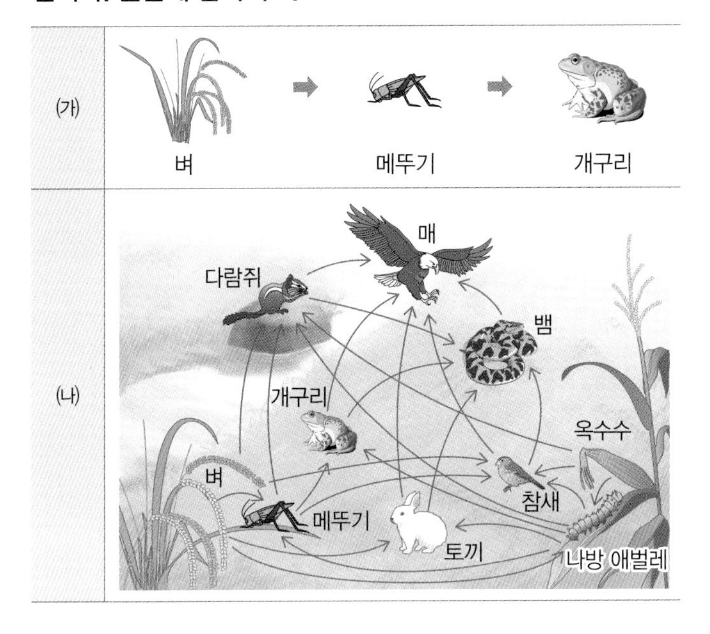

08 위 (가)와 (나) 중 먹이 사슬을 골라 기호를 쓰시오.

( )

중요

09 위 (나)에 대한 설명으로 옳지 않은 것을 보기 에서 골라 기호를 쓰시오.

보기

㉠ 벼는 여러 생물에게 먹힌다.
㉡ 참새는 나방 애벌레만 먹는다.
㉢ 먹이 관계가 그물처럼 얽혀 있다.
㉣ 뱀의 먹이가 되는 생물은 다양하다.

( )

10 생태계 평형이 깨지는 원인을 모두 골라 ○표 하시오.

지진	산불	햇빛
가뭄	댐 건설	계절의 변화

11 다음 어느 국립 공원의 생물 이야기에 대한 설명으로 옳은 것에 ○표, 옳지 않은 것에 ×표 하시오.

어느 국립 공원에 사는 늑대는 주로 강가에 풀과 나무를 먹으러 오는 사슴을 잡아먹고 살았다. 그런데 사람들이 마구잡이로 늑대를 사냥하기 시작했다. 1926년 무렵에는 국립 공원에 늑대가 모두 없어졌다. 늑대가 없어진 뒤 사슴의 수는 빠르게 늘어났고, 강가의 풀과 나무가 제대로 자라지 못했다. 1995년 사람들은 늑대를 다시 국립 공원에 살게 했다. 늑대가 다시 나타난 뒤 사슴의 수는 점차 줄어들었고, 강가의 풀과 나무는 다시 자랐다.

(1) 사람들의 무분별한 늑대 사냥으로 생태계 평형이 깨졌다. ( )
(2) 생태계 평형이 깨지면 원래대로 회복하는 데 오랜 시간이 걸린다. ( )
(3) 늑대를 다시 국립 공원에 살게 하지 않았다면, 사슴의 수는 끊임없이 늘어났을 것이다. ( )

[12~13] 오른쪽은 탈지면으로 감싼 콩나물을 페트병에 담아 바닥에 나무젓가락을 놓고 어둠상자로 덮은 후, 햇빛이 잘 드는 곳에 놓아둔 모습입니다. 물음에 답하시오.

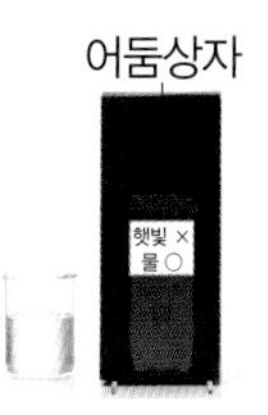

12 위 콩나물에 일주일 동안 물을 주고 관찰한 결과로 옳은 것은 어느 것입니까? ( )

① 콩나물이 자라지 않았다.
② 떡잎이 초록색으로 변했다.
③ 떡잎 아래 몸통이 길게 자랐다.
④ 떡잎의 대부분에 검은색 반점이 생겼다.
⑤ 떡잎 아래 몸통이 연두색으로 변하고 굵어졌다.

13 위 콩나물에 덮어 두었던 어둠상자를 일주일 뒤에 벗기고 물을 자주 주었습니다. 다시 일주일이 지난 뒤 관찰한 콩나물의 떡잎 색깔을 쓰시오.

( )

중요 14 다음 두 현상에 공통으로 영향을 미치는 비생물 요소를 쓰시오.

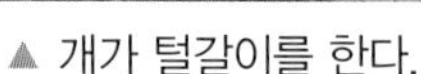

▲ 개가 털갈이를 한다.

▲ 나뭇잎에 단풍이 든다.

( )

15 사막에서 살아가기에 유리한 생물의 생김새로 옳은 것은 어느 것입니까? ( )

① 하얀색 털
② 매우 큰 몸집
③ 발가락 사이의 물갈퀴
④ 물을 저장하는 두꺼운 줄기
⑤ 주변의 풀과 비슷한 몸 색깔

16 춥고 눈이 많은 환경에 적응한 북극곰의 특징으로 옳지 않은 것을 모두 고르시오. (,)

① 하얀색 털
② 예리한 발톱
③ 두껍고 따뜻한 털
④ 몸통과 머리에 비해 비교적 큰 귀
⑤ 온몸을 감싸고 있는 두꺼운 지방층

17 다음은 사는 곳의 환경에 적응한 어떤 생물의 생활 방식입니다. 이 생물로 옳은 것은 어느 것입니까? ( )

> 빛이 없는 어두운 동굴에 살아 시력이 나쁘지만, 초음파를 들을 수 있는 귀가 발달해 있어 어두운 동굴에서도 먹잇감을 찾아내며 빠르게 날아다닐 수 있다.

① 철새 ② 박쥐 ③ 공벌레
④ 돌고래 ⑤ 대벌레

18 다음 ( ) 안에 공통으로 들어갈 비생물 요소는 무엇인지 쓰시오.

> • 가정의 생활 하수로 인해 ( )이/가 오염된다.
> • 물고기가 오염된 ( )을/를 먹고 죽거나 모습이 이상해지기도 한다.

( )

19 땅에 묻은 쓰레기와 환경의 관계를 잘못 말한 사람의 이름을 쓰시오.

> • 수정: 땅에 묻은 쓰레기로 인해 토양이 오염돼.
> • 민석: 쓰레기를 줄이기 위해 일회용품을 사용해야 해.
> • 진우: 토양이 오염되어 나쁜 냄새가 심하게 나기도 해.

( )

중요 20 생태계 보전을 위한 노력으로 옳은 것은 어느 것입니까? ( )

① 못 쓰게 된 그물은 바다에 버린다.
② 다 쓰고 난 농약통은 땅에 묻는다.
③ 공장의 매연은 사람들이 자는 밤에 내보낸다.
④ 설거지를 할 때에는 합성 세제를 많이 사용한다.
⑤ 음식을 만들 때에는 먹을 만큼만 만들어 남기지 않는다.

서술형·논술형 평가 2단원

정답과 해설 41쪽

01 다음 생물 요소를 보고, 물음에 답하시오.

㉠ 

㉡ 

㉢ 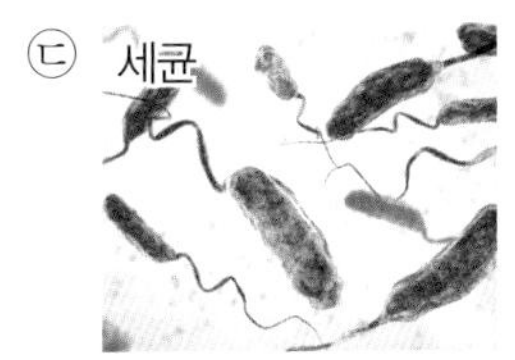

㉣ 

(1) 위 생물 요소를 생산자, 소비자, 분해자로 분류하여 기호를 쓰시오.

생산자	소비자	분해자

(2) 분해자가 양분을 얻는 방법을 쓰시오.

02 다음은 생태계에서 생물의 먹이 관계를 나타낸 것입니다. 이 생태계에서 토끼의 수가 줄어들어도 수리부엉이가 살아갈 수 있는 까닭을 쓰시오.

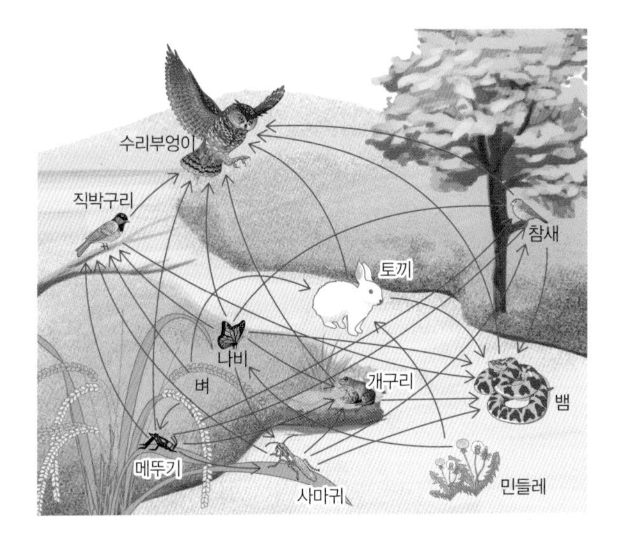

03 다음과 같이 조건을 다르게 하여 콩나물이 자라는 모습을 일주일 동안 관찰하였습니다. 물음에 답하시오.

> ㉠ 햇빛이 잘 드는 곳에 두고 물을 준 것
> ㉡ 햇빛이 잘 드는 곳에 두고 물을 주지 않은 것
> ㉢ 어둠상자로 덮고 물을 준 것
> ㉣ 어둠상자로 덮고 물을 주지 않은 것
> ㉤ 어둠상자로 덮어 냉장고에 두고 물을 준 것

(1) 위의 콩나물 중 떡잎이 그대로 노란색이고, 떡잎 아래 몸통이 길게 자라는 것을 골라 기호를 쓰시오.

( )

(2) 위 실험 결과를 통해 알 수 있는 사실을 쓰시오.

04 다음과 같이 가까운 거리를 이동할 때 자동차가 아닌 자전거를 이용하는 것이 생태계를 보전하는 데 어떤 도움을 줄 수 있는지 다음 낱말을 모두 사용하여 쓰시오.

> 매연　　　대기 오염

중단원 핵심 복습 3단원 (1)

❶ 습도

- 습도: 공기 중에 수증기가 포함되어 있는 정도
- 건습구 습도계로 습도 측정하기: 건구 온도와 습구 온도를 측정하여 현재 습도를 구함.

건구 온도계 / 스탠드 / 습구 온도계 / 헝겊

- 습도표 읽는 방법

㉮ 건구 온도가 23 ℃, 습구 온도가 20 ℃일 때

(단위: %)

건구 온도 (℃)	건구 온도와 습구 온도의 차(℃)			
	0	1	2	3
21	100	91	83	75
22	100	92	83	75
23	100	92	84	76
24	100	92	84	77

① 세로줄에서 건구 온도를 찾음.
② 가로줄에서 건구 온도와 습구 온도의 차 (23 ℃−20 ℃=3 ℃)를 찾음.
③ ①과 ②가 만나는 지점이 현재 습도(76 %)임.

❷ 습도가 우리 생활에 미치는 영향

- 습도가 높을 때: 세균이나 곰팡이가 자라기 쉽고, 음식물이 쉽게 상하며, 빨래가 잘 마르지 않음.
- 습도가 낮을 때: 피부가 쉽게 건조해지고, 산불이 발생하기 쉬우며, 감기 같은 호흡기 질환이 생기기도 함.
- 습도를 조절하는 방법

습도가 높을 때	습도가 낮을 때
• 제습기나 에어컨 사용하기 • 옷장이나 신발장 속에 습기 제거제 넣어두기 • 마른 숯을 실내에 놓아두기	• 가습기 사용하기 • 젖은 수건이나 빨래 널어두기 • 물이나 차 끓이기

❸ 이슬, 안개, 구름

- 이슬: 공기 중의 수증기가 차가워진 물체 표면에 응결해 물방울로 맺혀 있는 것
- 이슬 발생 실험

실험 방법	물기가 없는 집기병에 물과 조각 얼음을 $\frac{1}{2}$ 정도 넣기 → 집기병 표면을 마른 수건으로 닦기
실험 결과	집기병 밖의 수증기가 집기병의 표면에서 응결하여 물방울로 맺힘.

- 안개: 지표면 가까이에 있는 공기 중의 수증기가 응결해 작은 물방울로 떠 있는 것
- 안개 발생 실험

실험 방법	집기병에 뜨거운 물을 넣어 집기병을 데운 뒤 물 버리기 → 불을 붙인 향을 집기병에 넣었다 빼기 → 조각 얼음이 담긴 페트리 접시를 집기병 위에 올려놓기
실험 결과	집기병 안의 따뜻한 수증기가 페트리 접시 위의 조각 얼음 때문에 응결해 집기병 안이 뿌옇게 흐려짐.

- 구름: 공기 중의 수증기가 응결해 작은 물방울이나 작은 얼음 알갱이가 되어 하늘에 떠 있는 것

❹ 이슬, 안개, 구름의 공통점과 차이점

구분	이슬	안개	구름
공통점	공기 중의 수증기가 응결해 나타나는 현상		
차이점	공기 중의 수증기가 차가워진 풀잎 같은 물체 표면에 응결해 생김.	지표면 근처의 공기가 차가워지면서 공기 중의 수증기가 응결해 생김.	공기가 하늘로 올라가면서 차가워져서 공기 중의 수증기가 응결해 생김.

❺ 비, 눈

- 비: 구름 속 작은 물방울이 합쳐지면서 커지고 무거워져 떨어지거나, 크고 무거워진 얼음 알갱이가 녹아서 떨어지는 것
- 비가 내리는 과정 모형실험

실험 방법	투명한 플라스틱 원통에 스펀지를 올려놓기 → 작은 물방울이 흩뿌려지듯 나오도록 조절한 분무기로 물을 계속 뿌리기
실험 결과	• 물방울이 스펀지 구멍에 모여서 합쳐짐. • 스펀지 구멍에서 합쳐지면서 커진 물방울이 아래로 떨어짐. 분무기

➡ 스펀지에서 나타나는 현상은 자연에서 구름이고, 원통 안에서 나타나는 현상은 자연에서 비가 내리는 것임.

- 눈: 구름 속 작은 얼음 알갱이가 커지면서 무거워져 떨어질 때 녹지 않은 채로 떨어지는 것

정답과 해설 42쪽

01 공기 중에 수증기가 포함되어 있는 정도를 무엇이라고 합니까?

( )

02 온도계 두 개 중 하나는 건구 온도계로, 다른 하나는 습구 온도계로 설치하여 물이 증발하는 것을 이용하여 습도를 측정하는 장치를 무엇이라고 합니까?

( )

03 습도가 (높을 , 낮을) 때에 빨래가 잘 마릅니다.

04 세균이나 곰팡이가 자라기 쉬운 상태는 습도가 높을 때와 습도가 낮을 때 중 어느 때입니까?

( )

05 습도가 높을 때 (가습기 , 제습기)를 사용하여 습도를 적당하게 조절합니다.

06 공기 중의 수증기가 차가워진 물체 표면에 응결해 물방울로 맺혀 있는 것을 무엇이라고 합니까?

( )

07 나뭇가지나 풀잎 표면, 거미줄 등에 이슬이 맺혀 있는 모습을 주로 볼 수 있는 때는 (이른 아침 , 한낮)입니다.

08 안개는 지표면 가까이에 있는 공기 중의 수증기가 ( )해 작은 물방울로 떠 있는 것입니다.

09 구름이 만들어지는 위치는 (지표면 근처 , 하늘)입니다.

10 이슬, 안개, 구름이 만들어지는 과정의 공통점은 공기 중 수증기의 (증발 , 응결)입니다.

11 투명한 플라스틱 원통에 스펀지를 올려놓고 작은 물방울이 흩뿌려지듯 나오도록 조절한 분무기로 물을 계속 뿌렸을 때 원통 안에서 나타나는 현상은 자연에서 무엇을 나타냅니까?

( )

12 구름 속 작은 얼음 알갱이가 커지면서 무거워져 떨어질 때 녹지 않은 채로 떨어지는 것을 무엇이라고 합니까?

( )

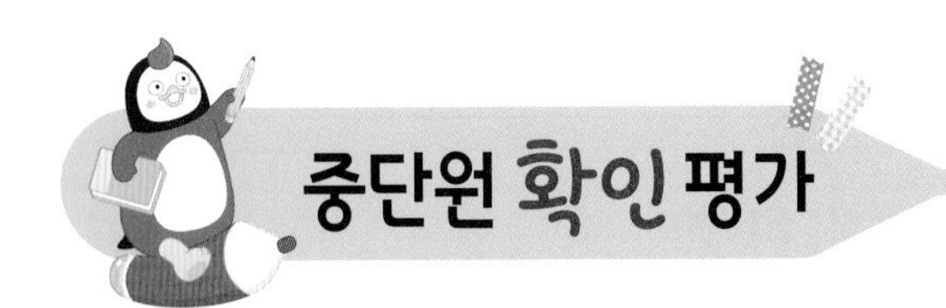

01 다음 (　　) 안에 들어갈 알맞은 말을 쓰시오.

> 공기 중에 (　　　　)이/가 포함되어 있는 정도를 습도라고 한다.

(　　　　　　　　　　　　)

[02~03] 다음은 습도를 측정하는 건습구 습도계입니다. 물음에 답하시오.

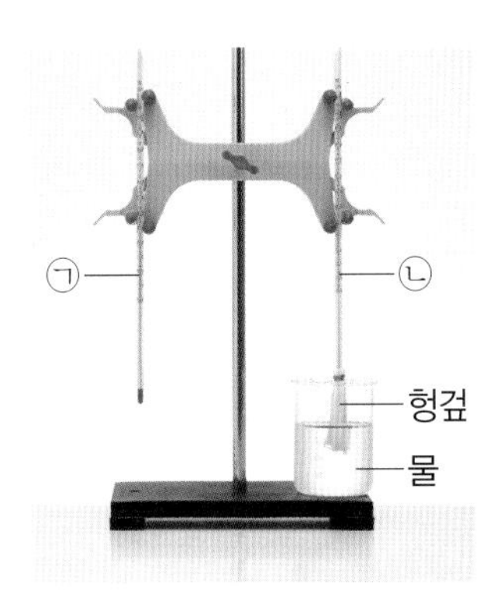

02 위 ㉠과 ㉡ 중 습구 온도계에 해당하는 것을 골라 기호를 쓰시오.

(　　　　　　　　　　　　)

03 위 건습구 습도계로 측정한 건구 온도가 14 ℃이고, 습구 온도가 9 ℃일 때, 다음 습도표를 이용하여 구한 현재 습도로 옳은 것은 어느 것입니까? (　　　)

건구 온도 (℃)	건구 온도와 습구 온도의 차(℃)						
	0	1	2	3	4	5	6
12	100	89	78	68	57	48	38
13	100	89	79	69	59	49	40
14	100	89	79	70	60	51	42
15	100	90	80	70	61	52	44

① 42 %　② 50 %　③ 51 %
④ 59 %　⑤ 60 %

중요
04 습도가 낮을 때 일어나는 현상을 두 가지 고르시오.

(　　,　　)

① 빨래가 잘 마른다.
② 음식물이 쉽게 상한다.
③ 피부가 쉽게 건조해진다.
④ 화장실에 곰팡이가 잘 생긴다.
⑤ 실제보다 더 덥게 느껴져 불쾌감을 느끼기 쉽다.

05 습도를 조절하는 데 사용하는 물건을 보기 에서 골라 기호를 쓰시오.

보기

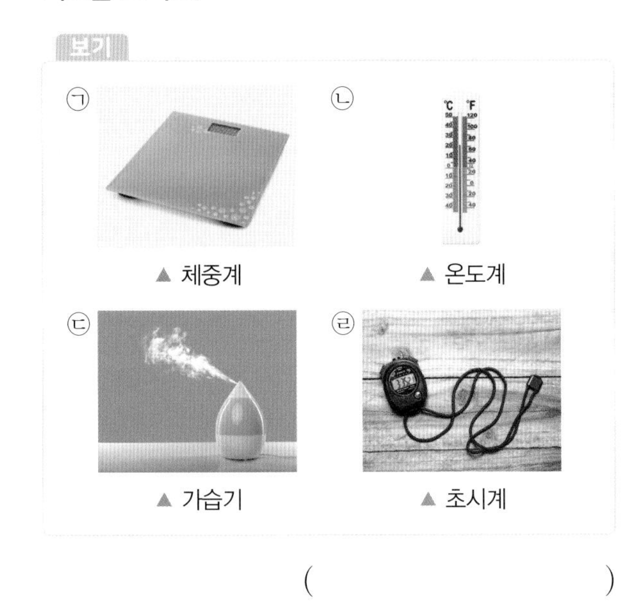

▲ 체중계　▲ 온도계　▲ 가습기　▲ 초시계

(　　　　　　　　　　　　)

06 공기 중의 수증기가 응결하여 나타나는 현상이라고 볼 수 없는 것은 어느 것입니까? (　　　)

① 겨울철 유리창에 맺힌 물방울
② 설거지 후 그릇에 맺힌 물방울
③ 이른 아침 나뭇잎 표면에 맺힌 물방울
④ 얼음물이 담긴 컵 표면에 맺힌 물방울
⑤ 여름철 차가운 물이 나오는 수도꼭지에 맺힌 물방울

07 오른쪽은 물과 조각 얼음을 넣은 집기병 표면에서 나타나는 현상을 관찰하는 실험입니다. 이 실험에 대한 설명으로 옳지 않은 것을 보기 에서 골라 기호를 쓰시오.

보기

㉠ 습도에 대해 알아보기 위한 실험이다.
㉡ 여름에 차가운 음료수가 담긴 컵 표면에서 나타나는 현상과 같다.
㉢ 실험 결과 집기병 표면에 얼음물의 높이까지 작은 물방울이 생긴다.
㉣ 비커에 물과 조각 얼음을 넣고 집기병 표면을 마른 수건으로 닦은 뒤 관찰한다.

( )

[08~09] 다음은 뜨거운 물로 집기병 안을 데운 뒤 물을 버리고 불을 붙인 향을 넣었다가 빼낸 후, 조각 얼음이 담긴 페트리 접시를 올려놓은 것입니다. 물음에 답하시오.

중요 **08** 위 실험은 무엇을 발생시키기 위한 실험입니까? ( )

① 눈 ② 비 ③ 구름
④ 안개 ⑤ 이슬

09 다음은 위 실험 결과를 더 잘 관찰할 수 있는 방법과 실험 결과입니다. ( ) 안에 들어갈 알맞은 말에 ○표 하시오.

집기병 뒤에 ㉠(검은색 , 하얀색) 종이를 세워놓으면 집기병 안이 ㉡(뿌옇게 흐려지는 , 검은색으로 변하는) 현상을 더 잘 관찰할 수 있다.

10 다음은 구름이 만들어지는 과정을 설명한 것입니다. ( ) 안에 들어갈 알맞은 말을 바르게 나타낸 것은 어느 것입니까? ( )

공기는 지표면에서 하늘로 올라가면서 온도가 점점 (㉠). 이때 공기 중의 수증기가 응결해 작은 (㉡)(이)나 작은 (㉢)이/가 되어 하늘에 떠 있는 것을 구름이라고 한다.

	㉠	㉡	㉢
①	높아진다	물방울	먼지 조각
②	높아진다	물방울	얼음 알갱이
③	낮아진다	물방울	먼지 조각
④	낮아진다	얼음 알갱이	먼지 조각
⑤	낮아진다	얼음 알갱이	물방울

중요 **11** 이슬, 안개, 구름의 공통점으로 옳은 것은 어느 것입니까? ( )

① 지표면 위에 떠 있다.
② 하늘에서 만들어진다.
③ 새벽이나 이른 아침에만 볼 수 있다.
④ 공기 중의 수증기가 응결해 나타나는 현상이다.
⑤ 차가워진 물체의 표면에 수증기가 얼어붙는 현상이다.

12 다음 자연 현상과 그 현상을 설명한 것을 바르게 선으로 연결하시오.

(1) 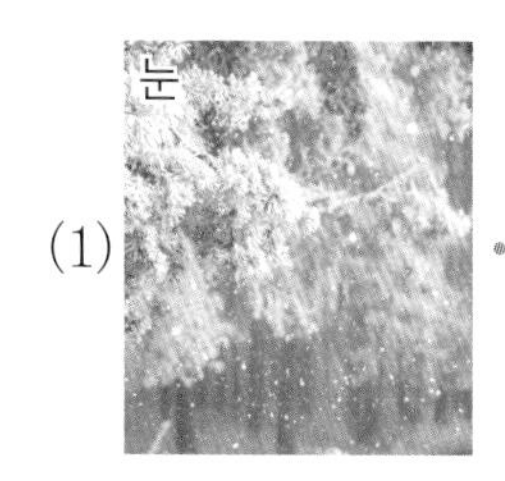

• • ㉠ 구름 속 작은 물방울들이 합쳐지면서 커지고 무거워져 떨어지는 것

(2) 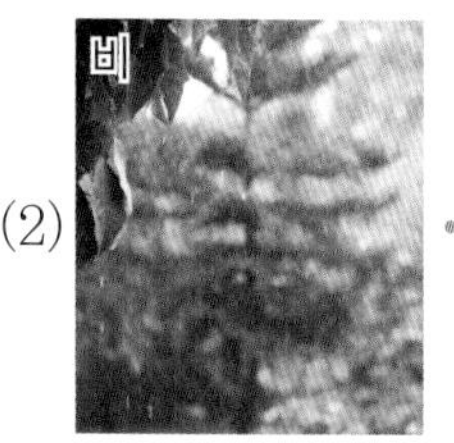

• • ㉡ 구름 속 얼음 알갱이가 커지면서 무거워져 녹지 않은 채 떨어지는 것

중단원 핵심 복습 3단원 (2)

❶ 기온에 따른 공기의 무게 비교

- 실험 방법: 뚜껑을 닫은 플라스틱 통 두 개의 무게를 각각 측정하기 ➡ 수조 하나에는 따뜻한 물을, 다른 하나에는 얼음물을 절반 정도 채우기 ➡ 두 플라스틱 통의 뚜껑을 열고, 두 개의 수조에 각각 넣은 뒤 통을 누르기 ➡ 5분 후 뚜껑을 동시에 닫고 수조에서 꺼내 물기를 닦은 후, 두 플라스틱 통의 무게를 각각 측정해 보기

- 실험 결과: 따뜻한 물에 넣은 플라스틱 통보다 얼음물에 넣은 플라스틱 통의 무게가 더 무거움.

➡ 같은 부피일 때 따뜻한 공기보다 차가운 공기가 더 무겁다는 것을 알 수 있음.

❷ 기압

- 기압: 공기의 무게 때문에 생기는 힘
- 공기는 무게가 있어 같은 부피에 공기의 양이 많을수록 무거워지며 기압은 높아짐.
- 같은 부피에서 차가운 공기가 따뜻한 공기보다 무거워 기압이 더 높음.

❸ 고기압과 저기압

- 고기압: 상대적으로 주위보다 공기의 양이 많아 무거워져 기압이 높은 것
- 저기압: 상대적으로 주위보다 공기의 양이 적어 가벼워져 기압이 낮은 것

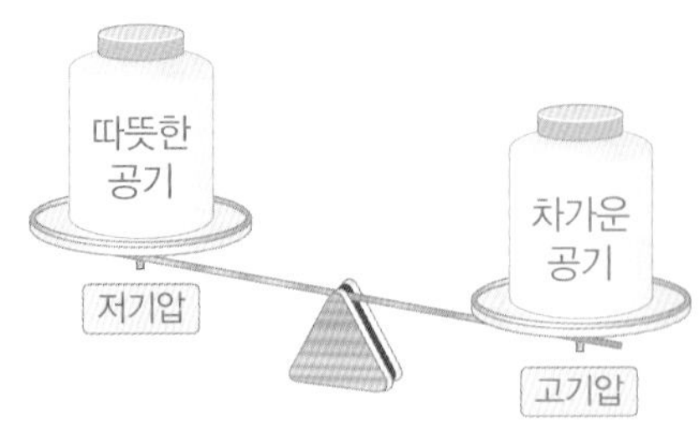

▲ 공기의 온도에 따른 기압 비교

❹ 바람 발생 모형실험

- 실험 방법: 뒷면이 검은 투명한 상자 안에 같은 크기의 투명한 사각 플라스틱 그릇을 나란히 놓고, 그 사이에 고무찰흙을 이용하여 향을 세우기 ➡ 투명한 사각 플라스틱 그릇에 따뜻한 물과 얼음물을 $\frac{3}{4}$ 정도 담고 3분 동안 기다리기 ➡ 향에 불을 붙이고 향 연기가 움직이는 방향 관찰하기
- 실험 결과: 향 연기는 얼음물 쪽에서 따뜻한 물 쪽으로 이동함.

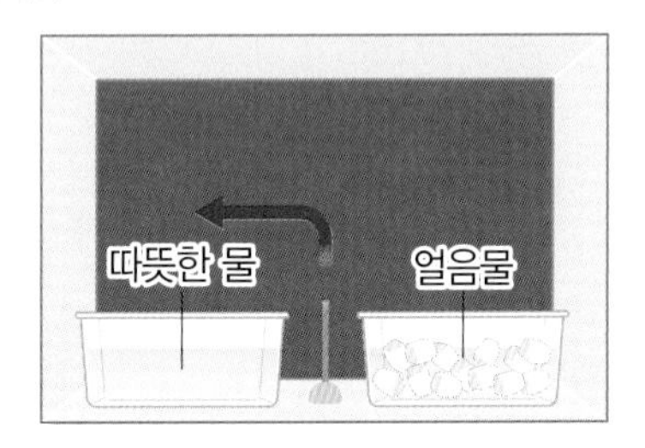

➡ 두 지점의 공기의 온도가 다르면 공기의 움직임이 생긴다는 것을 알 수 있음.

❺ 바람이 부는 까닭과 기압과의 관계

- 두 지역 간에 공기의 온도 차가 생기면 상대적으로 온도가 높은 곳은 공기가 주변보다 가벼워져 저기압이 되고, 상대적으로 온도가 낮은 곳은 공기가 주변보다 무거워져 고기압이 됨.
- 바람: 두 지역 사이에 기압 차가 생겨 공기가 이동하는 것으로, 고기압에서 저기압으로 바람이 붊.

❻ 바닷가에서 맑은 날 낮과 밤에 부는 바람의 방향

낮	• 육지가 바다보다 온도가 높으므로 육지 위는 저기압, 바다 위는 고기압이 됨. • 바다에서 육지로 바람이 붊.
밤	• 바다가 육지보다 온도가 높으므로 바다 위는 저기압, 육지 위는 고기압이 됨. • 육지에서 바다로 바람이 붊.

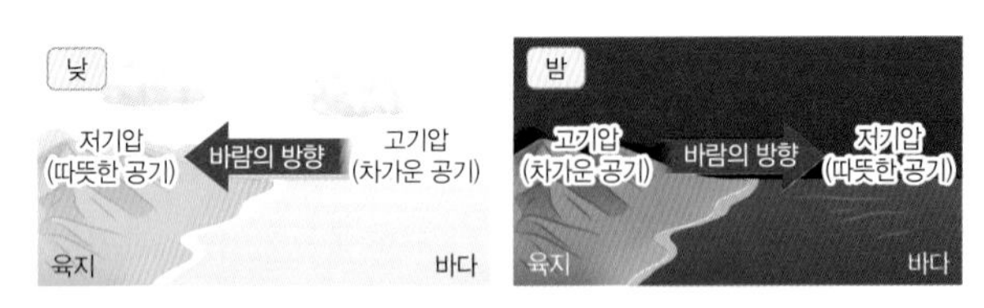

▲ 바닷가에서 맑은 날 낮과 밤에 바람이 부는 방향

정답과 해설 43쪽

01 크기와 무게가 같은 두 플라스틱 통의 뚜껑을 열고 따뜻한 물과 얼음물에 각각 넣은 뒤 5분 후 뚜껑을 닫고 무게를 측정하면 (따뜻한 물 , 얼음물)에 넣은 플라스틱 통이 더 무겁습니다.

02 플라스틱 통의 뚜껑을 열고 뒤집어 머리말리개의 온풍 기능을 선택해 1분 동안 공기를 넣고 뚜껑을 닫은 뒤 무게를 측정하였습니다. 이 실험 결과, 플라스틱 통 안 공기의 온도가 높아지면 공기의 무게는 (늘어납니다 , 줄어듭니다).

03 공기의 무게 때문에 생기는 힘을 무엇이라고 합니까?

( )

04 같은 크기의 공간에 공기의 양이 (많을 , 적을)수록 공기는 무거워지며 기압은 높아집니다.

05 상대적으로 주위보다 공기의 양이 많아 무거워져 기압이 높은 것을 무엇이라고 합니까?

( )

06 상대적으로 주위보다 공기의 양이 적어 가벼워져 기압이 낮은 것을 무엇이라고 합니까?

( )

07 뒷면이 검은 투명한 상자 안에 같은 크기의 플라스틱 그릇 두 개를 나란히 놓고 각각 따뜻한 물과 얼음물을 담은 뒤, 두 그릇 사이에 세운 향에 불을 붙이면 (따뜻한 물 , 얼음물)쪽에서 (따뜻한 물 , 얼음물) 쪽으로 향 연기가 이동합니다.

08 두 지역 사이에 기압 차가 생겨 공기가 이동하는 현상을 무엇이라고 합니까?

( )

09 두 지역 사이에 기압 차가 생기면 공기는 (고기압 , 저기압)에서 (고기압 , 저기압)으로 이동합니다.

10 맑은 날 바닷가에서 낮과 밤 중 육지의 온도가 바다의 온도보다 높은 때는 언제입니까?

( )

11 맑은 날 바닷가에서 낮에는 (육지 , 바다)에서 (육지 , 바다)로 바람이 붑니다.

12 맑은 날 바닷가에서 (낮 , 밤)에는 바다 위가 고기압이 되고, (낮 , 밤)에는 육지 위가 고기압이 됩니다.

[01~02] 다음 실험을 보고, 물음에 답하시오.

(가)

뚜껑을 닫은 플라스틱 통 두 개의 무게를 각각 측정한다.

(나)

따뜻한 물 얼음물

수조 하나에는 따뜻한 물을, 다른 하나에는 얼음물을 절반 정도 채운다.

(다)

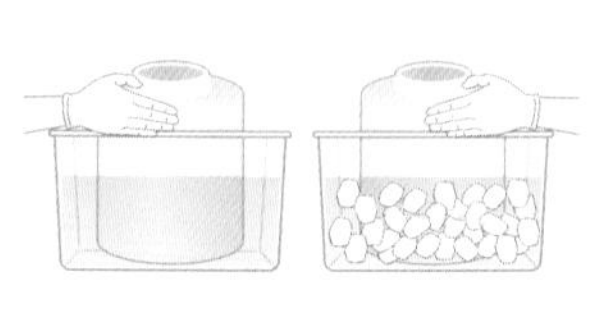

두 플라스틱 통의 뚜껑을 열고, 수조에 각각 넣은 뒤 플라스틱 통을 누른다.

(라)

5분 후, 두 플라스틱 통의 뚜껑을 동시에 닫고 수조에서 꺼내 무게를 각각 측정한다.

01 위 실험 과정 (라)에서 더 가벼운 플라스틱 통을 골라 기호를 쓰시오.

( )

02 위 실험 과정 (라)에서 ㉠과 ㉡은 각각 자연에서 고기압과 저기압 중 어느 것에 해당하는지 쓰시오.

㉠ ( ), ㉡ ( )

중요

03 같은 부피일 때 따뜻한 공기와 차가운 공기의 무게를 비교하여 ( ) 안에 >, =, <로 나타내시오.

따뜻한 공기 ( ) 차가운 공기

[04~05] 다음은 플라스틱 통의 안쪽 바닥에 액정 온도계를 붙여 온도를 측정한 뒤, 뚜껑을 닫고 전자저울로 무게를 측정한 결과입니다. 물음에 답하시오.

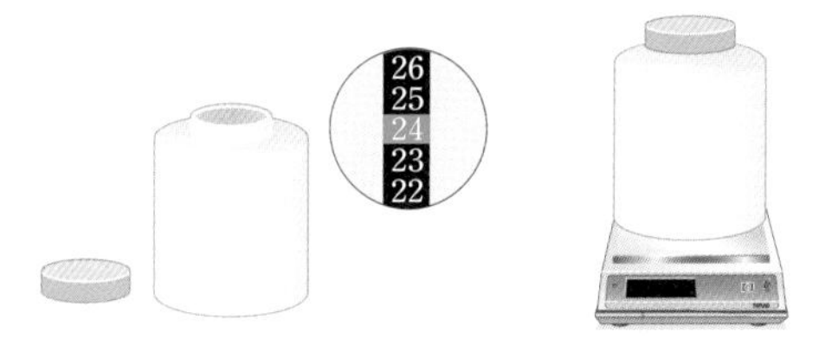

플라스틱 통 안의 온도	플라스틱 통의 무게
24 ℃	268.9 g

04 위 플라스틱 통에 머리말리개의 온풍 기능을 선택해 1분 동안 공기를 넣고 플라스틱 통 안의 온도와 무게를 다시 측정한 값으로 알맞은 것은 어느 것입니까?

( )

	플라스틱 통 안의 온도	플라스틱 통의 무게
①	24 ℃	268.9 g
②	24 ℃	269.1 g
③	36 ℃	268.9 g
④	36 ℃	268.7 g
⑤	36 ℃	269.1 g

05 다음은 위 실험 결과에 대한 설명입니다. ( ) 안에 들어갈 알맞은 말에 ○표 하시오.

같은 부피에서 공기의 온도가 ㉠(높아지면 , 낮아지면) 공기의 무게는 ㉡(줄어든다 , 늘어난다).

06 고기압에 대한 설명에는 '고'라고 쓰고, 저기압에 대한 설명에는 '저'라고 쓰시오.

(1) 상대적으로 주위보다 공기의 온도가 낮다. ( )

(2) 상대적으로 주위보다 공기의 양이 적고 가볍다. ( )

[07~09] 다음 실험을 보고, 물음에 답하시오.

(가) 뒷면이 검은 투명한 상자 안에 같은 크기의 투명한 사각 플라스틱 그릇을 나란히 놓는다.
(나) 사각 플라스틱 그릇 사이에 고무찰흙을 이용하여 향을 세운다.
(다) 투명한 사각 플라스틱 그릇에 따뜻한 물과 얼음물을 각각 $\frac{3}{4}$ 정도 담고 3분 동안 기다린다.
(라) 향에 불을 붙이고 향 연기가 움직이는 방향을 관찰한다.

07 위 실험의 제목으로 옳은 것은 어느 것입니까? ( )

① 이슬 발생 실험 ② 안개 발생 실험
③ 구름 발생 실험 ④ 바람 발생 모형실험
⑤ 비가 내리는 과정 모형실험

08 다음은 위 과정 (다)에서 투명한 사각 플라스틱 그릇 두 개에 따뜻한 물과 얼음물을 각각 담는 까닭을 설명한 것입니다. ( ) 안에 들어갈 알맞은 말을 쓰시오.

따뜻한 물과 얼음물로 인해 플라스틱 그릇 위 공기의 ( )을/를 다르게 하기 위해서이다.

( )

09 위 실험 결과 향 연기의 움직임을 옳게 나타낸 것을 보기 에서 골라 기호를 쓰시오.

보기

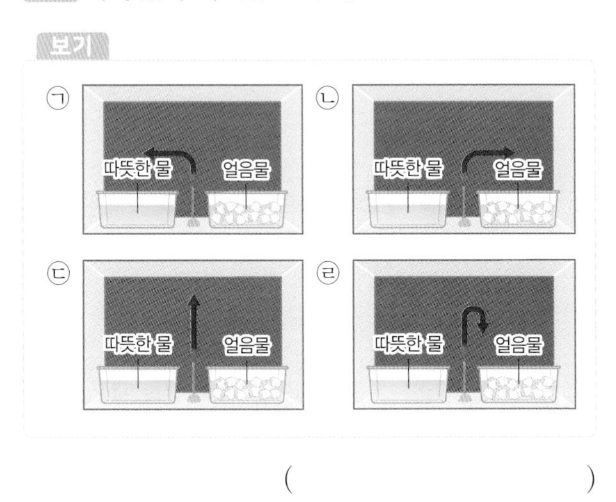

( )

10 다음은 바람이 부는 까닭에 대한 설명입니다. ( ) 안에 들어갈 알맞은 말은 어느 것입니까? ( )

두 지역 사이에 ( )의 차가 생기면 공기가 이동하여 바람이 분다.

① 기압
② 수증기
③ 구름 모양
④ 비가 오는 양
⑤ 살고 있는 생물 수

11 맑은 날 바닷가에서 낮에 부는 바람과 관계 있는 것은 어느 것입니까? ( )

① 바다 위는 저기압이 된다.
② 육지에서 바다로 바람이 분다.
③ 바다에서 육지로 바람이 분다.
④ 밤에 부는 바람과 방향이 같다.
⑤ 바다의 온도가 육지의 온도보다 높다.

12 맑은 날 밤 바닷가에서 바람이 불 때 육지 위와 바다 위 중 고기압인 곳을 골라 기호를 쓰시오.

( )

❶ 공기 덩어리의 성질

- 공기 덩어리가 대륙이나 바다와 같이 넓은 지역에 오래 머무르면 그 지역의 온도나 습도와 성질이 비슷해짐.
- 공기 덩어리가 따뜻한 바다 위에 오래 머무르면 따뜻하고 습한 성질을 갖게 됨.
- 공기 덩어리가 차가운 대륙 위에 오래 머무르면 차갑고 건조한 성질을 갖게 됨.

❷ 우리나라의 계절별 날씨에 영향을 미치는 공기 덩어리의 성질

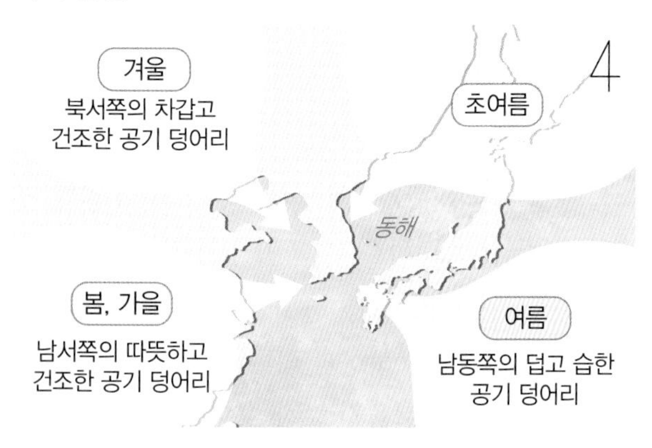

봄, 가을	남서쪽 대륙에서 이동해 오는 따뜻하고 건조한 성질을 가진 공기 덩어리의 영향을 받아 따뜻하고 건조함.
여름	남동쪽 바다에서 이동해 오는 따뜻하고 습한 성질을 가진 공기 덩어리의 영향을 받아 덥고 습함.
겨울	북서쪽 대륙에서 이동해 오는 차갑고 건조한 성질을 가진 공기 덩어리의 영향을 받아 춥고 건조함.

➡ 계절별 날씨의 특징과 계절별로 영향을 주는 공기 덩어리의 성질은 비슷함.

❸ 날씨에 따른 우리의 생활 모습

- 비가 내리는 날에는 우산을 쓰고, 주로 실내에서 활동함.
- 춥고 눈이 내리는 날에는 따뜻한 옷을 입고 목도리나 장갑을 착용함.
- 맑고 따뜻한 날에는 가벼운 옷차림으로 산책을 하거나, 야외에서 운동을 함.
- 황사나 미세 먼지가 많은 날에는 외출을 자제하거나 외출할 때 마스크를 착용함.

▲ 비가 내리는 날

▲ 눈이 내리는 날

▲ 맑고 따뜻한 날

❹ 날씨에 따른 사람들의 건강

- 날씨가 무덥고 습할 때는 실외에서 오랫동안 있으면 열사병에 걸릴 수 있음.
- 날씨가 춥고 건조할 때는 감기에 걸리거나 피부 질환이 생길 수 있음.
- 꽃가루나 황사가 많은 봄에는 비염이나 호흡기 질환이 생길 수 있음.

❺ 날씨와 우리 생활과의 관계

- 날씨는 사람들의 옷차림, 음식, 야외 활동, 건강 등 우리 생활에 다양한 영향을 줌.
- 날씨와 우리 생활은 서로 밀접한 관계가 있음.

❻ 생활기상지수

- 생활기상지수: 기상청에서 다양한 날씨에 사람들이 적절하게 대처하여 생활할 수 있도록 제공하는 날씨 정보로, 우리 생활에 필요한 다양한 날씨 요소들을 수치화하여 표현한 것임.
- 생활기상지수의 종류: 식중독 지수, 감기 가능 지수, 자외선 지수 등이 있음.

식중독 지수	최근 5년 동안의 세균성, 바이러스성 식중독 발생 자료를 기반으로 날씨에 따른 식중독 발생 가능성을 예측해 지수로 나타낸 것
감기 가능 지수	기상 조건(최저 기온, 일교차, 현지 기압, 상대 습도)에 따른 감기 발생 가능 정도를 지수로 나타낸 것
자외선 지수	하루 중 태양 고도가 가장 높을 때 지표에 도달하는 자외선량을 지수로 나타낸 것

중단원 쪽지 시험 3 (3) 계절별 날씨와 우리 생활

정답과 해설 44쪽

01 공기 덩어리가 대륙이나 바다와 같이 넓은 지역에 오래 머무르면 그 지역의 (   )(이)나 (   ) 와/과 비슷한 성질을 갖게 됩니다.

02 공기 덩어리가 따뜻한 바다 위에 오래 머무르면 공기 덩어리의 성질은 어떻게 변합니까?

(   )

03 공기 덩어리가 (따뜻한 바다 , 차가운 대륙) 위에 오래 머무르면 차갑고 건조한 성질을 갖게 됩니다.

04 우리나라의 겨울철 날씨에 영향을 주는 공기 덩어리는 (북서쪽 대륙 , 남동쪽 바다)에서 이동해 옵니다.

05 우리나라의 여름에 영향을 주는 공기 덩어리의 성질은 어떠합니까?

(   )

06 우리나라의 봄, 가을에 따뜻하고 건조한 날씨가 나타나는 까닭은 남서쪽 대륙에서 이동해 오는 (차갑고 습한 , 따뜻하고 건조한) 성질을 가진 공기 덩어리의 영향을 받기 때문입니다.

07 비가 내리는 날에 필요한 물건을 한 가지 쓰시오.

(   )

08 (추운 , 더운) 날씨에는 따뜻한 음식과 방한용품이 많이 팔리고, 차가운 음식이나 얇은 의류는 덜 팔립니다.

09 황사나 미세 먼지가 많은 날 외출할 때 호흡기를 보호하기 위해 착용하는 물건은 무엇입니까?

(   )

10 날씨가 무덥고 습할 때 실외에서 오랫동안 있으면 (열사병 , 비염)에 걸릴 수 있으니 조심해야 합니다.

11 기상청에서 다양한 날씨에 사람들이 적절하게 대처하여 생활할 수 있도록 제공하는 날씨 정보로, 다양한 날씨 요소들을 수치화하여 표현한 것을 무엇이라고 합니까?

(   )

12 (식중독 지수 , 자외선 지수)는 하루 중 태양 고도가 가장 높을 때 지표에 도달하는 자외선량을 지수로 나타낸 것입니다.

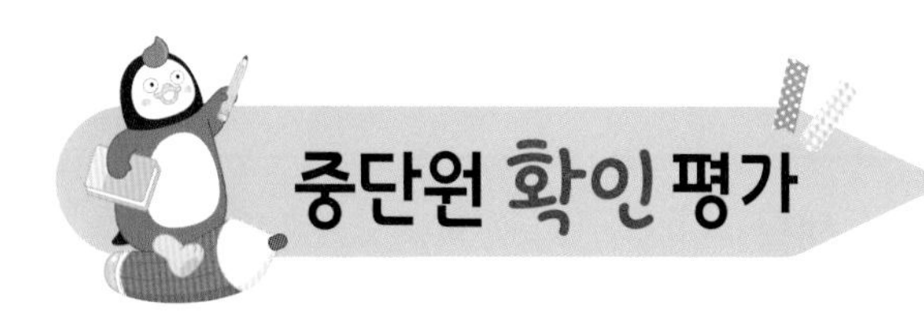

3 (3) 계절별 날씨와 우리 생활

01 다음과 같이 따뜻한 바다 위에 오래 머무른 공기 덩어리의 성질은 어떻게 변합니까? (　　　)

① 건조해진다.
② 차갑고 습해진다.
③ 차갑고 건조해진다.
④ 따뜻하고 습해진다.
⑤ 따뜻하고 건조해진다.

02 공기 덩어리가 오래 머물러 차갑고 건조한 성질로 변하게 되는 지역을 골라 ○표 하시오.

사막 지역	차가운 대륙
따뜻한 대륙	따뜻한 바다

03 우리나라의 봄과 가을의 특징으로 옳은 것을 보기 에서 골라 기호를 쓰시오.

보기
㉠ 덥고 습하다.
㉡ 선선하고 습하다.
㉢ 따뜻하고 건조하다.
㉣ 매우 춥고 건조하다.

(　　　　　　　　　　)

[04~06] 다음은 우리나라의 계절별 날씨에 영향을 미치는 공기 덩어리입니다. 물음에 답하시오.

중요
04 위 ㉠~㉣ 공기 덩어리에 대한 설명으로 옳은 것은 어느 것입니까? (　　　)

① ㉠ 공기 덩어리는 차갑고 습하다.
② ㉡ 공기 덩어리는 차갑고 건조하다.
③ ㉠과 ㉢ 공기 덩어리의 성질은 같다.
④ ㉢ 공기 덩어리는 겨울 날씨에 영향을 미친다.
⑤ ㉣ 공기 덩어리는 여름 날씨에 영향을 미친다.

05 위 ㉠~㉣ 공기 덩어리 중에서 우리나라의 초여름에 동해안 지역에 서늘한 날씨가 나타나는 데 영향을 미치는 것을 골라 기호를 쓰시오.

(　　　　　　　　　　)

06 위 ㉠ 공기 덩어리의 영향을 받는 계절과 그 계절에 사람들이 주로 사용하는 물건을 바르게 짝 지은 것은 어느 것입니까? (　　　)

① 봄 – 우산
② 여름 – 장화
③ 초여름 – 부채
④ 가을 – 제습기
⑤ 겨울 – 가습기

[07~08] 다음은 우리나라의 계절별 평균 기온과 평균 습도를 나타낸 그래프입니다. 물음에 답하시오.

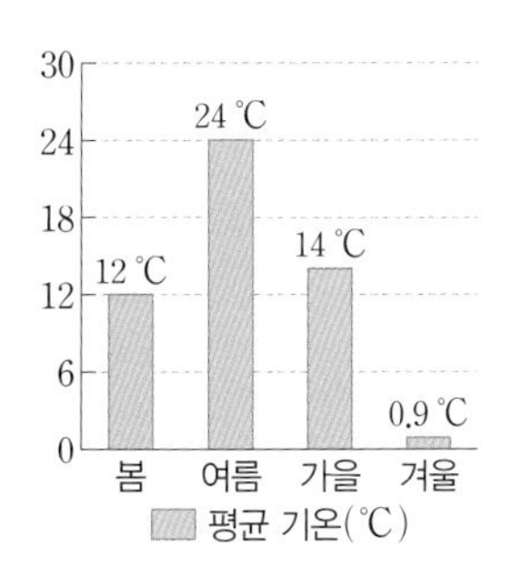

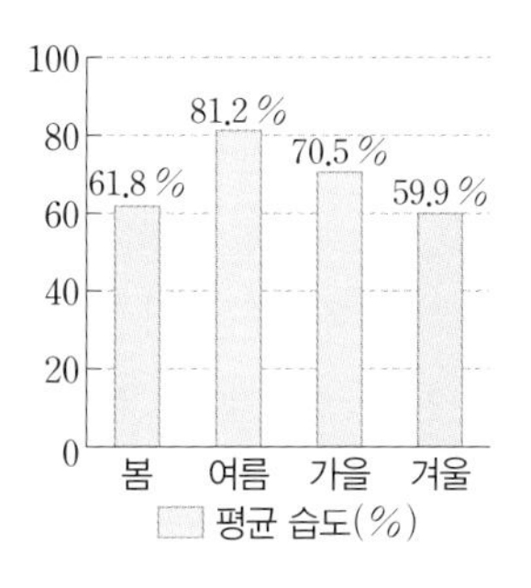

07 위 그래프에서 평균 기온과 평균 습도가 가장 높은 계절의 생활 모습으로 옳은 것은 어느 것입니까? ( )

① 피부가 건조해지기 쉽다.
② 따뜻한 음식을 주로 먹는다.
③ 눈을 이용한 스포츠를 즐긴다.
④ 덥고 습해서 불쾌감을 느끼기 쉽다.
⑤ 난방을 하고 목도리나 장갑을 착용한다.

08 위 그래프에서 평균 습도가 비교적 낮은 겨울과 봄에 사람들이 건강을 위해 조심해야 할 것으로 알맞은 것을 두 가지 고르시오. (,)

① 모기 ② 감기
③ 열사병 ④ 식중독
⑤ 피부 건조증

중요
09 맑고 따뜻한 날에 주로 볼 수 있는 학생들의 생활 모습으로 알맞지 <u>않은</u> 것은 어느 것입니까? ( )

① 우비를 입고 등교한다.
② 학교에서 운동회를 한다.
③ 학교 화단에 꽃을 심는다.
④ 운동장에서 달리기를 한다.
⑤ 가벼운 옷차림으로 현장 체험 학습을 간다.

10 다음과 같은 광고의 효과를 잘 볼 수 있는 날은 언제입니까? ( )

① 더운 날 ② 건조한 날
③ 안개 낀 날 ④ 눈 내리는 날
⑤ 황사가 심한 날

11 자외선 지수가 높은 날에 필요한 물건으로 옳지 <u>않은</u> 것은 어느 것입니까? ( )

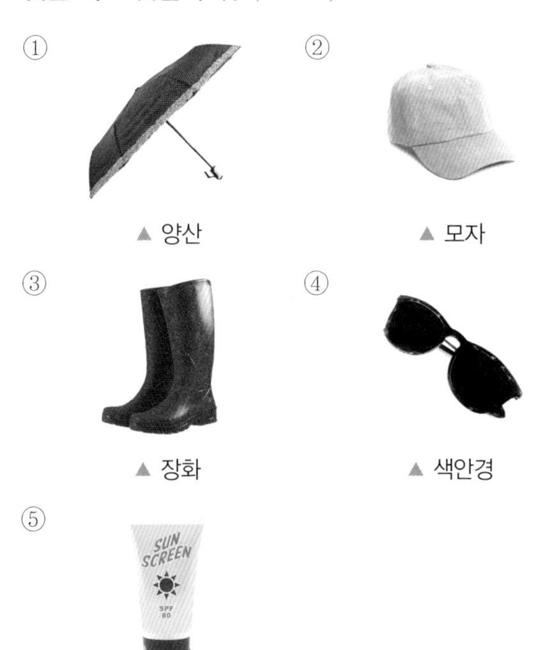

① ▲ 양산
② ▲ 모자
③ ▲ 장화
④ ▲ 색안경
⑤ ▲ 자외선 차단제

12 기상청에서 제공하는 생활기상지수를 적절하게 활용하는 경우로 옳은 것에 ○표 하시오.

(1) 빨래를 하기 전에 여행 지수를 알아본다. ( )
(2) 감기 가능 지수가 높은 날에는 야외 활동을 한다. ( )
(3) 식중독 지수가 높은 날에는 음식을 먹을 때 조심한다. ( )

중요
01 습도에 대한 설명으로 옳은 것은 어느 것입니까? (　　)

① 습도의 단위는 ℃이다.
② 습도는 항상 일정하다.
③ 건습구 습도계로 측정할 수 있다.
④ 공기 중에 미세 먼지가 포함된 정도를 뜻한다.
⑤ 건구 온도에서 습구 온도를 뺀 값이 현재 습도이다.

02 다음 습도표를 활용하여 건구 온도가 22 ℃, 습구 온도가 18 ℃일 때의 습도를 구하시오.

건구 온도 (℃)	건구 온도와 습구 온도의 차(℃)				
	0	1	2	3	4
20	100	91	83	74	66
21	100	91	83	75	67
22	100	92	83	75	68
23	100	92	84	76	69

(　　　　　　　　) %

03 생활 속 습도 조절 방법으로 옳지 않은 것은 어느 것입니까? (　　)

① 신발장에 습기 제거제를 넣는다.
② 습도가 높을 때 물이나 차를 끓인다.
③ 포장된 김 안에 습기 제거제를 넣는다.
④ 건조한 날에 젖은 수건을 실내에 널어둔다.
⑤ 실내의 습도가 높을 때 마른 숯을 놓아둔다.

04 다음 (　　) 안에 들어갈 알맞은 말을 쓰시오.

> 이슬은 공기 중의 (　㉠　)이/가 차가워진 물체 표면에 (　㉡　)해 물방울로 맺혀 있는 것이다.

㉠ (　　　　　　), ㉡ (　　　　　　)

[05~06] 다음 실험을 보고, 물음에 답하시오.

> (가) 집기병에 (　㉠　)을 넣어 집기병 안을 1분 정도 데운 뒤 물을 버린다.
> (나) 향에 불을 붙여 연기를 집기병 안에 넣는다.
> (다) (　㉡　)이 담긴 페트리 접시를 집기병 위에 올려 놓는다.
> (라) 집기병 안이 뿌옇게 흐려진다.

05 위 (　　) 안에 들어갈 알맞은 준비물을 바르게 나타낸 것은 어느 것입니까? (　　)

	㉠	㉡
①	얼음물	조각 얼음
②	얼음물	차가운 물
③	뜨거운 물	조각 얼음
④	뜨거운 물	따뜻한 물
⑤	뜨거운 물	불을 붙인 향

06 위 실험 결과 나타나는 현상과 비슷한 자연 현상으로 옳은 것에 ○표 하시오.

(1) 구름 (　　　)
(2) 이슬 (　　　)
(3) 안개 (　　　)

중요
07 이슬, 안개, 구름이 만들어지는 위치를 바르게 선으로 연결하시오.

(1) 이슬 •　　　• ㉠ 높은 하늘
(2) 안개 •　　　• ㉡ 지표면 근처
(3) 구름 •　　　• ㉢ 물체의 표면

08 다음 보기 에서 비와 눈에 해당하는 설명을 골라 기호를 쓰시오.

보기
㉠ 구름 속 작은 물방울이 합쳐지면서 커지고 무거워져 떨어지는 것이다.
㉡ 구름 속 작은 얼음 알갱이가 커지면서 무거워져 떨어질 때 녹지 않은 채 떨어지는 것이다.

비 (　　　　　), 눈 (　　　　　)

[09~10] 다음은 플라스틱 통의 처음 무게를 측정한 뒤 머리말리개의 온풍 기능을 선택해 **1**분 동안 공기를 넣고 뚜껑을 닫아 무게를 다시 측정하는 모습입니다. 물음에 답하시오.

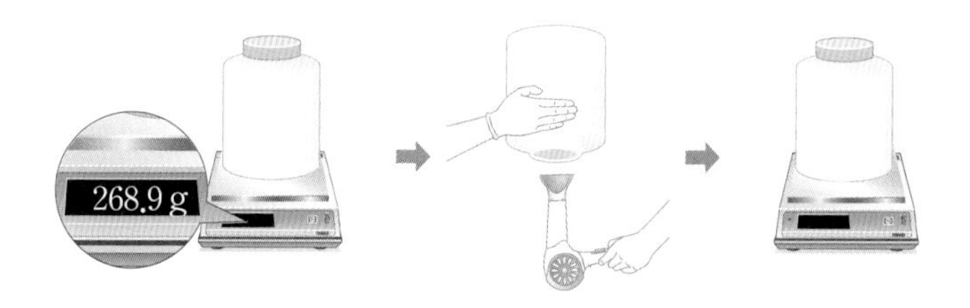

09 위에서 머리말리개의 온풍 기능을 선택해 **1**분 동안 공기를 넣고 난 후 측정한 플라스틱 통의 무게를 골라 기호를 쓰시오.

㉠	㉡
268.7 g	268.9 g

(　　　　　)

중요
10 위 실험 결과를 통해 알 수 있는 사실로 옳은 것을 보기 에서 골라 기호를 쓰시오.

보기
㉠ 따뜻한 공기가 차가운 공기보다 더 무겁다.
㉡ 따뜻한 공기가 차가운 공기보다 더 가볍다.
㉢ 따뜻한 공기와 차가운 공기의 무게는 같다.
㉣ 공기의 온도가 높아지면 공기의 무게가 늘어난다.

(　　　　　)

11 공기의 무게에 대한 설명으로 옳은 것에 ○표, 옳지 않은 것에 ×표 하시오.

(1) 같은 부피에 공기의 양이 많을수록 무겁다. (　　)

(2) 공기의 무게 때문에 생기는 힘을 압력이라고 한다. (　　)

(3) 같은 부피에서 차가운 공기가 따뜻한 공기보다 무거워 기압이 더 낮다. (　　)

[12~13] 다음과 같이 전등으로 같은 시간 동안 그릇에 담은 물과 모래를 가열하였습니다. 물음에 답하시오.

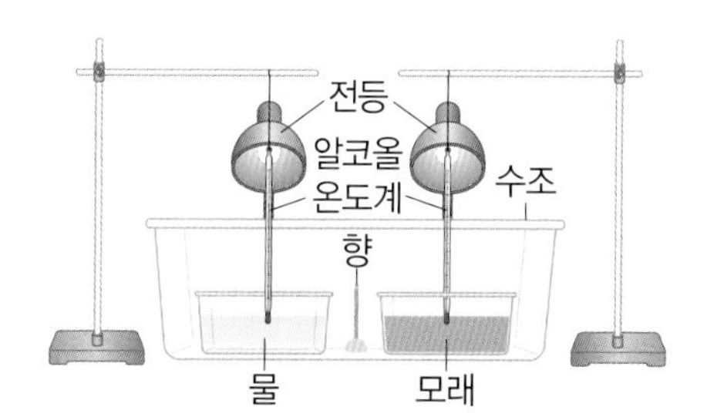

12 위 실험에서 가열한 뒤 물과 모래 중 온도가 더 높은 것은 무엇인지 쓰시오.

(　　　　　)

13 위 실험에서 가열한 물과 모래 사이에 세운 향에 불을 붙였을 때 향 연기의 움직임을 다음과 같이 화살표로 나타냈습니다. 물 위와 모래 위 중 고기압인 곳을 쓰시오.

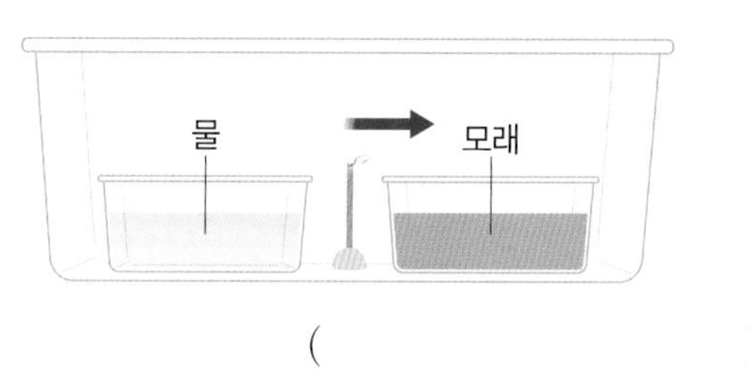

(　　　　　)

중요

맑은 날 바닷가에서 낮과 밤에 부는 바람과 관계 없는 것을 보기 에서 골라 기호를 쓰시오.

보기

㉠ 낮에는 바다가 육지보다 온도가 낮다.
㉡ 밤에는 바다에서 육지로 바람이 분다.
㉢ 육지와 바다의 기압 차로 바람이 분다.
㉣ 맑은 날 낮과 밤에 부는 바람의 방향은 다르다.

( )

15 우리나라의 봄에 따뜻하고 건조한 날씨가 나타나는 까닭으로 옳은 것은 어느 것입니까? ( )

① 햇빛이 강하기 때문이다.
② 바람이 강하게 불기 때문이다.
③ 북동쪽 바다에서 이동해 오는 공기 덩어리의 영향을 받기 때문이다.
④ 남서쪽 대륙에서 이동해 오는 공기 덩어리의 영향을 받기 때문이다.
⑤ 북서쪽 대륙에서 이동해 오는 공기 덩어리의 영향을 받기 때문이다.

중요
16 우리나라의 여름에 영향을 미치는 공기 덩어리로 옳은 것은 어느 것입니까? ( )

① 차갑고 습한 공기 덩어리
② 따뜻하고 습한 공기 덩어리
③ 따뜻하고 건조한 공기 덩어리
④ 사막 지역에 오래 머무르던 공기 덩어리
⑤ 추운 대륙 지역에 오래 머무르던 공기 덩어리

17 북서쪽 대륙에서 이동해 오는 공기 덩어리의 영향을 받는 우리나라의 계절과 공기 덩어리의 성질을 바르게 짝 지은 것은 어느 것입니까? ( )

① 봄 – 차갑고 건조하다.
② 여름 – 덥고 건조하다.
③ 여름 – 따뜻하고 습하다.
④ 가을 – 시원하고 습하다.
⑤ 겨울 – 차갑고 건조하다.

18 다음은 우리나라의 어느 계절에 대한 설명인지 쓰시오.

- 평균 기온이 높아 에어컨이나 부채 등을 이용한다.
- 평균 습도가 높아 제습기 등을 이용하여 습도를 조절한다.
- 남동쪽 바다에서 이동해 오는 공기 덩어리의 영향을 받는다.

( )

19 날씨에 따른 우리의 생활 모습으로 옳지 않은 것은 어느 것입니까? ( )

① 비가 내리는 날 우산을 쓴다.
② 황사가 있는 날 마스크를 착용한다.
③ 맑은 날에는 주로 실내 활동을 한다.
④ 꽃가루가 많은 봄에는 비염이 생길 수 있다.
⑤ 무덥고 습한 날에는 운동장보다는 체육관과 같은 실내에서 체육활동을 한다.

20 다음은 어떤 생활기상지수에 대한 설명입니까? ( )

하루 중 태양 고도가 가장 높을 때 지표에 도달하는 자외선량을 지수로 나타낸 것이다.

① 빨래 지수
② 운동 지수
③ 여행 지수
④ 식중독 지수
⑤ 자외선 지수

서술형 · 논술형 평가 3단원

정답과 해설 46쪽

01 다음은 이슬 발생 실험과 안개 발생 실험의 모습입니다. 물음에 답하시오.

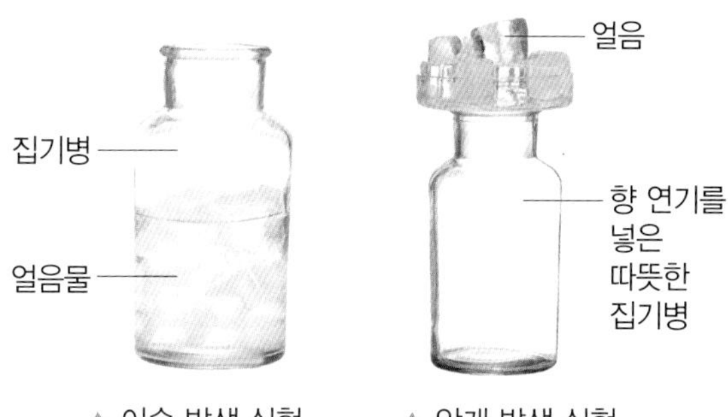

▲ 이슬 발생 실험　▲ 안개 발생 실험

(1) 다음은 위 두 실험의 공통점입니다. (　　) 안에 들어갈 알맞은 말을 쓰시오.

공기 중의 수증기가 (　　　　)한다.

(2) 실제 자연에서 이슬과 안개가 만들어지는 위치를 비교하여 쓰시오.

02 우리나라에서 여름에 눈이 내리지 않는 까닭을 쓰시오.

03 다음은 뒷면이 검은 투명한 상자 안에 따뜻한 물과 얼음물이 각각 담긴 플라스틱 그릇 두 개를 놓고, 그릇 사이에 세운 향에 불을 붙였을 때의 모습입니다. 물음에 답하시오.

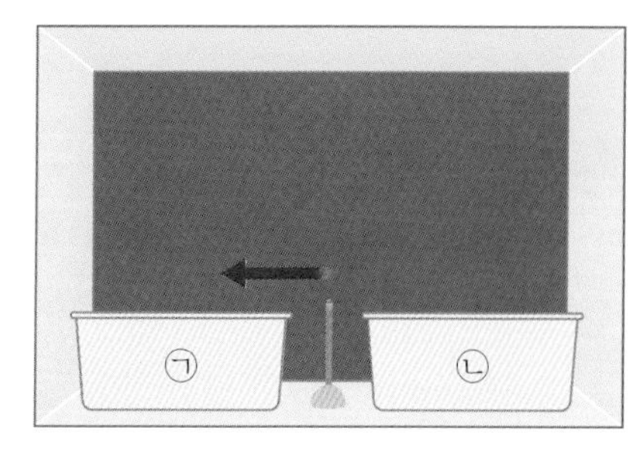

(1) 위 실험에서 향에 불을 붙였을 때 화살표 방향으로 향 연기가 움직였다면 어느 쪽이 따뜻한 물인지 기호를 쓰시오.

(　　　　　　　　)

(2) 위의 화살표 방향으로 향 연기가 움직이는 까닭을 기압과 관련지어 쓰시오.

04 우리나라의 봄에 영향을 미치는 공기 덩어리의 기호와 성질을 쓰시오.

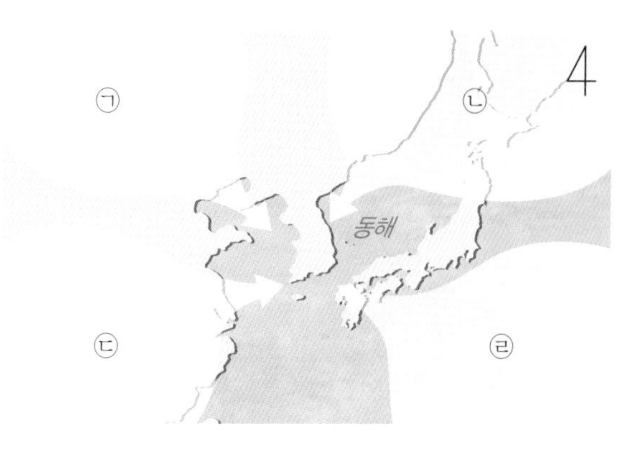

중단원 핵심 복습 4단원 (1)

❶ 물체의 운동 나타내기

• 시간이 지남에 따라 물체의 위치가 변할 때 물체가 운동한다고 함.

운동한 물체	운동하지 않은 물체
자전거, 자동차, 할머니	남자아이, 나무, 신호등, 도로 표지판, 건물

• 물체의 운동은 물체가 이동하는 데 걸린 시간과 이동 거리로 나타냄.

예 • 자전거는 1초 동안 2 m를 이동했음.
• 자동차는 1초 동안 6 m를 이동했음.
• 할머니는 1초 동안 1 m를 이동했음.

❷ 빠르게 운동하는 물체와 느리게 운동하는 물체 알아보기

• 치타는 달팽이보다 빠르게 운동하고, 달팽이는 치타보다 느리게 운동함.

• 자동차는 자전거보다 빠르게 운동하고, 자전거는 자동차보다 느리게 운동함.

❸ 빠르기가 변하는 운동을 하는 물체와 빠르기가 일정한 운동을 하는 물체로 분류하기

빠르기가 변하는 운동을 하는 물체	빠르기가 일정한 운동을 하는 물체
기차, 비행기, 치타, 펭귄, 배드민턴공, 컬링 스톤, 바이킹, 범퍼카 등	자동길, 자동계단, 순환 열차, 케이블카, 스키장 승강기, 회전목마 등

❹ 빠르기가 변하는 운동을 하는 물체의 특징

물체	물체의 운동
비행기	활주로에서 천천히 움직이다가 점점 빠르게 달려 하늘로 날아감.
기차	출발할 때는 점점 빨라지고 도착할 때는 점점 느려짐.
배드민턴공	배드민턴 채로 배드민턴공을 치면 처음에는 빠르게 날아가다가 점점 느려지면서 바닥으로 떨어짐.
컬링 스톤	빠르게 미끄러져 가다가 점점 느려지면서 결국 멈춤.

▲ 비행기

▲ 기차

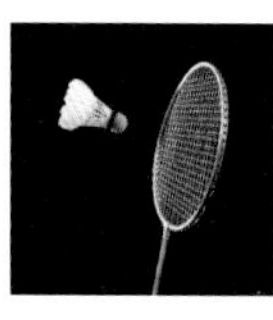
▲ 배드민턴공

▲ 컬링 스톤

❺ 놀이공원에서 운동하는 놀이 기구의 빠르기

• 롤러코스터: 오르막길에서는 빠르기가 점점 느려지고 내리막길에서는 빠르기가 점점 빨라지는 운동을 함.

• 바이킹: 위로 올라갈 때는 점점 느리게 운동하다가 최고 높이에서 잠시 멈추고 아래로 내려올 때는 점점 빠르게 운동함.

• 대관람차: 원을 그리며 빠르기가 일정한 운동을 함.

• 회전목마: 조형물이 위아래로 움직이면서 일정한 빠르기로 회전하는 운동을 함.

▲ 롤러코스터

▲ 바이킹

▲ 대관람차

▲ 회전목마

정답과 해설 47쪽

01 물체가 시간이 지남에 따라 위치가 변할 때, 물체가 (　　　　)한다고 합니다.

02 구름은 시간이 지남에 따라 (　　　　)이/가 변하므로 운동하는 물체입니다.

03 물체가 이동하는 데 걸린 시간과 (　　　　)(으)로 물체의 운동을 나타냅니다.

04 '자전거는 1 m를 이동했습니다.'에서 자전거의 운동을 나타낼 때 더 필요한 것은 무엇입니까?

(　　　　　　　　)

05 치타와 달팽이 중 더 빠르게 운동하는 물체는 어느 것입니까?

(　　　　　　　　)

06 자동차와 자전거 중 더 느리게 운동하는 물체는 어느 것입니까?

(　　　　　　　　)

07 비행기, 바이킹, 범퍼카는 빠르기가 (변하는 , 일정한) 운동을 하는 물체입니다.

08 케이블카, 자동계단은 빠르기가 (변하는 , 일정한) 운동을 하는 물체입니다.

09 기차와 스키장 승강기 중 빠르기가 변하는 운동을 하는 물체는 어느 것입니까?

(　　　　　　　　)

10 롤러코스터와 대관람차 중 빠르기가 일정한 운동을 하는 물체는 어느 것입니까?

(　　　　　　　　)

11 배드민턴공은 처음에는 (천천히 , 빠르게) 날아가다가 점점 느려집니다.

12 비행기는 활주로에서 (천천히 , 빠르게) 움직이다가 점점 (천천히 , 빠르게) 달려 하늘로 날아갑니다.

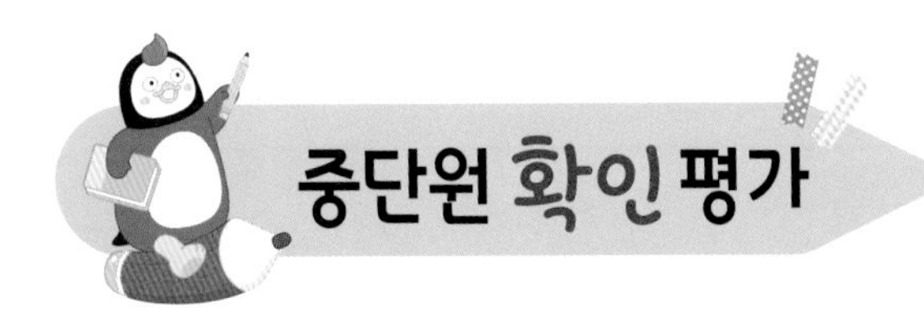

중단원 확인 평가

정답과 해설 47쪽

01 물체의 운동에 대한 설명으로 옳지 않은 것을 보기 에서 골라 기호를 쓰시오.

보기

㉠ 운동하는 물체와 운동하지 않는 물체가 있다.
㉡ 운동하는 물체는 시간이 지남에 따라 위치가 변한다.
㉢ 운동하지 않는 물체는 시간이 지남에 따라 무게가 변한다.
㉣ 시간이 지남에 따라 물체의 위치가 변할 때 물체가 운동한다고 한다.

( )

02 다음은 치타의 움직임을 연속으로 촬영한 사진입니다. 치타가 운동했다고 할 때, 치타는 시간이 지남에 따라 무엇이 변한 것인지 쓰시오.

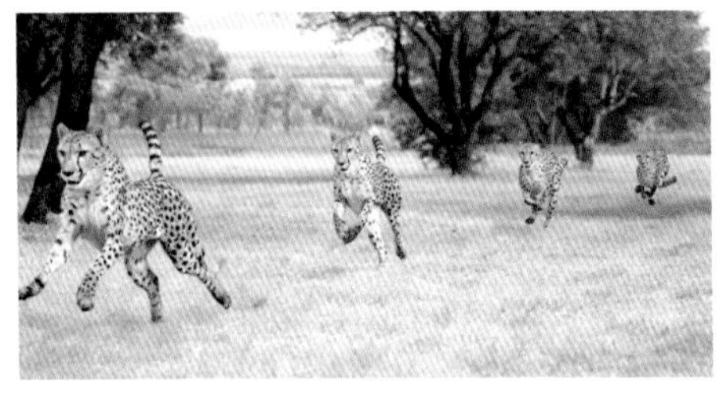

( )

중요

03 물체의 운동을 나타내는 방법을 바르게 말한 사람의 이름을 쓰시오.

- 민재: 물체의 운동은 물체의 크기와 물체가 이동한 거리로 나타내.
- 서윤: 물체의 운동은 물체가 이동하는 데 걸린 시간과 이동 거리로 나타내.
- 원영: 물체의 운동은 물체가 이동하는 데 사용한 비용과 이동 거리로 나타내.

( )

[04~05] 다음은 1초 간격으로 나타낸 거리의 모습입니다. 물음에 답하시오.

처음 ㉠ ㉡ ㉢ ㉣

1초 뒤

04 위에서 1초 뒤에도 처음 위치에 그대로 있는 물체를 골라 기호를 쓰시오.

( )

05 위에서 1초 동안 운동한 물체에 대한 설명으로 옳은 것에 ○표, 옳지 않은 것에 ×표 하시오.

(1) 할머니는 1초 동안 2칸을 이동했다. ( )
(2) 자전거는 1초 동안 9칸을 이동했다. ( )
(3) 걸어가는 사람은 1초 동안 4칸을 이동했다. ( )

06 여러 가지 물체의 운동에 대한 설명으로 옳지 않은 것을 보기 에서 골라 기호를 쓰시오.

보기

㉠ 느리게 운동하는 물체는 항상 일정한 빠르기로 운동한다.
㉡ 빠르게 운동하는 물체도 있고, 느리게 운동하는 물체도 있다.
㉢ 같은 물체라도 빠르기가 일정할 때도 있고, 빠르기가 변할 때도 있다.

( )

07 다음은 두 물체의 운동을 비교하여 빠르게 운동하는 물체와 느리게 운동하는 물체로 분류한 것입니다. (　　) 안에 들어갈 알맞은 말에 ○표 하시오.

㉠(느리게 , 빠르게) 운동하는 물체	㉡(느리게 , 빠르게) 운동하는 물체
말	달팽이
치타	거북
자동차	자전거

중요
08 다음 두 물체의 공통점으로 옳은 것을 두 가지 고르시오. (　　　,　　　)

▲ 기차

▲ 컬링 스톤

① 계속 빠르게 운동하는 물체이다.
② 빠르기가 변하는 운동을 하는 물체이다.
③ 빠르기가 일정한 운동을 하는 물체이다.
④ 펭귄, 자이로 드롭도 같은 형태의 빠르기로 운동을 한다.
⑤ 자동길, 스키장 승강기도 같은 형태의 빠르기로 운동을 한다.

09 다음은 배드민턴 채로 친 배드민턴공의 운동에 대한 설명입니다. (　　) 안에 들어갈 알맞은 말에 ○표 하시오.

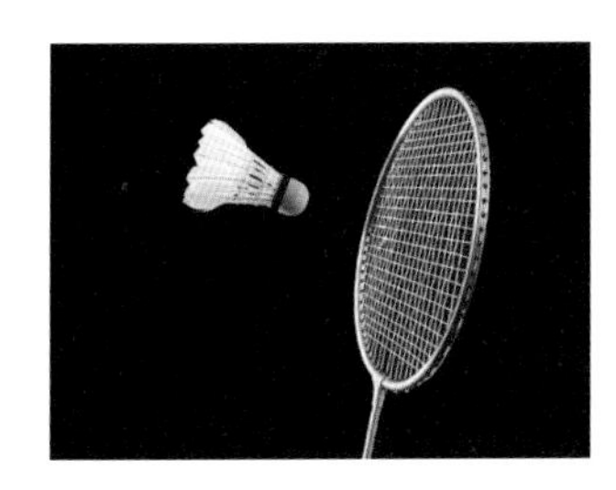

배드민턴공이 처음에는 ㉠(천천히 , 빠르게) 날아가다가 점점 ㉡(느려지면서 , 빨라지면서) 바닥으로 떨어진다.

[10~11] 다음은 공항의 모습입니다. 물음에 답하시오.

10 다음은 위 공항에서 볼 수 있는 어떤 물체의 운동에 대한 설명입니다. 어떤 물체인지 골라 기호를 쓰시오.

위층이나 아래층으로 이동하는 동안 빠르기가 일정한 운동을 한다.

(　　　　　　　　　　)

11 위 공항에서 볼 수 있는 물체 중에서 빠르기가 변하는 운동을 하는 물체를 모두 골라 기호를 쓰시오.

(　　　　　　　　　　)

12 놀이 기구 중 빠르기가 일정한 운동을 하는 것을 두 가지 고르시오. (　　　,　　　)

①

▲ 대관람차

▲ 바이킹

③

▲ 자이로 드롭

▲ 롤러코스터

⑤

▲ 회전목마

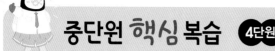

❶ 같은 거리를 이동하는 운동 경기에서 가장 빠른 선수를 뽑는 방법

▲ 수영

▲ 쇼트트랙

- 선수들이 출발선에서 동시에 출발했다면 결승선에 먼저 도착한 선수가 가장 빠름.
- 결승선에 먼저 도착한 선수는 나중에 도착한 선수보다 같은 거리를 이동하는 데 걸린 시간이 더 짧음.

❷ 같은 거리를 이동한 물체의 빠르기 비교

- 같은 거리를 이동하는 데 걸린 시간으로 비교함.
- 같은 거리를 이동하는 데 걸린 시간이 짧은 물체가 걸린 시간이 긴 물체보다 더 빠름.

❸ 같은 시간 동안 이동한 여러 교통수단의 빠르기 비교

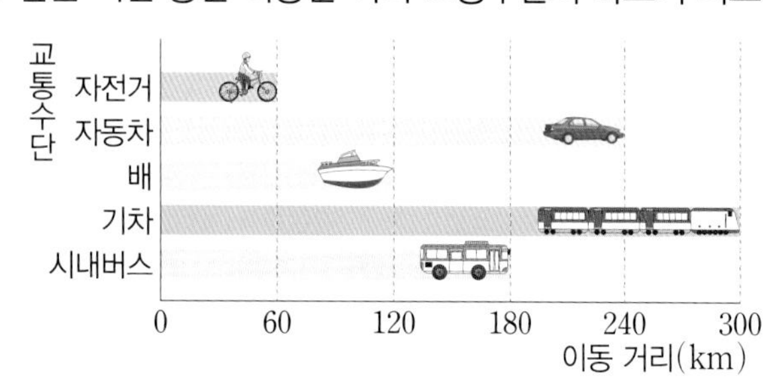

▲ 3시간 동안 여러 교통수단이 이동한 거리 비교

- 기차, 자동차, 시내버스, 배, 자전거의 순서로 빠름.
- 같은 시간 동안 가장 긴 거리를 이동한 기차가 가장 빠른 교통수단임.

❹ 같은 시간 동안 이동한 물체의 빠르기를 비교하는 방법

- 같은 시간 동안 물체가 이동한 거리로 비교함.
- 같은 시간 동안 긴 거리를 이동한 물체가 짧은 거리를 이동한 물체보다 더 빠름.

❺ 물체의 속력

- 속력: 1초, 1분, 1시간 등과 같은 단위 시간 동안 물체가 이동한 거리
- 속력을 구하는 방법

(속력)=(이동 거리)÷(걸린 시간)

- 속력의 단위: km/h, m/s 등
- 속력의 의미와 읽는 법

처음 | 이동 거리: 30 m | 10초 뒤

속력=30 m÷10 s=3 m/s
1초 동안 3 m를 이동하는 빠르기이고, 삼 미터 매 초, 초속 삼 미터라고 읽음.

❻ 속력이 크다는 것의 의미

- 물체가 빠르게 운동하고 있다는 의미임.
- 같은 시간 동안 더 긴 거리를 이동한다는 의미임.
- 같은 거리를 이동하는 데 더 짧은 시간이 걸린다는 의미임.

❼ 여러 가지 물체의 속력 알아보기

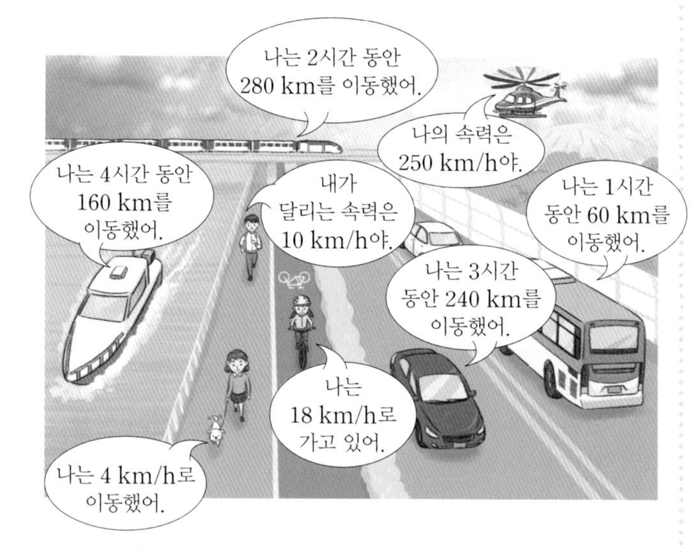

- 배의 속력은 40 km/h이고, 자전거의 속력은 18 km/h이므로 배가 자전거보다 더 빠름.
- 달리는 사람의 속력은 10 km/h이고, 강아지의 속력은 4 km/h이므로 달리는 사람이 강아지보다 더 빠름.
- 기차의 속력은 140 km/h이고, 헬리콥터의 속력은 250 km/h이므로 헬리콥터가 기차보다 더 빠름.

정답과 해설 48쪽

01 같은 거리를 이동하는 수영 경기에서 가장 빠른 선수는 걸린 시간이 가장 (깁니다 , 짧습니다).

02 같은 거리를 이동한 물체의 빠르기는 물체가 이동하는 데 (   )(으)로 비교합니다.

03 (쇼트트랙 , 배드민턴) 경기에서는 선수들이 같은 거리를 이동하는 데 걸린 시간을 측정하여 순위를 정합니다.

04 같은 (   ) 동안 이동한 물체의 빠르기는 물체가 이동한 거리로 비교합니다.

05 같은 시간 동안 긴 (긴 , 짧은) 거리를 이동한 물체가 (긴 , 짧은) 거리를 이동한 물체보다 더 빠릅니다.

06 1초, 1분, 1시간 등과 같은 단위 시간 동안 물체가 이동한 거리를 무엇이라고 합니까?

(   )

07 속력은 (   )을/를 (   )(으)로 나누어서 구합니다.

08 속력의 단위를 한 가지 쓰시오.

(   )

09 다음 속력을 바르게 읽으시오.

57 km/h

(   )

10 3초 동안 27 m를 이동한 물체의 속력을 구하시오.

(   )

11 속력이 (크다 , 작다)는 것은 같은 거리를 이동하는 데 더 짧은 시간이 걸린다는 의미입니다.

12 자전거는 2시간 동안 60 km를 이동했고, 버스는 3시간 동안 180 km를 이동했다면 더 빠른 교통수단은 어느 것입니까?

(   )

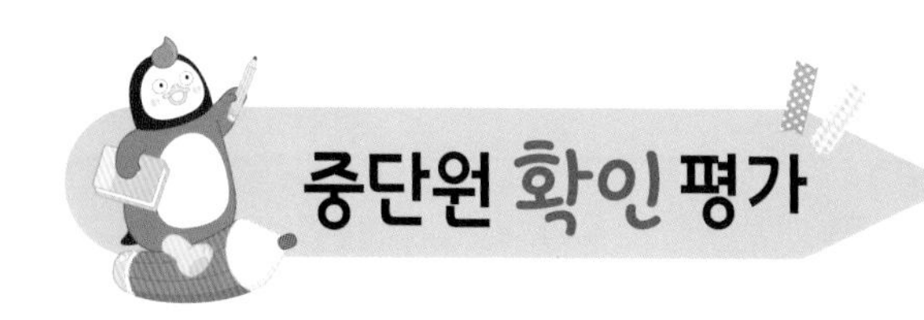

정답과 해설 48쪽

01 다음 수영 경기의 기록을 비교한 것으로 옳지 않은 것은 어느 것입니까? (　　　)

자유형 50 m

이름	걸린 시간
지수	28초 50
은경	28초 75
현수	29초 05
민아	29초 20
재범	30초 50
아린	31초 20

① 지수가 가장 빠르다.
② 아린이가 가장 느리다.
③ 현수가 재범이보다 빠르다.
④ 은경이가 민아보다 느리다.
⑤ 아린이가 재범이보다 느리다.

중요 02 같은 거리를 이동한 물체의 빠르기를 비교하는 방법으로 옳은 것을 보기 에서 골라 기호를 쓰시오.

보기
㉠ 물체의 색깔로 비교한다.
㉡ 물체의 무게로 비교한다.
㉢ 물체가 출발한 시간을 비교한다.
㉣ 물체가 이동하는 데 걸린 시간으로 비교한다.

(　　　　　　　　　　)

03 다음 쇼트트랙 경기와 같은 방법으로 순위를 정하는 운동 경기로 옳지 않은 것은 어느 것입니까? (　　　)

① 수영　　② 마라톤
③ 사이클　　④ 멀리뛰기
⑤ 스피드 스케이팅

[04~05] 다음은 10초 동안 여러 동물이 이동한 거리를 비교한 그래프입니다. 물음에 답하시오.

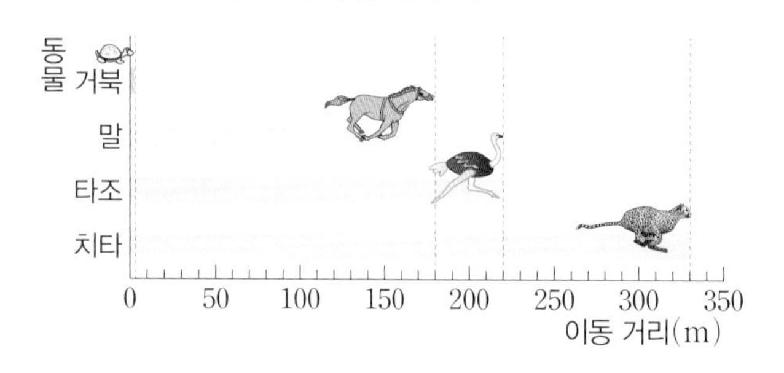

04 위 여러 동물을 빠른 것부터 순서대로 이름을 쓰시오.

(　　　) → (　　　) → (　　　) → (　　　)

05 위 여러 동물의 빠르기를 비교한 것으로 옳은 것은 어느 것입니까? (　　　)

① 거북이 말보다 빠르다.
② 타조가 말보다 느리다.
③ 거북이 치타보다 빠르다.
④ 타조가 거북보다 느리다.
⑤ 치타가 타조보다 빠르다.

중요 06 같은 시간 동안 이동한 물체의 빠르기를 비교하는 방법으로 옳은 것을 보기 에서 모두 골라 기호를 쓰시오.

보기
㉠ 같은 시간 동안 물체의 무게 변화로 비교한다.
㉡ 같은 시간 동안 물체가 이동한 거리로 비교한다.
㉢ 같은 시간 동안 긴 거리를 이동한 물체가 짧은 거리를 이동한 물체보다 더 빠르다.
㉣ 같은 시간 동안 짧은 거리를 이동한 물체가 긴 거리를 이동한 물체보다 더 빠르다.

(　　　　　　　　　　)

[07~09] 다음 ㈎와 ㈏는 물체의 빠르기를 비교하는 모습입니다. 물음에 답하시오.

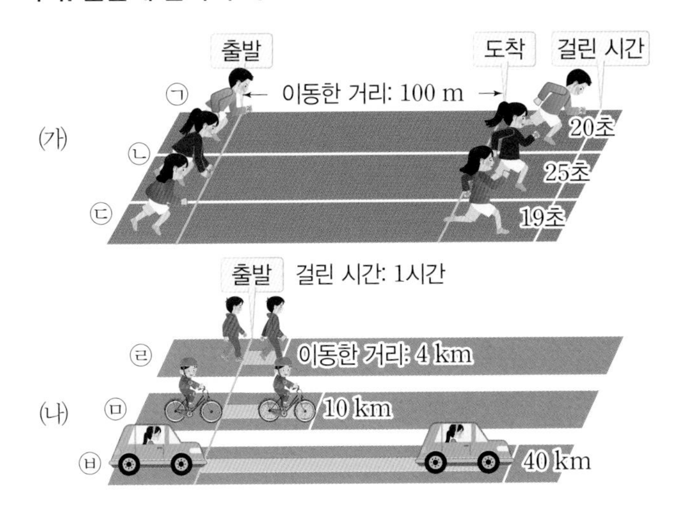

07 다음은 위의 ㈎와 ㈏에서 물체의 빠르기를 비교하는 방법을 설명한 것입니다. (   ) 안에 들어갈 알맞은 말을 쓰시오.

- ㈎에서 물체의 빠르기는 같은 거리를 이동하는 데 ((1)   )(으)로 비교한다.
- ㈏에서 물체의 빠르기는 같은 시간 동안 ((2)   )(으)로 비교한다.

(1) (   ), (2) (   )

08 위의 ㈎와 ㈏에서 가장 빠른 물체를 각각 골라 기호를 쓰시오.

㈎ (   ), ㈏ (   )

09 위의 ㈎와 ㈏에서 물체의 빠르기에 대한 설명으로 옳은 것은 어느 것입니까? (   )

① ㈎에서 ㉠이 ㉢보다 빠르다.
② ㈎에서 ㉢이 ㉡보다 빠르다.
③ ㈏에서 ㉣보다 ㉥이 느리다.
④ ㈎에서 가장 느린 것은 ㉠이다.
⑤ ㈏에서 가장 느린 것은 ㉤이다.

중요

10 다음은 물체의 속력을 구하는 방법입니다. (   ) 안에 들어갈 알맞은 말을 쓰시오.

물체의 속력＝(   )÷걸린 시간

(   )

11 다음은 여러 교통수단의 빠르기를 나타낸 것입니다. 각 교통수단의 속력을 구하시오.

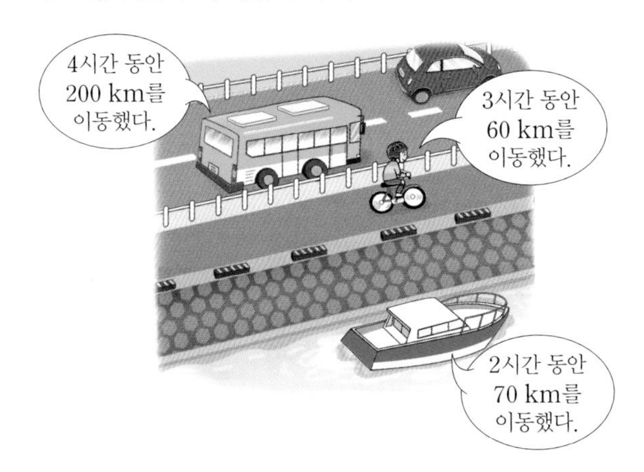

물체	속력
(1) 버스	
(2) 자전거	
(3) 배	

12 물체의 속력에 대한 설명으로 옳지 않은 것은 어느 것입니까? (   )

① 15 m/s는 십오 미터 매 초로 읽는다.
② 50 km/h는 시속 오십 킬로미터로 읽는다.
③ 속력의 단위는 km/h와 m/s 등을 사용한다.
④ 30 m/s는 1분 동안 300 m를 이동하는 빠르기이다.
⑤ 20 km/h는 1시간 동안 20 km를 이동하는 빠르기이다.

❶ 속력과 관련된 안전장치를 사용하는 까닭

- 속력이 작은 자동차에서 충돌이 일어났을 때보다 속력이 큰 자동차에서 충돌이 일어났을 때 자동차 탑승자와 보행자가 모두 더 크게 다칠 수 있음.
- 속력과 관련된 안전장치가 필요한 까닭: 자동차나 자전거와 같은 물체의 속력을 줄이거나 충돌할 때 받는 충격을 줄여 주기 위해서 필요함.

❷ 자동차에 설치된 안전장치

안전띠	긴급 상황에서 탑승자의 몸을 고정함.
에어백	충돌 사고가 일어났을 때 순식간에 부풀어 탑승자의 몸에 가해지는 충격을 줄여 줌.
자동 긴급 제동 장치	앞차와의 충돌 위험이 있을 때 자동차를 멈춤.
차간 거리 유지 장치	가속 발판을 밟지 않아도 자동차 운전자가 원하는 속력으로 운행하여 안전거리를 유지함.

▲ 안전띠

▲ 에어백

❸ 도로에 설치된 안전장치

어린이 보호 구역 표지판	학교 주변 도로에서 자동차의 속력을 30 km/h 이하로 제한해 어린이들의 교통 안전사고를 막음.
과속 방지 턱	자동차의 속력을 줄여서 사고를 예방함.
횡단보도	보행자가 안전하게 길을 건널 수 있도록 보행자를 보호하는 구역임.
옐로 카펫	교통사고를 예방하기 위해 초등학교 근처 횡단보도 양쪽 바닥과 벽을 노랗게 칠한 것임.
붉은색 바닥	운전자가 어린이 보호 구역을 잘 인지할 수 있도록 붉은색으로 칠한 도로임.
교통 표지판	자동차 운전자와 보행자에게 위험 상황이나 규칙을 알려 줌.

▲ 어린이 보호 구역 표지판

▲ 과속 방지 턱

▲ 횡단보도

▲ 옐로 카펫

❹ 자전거를 탈 때 사용하는 보호 장구

➡ 자전거, 킥보드, 인라인스케이트 등을 탈 때 보호 장구를 착용해야 큰 속력으로 달리다가 부딪칠 경우 피해를 줄일 수 있음.

❺ 도로 주변에서 어린이가 지켜야 할 교통안전 수칙

- 무단 횡단을 하지 않음.
- 버스는 인도에서 기다림.
- 도로 주변에서 킥보드를 타지 않음.
- 멈춰 있는 자동차 주변에서 놀지 않음.
- 바퀴 달린 신발은 안전한 장소에서 탐.
- 차가 지나가지 않는 인도로 걸어 다님.
- 도로 주변에서 공은 공 주머니에 넣고 다님.
- 길을 건너기 전에 자동차가 멈췄는지 확인함.
- 횡단보도를 건널 때에는 자전거에서 내려 자전거를 끌고 건넘.
- 횡단보도를 건널 때에는 신호등의 초록색 불이 켜진 후 좌우를 살피고 건넘.

❻ 도로 주변에서 어린이 교통안전을 위해 어른들이 지켜야 할 교통안전 수칙

- 학교 주변이나 어린이 보호 구역에서 자동차를 운전할 때는 속력을 30 km/h 이하로 줄임.
- 어린이가 통행하는 장소에서는 어린이가 길을 건널 때까지 자동차가 기다림.

중단원 쪽지 시험

4 (3) 속력과 안전

정답과 해설 49쪽

01 속력이 (큰 , 작은) 자동차에서 충돌이 일어났을 때보다 속력이 (큰 , 작은) 자동차에서 충돌이 일어났을 때 자동차 탑승자와 보행자가 모두 더 크게 다칠 수 있습니다.

02 자동차에 (안전장치 , 횡단보도)을/를 설치하면 자동차의 속력을 줄이거나 충돌할 때 받는 충격을 줄일 수 있습니다.

03 자동차에 설치된 안전장치 중 긴급 상황에서 탑승자의 몸을 고정하는 것은 무엇입니까?

( )

04 자동차에 설치된 (에어백 , 안전띠)은/는 충돌 사고가 일어났을 때 순식간에 부풀어 탑승자의 몸에 가해지는 충격을 줄여 줍니다.

05 도로에 설치된 안전장치로, 보행자가 안전하게 길을 건널 수 있도록 보행자를 보호하는 구역은 무엇입니까?

( )

06 (과속 방지 턱 , 과속 단속 카메라)은/는 도로의 바닥에 표시된 안전장치로, 자동차의 속력을 줄여서 사고를 예방합니다.

07 자전거를 탈 때 사용하는 보호 장구로, 머리를 다치는 것을 막기 위해 쓰는 모자를 무엇이라고 합니까?

( )

08 횡단보도를 건널 때 신호등의 초록색 불이 켜진 후 좌우를 살피며 건너는 것은 (안전한 , 위험한) 행동입니다.

09 버스가 정류장에 도착할 때까지 (차도 , 인도)에서 기다립니다.

10 도로 주변에서 공놀이를 하는 것은 (안전한 , 위험한) 행동이므로 공은 (던지며 , 공 주머니에 넣고) 다닙니다.

11 학교 주변 도로나 어린이 보호 구역에서 자동차를 운전할 때는 속력을 ( ) 이하로 줄여야 합니다.

12 어린이가 통행하는 장소를 지나가려는 자동차는 어린이가 길을 건널 때 (기다립니다 , 먼저 지나갑니다).

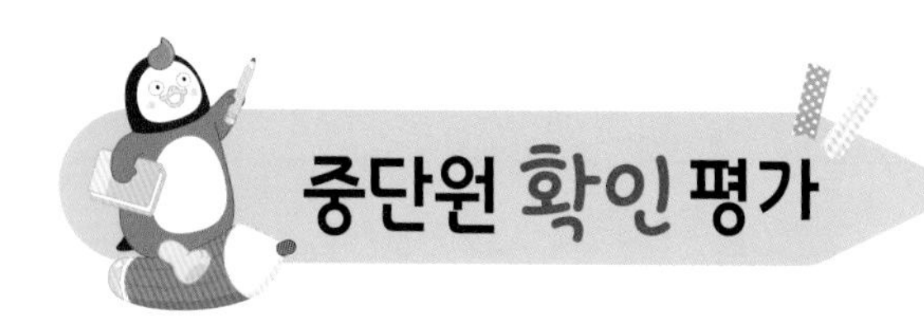

01 자동차의 속력이 클 때의 위험성에 해당하는 것을 보기 에서 모두 골라 기호를 쓰시오.

보기

㉠ 자동차의 속력이 크면 자동차가 바로 멈출 수 없다.
㉡ 자동차 운전자가 도로의 위험 상황에 바로 대처하기 어렵다.
㉢ 자동차의 속력이 크더라도 보행자는 자동차를 쉽게 피할 수 있다.

( )

[02~03] 다음은 어린이 보호 구역에서 발생하는 교통사고의 유형과 자동차 속력에 따른 보행자 충돌 실험 결과입니다. 물음에 답하시오.

어린이 보호 구역에서 발생하는 교통사고의 유형

횡단 중	238건
차도 통행 중	26건
보도 통행 중	19건
길 가장자리 통행 중	11건
기타	83건

〔출처: 도로교통공단(2018년)〕

자동차 속력에 따른 보행자 충돌 실험 결과

속력	중상 가능성
30 km/h	15.4 %
50 km/h	72.7 %
60 km/h	92.6 %

〔출처: 한국교통안전공단(2018년)〕

02 위의 어린이 보호 구역에서 발생하는 교통사고의 유형을 보고, 잘못 말한 사람의 이름을 쓰시오.

• 민주: 어린이가 횡단보도를 건널 때는 교통사고가 일어나지 않아.
• 윤수: 어린이 보호 구역에서는 횡단 중일 때 교통사고가 가장 많이 일어나.

( )

03 위의 자동차 속력에 따른 보행자 충돌 실험 결과를 보고, 보행자가 가장 크게 다칠 수 있는 경우에 해당하는 자동차의 속력을 쓰시오.

( )

중요

04 다음 ( ) 안에 공통으로 들어갈 알맞은 말을 쓰시오.

( )이/가 큰 물체와 부딪쳤을 때 피해를 줄이기 위해 자동차나 도로에 ( )과/와 관련된 안전장치를 설치한다.

( )

05 자동차에 설치된 안전장치로 옳은 것은 어느 것입니까? ( )

①

②

③

④

⑤

06 다음은 자동차에 설치된 안전장치에 대한 설명입니다. 이 안전장치의 이름으로 옳은 것은 어느 것입니까? ( )

앞차와의 충돌 위험이 있을 때 자동차를 멈춘다.

① 안전띠
② 에어백
③ 옐로 카펫
④ 자동 긴급 제동 장치
⑤ 차간 거리 유지 장치

07 다음은 도로에 설치된 안전장치입니다. 이 안전장치의 역할로 옳은 것은 어느 것입니까? (   )

① 긴급 상황에서 탑승자의 몸을 고정한다.
② 자동차의 속력을 줄여서 사고를 예방한다.
③ 자동차 운전자와 보행자에게 위험 상황이나 규칙을 알려 준다.
④ 보행자가 안전하게 길을 건널 수 있도록 보행자를 보호하는 구역이다.
⑤ 운전자가 자동차를 원하는 속력으로 운행하게 하여 안전거리를 유지하도록 한다.

중요
08 다음은 도로에 설치된 안전장치에 대한 설명입니다. 이 안전장치로 옳은 것은 어느 것입니까? (   )

초등학교 및 유치원, 어린이집 주변 도로에서 자동차의 속력을 30 km/h 이하로 제한해 어린이들의 교통 안전사고를 막기 위해 설치한 것이다.

① 에어백
② 옐로 카펫
③ 과속 방지 턱
④ 자동 긴급 제동 장치
⑤ 어린이 보호 구역 표지판

09 다음은 도로에 설치된 안전장치에 대한 두 친구의 대화입니다. (   ) 안에 공통으로 들어갈 알맞은 말을 쓰시오.

• 예솔: (   )은/는 보행자가 안전하게 길을 건널 수 있도록 보행자를 보호하는 구역이야.
• 은정: (   )을/를 건널 때 신호등의 초록색 불이 켜진 후에 좌우를 살피고 건너야 해.

(   )

10 서진이네 모둠에서 교통안전 수칙 실천 점검표에 들어갈 내용을 정하려고 합니다. 점검표에 들어갈 내용으로 옳지 않은 것은 어느 것입니까? (   )

① 자동차를 탈 때 안전띠를 맨다.
② 어린이용 킥보드는 차도에서 탄다.
③ 길을 건널 때는 횡단보도로 건넌다.
④ 멈춰 있는 자동차 주변에서 놀지 않는다.
⑤ 길을 건너기 전에 자동차가 멈췄는지 확인한다.

중요
11 도로 주변에서 지켜야 할 안전한 행동으로 옳은 것을 보기 에서 모두 골라 기호를 쓰시오.

보기
㉠ 도로 주변에서 공놀이를 한다.
㉡ 버스를 기다릴 때 차도로 내려간다.
㉢ 바퀴 달린 신발은 안전한 장소에서 탄다.
㉣ 횡단보도를 건널 때에는 자전거에서 내려 자전거를 끌고 건넌다.

(   )

12 교통 안전사고가 일어나지 않도록 해야 할 노력으로 옳지 않은 것은 어느 것입니까? (   )

① 학교 앞 도로에서는 무단 횡단을 한다.
② 자동차가 지나가지 않는 인도로 걸어 다닌다.
③ 횡단보도를 건널 때는 휴대 전화를 보지 않는다.
④ 자동차 운전자나 보행자는 교통 법규를 잘 지킨다.
⑤ 어린이가 통행하는 장소를 지나가려는 자동차는 어린이가 길을 건널 때까지 기다린다.

대단원 종합 평가

[01~02] 다음은 2초 간격으로 교실의 모습을 나타낸 것입니다. 물음에 답하시오.

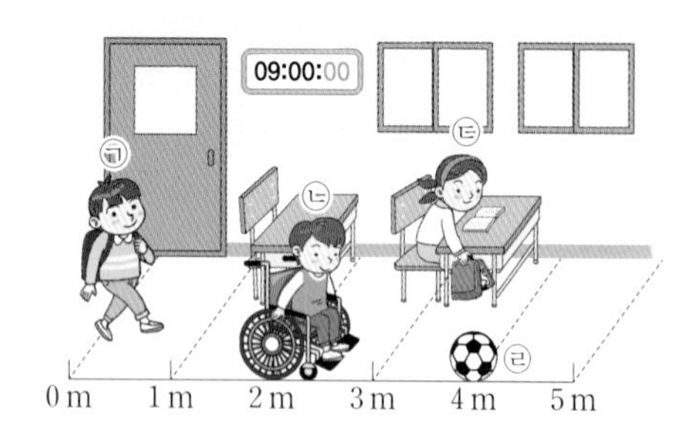

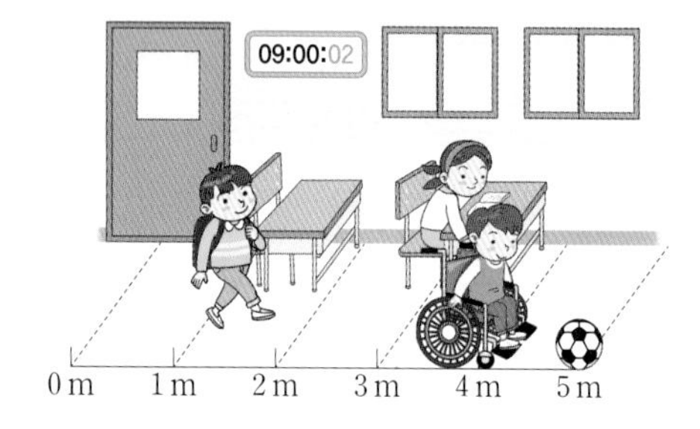

01 위의 교실에서 운동한 물체를 모두 골라 기호를 쓰시오.

( )

02 다음은 01번의 답을 고른 까닭입니다. ( ) 안에 들어갈 알맞은 말을 쓰시오.

> 운동한 물체는 (㈎)이/가 지남에 따라 물체의 (㈏)이/가 변하기 때문이다.

㈎ ( ), ㈏ ( )

중요

03 물체의 운동을 나타내는 방법으로 옳은 것을 보기 에서 골라 기호를 쓰시오.

보기

㉠ 물체가 이동하는 데 걸린 시간만 나타낸다.
㉡ 물체가 이동하는 데 걸린 시간과 이동 거리로 나타낸다.
㉢ 물체가 이동하는 데 걸린 시간과 물체의 무게로 나타낸다.

( )

04 우리 주변에 있는 여러 가지 물체의 운동에 대한 설명으로 옳은 것은 어느 것입니까? ( )

① 교문은 운동하는 물체이다.
② 나무는 운동하는 물체이다.
③ 구름은 운동하지 않는 물체이다.
④ 달리는 자동차는 운동하는 물체이다.
⑤ 기어가는 개미는 운동하지 않는 물체이다.

05 다음 거리의 모습을 보고, 물체의 운동을 표현한 것입니다. ( ) 안에 들어갈 알맞은 수를 쓰시오.

(1) 자전거는 1초 동안 ( ) m를 이동했다.
(2) 자동차는 1초 동안 ( ) m를 이동했다.

06 여러 가지 물체의 운동에 대한 설명으로 옳은 것을 두 가지 고르시오. (,)

① 치타는 달팽이보다 빠르게 운동한다.
② 자동계단은 빠르기가 변하는 운동을 한다.
③ 같은 물체는 항상 같은 빠르기로 운동한다.
④ 컬링 스톤은 빠르기가 일정한 운동을 한다.
⑤ 빠르기가 변하는 운동을 하는 물체가 있다.

07 빠르기가 일정한 운동을 하는 물체를 모두 골라 기호를 쓰시오.

㉠ 
▲ 자동길

㉡ 
▲ 케이블카

㉢ 
▲ 범퍼카

( )

08 놀이공원에서 볼 수 있는 바이킹의 운동에 대한 설명으로 옳지 않은 것을 보기 에서 골라 기호를 쓰시오.

보기

㉠ 빠르기가 변하는 운동을 한다.
㉡ 위로 올라갈 때는 점점 느리게 운동한다.
㉢ 원을 그리며 빠르기가 일정한 운동을 한다.
㉣ 최고 높이에서 아래로 내려올 때는 점점 빠르게 운동한다.

(　　　　　　　　　　)

09 다음은 **50 m** 달리기를 한 뒤 선수들의 기록을 나타낸 표입니다. (　　) 안에 들어갈 연지의 기록으로 알맞은 것은 어느 것입니까? (　　)

순위	이름	걸린 시간
1위	정이	8초 59
2위	연지	(　　　)
3위	이겸	10초 75

① 7초 12　② 8초 16
③ 8초 48　④ 9초 57
⑤ 11초 23

중요
10 같은 거리를 이동한 물체의 빠르기를 비교하는 방법으로 옳은 것을 보기 에서 모두 골라 기호를 쓰시오.

보기

㉠ 물체가 이동하는 데 걸린 시간으로 비교한다.
㉡ 물체가 이동하는 데 걸린 시간이 긴 물체가 걸린 시간이 짧은 물체보다 더 느리다.
㉢ 물체가 이동하는 데 걸린 시간이 짧은 물체가 걸린 시간이 긴 물체보다 더 느리다.

(　　　　　　　　　　)

11 같은 거리를 이동하는 데 걸린 시간을 측정해 빠르기를 비교하는 운동 경기가 아닌 것은 어느 것입니까?
(　　)

① 조정　② 역도　③ 수영
④ 마라톤　⑤ 봅슬레이

[12~13] 다음은 같은 시간 동안 여러 동물이 이동한 거리를 비교한 것입니다. 물음에 답하시오.

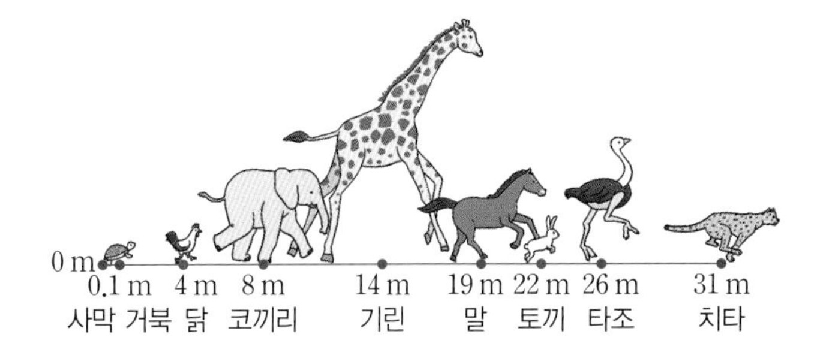

12 위 여러 동물 중 가장 빠른 동물과 가장 느린 동물을 골라 쓰시오.

(1) 가장 빠른 동물: (　　　　　　　　)
(2) 가장 느린 동물: (　　　　　　　　)

13 위 여러 동물의 빠르기를 비교한 것으로 옳은 것은 어느 것입니까? (　　)

① 토끼는 치타보다 빠르다.
② 닭은 사막 거북보다 느리다.
③ 코끼리, 기린, 말 중에서 말이 가장 빠르다.
④ 타조는 여러 동물 중에서 세 번째로 빠르다.
⑤ 가장 긴 거리를 이동한 치타가 가장 느리다.

14 이동 거리와 이동하는 데 걸린 시간이 모두 다른 물체의 빠르기를 비교하는 방법으로 옳은 것에 ○표, 옳지 않은 것에 ×표 하시오.

(1) 물체의 속력을 구해 비교한다. (　　)
(2) 물체가 이동하는 데 걸린 시간을 비교한다. (　　)
(3) 물체가 단위 시간 동안 이동한 거리를 구해 비교한다. (　　)

15 다음 속력을 바르게 읽은 것은 어느 것입니까? ( )

300 km/h

① 삼백 미터 매 시
② 초속 삼백 킬로미터
③ 분속 삼백 킬로미터
④ 삼백 킬로미터 매 초
⑤ 삼백 킬로미터 매 시

중요

16 다음 보기 의 여러 물체의 속력을 비교하여 가장 빠른 것부터 순서대로 기호를 쓰시오.

보기

㉠ 3시간 동안 60 km를 달리는 곰
㉡ 1시간 동안 12 km를 달리는 사람
㉢ 2시간 동안 32 km를 달리는 자전거

( ) → ( ) → ( )

17 다음 여러 가지 교통수단의 속력에 대한 설명으로 옳은 것을 두 가지 고르시오. (,)

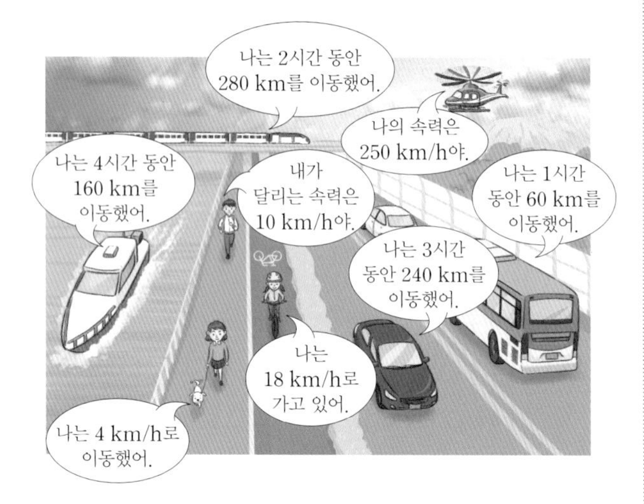

① 자동차는 자전거보다 느리다.
② 기차는 헬리콥터보다 빠르다.
③ 버스의 속력은 30 km/h이다.
④ 자동차의 속력은 80 km/h이다.
⑤ 기차, 버스, 자동차 중에서 기차가 가장 빠르다.

18 다음과 같이 자동차와 도로에 설치된 안전장치와 그 이름을 바르게 나타낸 것은 어느 것입니까? ( )

㉠ 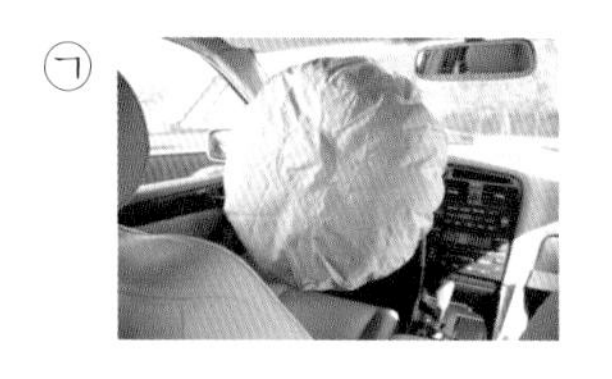 ㉡ 

	㉠	㉡
①	안전띠	과속 방지 턱
②	에어백	횡단보도
③	에어백	옐로 카펫
④	안전띠	옐로 카펫
⑤	횡단보도	과속 방지 턱

중요

19 학교 주변 도로에서 위험하게 행동한 어린이는 누구입니까? ( )

① 인도에서 버스를 기다린다.
② 공 주머니에 공을 넣고 다닌다.
③ 휴대 전화를 보면서 횡단보도를 건넌다.
④ 횡단보도에서 좌우를 살피며 길을 건넌다.
⑤ 횡단보도를 건널 때 자전거에서 내려서 끌고 간다.

20 어린이 교통안전을 위해 어른들이 지켜야 할 교통안전 수칙으로 옳지 않은 어느 것입니까? ( )

① 어린이 보호 구역 내에 불법 주정차를 하지 않는다.
② 자동차는 어린이가 통행하는 장소에서 어린이가 건널 때까지 기다린다.
③ 자동차는 횡단보도 앞에서 일단 멈춰 갑자기 달려오는 보행자를 보호한다.
④ 학교 주변이나 어린이 보호 구역에서 자동차를 운전할 때는 속력을 30 km/h 이하로 줄인다.
⑤ 통학 버스는 학생들의 등교를 위해 어린이 보호 구역에서 50 km/h 이상의 빠르기로 주행한다.

서술형·논술형 평가 4단원

정답과 해설 51쪽

01 다음 교통사고에 대한 신문 기사를 보고, 자동차의 속력이 클수록 위험한 까닭을 쓰시오.

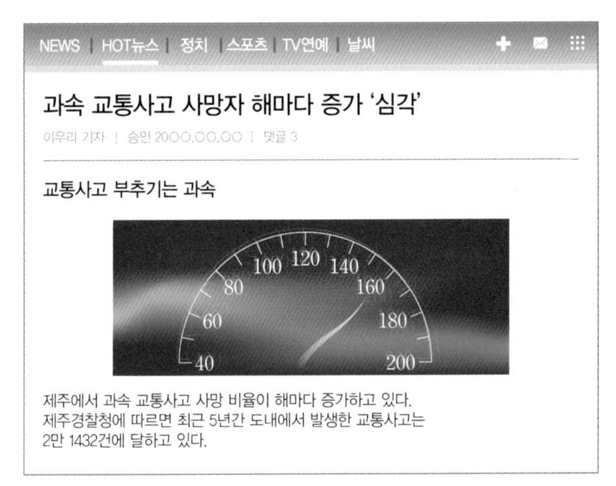
NEWS | HOT뉴스 | 정치 | 스포츠 | TV연예 | 날씨

과속 교통사고 사망자 해마다 증가 '심각'

이우리 기자 | 승인 20○○.○○.○○ | 댓글 3

교통사고 부추기는 과속

제주에서 과속 교통사고 사망 비율이 해마다 증가하고 있다. 제주경찰청에 따르면 최근 5년간 도내에서 발생한 교통사고는 2만 1432건에 달하고 있다.

*과속 : 자동차 따위의 주행 속도를 너무 빠르게 함. 또는 그 속도.

02 다음은 영진이가 놀이공원에 다녀온 후 쓴 일기입니다. 물음에 답하시오.

20○○년 9월 ○일 맑음

제목: 놀이공원 나들이

오늘 가족들과 놀이공원에 갔다. 바이킹, 대관람차, 회전목마, 범퍼카를 탔는데 너무 재미있었다. 집에 갈 시간이 다가오니 너무 아쉬워서 마지막으로 롤러코스터를 타러 갔다. 줄 서 있는 사람들이 많아서 한참 동안 기다린 뒤 롤러코스터를 탔는데 (   ). 오늘 탄 놀이 기구 중에서 롤러코스터가 가장 무서웠지만 가장 재미있었다.

(1) 위에서 밑줄 친 놀이 기구 중 빠르기가 일정한 운동을 하는 것을 모두 골라 쓰시오.

(   )

(2) 위의 (   ) 안에 오르막길과 내리막길에서 운동하는 롤러코스터의 빠르기에 대해 쓰시오.

03 다음은 여러 동물의 속력을 비교한 것입니다. 물음에 답하시오.

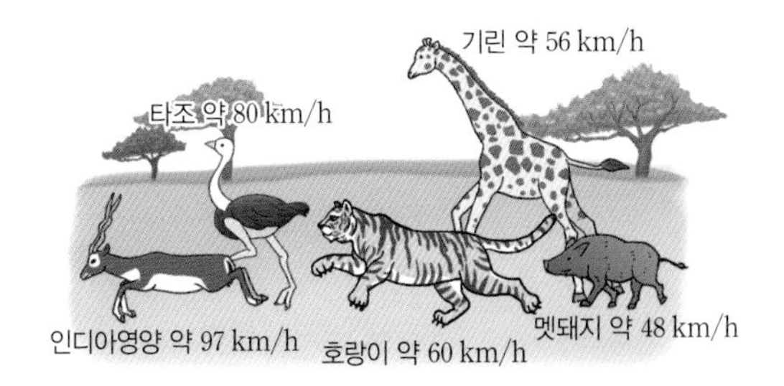

(1) 위의 타조와 기린의 속력을 이용하여 빠르기를 비교하시오.

(2) 위의 호랑이가 인디아영양과 멧돼지를 쫓아간다면 어떻게 될지 속력을 비교하여 쓰시오.

04 다음 (가)는 자동차 안전장치에 대한 홍보물이고, (나)는 자동차에 설치된 여러 가지 안전장치의 모습입니다. 물음에 답하시오.

(1) 위의 (가)는 (나)의 안전장치 ㉠과 ㉡ 중 어떤 것에 대한 홍보물인지 기호를 쓰시오.

(   )

(2) 위의 (나)에 있는 안전장치 ㉠과 ㉡의 기능을 쓰시오.

㉠

㉡

❶ 여러 가지 용액 관찰하기

용액	색깔	투명한 정도	냄새	흔든 뒤 3초 이상 거품 유지
식초	연한 노란색	투명	○	×
레몬즙	연한 노란색	불투명	○	×
유리 세정제	연한 푸른색	투명	○	○
탄산수	무색	투명	×	×
빨랫비누 물	하얀색	불투명	○	○
석회수	무색	투명	×	×
묽은 염산	무색	투명	○	×
묽은 수산화 나트륨 용액	무색	투명	×	×

❷ 여러 가지 용액 분류하기

분류 기준: 투명한가?

- 그렇다: 식초, 유리 세정제, 탄산수, 석회수, 묽은 염산, 묽은 수산화 나트륨 용액
- 그렇지 않다: 레몬즙, 빨랫비누 물

분류 기준: 색깔이 있는가?

- 그렇다: 식초, 레몬즙, 유리 세정제, 빨랫비누 물
- 그렇지 않다: 탄산수, 석회수, 묽은 염산, 묽은 수산화 나트륨 용액

분류 기준: 흔들었을 때 거품이 3초 이상 유지되는가?

- 그렇다: 유리 세정제, 빨랫비누 물
- 그렇지 않다: 식초, 레몬즙, 탄산수, 석회수, 묽은 염산, 묽은 수산화 나트륨 용액

❸ 지시약

- 지시약: 어떤 용액을 만났을 때 그 용액의 성질에 따라 눈에 띄는 색깔 변화가 나타나는 물질
- 지시약의 종류: 리트머스 종이, 페놀프탈레인 용액, 붉은 양배추 지시약 등

❹ 리트머스 종이로 용액 분류하기

구분	식초, 레몬즙, 탄산수, 묽은 염산	유리 세정제, 빨랫비누 물, 석회수, 묽은 수산화 나트륨 용액
리트머스 종이의 색깔 변화	푸른색 리트머스 종이가 붉은색으로 변함.	붉은색 리트머스 종이가 푸른색으로 변함.
용액의 성질	산성 용액	염기성 용액

❺ 페놀프탈레인 용액으로 용액 분류하기

구분	식초, 레몬즙, 탄산수, 묽은 염산	유리 세정제, 빨랫비누 물, 석회수, 묽은 수산화 나트륨 용액
페놀프탈레인 용액의 색깔 변화	변화가 없음.	붉은색으로 변함.
용액의 성질	산성 용액	염기성 용액

❻ 붉은 양배추 지시약으로 용액 분류하기

구분	식초, 레몬즙, 탄산수, 묽은 염산	유리 세정제, 빨랫비누 물, 석회수, 묽은 수산화 나트륨 용액
붉은 양배추 지시약의 색깔 변화	붉은색 계열	푸른색이나 노란색 계열
용액의 성질	산성 용액	염기성 용액

❼ 산성 용액과 염기성 용액으로 분류하기

- 산성 용액에서 푸른색 리트머스 종이는 붉은색으로 변하고, 페놀프탈레인 용액은 색깔이 변하지 않으며, 붉은 양배추 지시약은 붉은색 계열로 변함.
- 염기성 용액에서 붉은색 리트머스 종이는 푸른색으로 변하고, 페놀프탈레인 용액은 붉은색으로 변하며, 붉은 양배추 지시약은 푸른색이나 노란색 계열로 변함.

정답과 해설 52쪽

01 탄산수와 빨랫비누 물 중 투명한 것은 어느 것입니까?

( )

02 유리 세정제와 석회수 중 흔들었을 때 거품이 3초 이상 유지되는 것은 어느 것입니까?

( )

03 여러 가지 용액을 관찰한 뒤 용액의 공통점과 차이점에 따라 ( )을/를 세워 분류합니다.

04 여러 가지 용액을 분류하는 기준으로 '투명한가?'는 적절합니다. (○ , ×)

05 여러 가지 용액을 분류하는 기준으로 '색깔이 예쁜가?'는 적절합니다. (○ , ×)

06 어떤 용액을 만났을 때 그 용액의 성질에 따라 눈에 띄는 색깔 변화가 나타나는 물질을 무엇이라고 하는지 쓰시오.

( )

07 푸른색 리트머스 종이를 붉은색으로 변하게 하는 용액은 (레몬즙 , 유리 세정제)입니다.

08 붉은색 리트머스 종이에 빨랫비누 물을 떨어뜨렸을 때 리트머스 종이의 색깔 변화를 쓰시오.

( )

09 페놀프탈레인 용액을 묽은 수산화 나트륨 용액에 떨어뜨렸을 때의 색깔 변화를 쓰시오.

( )

10 산성 용액과 염기성 용액 중 페놀프탈레인 용액의 색깔을 변하게 하지 않는 용액은 어느 것입니까?

( )

11 붉은 양배추 지시약을 붉은색 계열로 변하게 하는 용액을 한 가지 쓰시오.

( )

12 석회수에 붉은 양배추 지시약을 떨어뜨리면 붉은 양배추 지시약은 어떤 색깔로 변합니까?

( )

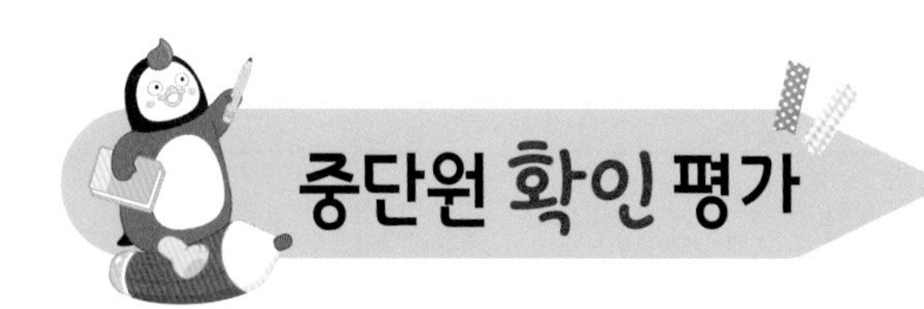

정답과 해설 52쪽

[01~02] 다음은 여러 가지 용액을 관찰한 결과를 표로 나타낸 것입니다. 물음에 답하시오.

구분	식초	묽은 염산	유리 세정제	빨랫비누 물
용액	식초	묽은 염산	유리 세정제	빨랫비누 물
색깔	연한 노란색	무색	(㉠)	하얀색
투명한 정도	투명함.	투명함.	투명함.	(㉡).
냄새	(㉢).	냄새가 남.	냄새가 남.	냄새가 남.

01 위 표의 ( ) 안에 들어갈 알맞은 말에 ○표 하시오.

㉠ (무색 , 연한 노란색 , 연한 푸른색)
㉡ (투명함 , 불투명함)
㉢ (냄새가 남 , 냄새가 나지 않음)

02 위 용액 중 흔들었을 때 거품이 3초 이상 유지되는 용액을 모두 고른 것은 어느 것입니까? ( )

① 식초, 묽은 염산
② 식초, 빨랫비누 물
③ 식초, 유리 세정제
④ 묽은 염산, 유리 세정제
⑤ 유리 세정제, 빨랫비누 물

03 다음 용액들의 공통점으로 옳은 것은 어느 것입니까? ( )

레몬즙, 탄산수, 묽은 수산화 나트륨 용액

① 투명하다.
② 냄새가 난다.
③ 색깔이 없다.
④ 연한 노란색이다.
⑤ 흔들었을 때 거품이 3초 이상 유지되지 않는다.

중요
04 지시약에 대한 설명으로 옳은 것에 모두 ○표 하시오.

(1) 지시약은 용액의 성질과 관계없이 모두 같은 색깔로 변한다. ( )
(2) 겉보기 성질만으로 분류하기 어려운 용액을 분류할 때 지시약을 사용하여 분류할 수 있다. ( )
(3) 어떤 용액을 만났을 때 그 용액의 성질에 따라 눈에 띄는 색깔 변화가 나타나는 물질이다. ( )

[05~06] 리트머스 종이에 보기 의 여러 가지 용액를 떨어뜨린 뒤, 색깔 변화를 관찰하였습니다. 물음에 답하시오.

보기

㉠ 식초 ㉡ 석회수
㉢ 레몬즙 ㉣ 빨랫비누 물

05 위 보기 에서 푸른색 리트머스 종이를 붉은색으로 변하게 하는 용액을 모두 골라 기호를 쓰시오.

( )

06 위 보기 에서 붉은색 리트머스 종이를 푸른색으로 변하게 하는 용액 중 다음과 같은 특징이 있는 것을 골라 기호를 쓰시오.

- 무색투명하다.
- 냄새가 나지 않는다.
- 흔들었을 때 거품이 3초 이상 유지되지 않는다.

( )

07 다음 여러 가지 용액에 페놀프탈레인 용액을 떨어뜨렸을 때의 색깔 변화를 바르게 선으로 연결하시오.

(1) 레몬즙 •

(2) 묽은 염산 •

(3) 유리 세정제 •

(4) 빨랫비누 물 •

• ㉠ 변화 없음.

• ㉡ 붉은색으로 변함.

[08~09] 다음은 용액 ㉠과 용액 ㉡에서 리트머스 종이와 페놀프탈레인 용액의 색깔 변화입니다. 물음에 답하시오.

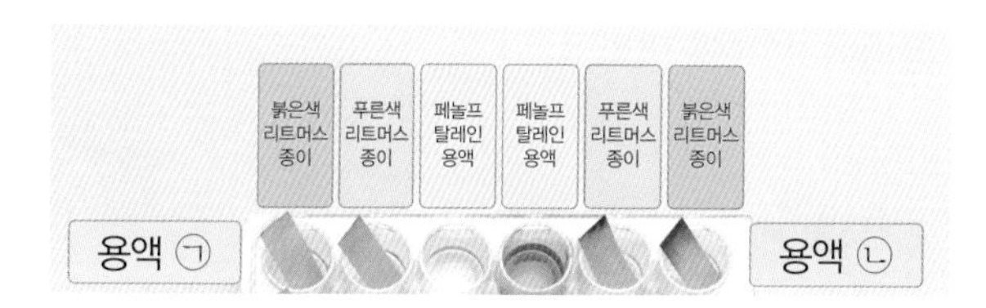

08 위 실험 결과를 보고, 알 수 있는 용액 ㉠의 성질을 쓰시오.

( )

중요

09 위 용액 ㉡과 같은 성질을 나타내는 것끼리 바르게 짝지은 것은 어느 것입니까? ( )

① 식초, 레몬즙, 탄산수
② 탄산수, 석회수, 유리 세정제,
③ 탄산수, 묽은 염산, 유리 세정제
④ 레몬즙, 묽은 염산, 유리 세정제
⑤ 석회수, 빨랫비누 물, 묽은 수산화 나트륨 용액

[10~11] 다음은 붉은 양배추 지시약을 만드는 실험 과정을 순서 없이 나열한 것입니다. 물음에 답하시오.

(가)

(나)

(다)

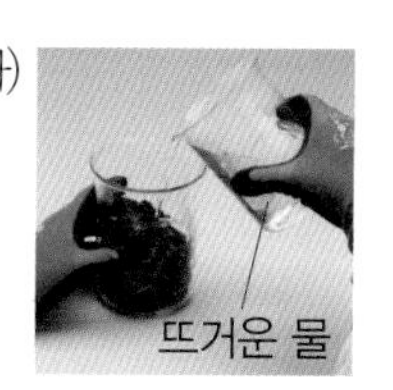

10 위 실험 과정의 순서에 맞게 기호를 쓰시오.

( ) → ( ) → ( )

11 위 10번의 답과 같은 순서로 만든 붉은 양배추 지시약의 특징으로 옳은 것을 보기 에서 모두 골라 기호를 쓰시오.

보기

㉠ 식초와 레몬즙에서 붉은색 계열을 나타낸다.
㉡ 탄산수와 석회수에서 푸른색이나 노란색 계열을 나타낸다.
㉢ 용액의 성질에 따라 붉은 양배추 지시약은 다른 색깔을 나타낸다.
㉣ 용액에 붉은 양배추 지시약을 떨어뜨렸을 때 색깔이 변하는 것은 지시약의 색깔이 변하는 것이 아니라 용액의 색깔이 변하는 것이다.

( )

중요

12 산성 용액과 염기성 용액에 대한 설명으로 옳지 <u>않은</u> 것은 어느 것입니까? ( )

① 산성 용액에는 구연산 용액, 묽은 염산 등이 있다.
② 산성 용액은 푸른색 리트머스 종이를 붉은색으로 변하게 한다.
③ 염기성 용액은 페놀프탈레인 용액을 붉은색으로 변하게 한다.
④ 염기성 용액은 붉은색 리트머스 종이를 푸른색으로 변하게 한다.
⑤ 붉은 양배추 지시약이 염기성 용액을 만나면 붉은색 계열을 나타낸다.

중단원 핵심 복습

5 (2) 산성 용액과 염기성 용액의 성질

❶ 산성 용액에 여러 가지 물질 넣어보기

물질	결과
달걀 껍데기	기포가 발생하며, 바깥쪽 껍데기가 녹음.
대리석 조각	기포가 발생하며, 대리석 조각이 녹음.
삶은 달걀흰자	변화가 없음.
두부	변화가 없음.

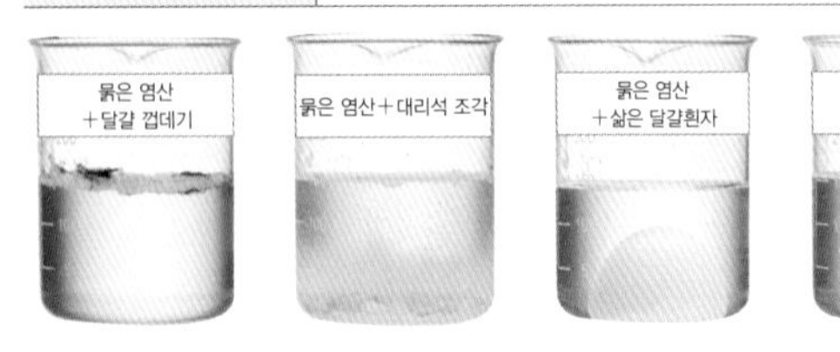

➡ 산성 용액은 달걀 껍데기와 대리석 조각을 녹임.

❷ 염기성 용액에 여러 가지 물질 넣어보기

물질	결과
달걀 껍데기	변화가 없음.
대리석 조각	변화가 없음.
삶은 달걀흰자	삶은 달걀흰자가 녹아 흐물흐물해짐.
두부	두부가 녹아 흐물흐물해지고, 용액이 뿌옇게 흐려짐.

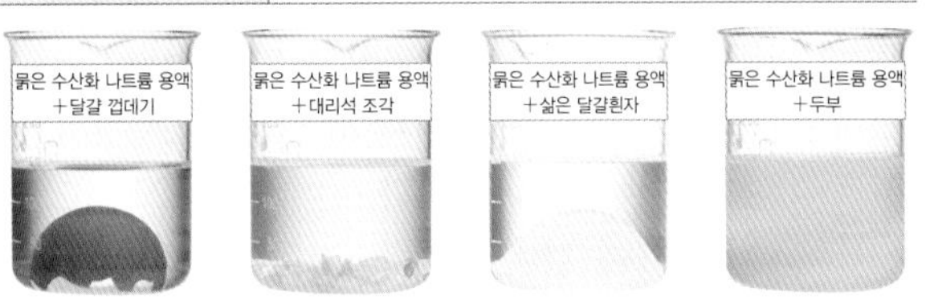

➡ 염기성 용액은 삶은 달걀흰자와 두부를 녹임.

❸ 서울 원각사지 십층 석탑에 유리 보호 장치를 한 까닭

산성을 띤 빗물이나 산성을 띤 새의 배설물과 같은 물질이 대리석으로 만든 석탑에 닿으면 녹아 훼손될 수 있기 때문에 유리 보호 장치를 설치해 보호함.

❹ 산성 용액에 염기성 용액을 섞었을 때의 변화

- 붉은 양배추 지시약을 열 방울 떨어뜨린 묽은 염산 20 mL에 묽은 수산화 나트륨 용액을 5 mL씩 떨어뜨리면 붉은색 계열에서 푸른색이나 노란색 계열로 변함.

➡ 묽은 염산에 묽은 수산화 나트륨 용액을 계속 넣으면 산성이 약해지다가 염기성 용액으로 변함.

❺ 염기성 용액에 산성 용액을 섞었을 때의 변화

- 붉은 양배추 지시약을 열 방울 떨어뜨린 묽은 수산화 나트륨 용액 20 mL에 묽은 염산을 5 mL씩 떨어뜨리면 노란색 계열에서 붉은색 계열로 변함.

➡ 묽은 수산화 나트륨 용액에 묽은 염산을 계속 넣으면 염기성이 약해지다가 산성 용액으로 변함.

❻ 산성 용액과 염기성 용액을 섞었을 때 성질 변화

- 산성 용액에 염기성 용액을 넣을수록 산성이 점점 약해지다가 염기성으로 변함.
- 염기성 용액에 산성 용액을 넣을수록 염기성이 점점 약해지다가 산성으로 변함.
- 산성 용액과 염기성 용액을 섞으면 용액 속에 있는 산성을 띠는 물질과 염기성을 띠는 물질이 섞이면서 용액의 성질이 변함.

❼ 우리 생활에서 산성 용액을 이용하는 예

- 음식의 신맛을 낼 때 식초를 넣음.
- 생선을 손질한 도마를 식초로 닦음.
- 생선에 레몬즙을 뿌려 비린내를 없앰.
- 변기용 세제로 화장실 변기의 때와 냄새를 없앰.
- 주전자에 생긴 하얀색 얼룩은 식초를 넣고 끓여 없앰.
- 머리카락을 감을 때 린스로 헹구면 윤기가 나고 건강해짐.

❽ 우리 생활에서 염기성 용액을 이용하는 예

- 속이 쓰릴 때 제산제를 먹음.
- 욕실을 청소할 때 표백제를 이용함.
- 유리를 닦을 때 유리 세정제를 이용함.
- 막힌 하수구를 뚫을 때 하수구 세정제를 이용함.
- 차량용 이물질 제거제로 자동차에 묻은 새 배설물이나 벌레 자국을 닦음.

중단원 쪽지 시험

5 (2) 산성 용액과 염기성 용액의 성질

정답과 해설 53쪽

01 묽은 염산에 달걀 껍데기를 넣고 잠시 놓아두면 (　　　　)이/가 발생합니다.

02 대리석 조각과 삶은 달걀흰자 중 묽은 염산에 넣었을 때 변화가 없는 것은 어느 것입니까?

(　　　　　　　　　　)

03 달걀 껍데기와 두부 중 묽은 수산화 나트륨 용액에 넣었을 때 녹아서 흐물흐물해지는 것은 어느 것입니까?

(　　　　　　　　　　)

04 (산성 , 염기성) 용액에 넣은 삶은 달걀흰자는 녹아 흐물흐물해집니다.

05 서울 원각사지 십층 석탑은 (　　　　)(으)로 만들어져 산성을 띤 빗물이나 새의 배설물과 같은 산성 물질로 인해 훼손될 수 있기 때문에 유리 보호 장치를 설치해 보호합니다.

06 산성 용액에 붉은 양배추 지시약을 몇 방울 떨어뜨리고 염기성 용액을 조금씩 계속 넣으면 지시약의 색깔이 붉은색 계열에서 점차 (　　　　)이나 노란색 계열로 변합니다.

07 산성 용액에 염기성 용액을 조금씩 계속 넣으면 (산성 , 염기성)이 약해집니다.

08 묽은 수산화 나트륨 용액 $20\ \mathrm{mL}$에 붉은 양배추 지시약을 열 방울 넣은 후에 묽은 염산을 $5\ \mathrm{mL}$씩 계속 넣으면 (노란색 , 붉은색)에서 (노란색 , 붉은색)으로 변합니다.

09 염기성 용액에 산성 용액을 조금씩 계속 넣으면 (산성 , 염기성)이 강해집니다.

10 생선을 손질한 도마를 닦거나 주전자의 하얀색 얼룩을 제거할 때 이용하는 것은 (식초 , 제산제)입니다.

11 화장실 변기의 때와 냄새를 없애기 위해 이용하는 변기용 세제는 (산성 , 염기성) 용액입니다.

12 욕실을 청소할 때 이용하는 표백제는 (산성 , 염기성) 용액입니다.

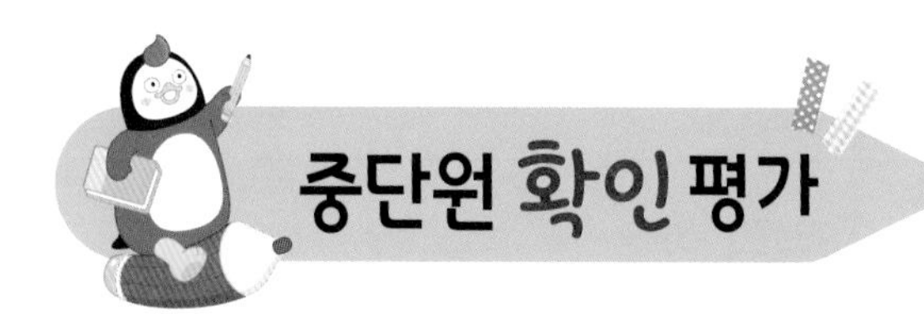

01 어떤 용액에 달걀을 며칠 동안 넣어 두었더니 오른쪽과 같이 바깥쪽 껍데기가 녹았습니다. 어떤 용액으로 옳은 것은 어느 것입니까? (　　　)

① 식초　② 석회수
③ 유리 세정제　④ 빨랫비누 물
⑤ 묽은 수산화 나트륨 용액

02 묽은 수산화 나트륨 용액에 두부를 넣고 시간이 지난 뒤 관찰한 결과로 옳은 것을 두 가지 고르시오.
(　　　,　　　)

① 변화가 없다.
② 기포가 생긴다.
③ 두부가 단단해진다.
④ 두부가 흐물흐물해진다.
⑤ 용액이 뿌옇게 흐려진다.

중요
03 묽은 수산화 나트륨 용액에 넣었을 때 녹아서 흐물흐물해지는 것을 두 가지 고르시오. (　　　,　　　)

① 달걀 껍데기　② 대리석 조각
③ 삶은 달걀흰자　④ 삶은 닭 가슴살
⑤ 메추리알 껍데기

04 오른쪽과 같이 대리석으로 만든 서울 원각사지 십층 석탑에 유리 보호 장치를 한 까닭으로 옳은 것을 보기 에서 모두 골라 기호를 쓰시오.

보기
㉠ 산성을 띤 빗물에 훼손될 수 있기 때문이다.
㉡ 유리 보호 장치를 하면 더 좋아 보이기 때문이다.
㉢ 새의 배설물과 같은 산성 물질이 닿으면 녹을 수 있기 때문이다.

(　　　　　　　　　　)

[05~06] 다음은 묽은 염산에 붉은 양배추 지시약을 몇 방울 떨어뜨리고 묽은 수산화 나트륨 용액을 계속 넣었을 때 붉은 양배추 지시약의 색깔 변화입니다. 물음에 답하시오.

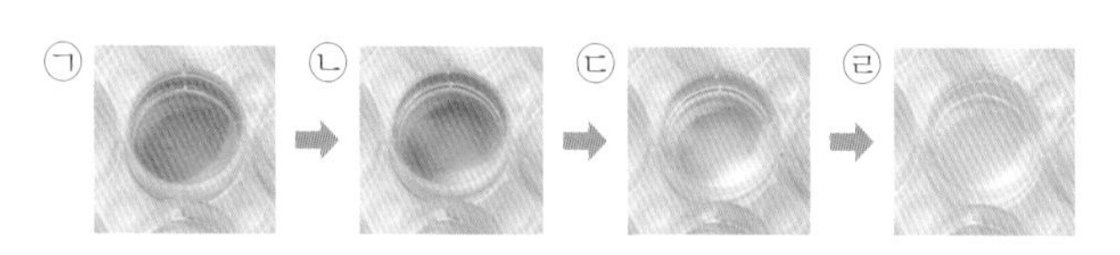

05 위 실험에 대해 잘못 말한 사람의 이름을 쓰시오.

- 민주: 산성이 가장 강한 것은 ㉡이야.
- 은수: 염기성이 가장 강한 것은 ㉣이야.
- 준혁: 묽은 수산화 나트륨 용액을 많이 넣을수록 붉은 양배추 지시약의 색깔은 푸른색이나 노란색 계열로 변해.

(　　　　　　　　　　)

중요
06 다음은 위 실험 결과를 보고 알 수 있는 사실을 정리한 것입니다. (　　) 안에 들어갈 알맞은 말을 쓰시오.

붉은 양배추 지시약의 색깔이 붉은색 계열에서 점차 노란색 계열로 변하는 것으로 보아 산성 용액에 염기성 용액을 넣을수록 점점 (　　　　　)이 약해지는 것을 알 수 있다.

(　　　　　　　　　　)

07 다음은 묽은 수산화 나트륨 용액에 페놀프탈레인 용액을 떨어뜨리고 묽은 염산을 계속 넣었을 때의 색깔 변화를 보고 알 수 있는 사실입니다. (　　) 안에 들어갈 알맞은 말에 ○표 하시오.

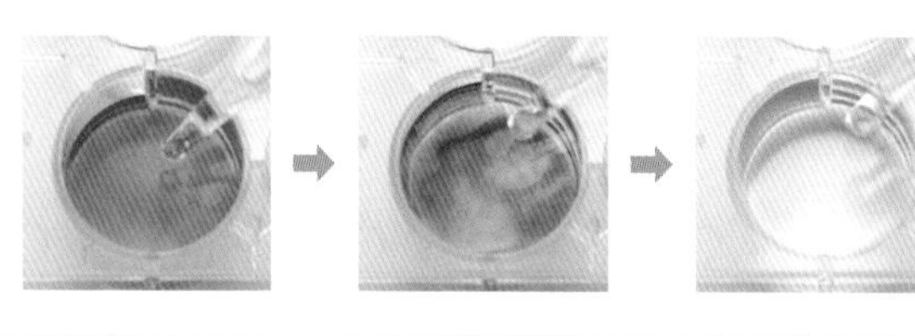

염기성 용액에 산성 용액을 계속 넣으면 ㉠(산성 , 염기성)이 약해지다가 ㉡(산성 , 염기성)으로 변한다.

08 산성 용액과 염기성 용액을 섞었을 때의 변화로 옳지 않은 것을 보기 에서 골라 기호를 쓰시오.

보기
㉠ 산성 용액과 염기성 용액을 섞으면 용액의 성질이 변한다.
㉡ 산성 용액에 염기성 용액을 넣을수록 산성이 점점 약해진다.
㉢ 산성 용액과 염기성 용액을 섞으면 항상 산성 용액의 성질이 강해진다.

(　　　　　　　　　　　　　　　)

09 다음은 산성화된 호수에 석회를 뿌리는 까닭을 설명한 것입니다. (　　) 안에 들어갈 알맞은 말에 ○표 하시오.

산성비가 많이 내려 산성화된 호수에 ㉠(산성 , 염기성)을 띠는 석회를 뿌리면 호수의 산성화된 정도가 ㉡(강해지기 , 약해지기) 때문이다.

10 생선을 손질한 도마를 닦을 때 식초를 이용합니다. 식초와 같은 성질의 용액을 이용하는 예로 옳지 않은 것을 보기 에서 골라 기호를 쓰시오.

보기
㉠ 속이 쓰릴 때 제산제를 먹는다.
㉡ 머리카락을 감을 때 린스로 헹군다.
㉢ 변기를 청소할 때 변기용 세제를 이용한다.
㉣ 생선의 비린내를 없앨 때 레몬즙을 이용한다.

(　　　　　　　　　　　　　　　)

중요

11 다음 보기 는 우리 생활에서 산성 용액과 염기성 용액을 이용하는 예입니다. 이용하는 용액의 성질에 따라 분류하여 기호를 쓰시오.

보기

㉠ 생선에 레몬즙을 뿌려 비린내를 없앤다.
㉡ 욕실을 청소할 때 표백제를 이용한다.
㉢ 막힌 하수구를 뚫을 때 하수구 세정제를 이용한다.
㉣ 변기용 세제로 화장실 변기의 때와 냄새를 없앤다.

(1) 산성 용액을 이용하는 예: (　　　　　　　　)
(2) 염기성 용액을 이용하는 예: (　　　　　　　　)

12 다음은 구연산 용액을 리트머스 종이에 묻혔을 때의 결과입니다. 구연산 용액과 같은 성질을 가진 용액을 우리 생활에 이용한 예로 옳은 것은 어느 것입니까? (　　)

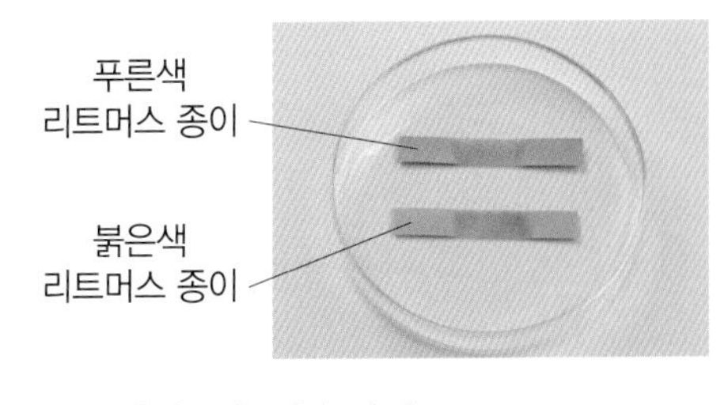

① 유리를 닦을 때 이용한다.
② 농약의 산성 성분을 없애는 데 이용한다.
③ 그릇에 남은 염기성 세제 성분을 없애는 데 이용한다.
④ 악취의 주성분인 산성을 약화해 냄새를 없애는 데 이용한다.
⑤ 자동차에 묻은 새 배설물이나 벌레 자국을 닦을 때 이용한다.

대단원 종합 평가

01 다음과 같은 특징을 가지는 용액으로 옳은 것은 어느 것입니까? (　　　)

- 무색투명하다.
- 냄새가 나지 않는다.
- 기포가 있고, 흔들었을 때 거품이 3초 이상 유지되지 않는다.

① 식초
② 레몬즙
③ 탄산수
④ 유리 세정제
⑤ 빨랫비누 물

02 다음은 여러 가지 용액을 분류 기준을 정해 분류한 것입니다. (　　) 안에 들어갈 용액으로 옳지 않은 것은 어느 것입니까? (　　　)

분류 기준: 투명한가?

그렇다.	그렇지 않다.
식초, 묽은 염산, (　　　　)	레몬즙, 빨랫비누 물

① 사이다
② 석회수
③ 오렌지 주스
④ 유리 세정제
⑤ 묽은 수산화 나트륨 용액

03 다음은 무엇에 대한 설명인지 쓰시오.

- 용액의 성질을 알아볼 수 있다.
- 리트머스 종이, 페놀프탈레인 용액 등이 있다.
- 색깔 변화를 이용해 여러 가지 용액을 산성 용액과 염기성 용액으로 분류할 수 있다.

(　　　　　　　　　　　　)

[04~05] 다음은 푸른색 리트머스 종이와 붉은색 리트머스 종이에 각각 여러 가지 용액을 묻혔을 때 색깔 변화입니다. 물음에 답하시오.

04 위 ㉠과 같은 결과가 나타나는 용액을 두 가지 고르시오. (　　　,　　　)

① 식초　　② 레몬즙
③ 유리 세정제　　④ 빨랫비누 물
⑤ 묽은 수산화 나트륨 용액

05 위 ㉡과 같은 결과를 나타내는 용액의 공통적인 성질을 쓰시오.

(　　　　　　　　　　　　)

06 여러 가지 용액에 페놀프탈레인 용액을 떨어뜨렸을 때의 색깔 변화에 맞게 다음 표에 색칠해 보시오.

- 페놀프탈레인 용액이 붉은색으로 변한 경우: ●
- 페놀프탈레인 용액의 색깔이 변하지 않는 경우: ○

식초	레몬즙	유리 세정제	탄산수
○	○	○	○

07 붉은색 리트머스 종이를 푸른색으로 변하게 하고, 페놀프탈레인 용액을 붉은색으로 변하게 하는 용액끼리 바르게 짝 지은 것은 어느 것입니까? (　　　)

① 레몬즙, 사이다
② 식초, 유리 세정제
③ 탄산수, 빨랫비누 물
④ 유리 세정제, 빨랫비누 물
⑤ 묽은 염산, 묽은 수산화 나트륨 용액

08 붉은 양배추 지시약의 색깔 변화표에서 묽은 염산에 떨어뜨린 붉은 양배추 지시약의 색깔로 알맞은 것을 골라 기호를 쓰시오.

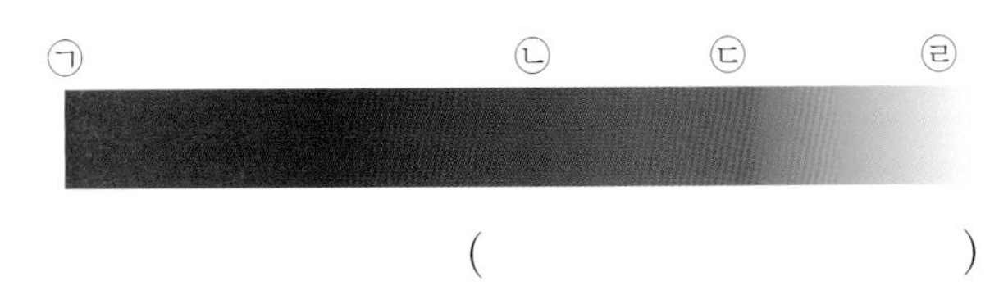

( )

09 붉은 양배추 지시약의 성질로 옳지 않은 것은 어느 것입니까? ( )

① 식초에서 붉은색으로 변한다.
② 탄산수에서 노란색으로 변한다.
③ 유리 세정제에서 푸른색으로 변한다.
④ 산성 용액에서 붉은색 계열로 변한다.
⑤ 염기성 용액에서 푸른색 계열로 변한다.

[10~11] 다음은 용액 ㉠과 용액 ㉡에 달걀 껍데기와 삶은 달걀흰자를 넣었을 때의 결과입니다. 물음에 답하시오.

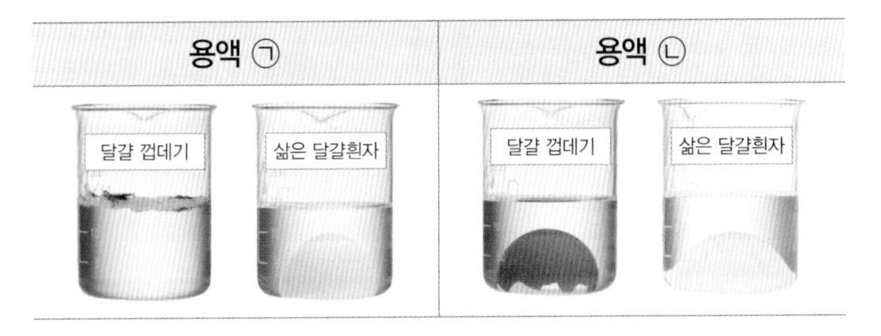

10 위 용액 ㉠과 용액 ㉡으로 알맞은 것을 보기 에서 골라 쓰시오.

보기

묽은 염산　　묽은 수산화 나트륨 용액

용액 ㉠ ( ), 용액 ㉡ ( )

11 위 실험을 통해 알 수 있는 사실로 옳은 것에 ○표 하시오.

(1) 산성 용액은 달걀 껍데기를 녹인다. ( )
(2) 염기성 용액은 달걀 껍데기와 삶은 달걀흰자를 녹인다. ( )
(3) 달걀 껍데기와 삶은 달걀흰자는 산성 용액과 염기성 용액에 넣었을 때 모두 변하지 않는다. ( )

12 다음은 대리석 조각품이 훼손된 까닭을 설명한 것입니다. ( ) 안에 들어갈 알맞은 말을 쓰시오.

대리석은 ( )을 띤 빗물이나 새의 배설물에 의해 녹기 때문이다.

( )

13 다음은 어떤 용액에 붉은 양배추 지시약을 두세 방울 떨어뜨린 뒤, 묽은 수산화 나트륨 용액을 한 방울씩 계속 떨어뜨렸을 때의 색깔 변화입니다. 어떤 용액의 성질로 옳지 않은 것은 어느 것입니까? ( )

<묽은 수산화 나트륨 용액을 넣은 방울 수>

1　2　3　4　5　6

① 대리석 조각을 넣으면 녹는다.
② 두부를 넣으면 녹아 흐물흐물해진다.
③ 푸른색 리트머스 종이를 붉은색으로 변하게 한다.
④ 달걀 껍데기를 넣으면 기포가 발생하면서 녹는다.
⑤ 페놀프탈레인 용액의 색깔을 변하게 하지 않는다.

14 산성 용액과 염기성 용액을 섞을 때 붉은 양배추 지시약의 색깔 변화와 지시약의 색깔 변화로 알 수 있는 사실로 옳은 것에 ○표 하시오.

(1) 붉은 양배추 지시약을 넣은 묽은 염산에 묽은 수산화 나트륨 용액을 계속 넣으면 노란색에서 점차 붉은색으로 변한다. ( )
(2) 붉은 양배추 지시약을 넣은 묽은 수산화 나트륨 용액에 묽은 염산을 계속 넣으면 염기성이 약해지다가 점차 산성이 강해진다. ( )

15 다음은 산성 용액과 염기성 용액에서 지시약의 색깔 변화를 정리한 표입니다. ㉠~㉢ 중 옳은 것을 골라 기호를 쓰시오.

구분	산성 용액	염기성 용액
리트머스 종이	㉠ 붉은색 리트머스 종이가 푸른색으로 변한다.	붉은색 리트머스 종이가 푸른색으로 변한다.
페놀프탈레인 용액	변화가 없다.	㉡ 붉은색으로 변한다.
붉은 양배추 지시약	㉢ 노란색 계열로 변한다.	푸른색 계열로 변한다.

( )

[16~17] 다음은 염기성 용액에 페놀프탈레인 용액을 두세 방울 떨어뜨린 뒤, 용액 ㉠을 조금씩 계속 넣었을 때의 색깔 변화입니다. 물음에 답하시오.

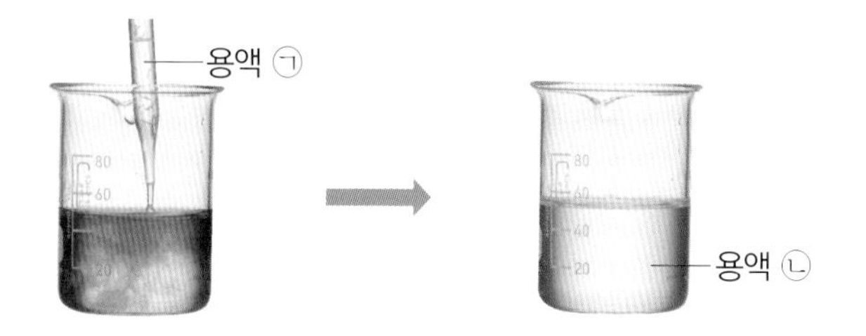

16 위 용액 ㉠에 대한 설명으로 옳은 것은 어느 것입니까? ( )

① 묽은 수산화 나트륨 용액이다.
② 붉은 양배추 지시약을 푸른색으로 변하게 한다.
③ 페놀프탈레인 용액을 붉은색으로 변하게 한다.
④ 붉은색 리트머스 종이를 푸른색으로 변하게 한다.
⑤ 푸른색 리트머스 종이를 붉은색으로 변하게 한다.

17 위 용액 ㉡에 붉은 양배추 지시약을 떨어뜨렸을 때 나올 수 없는 색깔은 어느 것입니까? ( )

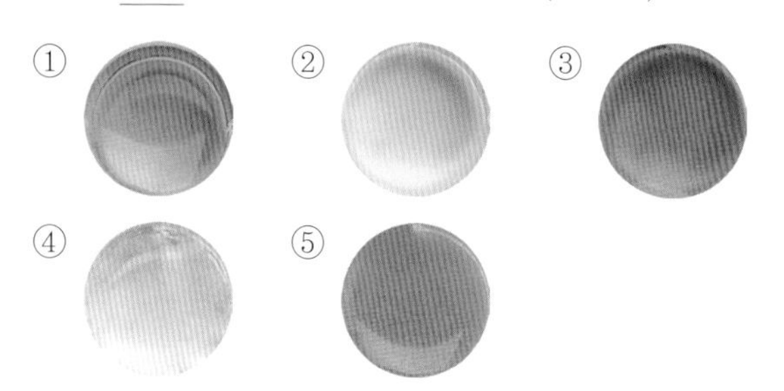

18 붉은 양배추 지시약을 열 방울 떨어뜨린 묽은 염산 20 mL에 묽은 수산화 나트륨 용액을 5 mL씩 계속 떨어뜨렸을 때 나타나는 변화로 옳은 것에 ○표, 옳지 않은 것에 ×표 하시오.

(1) 산성의 성질이 점점 약해진다. ( )
(2) 염기성의 성질이 점점 강해진다. ( )
(3) 묽은 수산화 나트륨 용액을 떨어뜨릴수록 용액의 성질이 변한다. ( )
(4) 묽은 수산화 나트륨 용액을 떨어뜨릴수록 푸른색에서 점차 붉은색으로 변한다. ( )

[19~20] 다음은 우리 생활에서 산성 용액과 염기성 용액을 이용하는 예입니다. 물음에 답하시오.

19 위의 ㉠과 같은 성질의 용액을 이용한 예로 옳은 것은 어느 것입니까? ( )

① 유리를 닦을 때 유리 세정제를 이용한다.
② 변기를 청소할 때 변기용 세제를 이용한다.
③ 생선의 비린내를 없앨 때 레몬즙을 이용한다.
④ 주전자에 생긴 하얀색 얼룩을 없앨 때 구연산을 이용한다.
⑤ 생선을 손질한 도마를 닦거나 음식을 만들 때 식초를 이용한다.

20 위의 ㉡과 ㉢ 중 보기 와 같은 성질의 용액을 골라 기호를 쓰시오.

보기
욕실을 청소할 때 표백제를 이용한다.

( )

서술형·논술형 평가 5단원

정답과 해설 55쪽

01 다음은 용액 ㉠과 용액 ㉡에서 리트머스 종이의 색깔 변화입니다. 물음에 답하시오.

용액 ㉠	용액 ㉡
푸른색 리트머스 종이가 붉은색으로 변한다.	붉은색 리트머스 종이가 푸른색으로 변한다.

(1) 위 리트머스 종이의 색깔 변화를 보고, 용액 ㉠과 용액 ㉡의 성질을 쓰시오.
용액 ㉠: (　　　　　), 용액 ㉡: (　　　　　)

(2) 위 용액 ㉠과 용액 ㉡에 두부와 대리석 조각을 각각 넣었을 때의 변화를 모두 쓰시오.

02 다음은 서진이가 할머니께 쓴 편지입니다. 물음에 답하시오.

> 할머니, 저 서진이예요.
> 오늘 과학 시간에 만든 붉은 양배추 지시약을 선생님께서 조금 담아주셔서 갖고 왔어요. 집에 있는 제빵 소다를 물에 녹여 붉은 양배추 지시약을 조금 넣었더니 색깔이 (㉠)으로 변했어요. 붉은 양배추 지시약은 (㉡) 용액에서 (㉠)이나 노란색 계열로 변하는데, 제빵 소다 용액의 성질이 (㉡)이었나봐요.
> 다음에 할머니께서 오시면 꼭 보여드릴게요.

(1) 위 (　) 안에 들어갈 알맞은 말을 쓰시오.
㉠ (　　　　　), ㉡ (　　　　　)

(2) 붉은 양배추 지시약이 산성 용액과 만났을 때의 색깔 변화를 쓰시오.

03 아빠와 도진이의 대화를 읽고, 물음에 답하시오.

> • 아빠: 화장실에 세제가 두 종류 있는데, 이름표가 없어. 변기 청소를 하려면 어떤 걸 써야 할까?
> • 도진: 엄마가 하나는 표백제이고, 다른 하나는 변기용 세제라고 하셨어요. 겉으로 보기에 비슷해 보여서 구별이 안되는데, 이것으로 청소해 보세요.
> • 아빠: (변기 청소 후) 이건 변기용 세제가 아니야. 변기의 얼룩을 잘 지우지 못해.

(1) 변기용 세제와 표백제는 산성과 염기성 중 각각 어떤 성질인지 쓰시오.
변기용 세제: (　　　　　)
표백제: (　　　　　)

(2) 지시약을 두 가지 선택하여 변기용 세제와 표백제의 성질을 확인할 수 있는 방법을 쓰시오.

04 다음은 염산 누출 사고가 일어난 곳에 소석회를 뿌리는 모습입니다. 물음에 답하시오.

(1) 위와 같이 이용하는 소석회의 성질을 쓰시오.
(　　　　　)

(2) 위에서 소석회를 뿌리는 까닭을 쓰시오.

MEMO

MEMO

MEMO

MEMO

MEMO

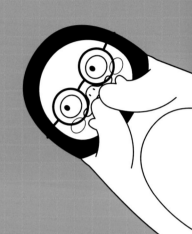

조금 어려운 내용에
도전해보고 싶어요.

아직 기초가 부족해서
차근차근
공부하고 싶어요.

영어의 모든 것!
체계적인
영어공부를 원해요.

조금 어려운
내용에
**도전해보고
싶어요.**

학습 고민이 있나요?

초등온에는
친구들의 **고민에 맞는**
다양한 강좌가 준비되어 있답니다.

**학교 진도에
맞춰**
공부하고
싶어요.

초등ON 이란?

EBS가 직접 제작하고 분야별 전문 교육업체가 개발한
다양한 콘텐츠를 바탕으로,

대표강좌

초등 목표달성을 위한 <**초등온**>**서비스**를 제공합니다.

BOOK 3
해설책
BOOK 3 해설책으로
틀린 문제의 해설도
확인해 보세요!

EBS

인터넷·모바일·TV
무료 강의 제공

초 | 등 | 부 | 터 **EBS**

BOOK 3 해설책

예습·복습·숙제까지 해결되는 교과서 완전 학습서

만점왕

과학 5-2

BOOK 3
해설책
만점왕
과학
5-2

2단원 생물과 환경

(1) 생태계

탐구 문제 18쪽

1 ㉢, ㉠ 2 ③

1 참새는 벼를 먹고, 매는 참새를 먹습니다.

2 생물의 먹고 먹히는 관계에 따라 한 줄로 나열하면 벼 → 메뚜기 → 개구리 → 뱀으로 연결할 수 있습니다. 문어는 바다에서 사는 생물로 벼, 메뚜기, 개구리, 뱀과는 살아가는 생활 환경이 다르기 때문에 먹이 관계가 형성되지 않습니다.

핵심 개념 문제 19~21쪽

01 ㉠ 02 ④ 03 ② 04 (1) – ㉡ (2) – ㉠ 05 ㉢ 06 분해자 07 ㉠ 08 (1) ○ (2) ○ (3) × 09 먹이 사슬 10 먹이 그물 11 깨진다 12 ①

01 지구에는 화단, 연못처럼 비교적 작은 규모의 생태계도 있고, 숲, 동굴, 강, 바다처럼 비교적 큰 규모의 생태계도 있습니다.

02 햇빛은 생태계를 이루는 구성 요소 중 비생물 요소입니다.

03 생물 요소는 벌, 토끼, 조개, 지렁이처럼 살아 있는 것입니다. 흙은 비생물 요소입니다.

04 생태계의 구성 요소에는 생물 요소와 비생물 요소가 있습니다. 햇빛은 비생물 요소이고, 여우는 생물 요소입니다.

05 생산자는 살아가는 데 필요한 양분을 스스로 만드는 생물이므로, 토끼풀이 생산자에 해당합니다.

06 곰팡이와 버섯은 죽은 생물이나 생물의 배출물을 분해해 양분을 얻는 생물이며, 분해자라고 합니다.

07 지렁이는 그늘진 곳의 촉촉한 흙에서 삽니다. 지렁이가 사는 흙은 지렁이의 통로로 인해 공기가 잘 통하고 지렁이의 배출물로 인해 양분이 많아져 비옥해집니다.

08 생물 요소와 햇빛, 온도, 물, 흙, 공기 등 비생물 요소는 서로 영향을 주고받습니다. 명아주와 같은 대부분의 식물은 자라는 데 햇빛과 온도의 영향을 받습니다.

09 생태계에서 생물의 먹고 먹히는 관계가 사슬처럼 연결되어 있는 것을 먹이 사슬이라고 합니다. 메뚜기는 벼를 먹고, 참새는 메뚜기를 먹으며, 수리부엉이는 참새를 먹습니다.

10 생태계에서 소비자는 한 종류의 먹이만 먹는 것이 아니라 다양한 종류의 먹이를 먹습니다. 실제 생태계에서 생물의 먹이 관계는 여러 개의 먹이 사슬이 얽혀 그물처럼 연결되어 있는 먹이 그물의 형태로 나타납니다.

11 생태계를 구성하고 있는 생물의 수 또는 양이 균형을 이루며 안정된 상태를 유지하는 것을 생태계 평형이라고 합니다. 생태계를 구성하고 있는 특정한 생물의 수나 양이 갑자기 늘어나거나 줄어들면 생태계 평형이 깨집니다.

12 생태계 평형은 가뭄, 홍수, 태풍, 지진, 산불 등의 자연재해뿐만 아니라 댐이나 도로, 건물 건설 또는 환경 오염 등의 인위적인 원인으로 인해서 깨지기도 합니다.

중단원 실전 문제 22~24쪽

01 생태계 02 ④ 03 ① 04 ② 05 예 토끼풀, 나무 06 (3) ○ 07 ③ 08 예 생산자를 먹는 소비자는 먹이가 없어서 죽게 되고, 그 소비자를 먹는 다음 단계의 소비자도 먹이가 없어서 죽게 될 것이며, 결국 생태계의 모든 생물이 멸종하게 될 것이다. 09 ⑤ 10 ㉠ 11 ㉠ 노루, ㉡ 여우 12 ③ 13 먹이 그물 14 ① 15 예 먹이 그물은 먹이 한 종류의 수나 양이 줄어들어도 생태계에 있는 다른 종류의 먹이를 먹을 수 있어 영향을 덜 받는 먹이 관계이기 때문이다. 16 (1) ○ 17 생태계 평형 18 ①, ②

01 우리가 살아가고 있는 지구의 그 어떤 장소라 할지라도 살아가는 생물과 생물을 둘러싸고 있는 환경이 서로 영향을 주고받는다면 생태계라고 할 수 있습니다. 어항 속, 학교 화단처럼 비교적 작은 규모의 생태계도 있고, 갯벌, 바다처럼 비교적 큰 규모의 생태계도 있습니다.

02 생물 요소는 생태계를 이루는 요소 중 살아 있는 것을 말하며, 붕어는 연못 생태계를 구성하는 생물 요소에 해당합니다.

03 흙은 비생물 요소이고, 비생물 요소는 생태계를 이루는 요소 중 살아 있지 않은 것입니다. ② 벼, ③ 뱀, ④ 개구리, ⑤ 메뚜기는 생물 요소입니다.

04 숲 생태계의 생물 요소에는 나무, 토끼풀, 토끼, 다람쥐, 버섯, 개미, 나비, 노루, 곰 등이 있습니다. 햇빛, 공기, 흙 등은 비생물 요소입니다.

05 생산자는 살아가는 데 필요한 양분을 스스로 만드는 생물이며, 토끼풀과 나무가 생산자에 해당합니다.

06 분해자는 죽은 생물이나 생물의 배출물을 분해해 양분을 얻는 생물이며, 버섯은 분해자입니다.

07 생태계의 구성 요소에는 생물 요소와 비생물 요소가 있으며, 생물 요소는 생물이 양분을 얻는 방법에 따라 생산자, 소비자, 분해자로 분류할 수 있습니다.

08 생태계에서 주로 풀, 나무 등이 생산자에 해당합니다. 만약 생산자가 없어진다면 생산자를 먹는 소비자는 먹이가 없어서 굶어 죽게 되고, 그 소비자를 먹는 다음 단계의 소비자도 먹이가 없어서 굶어 죽게 될 것입니다. 결국 생태계의 모든 생물이 멸종하게 될 것입니다.

채점 기준	
상	생산자가 없어진다면 생산자를 먹는 소비자가 죽게 된다는 내용 또는 생태계의 모든 생물이 멸종한다는 내용으로 옳게 쓴 경우
중	예시 답안과 의미는 비슷하지만 정확하게 못 쓴 경우
하	답을 틀리게 쓴 경우

09 지렁이는 그늘진 곳의 촉촉한 흙에서 살고, 지렁이가 사는 흙은 지렁이의 배출물로 인해 비옥해집니다. 또한 지렁이가 다닌 흙은 공기가 잘 통하게 되어 식물이 잘 자라게 됩니다. 이처럼 생태계를 구성하는 생물 요소와 비생물 요소는 서로 영향을 주고받습니다.

10 여우는 숨을 쉬기 위해 비생물 요소인 공기를 마십니다.

11 노루는 명아주를 먹고, 여우는 노루를 먹는 먹이 관계를 화살표로 연결하면 명아주 → 노루 → 여우로 나타낼 수 있습니다.

12 노루처럼 명아주와 같은 풀을 먹는 동물은 토끼입니다. 노루 대신에 토끼가 명아주를 먹고, 여우가 토끼를 잡아먹는 먹이 관계로 연결할 수 있습니다.

13 생태계에서 생물의 먹이 관계는 한 줄로 연결된 먹이 사슬 형태가 아닌, 여러 개의 먹이 사슬이 얽힌 먹이 그물의 형태로 나타납니다.

14 토끼는 참새를 먹지 않습니다.

15 먹이 그물은 먹이 사슬보다 생태계에서 생물이 살아가기에 유리한 먹이 관계입니다. 만약 어떤 이유로 먹이 한 종류의 수나 양이 줄어들어도 다른 종류의 먹이를 먹을 수 있어서 줄어든 먹이의 영향을 덜 받기 때문입니다.

채점 기준

상	먹이 그물에서는 먹이 한 종류가 사라지거나 양이 줄어들어도 다른 종류의 먹이를 먹으면 되기 때문에 살아가는 데 영향을 덜 받는다는 내용으로 옳게 쓴 경우
중	예시 답안과 의미는 비슷하지만 정확하게 못 쓴 경우
하	답을 틀리게 쓴 경우

16 메뚜기는 먹이가 풍부하거나 기후 변화 등으로 번식 조건이 유리해지면 빠른 속도로 성장해 엄청난 무리를 이루기도 합니다. 어느 지역에 메뚜기의 수가 갑자기 늘어났을 경우, 메뚜기의 먹이가 되는 식물의 수나 양이 줄어들게 됩니다. 또 메뚜기의 수가 늘어나면 같은 식물을 먹는 다른 생물도 피해를 입게 됩니다.

17 생태계 평형이란 생태계를 구성하고 있는 생물의 수나 양이 균형을 이루며 안정된 상태를 유지하는 것입니다. 메뚜기와 같이 특정한 생물의 수나 양이 갑자기 늘어나거나 줄어들면 생태계 평형이 깨집니다.

18 생태계 평형이 깨지는 자연적인 원인에는 지진, 가뭄, 홍수, 태풍, 산불 등의 자연재해가 있습니다. 댐 건설, 환경 오염, 사람들의 무분별한 사냥은 사람의 활동으로 생기는 인위적인 원인에 해당합니다.

서술형·논술형 평가 돋보기 25쪽

1 (1) ㉠ 예 참새, 까치, 지렁이, 잠자리, 강아지풀, 풀, 나무, 버섯 ㉡ 예 햇빛, 공기, 돌, 흙 (2) 예 지렁이는 그늘진 곳의 축축한 흙에서 살고, 지렁이가 다닌 흙은 지렁이의 배출물로 인해 비옥해진다. **2** 예 죽은 생물이나 생물의 배출물이 분해되지 않아서 우리 주변이 죽은 생물이나 생물의 배출물로 가득 차게 될 것이다. **3** (1) 먹이 사슬 (2) 예 실제 생태계에서 여우는 토끼만 먹는 것이 아니라 다양한 종류의 생물을 먹기 때문이다. **4** 예 사슴의 수는 적절하게 유지되었고, 강가의 풀과 나무도 잘 자랐다.

1 (1) 생태계의 구성 요소 중 살아 있는 것을 생물 요소라고 하고, 살아 있지 않은 것을 비생물 요소라고 합니다.
(2) 생태계를 구성하는 생물 요소와 비생물 요소는 서로 영향을 주고받습니다. 지렁이는 그늘진 곳의 축축한 흙에서 살고, 지렁이가 다닌 흙은 공기가 잘 통하며 지렁이의 배출물로 인해 비옥해집니다.

채점 기준

상	지렁이와 흙이 서로 주고받는 영향을 옳게 쓴 경우
중	지렁이와 흙이 서로 주고받는 영향 중 일부만 옳게 쓴 경우
하	답을 틀리게 쓴 경우

2 분해자는 죽은 생물이나 생물의 배출물을 분해해 양분을 얻는 생물이며, 분해자에는 버섯, 곰팡이, 세균 등이 있습니다.

채점 기준

상	생태계에서 분해자가 없어졌을 때 일어날 수 있는 일을 옳게 쓴 경우
중	예시 답안과 의미는 비슷하지만 정확하게 못 쓴 경우
하	답을 틀리게 쓴 경우

3 (1) 먹이 사슬은 생물의 먹이 관계가 사슬처럼 연결되어 있는 것입니다. 토끼는 토끼풀을 먹고, 여우는 토끼를 먹는 먹이 관계를 화살표로 연결하면 토끼풀 → 토끼 → 여우로 나타납니다.
(2) 실제 생태계에서 소비자는 다양한 종류의 생물을 먹고, 생물의 먹이 관계는 한 줄로 연결된 먹이 사슬이 아닌, 먹이 그물 형태로 나타납니다.

채점 기준

상	여우는 토끼 이외의 생물도 먹기 때문에 토끼가 사라져도 영향을 덜 받는다는 내용으로 옳게 쓴 경우
중	예시 답안과 의미는 비슷하지만 정확하게 못 쓴 경우
하	답을 틀리게 쓴 경우

4 먹고 먹히는 관계에 있는 생물의 종류와 수가 균형을 이루어야 생물이 안정을 이루고 살아갈 수 있는데, 사람들의 마구잡이식 늑대 사냥이 결국 생태계 평형을 깨뜨렸습니다. 생태계 평형이 깨지면 원래대로 회복하는 데 오랜 시간이 걸리고 많은 노력이 필요하게 됩니다.

채점 기준	
상	늑대가 다시 나타난 뒤, 사슴의 수는 점차 줄어들고, 강가의 풀과 나무는 다시 자랐으며, 늑대와 사슴의 수는 점차 적절하게 유지된다는 내용으로 옳게 쓴 경우
중	예시 답안과 의미는 비슷하지만 정확하게 못 쓴 경우
하	답을 틀리게 쓴 경우

(2) 생물과 환경

탐구 문제 30쪽

1 햇빛 2 (2) ○

1 햇빛이 콩나물의 자람에 미치는 영향을 알아보기 위한 실험입니다.

2 비생물 요소가 콩나물의 자람에 미치는 영향을 알아보는 실험에서 바닥에 나무젓가락을 놓고 어둠상자로 덮으면 공기가 드나들 수 있는 작은 틈이 생기고 그곳으로 공기가 순환해 상자 내부의 온도가 상승하거나 습도가 증가하는 현상 등이 생기지 않습니다.

핵심 개념 문제 31~33쪽

01 ㉢ 02 온도, 햇빛, 물 03 햇빛 04 ④ 05 ④ 06 물 07 대기 오염 08 ② 09 생태계 10 (3) ○ 11 보전 12 규태

01 햇빛이 잘 드는 곳에 두고 물을 주지 않은 콩나물은 떡잎 아래 몸통이 가늘어지고 시듭니다.

02 콩나물뿐만 아니라 대부분의 식물은 햇빛, 물, 온도의 영향을 받고 자랍니다.

03 햇빛은 식물이 양분을 만들고, 동물이 성장하며 생활하는 데 필요한 비생물 요소입니다.

04 온도의 영향으로 나뭇잎에 단풍이 들고 낙엽이 집니다. 주변 온도가 내려가면 나뭇잎의 초록색 엽록소가 파괴되어 초록색에 가려져 숨어 있던 울긋불긋한 색깔이 드러나 단풍이 들고, 나무는 수분 손실을 줄이기 위해 낙엽을 만듭니다.

05 북극여우의 하얀색 털은 흰 눈과 얼음으로 뒤덮여 있는 서식지의 환경과 비슷해 북극여우가 몸을 숨기기 쉽게 해 줍니다.

06 선인장의 잎이 가시 모양으로 생긴 것은 물이 부족한 환경에서 살아갈 수 있도록 적응한 결과입니다.

07 공장에서 나오는 매연은 대기 오염을 일으키는 직접적인 원인이 됩니다.

08 환경 오염이란 사람의 활동으로 자연환경이나 생활 환경이 훼손되는 현상입니다. 동물의 배설물은 사람의 활동으로 인한 환경 오염의 원인이 아닙니다.

09 사람의 활동으로 생긴 오염 물질로 인한 대기 오염, 수질 오염, 토양 오염은 지구 생태계 전체에 영향을 미치고, 생물이 살아갈 수 없게 만듭니다.

10 자동차의 매연은 대기 오염의 직접적인 원인으로, 동물의 호흡 기관에 이상이 생기거나 병에 걸리게 합니다.

11 생태계 보전은 원래 상태의 생태계를 온전하게 보호하고 유지하는 것입니다. 훼손된 생태계가 원래 상태로 회복하는 데에는 오랜 시간과 많은 노력이 필요하므로 생태계 보전과 개발이 균형 있게 이루어져야 합니다.

12 생태계 보전을 위해 샴푸나 빨래용 세제 등 합성 세제의 사용을 줄이도록 노력해야 합니다.

중단원 실전 문제 34~36쪽

01 ④ 02 ㉣ 03 ①, ③ 04 ㉢ 05 예 콩나물이 자라는 데 알맞은 온도가 필요하다. 06 물 07 온도 08 ㉡ 09 ⑤ 10 ㉡ 11 ㉢ 12 예 적에게서 몸을 숨기거나 먹잇감에 접근하기 유리하다. 13 ④ 14 겨울잠 15 ③, ⑤ 16 ② 17 ㉠ 18 예 종이컵, 비닐봉지 등 일회용품의 사용을 줄인다. 자동차를 타는 대신 대중교통을 이용한다. 가까운 거리는 자동차 대신 자전거로 이동한다.

01 ㉠의 콩나물은 햇빛이 잘 드는 곳에 두고 물을 주었고, ㉡의 콩나물은 햇빛이 잘 드는 곳에 두고 물을 주지 않았습니다.

02 어둠상자로 덮고 물을 준 콩나물은 떡잎이 그대로 노란색이고 떡잎 아래 몸통이 길게 자라지만, 어둠상자로 덮고 물을 주지 않은 콩나물은 떡잎이 그대로 노란색이고, 떡잎 아래 몸통은 매우 가늘어지고 시듭니다.

03 ㉠과 ㉡, ㉢과 ㉣은 콩나물에 주는 물의 양을 다르게 하였고, ㉠과 ㉢, ㉡과 ㉣은 콩나물이 받는 햇빛의 양을 다르게 하여 실험하였습니다. 실험 결과 비생물 요소 중 물과 햇빛이 콩나물의 자람에 미치는 영향을 확인할 수 있습니다.

04 콩나물이 담긴 페트병 한 개는 실온에 두고 나머지 한 개는 냉장고에 두고 관찰한 것으로 보아 이 실험은 온도가 콩나물의 자람에 미치는 영향을 알아보기 위한 것입니다.

05 실온에 두고 물을 자주 준 콩나물은 떡잎 아래 몸통이 길게 자라지만, 냉장고에 두고 물을 자주 준 콩나물은 떡잎 아래 몸통이 거의 자라지 않습니다. 실험 결과 콩나물이 자라는 데 알맞은 온도가 필요하다는 것을 알 수 있습니다.

채점 기준

콩나물의 자람에 알맞은 온도가 필요하다는 내용으로 썼으면 정답으로 합니다.

06 생물이 생명을 유지하는 데 물이 반드시 필요합니다. 식물은 물이 없으면 말라 죽고, 물고기는 물이 없으면 살 수 없습니다.

07 묵은 털이 빠지고 새 털이 나는 것을 털갈이라고 합니다. 온도는 개와 고양이가 털갈이를 하는 데 영향을 미칩니다.

08 햇빛은 식물이 양분을 만드는 데 필요하고, 식물의 꽃 피는 시기에도 영향을 줍니다.

09 생물이 오랜 기간에 걸쳐 서식지의 환경에 알맞은 생김새와 생활 방식을 갖게 되는 것을 적응이라고 합니다.
① 모든 생물은 환경에 적응하며 살아갑니다.
② 생물이 자리를 잡고 사는 장소를 서식지라고 합니다.
③ 동물이 다른 동물을 잡아먹는 것은 포식이라고 합니다.
④ 생태계를 이루는 요소 중 살아 있는 것을 생물 요소라고 합니다.

10 ㉡ 북극여우는 하얀색 털이 흰 눈과 얼음으로 뒤덮인 서식지 환경과 비슷해 적으로부터 몸을 숨기기 쉽습니다. 또 몸집이 크며, 귀가 짧고 둥글어서 열이 덜 배출되어 추운 환경에서 살아남기에 유리합니다.

11 모래로 뒤덮여 있고 매우 덥고 건조한 사막에서는 모래색 털로 덮여 있고 몸통과 머리에 비해 귀가 크고 얇으며 몸집이 작은 사막여우가 살아남기에 유리합니다.

12 서식지의 환경과 털 색깔이 비슷하면 적에게서 몸을 숨기거나 먹잇감에 접근하기 쉬워 살아남기에 유리합니다.

채점 기준

상	여우의 털 색깔이 서식지의 환경과 비슷하면 적에게서 몸을 숨기기에 유리하거나 먹잇감에 접근하기 유리하다는 내용으로 옳게 쓴 경우
중	예시 답안과 의미는 비슷하지만 정확하게 못 쓴 경우
하	답을 틀리게 쓴 경우

13 대벌레는 나뭇가지가 많은 주변 환경과 생김새가 비슷해 적으로부터 몸을 숨기기에 유리합니다.

14 곰, 뱀, 개구리 등은 기온이 떨어져 활동하거나 먹이를 구하기 힘든 겨울이 되면 겨울잠을 자며 가을에 몸속에 저장시켜 놓은 양분을 천천히 사용하면서 지냅니다.

15 공장 폐수, 가정의 생활 하수, 바다에서의 기름 유출 사고 등은 수질 오염의 직접적인 원인이 됩니다.

16 환경 오염으로 인해 생물의 수나 종류가 줄어들며, 생물이 사는 서식지가 감소하고 생물이 병에 걸리거나 멸종되기도 합니다.

17 도로나 건물을 많이 건설하는 것은 생태계를 보전하기 위한 노력으로 볼 수 없습니다. 환경 개발은 주변의 생태계를 보전하며 균형 있게 이루어져야 합니다.

18 생태계 보전을 위해 일회용품의 사용을 줄이고, 자동차 대신 대중교통을 이용하거나 가까운 거리는 자전거로 이동하거나 걸어다니도록 합니다.

채점 기준	
상	제시한 낱말을 사용하여 두 가지를 옳게 쓴 경우
중	제시한 낱말을 한 가지만 사용하여 쓴 경우
하	답을 틀리게 쓴 경우

서술형·논술형 평가 돋보기

37쪽

1 (1) ㉠ (2) 예 콩나물이 자라는 데 햇빛과 물이 영향을 미친다. **2** 예 온도가 적당하며 먹이를 구하기 쉬운 곳에서 살기 위해서 이동한다. **3** 예 눈이 크고 시력이 발달해 빛이 적은 밤에도 주변을 잘 볼 수 있다. **4** (1) 토양 오염 (2) 예 식물에 오염 물질이 점점 쌓여 식물을 먹는 다른 생물에 나쁜 영향을 미친다.

1 (1) 햇빛이 잘 드는 곳에 두고 물을 준 콩나물은 떡잎과 떡잎 아래 몸통이 초록색이고, 떡잎 아래 몸통이 길어지고 굵어집니다.

(2) 콩나물이 받는 햇빛의 양, 콩나물에 주는 물의 양을 다르게 하고 나머지 조건은 모두 같게 하여 실험을 한 결과, 콩나물이 자라는 데 햇빛과 물이 영향을 미친다는 것을 알 수 있습니다.

채점 기준	
상	햇빛과 물이 콩나물의 자람에 영향을 미친다는 내용으로 옳게 쓴 경우
중	햇빛과 물이 콩나물의 자람에 영향을 미친다는 내용을 일부만 쓴 경우
하	답을 틀리게 쓴 경우

2 계절에 따라 철새는 온도가 적당하며 먹이를 구하기 쉬운 곳으로 이동합니다. 비생물 요소인 온도는 생물 요소인 철새에게 영향을 미칩니다.

채점 기준	
상	비생물 요소인 온도와 관련지어 옳게 쓴 경우
중	예시 답안과 의미는 비슷하지만 정확하게 못 쓴 경우
하	답을 틀리게 쓴 경우

3 수리부엉이는 주로 밤에 활동하는 동물로, 눈이 크고 시력이 발달해 빛이 적은 밤에도 사냥하는 데 유리합니다.

채점 기준	
상	시력이 발달해 빛이 적은 밤에도 잘 볼 수 있다는 내용으로 옳게 쓴 경우
중	예시 답안과 의미는 비슷하지만 정확하게 못 쓴 경우
하	답을 틀리게 쓴 경우

4 (1) 농약이나 비료의 지나친 사용은 토양을 오염시키는 직접적인 원인이 됩니다.

(2) 농약으로 오염된 토양에서 자라는 농작물이 피해를 입게 되며 그로 인해 농작물을 먹는 동물이 질병에 걸립니다.

채점 기준	
상	토양 오염으로 인한 생물의 피해를 옳게 쓴 경우
중	예시 답안과 의미는 비슷하지만 정확하게 못 쓴 경우
하	답을 틀리게 쓴 경우

대단원 마무리

39~42쪽

01 ㉠, ㉢ **02** 세균, 멧돼지, 잠자리, 곰, 검정말 **03** ③ **04** ② **05** 예 살아가는 데 필요한 양분을 스스로 만드는 생산자이다. **06** ③, ⑤ **07** 예 민들레 → 나비 → 참새, 풀 → 나비 → 거미 등 **08** ㉡, ㉣, ㉢, ㉠ **09** 먹이 그물 **10** ④ **11** ① **12** (3) ○ **13** ⑤ **14** 예 떡잎이 연두색으로 변하고, 떡잎 아래 몸통이 가늘어지고 시든다. **15** ④ **16** 온도, 물 **17** ④ **18** ① **19** ①, ④ **20** ㉣ **21** ④ **22** ③ **23** ① **24** ㉠, ㉢

01 생태계는 살아 있는 생물 요소와 살아 있지 않은 비생물 요소로 구성되어 있습니다. 사막 생태계도 생물 요소와 비생물 요소로 구성되어 있습니다.

02 생태계를 이루는 요소 중 살아 있는 것을 생물 요소라고 합니다. 세균, 멧돼지, 잠자리, 곰, 검정말은 생물 요소입니다.

03 생물 요소가 숨을 쉬기 위해 필요한 비생물 요소는 공기입니다.

04 붕어, 왜가리, 물방개, 개구리는 다른 생물을 먹어 양분을 얻는 소비자이고, 부들은 살아가는 데 필요한 양분을 스스로 만드는 생산자입니다.

05 생물이 양분을 얻는 방법에 따라 분류했을 때 민들레와 검정말은 생산자에 해당합니다. 생산자는 살아가는 데 필요한 양분을 스스로 만듭니다.

채점 기준	
상	민들레와 검정말의 공통점을 생산자가 양분을 얻는 방법을 제시하여 옳게 쓴 경우
중	예시 답안과 의미는 비슷하지만 정확하게 못 쓴 경우
하	답을 틀리게 쓴 경우

06 죽은 생물이나 생물의 배출물을 분해해 양분을 얻는 곰팡이와 세균이 모두 사라진다면 생태계에는 죽은 생물과 생물의 배출물로 가득 차게 될 것입니다.

07 나비는 식물을 먹고, 참새나 거미는 나비를 먹습니다.

채점 기준	
상	학교 화단 생태계를 구성하는 세 종류 이상의 생물의 먹이 관계를 화살표로 옳게 연결한 경우
중	학교 화단 생태계를 구성하는 두 종류 이하의 생물의 먹이 관계를 화살표로 연결한 경우
하	답을 틀리게 쓴 경우

08 메뚜기는 벼를 먹고, 개구리는 메뚜기를 먹으며, 너구리는 개구리를 먹습니다.

09 실제 생태계에서 생물의 먹이 관계는 먹이 그물의 형태로 나타나기 때문에 생물은 어느 한 종류의 먹이가 없어져도 다른 먹이를 먹으며 살아갑니다.

10 먹이 그물은 생물의 먹이 관계가 그물처럼 여러 방향으로 복잡하게 얽혀 있는 것으로, 실제 생태계의 먹이 관계는 먹이 그물 형태로 나타납니다. 먹이 그물 형태가 먹이 사슬 형태보다 생물이 살아가기에 더 유리합니다.

11 사람들이 마구잡이로 늑대를 사냥한다면 사슴을 잡아먹는 늑대가 사라졌기 때문에 사슴의 수가 늘어나고 사슴이 먹는 풀의 양이 급격히 줄어 생태계 평형이 깨지게 됩니다. 생태계 평형은 생물의 종류와 수가 균형을 이루며 안정된 상태를 유지하는 것입니다.

12 늑대가 사라졌던 국립 공원에 늑대 무리가 다시 살게 될 경우, 사슴의 수가 줄어들고 풀의 양이 다시 늘어나게 되어 생물이 안정을 이루고 살 수 있는 상태가 됩니다.

13 비생물 요소인 햇빛이 생물인 콩나물의 자람에 미치는 영향을 알아보는 실험을 할 때 콩나물이 받는 햇빛의 양만 다르게 하고, 나머지 조건은 모두 같게 해야 합니다.

14 햇빛이 잘 드는 곳에서 물을 주지 않고 기른 콩나물은 떡잎이 햇빛을 받아 연두색으로 변하게 되고, 물이 없어서 떡잎 아래 몸통이 가늘어지고 시들게 됩니다.

채점 기준	
상	떡잎의 색깔과 떡잎 아래 몸통의 변화를 모두 옳게 쓴 경우
중	떡잎의 색깔이나 떡잎 아래 몸통의 변화 중 한 가지만 쓴 경우
하	답을 틀리게 쓴 경우

15 노란색이었던 콩나물의 떡잎이 햇빛을 받게 되면 초록색으로 변합니다.

16 아프리카의 초원에 사는 뿔말은 계절에 따라 사는 곳의 온도가 높아져 풀이 마르고 비가 내리지 않아 물이 부족하게 되면 먹을 풀과 마실 물이 있는 적당한 장소로 떼를 지어 이동합니다. 이와 같이 온도와 물은 동물의 생활 방식에 영향을 미칩니다.

17 공기는 생물이 숨을 쉬고 살게 해 줍니다. 온도의 영향으로 낙엽이 집니다. 햇빛은 식물의 꽃 피는 시기에 영향을 줍니다. 계절에 따라 철새는 먹이를 구하거나 온도가 적당한 곳으로 먼 거리를 이동합니다.

18 티베트모래여우와 북극여우의 털 색깔은 서식지의 환경과 비슷해 적에게서 몸을 숨기거나 먹잇감에 접근하기 유리합니다.

19 사막여우의 모래색 털은 모래가 많은 서식지 환경과 비슷해 몸을 숨기기 쉽습니다. 또한 사막여우는 몸집이 작으며, 귀가 크고 얇아서 열이 잘 배출되어 더운 환경에서 살아남기에 유리합니다.

20 선인장의 가시 모양 잎과 물을 많이 저장할 수 있는 두꺼운 줄기는 물이 부족한 사막에서 살아가기에 유리하게 적응한 모습입니다.

21 사마귀는 풀이 많은 주변 환경과 몸 색깔이 비슷해 몸을 숨기고 먹잇감에 접근하기 유리합니다.

22 땅에 묻은 쓰레기는 토양을 오염시키는 직접적인 원인이 됩니다. 자동차의 매연, 쓰레기를 태울 때 나오는 연기는 대기 오염의 직접적인 원인이 되고, 공장의 폐수, 가정의 생활 하수는 수질 오염의 직접적인 원인이 됩니다.

23 농약이나 비료의 지나친 사용으로 토양이 오염되면 식물의 성장에 방해될 뿐만 아니라 그 식물을 먹는 동물의 몸에도 이상이 생기고, 환경 오염으로 인해 동물의 서식지가 파괴되기도 합니다.

24 생태계 보전을 위해 낮에는 전등을 끄고 자연광으로 생활하고, 종이컵이나 비닐봉지 등 일회용품을 사용하지 않도록 노력해야 합니다. 우리 주변에서 생태계 보전을 위해 우리가 할 수 있는 일을 찾아보고, 꾸준히 실천하는 것이 중요합니다.

수행 평가 **미리 보기** 43쪽

1 (1) 해설 참조 (2) 예 먹이 사슬은 먹이 관계가 한 방향으로만 연결되지만, 먹이 그물은 먹이 관계가 여러 방향으로 연결된다. 2 (1) ㉠ 수질 오염, ㉡ 토양 오염 (2) 예 샴푸량을 적절하게 줄인다. 친환경 세제를 사용한다. 세탁물을 모아서 세탁한다. 우유나 음료수를 하수구에 버리지 않는다.

1 (1) 예

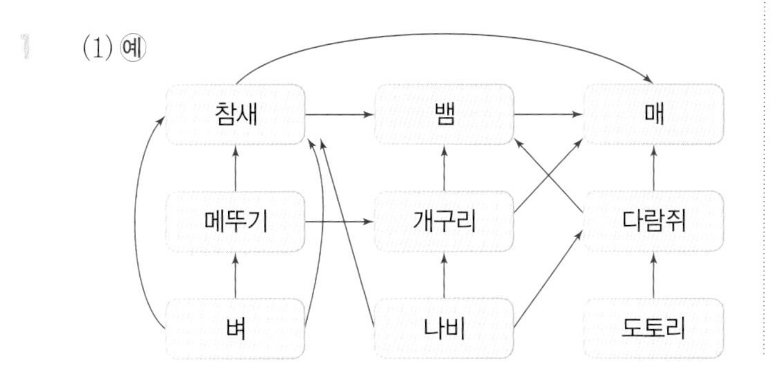

생태계에서 생물의 먹고 먹히는 먹이 관계는 그물처럼 복잡하게 얽혀 있습니다.

(2) 먹이 사슬은 생물의 먹이 관계가 한 방향으로 연결되어 있고, 먹이 그물은 여러 개의 먹이 사슬이 얽혀 그물처럼 연결되어 있습니다. 먹이 그물은 먹이 한 종류의 수나 양이 줄어들어도 생태계에 있는 다른 종류의 먹이를 먹을 수 있어 영향을 덜 받기 때문에 먹이 사슬보다 생태계에서 생물이 살아가기에 유리한 먹이 관계입니다.

2 (1) 환경 오염은 원인에 따라 크게 대기 오염, 수질 오염, 토양 오염으로 나눌 수 있습니다. 대기 오염은 공장이나 자동차의 매연, 쓰레기를 태웠을 때 나오는 여러 가지 기체 등으로 생깁니다. 수질 오염은 바다에서의 기름 유출 사고, 공장 폐수, 가정의 생활 하수 등으로 생깁니다. 토양 오염은 농약이나 비료의 지나친 사용, 땅에 묻은 쓰레기 등으로 생깁니다.

(2) 수질 오염으로부터 생태계를 보전하기 위하여 다음과 같은 일을 가정에서 실천할 수 있습니다.

- 샴푸량을 적절하게 줄입니다.
- 친환경 세제를 사용합니다.
- 합성세제 대신 비누를 사용합니다.
- 세탁물을 모아서 세탁합니다.
- 샤워 시간을 1분 줄입니다.
- 우유나 음료수를 하수구에 버리지 않습니다.
- 음식물의 국물을 함부로 버리지 않습니다.
- 설거지를 할 때 기름은 휴지로 한번 닦아내고 설거지를 합니다.

3 단원 날씨와 우리 생활

(1) 습도, 이슬, 안개, 구름, 비, 눈

탐구 문제 50쪽

1 (3) ○ 2 응결

1 집기병 표면에 작은 물방울이 맺히는 것을 볼 수 있습니다. 이는 차가워진 집기병 표면에 공기 중의 수증기가 응결해 물방울로 맺히는 것입니다.

2 집기병 안의 따뜻한 수증기가 페트리 접시 위의 조각 얼음 때문에 집기병 속에서 응결하여 집기병 안이 뿌옇게 흐려지며, 안개가 생기는 것과 같은 현상이 나타납니다.

핵심 개념 문제 51~52쪽

01 습도 02 (1) – ㉠ (2) – ㉡ 03 건습구 습도계 04 ④ 05 이슬 06 (1) ○ (2) × (3) × 07 비 08 ②

01 공기 중에 수증기가 포함되어 있는 정도를 습도라고 합니다.

02 곰팡이는 축축한 환경에서 잘 자라기 때문에 습도가 높으면 곰팡이가 잘 생깁니다. 습도가 낮으면 피부가 쉽게 건조해져 가려움을 느끼기도 합니다.

03 건습구 습도계는 물이 증발하는 것을 이용하여 습도를 측정하는 도구입니다.

04 습도표의 세로줄에서 건구 온도(19 ℃)를 찾고 가로줄에서 건구 온도와 습구 온도의 차(19 ℃ − 17 ℃ = 2 ℃)를 찾은 다음, 가로줄과 세로줄이 만나는 지점인 82 %가 현재 습도입니다.

05 물과 조각 얼음을 넣은 집기병 표면에는 얼음물의 높이까지 작은 물방울이 맺힙니다. 이는 공기 중의 수증기가 응결해 집기병 표면에 물방울로 맺히기 때문입니다. 이와 비슷한 자연 현상은 이슬입니다.

06 (2) 밤이 되어 차가워진 풀잎 표면에 맺힌 작은 물방울을 이슬이라고 합니다.
(3) 공기 중의 수증기가 응결해 작은 물방울로 지표면 가까이에 떠 있는 것을 안개라고 합니다.

07 구름 속 작은 물방울들이 합쳐지면서 커지고 무거워져 떨어지거나, 구름 속에서 크고 무거워진 얼음 알갱이가 녹아서 떨어지는 것을 비라고 합니다.

08 눈은 구름 속 얼음 알갱이의 크기가 커지면서 무거워져 떨어질 때 녹지 않은 채로 떨어지는 것입니다.

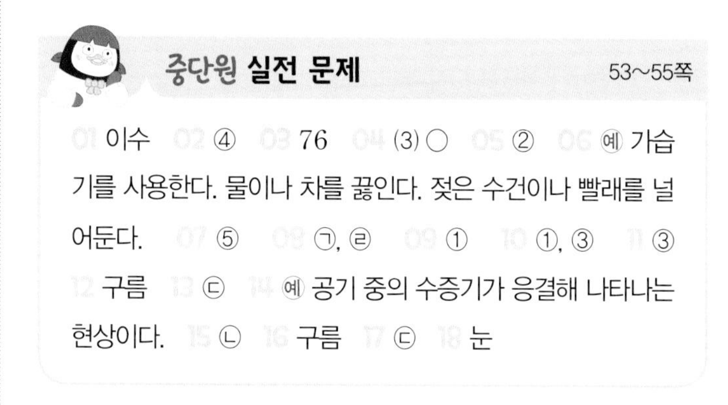
중단원 실전 문제 53~55쪽

01 이수 02 ④ 03 76 04 (3) ○ 05 ② 06 예 가습기를 사용한다. 물이나 차를 끓인다. 젖은 수건이나 빨래를 널어둔다. 07 ⑤ 08 ㉠, ㉣ 09 ① 10 ①, ③ 11 ③ 12 구름 13 ㉢ 14 예 공기 중의 수증기가 응결해 나타나는 현상이다. 15 ㉡ 16 구름 17 ㉢ 18 눈

01 습도는 공기 중에 수증기가 포함되어 있는 정도를 말합니다. 습도를 측정하는 도구는 습도계입니다. 습도의 단위는 %(퍼센트)입니다.

02 습도를 측정하는 건습구 습도계에서 ㉠은 건구 온도계이고, ㉡은 습구 온도계입니다. 습도를 구하기 위해서 건구 온도계로 측정한 건구 온도와 습구 온도계로 측정한 습구 온도, 그리고 습도표가 필요합니다.

03 습도표의 세로줄에서 건구 온도(23 ℃)를 찾고 가로줄에서 건구 온도와 습구 온도의 차(23 ℃ − 20 ℃ = 3 ℃)를 찾은 다음, 가로줄과 세로줄이 만나는 지점인 76 %가 현재 습도입니다.

04 (1) 햇빛이 비치는 운동장, (2) 난방을 하는 거실, (4) 에어컨을 켠 거실은 습도가 낮습니다. (3) 비가 내리는 날에는 습도가 높습니다.

05 습도가 낮으면 빨래가 잘 마르고, 산불이 발생하기 쉽습니다. 습도가 높으면 빨래가 잘 마르지 않고, 음식물이 상하기 쉽습니다.

06 습도가 낮으면 피부가 쉽게 건조해집니다. 습도가 낮은 날에는 습도를 조절하기 위해서 가습기를 사용하거나, 물 또는 차를 끓이거나, 젖은 수건이나 빨래를 널어두는 등의 방법이 있습니다.

채점 기준

습도가 낮을 때 습도를 조절하는 방법을 옳게 썼으면 정답으로 합니다.

07 캔 표면에 작은 물방울이 맺히는 것을 볼 수 있습니다. 공기 중의 수증기가 차가운 캔의 표면에 응결해 물방울이 맺히는 것입니다.

08 얼린 음료수 캔의 표면에 물방울이 맺히는 현상과 비슷한 자연 현상은 이슬입니다. ㉡은 안개, ㉢은 구름의 모습입니다.

09 공기 중의 수증기가 물방울이 되는 현상을 응결이라고 합니다. 욕실의 거울이 뿌옇게 흐려지는 것, 겨울철 유리창에 물방울이 맺히는 것, 얼음물이 든 컵 표면에 물방울이 맺히는 것, 여름철 차가운 물이 나오는 수도꼭지에 물방울이 맺히는 것 등은 응결 현상의 예입니다.

10 집기병 안이 뿌옇게 흐려집니다. 그 까닭은 조각 얼음이 담긴 페트리 접시로 인해 집기병 속 공기가 차가워지면서 집기병 안의 수증기가 응결했기 때문입니다.

11 조각 얼음이 담긴 페트리 접시를 올려놓은 집기병 안에서 나타나는 현상은 자연에서 안개가 생기는 과정과 비슷합니다.

12 공기가 하늘로 올라가면서 차가워져 공기 중의 수증기가 응결하여 작은 물방울 또는 작은 얼음 알갱이 형태로 하늘에 떠 있는 것을 구름이라고 합니다.

13 안개와 구름은 만들어지는 과정과 만들어지는 위치가 서로 다릅니다. 안개는 지표면 가까이에 있는 공기 중의 수증기가 응결해 생기고, 구름은 공기 중의 수증기가 응결해 작은 물방울이나 작은 얼음 알갱이가 되어 하늘에 떠 있는 것입니다.

14 이슬, 안개, 구름은 모두 공기 중의 수증기가 응결해 나타나는 현상입니다.

채점 기준

공기 중의 수증기가 응결해 나타나는 현상이라는 내용으로 옳게 썼으면 정답으로 합니다.

15 구름 속 작은 물방울이 합쳐지면서 무거워져 떨어지면 비가 됩니다. 또한 구름 속 작은 얼음 알갱이가 커지면서 무거워져 떨어질 때 녹아서 떨어지면 비가 됩니다.

16 스펀지에 물을 계속 뿌리면 물방울이 스펀지 구멍에 모여서 합쳐집니다. 이와 같이 스펀지에서 나타나는 현상은 자연에서 구름에 해당합니다.

17 투명한 플라스틱 원통에 스펀지를 올려놓고 분무기로 물을 계속 뿌리면 스펀지 구멍에서 합쳐지면서 커진 물방울이 원통 안으로 떨어집니다.

18 구름 속 얼음 알갱이가 커지면서 무거워져 떨어질 때 녹지 않은 채 떨어지면 눈이 됩니다.

서술형·논술형 평가 돋보기 56쪽

1 (1) 높을 (2) 예 제습기를 사용한다. 에어컨을 사용한다. 마른 숯을 실내에 놓아둔다. **2** 예 차가워진 풀잎 표면에 공기 중의 수증기가 응결하기 때문이다. **3** (1) 향 연기 (2) 예 뿌옇게 흐려진다. **4** 예 구름 속 작은 물방울이 합쳐지면서 커지고 무거워져 떨어지거나, 크고 무거워진 얼음 알갱이가 녹아서 떨어지면 비가 된다.

1 (1) 비가 내려서 습도가 높을 때는 실제보다 더 덥게 느껴져 불쾌감을 느끼기도 합니다.
(2) 습도가 높을 때는 제습기나 에어컨을 사용하거나, 마른 숯을 놓아둡니다. 또 옷장이나 신발장 속에 습기 제거제를 넣어 습도를 조절할 수 있습니다.

채점 기준

습도를 낮추는 방법을 옳게 썼으면 정답으로 합니다.

2 이슬은 공기 중의 수증기가 차가워진 물체 표면에 응결해 물방울로 맺혀 있는 것입니다. 밤이 되어 기온이 낮아지면 차가워진 나뭇가지나 풀잎 표면, 거미줄 등에 이슬이 맺힙니다.

채점 기준

이슬이 맺히는 까닭을 옳게 썼으면 정답으로 합니다.

3 (1) 향 연기는 수증기의 응결이 잘 일어나도록 도와주는 역할을 합니다.

(2) 뜨거운 물로 집기병 안을 데운 뒤 물을 버리고 집기병에 향 연기를 조금 넣은 뒤 조각 얼음을 담은 페트리 접시를 올려놓으면, 집기병 안이 뿌옇게 흐려집니다.

채점 기준

집기병 안에서 나타나는 변화를 옳게 썼으면 정답으로 합니다.

4 구름 속 작은 물방울이 합쳐지면서 커지고 무거워져 떨어지거나 구름 속 얼음 알갱이의 크기가 커지면서 무거워져 떨어질 때 녹아서 떨어지면 비가 됩니다.

채점 기준

비가 내리는 과정을 옳게 썼으면 정답으로 합니다.

(2) 기압과 바람

탐구 문제 59쪽

1 (3) ○ 2 해설 참조

1 가열한 물과 모래 사이에서 향 연기의 움직임을 통해 물과 모래 위에서 공기의 이동을 관찰할 수 있습니다.

2

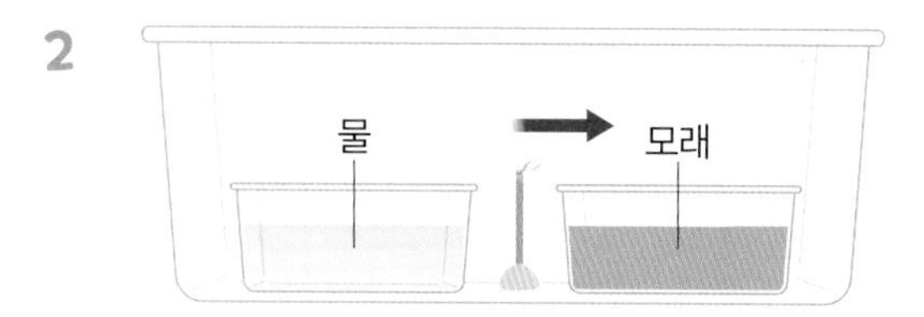

향 연기는 물 위에서 모래 위로 이동합니다. 물과 모래를 전등으로 같은 시간 동안 가열했을 때 모래가 물보다 온도가 높습니다. 물과 모래의 온도가 달라지면 물과 모래 위에 있는 공기의 온도가 달라져 기압 차가 생겨 공기가 고기압에서 저기압으로 이동합니다.

핵심 개념 문제 60~61쪽

01 ㉡ 02 ㉠ 따뜻한, ㉡ 차가운 03 ② 04 ㉠, ㉣
05 ④ 06 ㉢ 07 ㉠ 고기압, ㉡ 저기압 08 (1) ㉡ (2) ㉠

01 따뜻한 물에 넣은 플라스틱 통보다 얼음물에 넣은 플라스틱 통의 무게가 더 무겁습니다.

02 눈에 보이지는 않지만 공기는 무게가 있습니다. 온도가 다른 공기가 든 두 플라스틱 통의 무게를 측정하면 따뜻한 공기보다 차가운 공기가 더 무겁다는 것을 알 수 있습니다.

03 기압은 공기의 무게 때문에 생기는 힘입니다. 기온은 대기의 온도를, 풍속은 바람의 속도를 뜻합니다.

04 차가운 공기는 따뜻한 공기보다 같은 부피에 들어 있는 공기의 양이 더 많아 무겁고 기압이 더 높습니다. 상대적으로 주위보다 차갑고 무거운 공기가 고기압에 해당합니다.

05 바람 발생 모형실험 장치를 만드는 데 필요한 준비물로는 투명한 사각 플라스틱 그릇 두 개, 물, 모래, 향, 점화기, 고무찰흙 등이 있습니다. 페트리 접시는 필요하지 않습니다.

06 물과 모래가 각각 담긴 그릇 사이에 향불을 피우면 향 연기가 물 위에서 모래 위로 이동합니다.

07 바람은 두 지역 사이에 기압 차가 생겨 공기가 이동하는 것으로, 고기압에서 저기압으로 바람이 붑니다.

08 맑은 날 바닷가에서는 낮과 밤에 바람의 방향이 바뀝니다. 낮에는 육지가 바다보다 빨리 데워지면서 육지 위는 저기압, 바다 위는 고기압이 됩니다. 따라서 고기압인 바다 쪽에서 저기압인 육지 쪽으로 바람이 붑니다. 밤에는 육지가 바다보다 빨리 식기 때문에 육지 위는 고기압, 바다 위는 저기압이 됩니다. 따라서 고기압인 육지 쪽에서 저기압인 바다 쪽으로 바람이 붑니다.

중단원 실전 문제 62~64쪽

01 ③ 02 수조, 수건, 얼음물, 따뜻한 물, 전자저울, 플라스틱 통 03 ① 04 예 같은 부피일 때 따뜻한 공기보다 차가운 공기가 더 무겁다. 05 ④ 06 적기 07 무게 08 (1) × (2) ○ (3) × 09 ㉡ 10 ㉡ 11 ④ 12 예 물 위의 공기는 온도가 낮아 고기압이 되고 모래 위의 공기는 온도가 높아 저기압이 되어 공기가 이동하기 때문이다. 13 ④ 14 (3) ○ 15 ㉢ 16 ⑤ 17 (1) 저기압 (2) 고기압 18 예 낮에는 육지 위가 저기압, 바다 위가 고기압이 되고, 밤에는 바다 위가 저기압, 육지 위가 고기압이 되기 때문에 바람의 방향이 바뀐다.

01 두 플라스틱 통을 따뜻한 물을 넣은 수조와 얼음물을 넣은 수조에 각각 넣은 뒤, 5분 후 두 플라스틱 통을 수조에서 꺼내 무게를 각각 측정해서 기온에 따른 공기의 무게를 비교하는 실험입니다.

02 기온에 따른 공기의 무게를 비교하는 실험에서는 뚜껑이 있는 플라스틱 통 두 개, 전자저울 두 개, 수조 두 개, 따뜻한 물, 얼음물, 수건, 초시계 등이 필요합니다.

03 따뜻한 물에 넣은 플라스틱 통의 무게가 처음 무게에 비해 조금 줄어든 것을 확인할 수 있습니다. 플라스틱 통 안 공기의 온도가 높아지면서 공기의 무게가 줄어들었기 때문입니다.

04 두 플라스틱 통 속 공기의 무게를 처음 무게와 비교하면 따뜻한 물에 넣은 플라스틱 통보다 얼음물에 넣은 플라스틱 통의 무게가 더 무겁습니다. 이를 통해 같은 부피일 때 따뜻한 공기보다 차가운 공기가 더 무겁다는 것을 알 수 있습니다.

채점 기준

같은 부피일 때 따뜻한 공기가 더 가볍거나 차가운 공기가 더 무겁다는 내용으로 옳게 썼으면 정답으로 합니다.

05 플라스틱 통의 무게를 측정한 뒤 머리말리개의 온풍 기능을 선택해 1분 동안 공기를 넣고 플라스틱 통의 무게를 다시 측정하면, 처음에 측정한 무게보다 플라스틱 통의 무게가 더 가볍습니다.

06 따뜻한 공기는 차가운 공기보다 같은 부피에 들어 있는 공기의 양이 더 적기 때문에 가볍고 기압이 더 낮습니다.

07 공기는 무게가 있으며, 기압은 공기의 무게 때문에 생기는 힘입니다.

08 주위보다 상대적으로 기압이 높은 것을 고기압이라고 합니다. 같은 부피에서 차가운 공기가 따뜻한 공기보다 무게가 더 무겁습니다.

09 같은 부피일 때 공기의 양이 많을수록 공기는 무거워지며 기압이 높아집니다. 상대적으로 주위보다 공기의 양이 많아 무거워져 기압이 높은 것을 고기압이라고 합니다.

10 전등으로 같은 시간 동안 물과 모래를 가열하면 모래의 온도가 물의 온도보다 더 높아집니다. 따라서 물 위는 고기압, 모래 위는 저기압입니다.

11 향 연기는 물 위에서 모래 위로 이동합니다. 물 위의 공기가 모래 위의 공기보다 온도가 낮아 물 위는 고기압이 되고 모래 위는 저기압이 되어, 고기압에서 저기압으로 공기가 이동하게 되는 것입니다.

12 물은 모래보다 천천히 데워져 온도가 낮으므로 물 위의 공기는 고기압이 되고, 모래 위의 공기는 저기압이 됩니다. 그러므로 고기압인 물 위의 공기가 저기압인 모래 위로 이동하게 됩니다.

채점 기준

물 위와 모래 위의 공기의 온도와 기압을 관련지어 옳게 썼으면 정답으로 합니다.

13 투명한 상자의 뒷면이 검은색일 경우 향 연기의 움직임이 잘 보여서 관찰하기 편리합니다.

14 따뜻한 물과 얼음물은 양쪽의 온도를 다르게 하기 위한 것입니다. 한쪽은 따뜻한 온도로, 다른 한쪽은 따뜻하게 하지 않거나 차가운 온도로 하여 양쪽의 온도를 다르게 할 수 있는 준비물이면 사용해도 좋습니다.

15 향 연기의 움직임으로 바람의 방향을 알 수 있습니다. 향 연기는 상대적으로 고기압인 얼음물 위에서 상대적으로 저기압인 따뜻한 물 위로 이동합니다.

16 기압은 공기의 무게 때문에 생기는 힘을 말하며, 바람은 두 지점 사이에서 기압 차가 생겨 공기가 이동하는 것으로, 고기압에서 저기압으로 붑니다.

17 맑은 날 바닷가에서 낮에는 육지가 바다보다 온도가 높으므로 육지 위는 저기압, 바다 위는 고기압이 됩니다. 따라서 바람이 바다에서 육지로 붑니다.

18 맑은 날 바닷가에서 낮에는 육지 위가 저기압, 바다 위가 고기압이 되어 바다에서 육지로 바람이 불고, 밤에는 바다 위가 저기압, 육지 위가 고기압이 되어 육지에서 바다로 바람이 붑니다.

채점 기준

육지 위와 바다 위의 기압과 관련지어 바닷가의 낮과 밤에 바람의 방향이 바뀌기 때문이라는 내용으로 옳게 썼으면 정답으로 합니다.

서술형·논술형 평가 돋보기 65쪽

1 (1) ㉠ 따뜻한 물, ㉡ 얼음물 (2) 예 따뜻한 공기보다 차가운 공기가 더 무겁기 때문이다. 같은 부피에서 차가운 공기가 따뜻한 공기보다 공기의 양이 더 많아서 무겁기 때문이다. **2** 예 공기는 고기압에서 저기압으로 이동하므로 공기가 이동하면 그 지역의 공기의 무게가 달라지기 때문이다. **3** (1) ㉠ 저기압, ㉡ 고기압 (2) 예 따뜻한 물이 담긴 지퍼 백 위의 공기는 따뜻해져서 저기압이 되고, 얼음물이 담긴 지퍼 백 위의 공기는 차가워져서 고기압이 되어, 향 연기는 고기압인 얼음물이 담긴 지퍼 백 위에서 저기압인 따뜻한 물이 담긴 지퍼 백 위로 움직인다. **4** 예 낮에는 바다에서 육지로 바람이 불고, 밤에는 육지에서 바다로 바람이 분다.

1 (1) 따뜻한 물에 넣어 통 안의 공기가 따뜻해진 플라스틱 통은 얼음물에 넣어 통 안의 공기가 차가워진 플라스틱 통보다 무게가 가볍습니다. ㉠ 플라스틱 통의 경우 5분 후 처음보다 무게가 더 줄어든 것으로 보아 따뜻한 물에 넣은 플라스틱 통이라는 것을 알 수 있습니다.
(2) 차가운 공기는 따뜻한 공기보다 같은 부피에 들어 있는 공기의 양이 많아 무겁기 때문에, 따뜻한 물과 얼음물에 각각 넣은 플라스틱 통의 무게가 다릅니다.

채점 기준

차가운 공기가 따뜻한 공기보다 공기의 양이 많아서 더 무겁다는 내용으로 옳게 썼으면 정답으로 합니다.

2 공기는 두 지점 사이의 기압 차로 인해 이동하게 되는데, 공기가 이동하면 그 지역의 공기의 무게가 달라집니다. 공기의 무게가 계속 변해 고기압과 저기압의 위치가 계속 바뀌기 때문에 고기압과 저기압의 위치가 일정하지 않고 변하게 됩니다.

채점 기준

공기가 고기압에서 저기압으로 이동하기 때문에 공기의 무게가 변해 고기압과 저기압의 위치가 계속 바뀐다는 내용으로 옳게 썼으면 정답으로 합니다.

3 (1) 따뜻한 물이 담긴 지퍼 백 위의 공기는 따뜻해져 저기압이 됩니다. 얼음물이 담긴 지퍼 백 위의 공기는 차가워져 고기압이 됩니다.
(2) 따뜻한 물 위의 공기는 따뜻해져 저기압이 되고, 얼음물 위의 공기는 차가워져 고기압이 됩니다. 공기는 고기압에서 저기압으로 움직이므로 향 연기는 얼음물 위에서 따뜻한 물 위로 움직입니다.

채점 기준

상	향 연기가 움직이는 방향과 그 까닭을 기압과 관련지어 옳게 쓴 경우
중	향 연기가 움직이는 방향과 그 까닭을 기압과 관련지어 못 쓴 경우
하	답을 틀리게 쓴 경우

4 바닷가에서 맑은 날 낮과 밤에 부는 바람의 방향이 다릅니다. 낮에는 육지의 온도가 바다보다 더 높으므로 육지 위는 저기압, 바다 위는 고기압이 되어 바다에서

육지로 바람이 붑니다. 밤에는 바다의 온도가 육지보다 더 높으므로 바다 위는 저기압, 육지 위는 고기압이 되어 육지에서 바다로 바람이 붑니다.

채점 기준

상	맑은 날 바닷가에서 낮과 밤에 부는 바람의 방향을 모두 옳게 쓴 경우
중	맑은 날 바닷가에서 낮과 밤에 부는 바람의 방향 중 한 가지만 옳게 쓴 경우
하	답을 틀리게 쓴 경우

(3) 계절별 날씨와 우리 생활

탐구 문제 68쪽

1 생활기상지수 2 자외선 지수

1 생활기상지수는 기상청에서 다양한 날씨에 사람들이 적절하게 대처하여 생활할 수 있도록 제공하는 날씨 정보로, 다양한 날씨 요소들을 사람들이 알기 쉽게 지수화하여 표현한 것입니다.

2 자외선 지수는 하루 중 태양 고도가 가장 높을 때 지표에 도달하는 자외선량을 지수로 나타낸 것입니다. 태양 빛이 강한 오후에 야외에서 체육활동을 하게 될 경우에는 미리 그날의 자외선 지수를 조사해 보고, 자외선 차단제를 바르도록 합니다.

핵심 개념 문제 69~70쪽

01 (1) – ㉡ (2) – ㉠ 02 ㉠ 바다, ㉡ 대륙 03 겨울
04 ㉠ 05 ② 06 (1) × (2) ○ (3) × 07 생활기상지수
08 ③

01 공기 덩어리가 대륙이나 바다와 같이 넓은 지역에 오래 머무르면 그 지역의 온도나 습도와 성질이 비슷해집니다.

02 바다에서 이동해 오는 공기 덩어리는 습도가 높습니다. 대륙에서 이동해 오는 공기 덩어리는 습도가 낮고 건조합니다.

03 우리나라의 겨울에 춥고 건조한 날씨가 나타나는 까닭은 북서쪽 대륙에서 이동해 오는 차갑고 건조한 성질을 가진 공기 덩어리의 영향을 받기 때문입니다.

04 남동쪽 바다에서 이동해 오는 따뜻하고 습한 성질을 가진 공기 덩어리의 영향을 받아 우리나라의 여름에는 덥고 습한 날씨가 나타납니다.

05 날씨에 따라 우리의 생활 모습이나 필요한 물건들이 달라지는데, 비가 내리는 날에는 우산을 쓰고 장화나 우비를 착용하기도 합니다. 또 비가 내리기 때문에 야외 활동보다는 실내 활동을 주로 합니다.

06 날씨는 사람들의 건강에 큰 영향을 미칩니다. 덥고 습한 날에 실외에 오랫동안 있으면 열사병에 걸리기 쉽습니다. 춥고 건조한 날씨가 지속되면 감기에 걸리기 쉽습니다.

07 기상청에서는 다양한 날씨에 사람들이 적절하게 대처하여 생활할 수 있도록 생활기상지수를 제공합니다.

08 빨래 지수는 오전 9시부터 오후 3시까지의 여러 가지 날씨 요소를 예상하여 세탁물을 옥외에서 오전부터 말릴 때, 얼마나 잘 건조될 것인가를 지수로 표현한 것입니다.

중단원 실전 문제 71~72쪽

01 ②, ④ 02 ㉠, ㉢ 03 따뜻한 바다 04 ㉣ 05 ④
06 예 따뜻하고 건조한 ㉢ 공기 덩어리의 영향으로 우리나라의 봄과 가을에 따뜻하고 건조한 날씨가 나타난다. 07 ㉠ 남동쪽, ㉡ 습한 08 ③ 09 ② 10 ④ 11 소이 12 예 다양한 날씨에 사람들이 적절하게 대처하며 생활할 수 있도록 하기 위해서이다.

01 공기 덩어리가 대륙이나 바다와 같이 넓은 지역에 오래 머무르면 공기 덩어리는 그 지역의 온도나 습도와 비슷한 성질을 갖게 됩니다.

02 차가운 대륙 위에 오래 머무른 공기 덩어리는 차갑고 건조합니다.

03 공기 덩어리가 따뜻한 바다 위에 오래 머무르면 따뜻하고 습해집니다. 공기 덩어리는 머물렀던 지역의 온도나 습도와 성질이 비슷해지기 때문입니다.

04 ㉣ 공기 덩어리는 남동쪽 바다 위에 오래 머무르면서 따뜻하고 습한 성질을 갖게 됩니다. 우리나라의 여름 날씨가 덥고 습한 까닭은 남동쪽 바다에서 이동해 오는 ㉣ 공기 덩어리의 영향을 받기 때문입니다.

05 우리나라의 북서쪽 대륙에 위치한 ㉠ 공기 덩어리는 차가운 대륙 위에 오래 머물면서 차갑고 건조한 성질을 갖게 됩니다. ㉠ 공기 덩어리는 겨울에 우리나라로 이동해 오기 때문에 우리나라의 겨울철 날씨가 춥고 건조합니다.

06 우리나라의 봄과 가을에 따뜻하고 건조한 날씨가 나타나는 까닭은 남서쪽 대륙에서 이동해 오는 따뜻하고 건조한 공기 덩어리의 영향을 받기 때문입니다.

채점 기준

따뜻하고 건조한 공기 덩어리의 성질 때문에 우리나라의 봄과 가을에 따뜻하고 건조한 날씨가 나타난다는 내용으로 옳게 썼으면 정답으로 합니다.

07 우리나라의 여름에는 남동쪽 바다에서 이동해 오는 따뜻하고 습한 성질을 가진 공기 덩어리의 영향을 받아 덥고 습한 날씨가 나타납니다.

08 날씨는 우리의 생활 모습에 큰 영향을 미칩니다. 맑고 따뜻한 날에는 가벼운 옷차림으로 산책을 하거나, 야외에서 운동을 하기도 하고, 연날리기 등의 놀이를 즐기기도 합니다.

09 ① 습도가 높은 날에 빨래를 하면 잘 마르지 않습니다.
③ 추운 날에는 따뜻한 옷을 입고 장갑이나 목도리를 착용합니다.
④ 꽃가루나 황사가 많은 봄에는 외출할 때 마스크를 쓰도록 합니다. 덥고 습한 날에 실외에서 오랫동안 있으면 열사병에 걸릴 수 있습니다.
⑤ 비가 내리는 날에는 우산을 쓰고, 실내 활동을 주로 합니다.

10 황사나 미세 먼지가 많은 날에는 외출을 자제하는 것이 좋고, 외출할 때는 건강을 위해 마스크를 착용하도록 합니다.

11 자외선 지수가 높은 날에는 가급적 야외 활동을 자제하고, 자외선 차단제를 바르도록 합니다.

12 날씨는 사람들의 옷차림, 야외 활동, 건강 등 우리 생활에 다양한 영향을 줍니다.

채점 기준

생활기상지수를 이용하여 다양한 날씨에 사람들이 적절하게 대처하여 생활할 수 있도록 하기 위해서라는 내용으로 옳게 썼으면 정답으로 합니다.

서술형·논술형 평가 돋보기

73쪽

1 (1) ㉢ (2) 예 북서쪽 대륙에서 이동해 오는 차갑고 건조한 성질을 가진 ㉠ 공기 덩어리의 영향을 받는 우리나라의 겨울철은 춥고 건조한 날씨가 나타난다. **2** 예 여름에는 남동쪽 바다에서 이동해 오는 따뜻하고 습한 공기 덩어리의 영향을 받기 때문이다. **3** (1) 비가 내리는 날 (2) 예 비가 내리면 놀이터에서 놀기 어렵고, 음식점에 직접 가기 힘들기 때문이다. **4** 예 날씨가 무덥고 습할 때는 실외에서 오랫동안 있으면 열사병에 걸릴 수 있다.

1 (1) 장마는 여름철에 여러 날 동안 계속해서 내리는 비를 말합니다. 에어컨이나 습기 제거제는 습도가 높은

여름철에 주로 사용합니다. 우리나라의 여름철 날씨와 관계있는 공기 덩어리는 남동쪽 바다에서 이동해 오는 ㉢ 공기 덩어리입니다.

(2) 우리나라의 겨울에 춥고 건조한 날씨가 나타나는 까닭은 우리나라의 북서쪽에 위치한 대륙에서 이동해 오는 차갑고 건조한 성질을 가진 공기 덩어리의 영향을 받기 때문입니다.

채점 기준

㉠ 공기 덩어리의 영향을 받는 겨울철 날씨의 특징을 공기 덩어리의 성질과 관련지어 옳게 썼으면 정답으로 합니다.

2 우리나라의 여름 날씨는 남동쪽 바다에서 이동해 오는 따뜻하고 습한 성질을 가진 공기 덩어리의 영향을 받아 덥고 습합니다.

채점 기준

우리나라의 남동쪽 바다에서 이동해 오는 공기 덩어리의 성질과 관련지어 옳게 썼으면 정답으로 합니다.

3 (1) 비가 내리면 놀이터에서 뛰어노는 아이들은 거의 없고, 음식점에 배달 주문은 늘어납니다.

(2) 비가 내리는 날에는 비 때문에 놀이터에서 놀기 어렵고, 음식점에 직접 가기 힘들기 때문에 배달 주문이 늘어납니다. 반면, 맑고 따뜻한 날에는 야외 활동을 하기 좋으므로 놀이터에서 뛰어노는 아이들이 많고, 음식점에 배달 주문이 줄어듭니다.

채점 기준

비가 내리는 날을 고른 까닭을 옳게 썼으면 정답으로 합니다.

4 날씨가 무덥고 습할 때 실외에서 오랫동안 있으면 열사병에 걸리거나 탈진(기운이 다 빠져 없어지는 증상)할 수 있으므로 주의해야 합니다. 또한 무덥고 습한 날씨로 인해 음식이 쉽게 상하고 식중독에 걸릴 수도 있으므로 식생활에 각별히 주의를 기울여야 합니다.

채점 기준

무덥고 습한 날씨로 인해 사람들이 병에 걸릴 수 있다는 내용으로 옳게 썼으면 정답으로 합니다.

대단원 마무리

75~78쪽

01 건구 온도 **02** ② **03** ①, ④ **04** 예 제습기를 사용해 습도를 낮춘다. **05** ③ **06** ⑤ **07** ㉡, ㉠, ㉢ **08** ㉢ **09** ② **10** 예 구름 속 작은 얼음 알갱이가 커지면서 무거워져 떨어질 때 녹지 않은 채 떨어지면 눈이 된다. **11** ㉣ **12** ㉠ **13** ② **14** ㉢ **15** → **16** 예 바람은 두 지점 사이에 기압 차가 생겨 공기가 이동하는 것으로, 고기압에서 저기압으로 분다. **17** ㉠ **18** (2) ○ (3) ○ **19** ①, ③ **20** ① **21** 우산, 부채, 습기 제거제, 자외선 차단제, 차가운 음료 **22** ④ **23** ⑤ **24** ⑤

01 습도표의 세로줄은 건구 온도를 나타내고, 가로줄은 건구 온도와 습구 온도의 차를 나타냅니다.

02 습도표의 세로줄에서 건구 온도를 찾고 가로줄에서 건구 온도와 습구 온도의 차를 찾은 다음, 가로줄과 세로줄이 만나는 지점이 현재 습도입니다. 건구 온도가 17 ℃일 때 습도가 81 %인 경우 건구 온도와 습구 온도의 차는 2 ℃이므로 습구 온도는 15 ℃가 됩니다. (건구 온도 17 ℃ − 습구 온도 15 ℃ = 2 ℃)

건구 온도 (℃)	건구 온도와 습구 온도의 차(℃)				
	0	1	②	3	4
15	100	90	80	70	61
16	100	90	81	71	62
⑰	100	90	㉧	72	63
18	100	91	82	73	64
19	100	91	82	74	65

03 습도가 높으면 세균이나 곰팡이가 자라기 쉬워 음식물이 쉽게 상합니다. 습도가 낮으면 산불이 발생하기 쉽고 피부가 쉽게 건조해지며 감기와 같은 호흡기 질환이 생기기도 합니다. 이처럼 습도는 건강, 안전 등 우리 생활에 많은 영향을 줍니다.

04 습도가 높을 때는 빨래가 잘 마르지 않습니다. 습도가 높은 실내에서 제습기를 사용하면 습도를 효과적으로 낮춰 빨래를 잘 말릴 수 있습니다. 습도가 높을 때는 제습기, 습기 제거제, 마른 숯 등을 이용하여 습도를 낮출

수 있습니다.

채점 기준

상	습도가 높을 때 습도를 낮추는 방법을 옳게 쓴 경우
중	예시 답안과 의미는 비슷하지만 정확하게 못 쓴 경우
하	답을 틀리게 쓴 경우

05 조각 얼음과 물을 넣은 집기병 표면에 맺힌 물방울은 공기 중의 수증기가 차가운 집기병 표면에 응결한 것으로, 이와 비슷한 원리로 생기는 자연 현상은 이슬입니다.

06 이슬과 안개는 모두 공기 중의 수증기가 응결해 나타나는 현상입니다. 응결은 온도가 낮을 때 잘 일어납니다. 따라서 이슬이나 안개는 낮보다 온도가 낮은 새벽에 잘 생깁니다.

07 공기가 지표면에서 하늘로 올라가면 온도가 낮아지면서 공기 중의 수증기가 응결하여 작은 물방울이 되거나 더 낮은 온도에서는 작은 얼음 알갱이가 되어 하늘에 떠 있게 되는데, 이를 구름이라고 합니다.

08 이슬, 안개, 구름은 만들어지는 과정과 만들어지는 위치가 다르지만, 공기 중의 수증기가 응결해 나타나는 현상이라는 공통점이 있습니다.

09 스펀지와 분무기를 이용해 비가 내리는 과정을 알아보는 모형실험에서, 스펀지 속에서 나타나는 현상은 자연에서 구름을 나타내고, 스펀지 구멍에서 커진 물방울이 떨어지는 것은 자연에서 비가 내리는 것을 나타냅니다. 실험할 때 분무기는 아주 작은 물방울이 흩뿌려지듯 나오도록 미리 조절해 놓아야 합니다.

10 구름 속에 있는 작은 얼음 알갱이가 커지면서 무거워져 녹지 않은 채 떨어지면 눈이 되고, 떨어지면서 녹으면 비가 됩니다.

채점 기준

상	구름 속에 있는 작은 얼음 알갱이가 녹지 않은 채 떨어져서 눈이 된다는 내용으로 옳게 쓴 경우
중	예시 답안과 의미는 비슷하지만 정확하게 못 쓴 경우
하	답을 틀리게 쓴 경우

11 이 실험은 기온에 따른 공기의 무게를 비교하기 위한 것입니다. 두 플라스틱 통의 무게를 측정해 보면 따뜻한 물에 넣은 플라스틱 통보다 얼음물에 넣은 플라스틱 통의 무게가 더 무겁습니다. 따라서 같은 부피일 때 따뜻한 공기보다 차가운 공기가 더 무겁다는 것을 알 수 있습니다.

12 크기와 무게가 같은 플라스틱 통 두 개를 각각 따뜻한 물과 얼음물에 넣었다가 꺼낸 뒤 두 플라스틱 통의 무게를 비교해 보면, 따뜻한 물에 넣은 플라스틱 통이 얼음물에 넣은 플라스틱 통보다 더 가볍다는 것을 알 수 있습니다.

13 따뜻한 물에 넣은 플라스틱 통 안은 따뜻한 공기로, 얼음물에 넣은 플라스틱 통 안은 차가운 공기로 채워져 있습니다. 같은 부피에서 차가운 공기는 따뜻한 공기보다 무거워 기압이 더 높습니다. 상대적으로 주위보다 공기의 양이 많아 무거워져 기압이 높은 것을 고기압이라고 합니다. 따라서 상대적으로 차갑고 무거운 ㉡ 플라스틱 통 안 공기는 고기압, 상대적으로 따뜻하고 가벼운 ㉠ 플라스틱 통 안 공기는 저기압 상태입니다.

14 모래가 물보다 빨리 데워지므로 가열한 후 모래 위의 공기가 물 위의 공기보다 온도가 더 높습니다. 따라서 물 위의 공기는 고기압, 모래 위의 공기는 저기압 상태가 됩니다.

15 전등으로 가열하면 모래는 물보다 빨리 데워져 물 위의 공기가 모래 위의 공기보다 온도가 낮아 상대적으로 고기압 상태가 됩니다. 공기는 고기압에서 저기압으로 이동하므로 향 연기는 물 위에서 모래 위로 이동합니다.

16 두 지역 사이에 공기의 온도 차가 생기면 상대적으로 온도가 높은 곳의 공기는 주변보다 가벼워져 저기압이 되고, 상대적으로 온도가 낮은 곳의 공기는 주변보다 무거워져 고기압이 됩니다. 이때 고기압에서 저기압으로 공기가 이동하는 현상이 바람입니다.

채점 기준

상	주어진 낱말을 모두 사용하여 바람에 대해 옳게 쓴 경우
중	주어진 낱말을 모두 사용하지 않았거나, 바람에 대해 예시 답안과 의미는 비슷하지만 정확하게 못 쓴 경우
하	답을 틀리게 쓴 경우

17 바닷가에서 맑은 날 밤에는 바다가 육지보다 온도가 높으므로 바다 위는 저기압, 육지 위는 고기압이 됩니다. 따라서 바람이 육지에서 바다로 붑니다.

18 바닷가에서 맑은 날 낮에는 육지의 온도가 바다의 온도보다 높아 바람의 방향이 밤일 때와 반대로 바다에서 육지로 붑니다.

19 대륙이나 바다와 같이 넓은 지역에 오래 머물러 있는 공기 덩어리는 그 지역의 온도나 습도와 성질이 비슷해집니다.

20 우리나라의 겨울에는 북서쪽 바다에서 이동해 오는 차갑고 건조한 성질을 가진 공기 덩어리의 영향을 받아 춥고 건조한 날씨가 나타납니다.

21 우리나라의 여름에는 남동쪽 바다에서 이동해 오는 따뜻하고 습한 성질을 가진 ㉣ 공기 덩어리의 영향을 받아 덥고 습한 날씨가 나타납니다. 여름에 사람들은 우산, 부채, 습기 제거제, 자외선 차단제, 차가운 음료 등을 주로 사용합니다.

22 우리나라의 봄에는 남서쪽 대륙에서 따뜻하고 건조한 공기 덩어리가 이동해 오기 때문에 따뜻하고 건조한 날씨가 나타납니다. 습도가 낮아 건조하므로 산불이 나기 쉽습니다.

23 눈이 많이 내리는 날에는 거리에서 제설차로 눈을 치우는 모습 또는 제설제를 길거리에 뿌려놓는 모습 등을 볼 수 있습니다.

24 감기 가능 지수는 최저 기온, 일교차, 현지 기압, 상대 습도 등에 따른 감기 발생 가능 정도를 지수로 나타낸 것입니다. 감기 가능 지수가 높으면 가급적 외출을 자제하고 과로하지 않도록 주의합니다. 외출 시 마스크, 목도리 등을 착용해 몸을 따뜻하게 하고 체온을 유지하는 것이 중요합니다. 머리나 몸이 물에 젖어 있을 경우 몸을 충분히 말린 뒤 외출하도록 합니다.

수행 평가 미리 보기 79쪽

1 (1) 47 (2) 예 가습기를 사용한다. 젖은 수건이나 빨래를 널어둔다. 2 (1) ㉠ 무겁고, ㉡ 가볍다 (2) 예 상대적으로 차가운 공기는 따뜻한 공기보다 무거워 기압이 높고, 이것을 고기압이라고 한다. 상대적으로 따뜻한 공기는 차가운 공기보다 가벼워 기압이 낮고, 이것을 저기압이라고 한다.

1 (1) 습도표의 세로줄에서 건구 온도(17 ℃)를 찾고 가로줄에서 건구 온도와 습구 온도의 차(17 ℃ − 11 ℃ = 6 ℃)를 찾은 다음, 가로줄과 세로줄이 만나는 지점인 47 %가 현재 습도입니다.
(2) 습도가 낮을 때는 가습기를 사용하거나, 물이나 차를 끓이거나, 젖은 수건이나 빨래를 널어두는 등의 방법으로 습도를 조절할 수 있습니다.

2 (1) 상대적으로 공기의 온도가 낮으면 공기의 무게는 무겁습니다. 상대적으로 공기의 온도가 높으면 공기의 무게는 가볍습니다. 공기의 온도에 따른 공기의 무게를 비교하는 실험을 통해, 차가운 공기가 따뜻한 공기보다 더 무겁다는 것을 알 수 있습니다.
(2) 같은 부피에서 상대적으로 차가운 공기는 따뜻한 공기보다 무거워 기압이 높고, 이것을 고기압이라고 합니다. 상대적으로 따뜻한 공기는 차가운 공기보다 가벼워 기압이 낮고, 이것을 저기압이라고 합니다.

4 단원 물체의 운동

(1) 물체의 운동과 빠르기

탐구 문제 84쪽

1 ㉤, ㉥ 2 지연

1 ㉠ 철봉, ㉡ 미끄럼틀, ㉢ 학교 건물, ㉣ 축구 골대는 시간이 지남에 따라 위치가 변하지 않으므로 운동하지 않는 물체입니다.
㉤ 달리는 어린이와 ㉥ 날아가는 비행기는 시간이 지남에 따라 위치가 변하므로 운동하는 물체입니다.

2 날아가는 축구공은 시간이 지남에 따라 위치가 변하므로 운동하는 물체입니다.

핵심 개념 문제 85~86쪽

01 위치 02 ㉢ 03 ㉠, ㉡ 04 (3) ○ 05 (1) ○ 06 ㉢ 07 ① 08 ③

01 시간이 지남에 따라 물체의 위치가 변할 때 물체가 운동한다고 합니다.

02 운동한 물체는 시간이 지남에 따라 위치가 변한 물체입니다. ㉠ 건물, ㉡ 나무, ㉣ 도서관 간판은 운동하지 않은 물체입니다.

03 물체의 운동은 물체가 이동하는 데 걸린 시간과 이동 거리로 나타냅니다.

04 (1) 이동 거리가 나타나지 않았습니다.
(2) 걸린 시간과 이동 거리가 나타나지 않았습니다.

05 로켓은 달팽이보다 더 빠르게 운동합니다.

06 우리 주변에 있는 물체는 빠르게 운동하는 물체도 있고 느리게 운동하는 물체도 있습니다. 또 빠르기가 변하는 운동을 하는 물체도 있고 빠르기가 일정한 운동을 하는 물체도 있습니다.

07 펭귄, 비행기, 롤러코스터는 빠르기가 변하는 운동을 하는 물체이고, 스키장 승강기, 자동길은 빠르기가 일정한 운동을 하는 물체입니다.

08 ㉠ 치타, ㉡ 바이킹, ㉣ 컬링 스톤은 빠르기가 변하는 운동을 합니다. ㉢ 케이블카는 빠르기가 일정한 운동을 합니다.

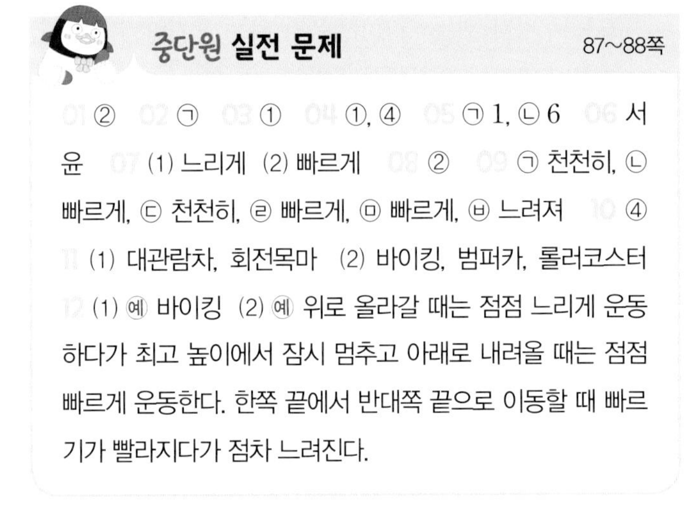
중단원 실전 문제 87~88쪽

01 ② 02 ㉠ 03 ① 04 ①, ④ 05 ㉠ 1, ㉡ 6 06 서윤 07 (1) 느리게 (2) 빠르게 08 ② 09 ㉠ 천천히, ㉡ 빠르게, ㉢ 천천히, ㉣ 빠르게, ㉤ 빠르게, ㉥ 느려져 10 ④ 11 (1) 대관람차, 회전목마 (2) 바이킹, 범퍼카, 롤러코스터 12 (1) 예 바이킹 (2) 예 위로 올라갈 때는 점점 느리게 운동하다가 최고 높이에서 잠시 멈추고 아래로 내려올 때는 점점 빠르게 운동한다. 한쪽 끝에서 반대쪽 끝으로 이동할 때 빠르기가 빨라지다가 점차 느려진다.

01 ② 도로의 표지판은 시간이 지남에 따라 위치가 변하지 않습니다.

02 ㉠은 지수의 위치 변화를 나타내고, ㉡은 걸린 시간을 나타냅니다.

03 물체의 운동은 물체가 이동하는 데 걸린 시간과 이동 거리로 나타냅니다.

04 ① 나무, ④ 신호등은 운동하지 않은 물체입니다.
② 자전거, ③ 자동차, ⑤ 할머니는 운동한 물체입니다.

05 물체의 앞쪽 끝부분을 기준으로 이동한 거리를 측정합니다. 할머니는 1초 동안 1 m를 이동했습니다. 자동차는 1초 동안 6 m를 이동했습니다.

06 물체의 운동은 물체가 이동하는 데 걸린 시간과 이동 거리로 나타냅니다.

07 (1) 달팽이는 펭귄보다 느리게 운동합니다.
(2) 비행기는 컬링 스톤보다 빠르게 운동합니다.

08 자동길, 케이블카, 스키장 승강기는 빠르기가 일정한 운동을 하는 물체입니다.

09 펭귄은 바다에 들어가면 천천히 헤엄치다가 범고래를 만나면 빠르게 헤엄쳐 도망갑니다. 비행기는 활주로에서 천천히 움직이다가 점점 빠르게 달려 하늘로 날아갑니다. 배드민턴공을 채로 치면 처음에는 빠르게 날아가다가 점점 느려져 바닥으로 떨어집니다.

10 ④ 빠르기가 일정한 운동을 하는 모든 물체가 멈추지 않고 언제나 일정한 빠르기로 운동하는 것은 아닙니다.

11 대관람차, 회전목마는 빠르기가 일정한 운동을 하는 놀이 기구입니다. 범퍼카, 바이킹, 롤러코스터는 빠르기가 변하는 운동을 하는 놀이 기구입니다.

12 범퍼카는 출발하면서 빨라졌다가 다른 차와 부딪치면서 느려집니다. 롤러코스터는 오르막길에서는 빠르기가 점점 느려지고 내리막길에서는 빠르기가 점점 빨라지는 운동을 합니다.

채점 기준

빠르기가 변하는 운동을 하는 놀이 기구 중 한 가지를 고르고, 빠르기의 변화에 대해 옳게 썼으면 정답으로 합니다.

서술형·논술형 평가 돋보기

89쪽

1 (1) 정원 (2) 예 시간이 지남에 따라 물체의 무게가 변할 때가 아니라, 위치가 변할 때 물체가 운동한다고 하기 때문이다. **2** (1) ㉠, ㉡ (2) 예 ㉢, 달리는 사람은 1초 동안 1 m를 이동했다. ㉣, 자전거는 1초 동안 4 m를 이동했다. **3** 예 치타가 나무늘보보다 빠르게 운동한다. 나무늘보는 치타보다 느리게 운동한다. **4** 예 롤러코스터는 오르막길에서는 빠르기가 점점 느려지고 내리막길에서는 빠르기가 점점 빨라지는 운동을 한다.

1 (1) 운동한 물체는 시간이 지남에 따라 위치가 변합니다.
(2) 시간이 지남에 따라 물체의 위치가 변할 때 물체가 운동한다고 합니다.

채점 기준

물체의 운동은 무게의 변화가 아니라 위치의 변화로 나타낸다고 썼으면 정답으로 합니다.

2 시간이 지남에 따라 위치가 변한 물체는 운동한 물체이고, 위치가 변하지 않은 물체는 운동하지 않은 물체입니다.
(1) ㉠ 나무, ㉡ 책 읽는 사람은 운동하지 않은 물체입니다.
(2) ㉢ 달리는 사람, ㉣ 자전거는 운동한 물체입니다.

채점 기준

상	운동한 물체를 한 가지 고르고, 물체의 운동을 걸린 시간과 이동 거리를 모두 사용하여 나타낸 경우
중	운동한 물체를 한 가지 골랐지만, 물체의 운동을 걸린 시간과 이동 거리를 사용하여 나타내지 못한 경우
하	답을 틀리게 쓴 경우

3 치타는 나무늘보보다 빠르게 운동합니다.

채점 기준

치타의 빠르기가 나무늘보의 빠르기보다 빠르거나 나무늘보의 빠르기가 치타의 빠르기보다 느리다는 의미로 썼으면 정답으로 합니다.

4 롤러코스터는 레일 위를 달리는 놀이 기구로 빠르기가 변하는 운동을 합니다. 위로 올라갈 때는 빠르기가 점점 느려지고 내려갈 때는 빠르기가 점점 빨라지는 운동을 합니다.

채점 기준

상	오르막길과 내리막길에서 롤러코스터의 빠르기의 변화를 모두 옳게 쓴 경우
중	오르막길과 내리막길에서 롤러코스터의 빠르기의 변화 중 일부만 옳게 쓴 경우
하	답을 틀리게 쓴 경우

(2) 빠르기의 비교와 속력

탐구 문제 92쪽

1 짧을수록 **2** 하민

1 같은 거리를 이동하는 데 걸린 시간이 짧은 물체가 걸린 시간이 긴 물체보다 빠릅니다.

2 같은 시간 동안 긴 거리를 이동한 물체가 짧은 거리를 이동한 물체보다 빠릅니다. 하민이가 만든 장난감 자동차가 가장 짧은 거리를 이동했으므로 가장 느립니다. 현우가 만든 장난감 자동차가 가장 긴 거리를 이동했으므로 가장 빠릅니다.

핵심 개념 문제 93~94쪽

01 시간 02 수아 03 (2) ○ 04 개 05 ③ 06 삼십 킬로미터 매 시, 시속 삼십 킬로미터 07 자동차 08 (1) < (2) =

01 같은 거리를 이동한 물체의 빠르기는 물체가 이동하는 데 걸린 시간으로 비교합니다.

02 같은 거리를 이동하는 데 걸린 시간이 짧은 물체가 걸린 시간이 긴 물체보다 빠릅니다. 수아가 50 m를 이동하는 데 걸린 시간이 가장 짧으므로 가장 빠른 선수입니다.

03 같은 시간 동안 이동한 물체의 빠르기는 물체가 이동한 거리로 비교합니다.

04 같은 시간 동안 긴 거리를 이동한 물체가 짧은 거리를 이동한 물체보다 빠릅니다. 개가 1초 동안 가장 긴 거리를 이동했으므로 개가 가장 빠릅니다.

05 속력은 1초, 1분, 1시간 등과 같은 단위 시간 동안 물체가 이동한 거리를 말합니다.

06 30 km/h는 1시간 동안 30 km를 이동한 물체의 속력을 말하며, '삼십 킬로미터 매 시' 또는 '시속 삼십 킬로미터'라고 읽습니다.

07 속력은 이동 거리를 걸린 시간으로 나누어 구합니다. 버스의 속력은 300 km÷5시간=60 km/h입니다. 따라서 80 km/h로 이동하는 자동차의 속력이 버스의 속력보다 더 큽니다.

08 (1) 2시간 동안 20 km를 이동하는 자전거의 속력은 20 km÷2시간=10 km/h입니다. 3시간 동안 45 km를 이동하는 킥보드의 속력은 45 km÷3시간=15 km/h입니다. 따라서 킥보드의 속력이 자전거의 속력보다 더 큽니다.

(2) 10초 동안 100 m를 달리는 사람의 속력은 100 m÷10초=10 m/s입니다. 5초 동안 50 m를 날아가는 공의 속력은 50 m÷5초=10 m/s입니다. 따라서 두 물체의 속력은 같습니다.

중단원 실전 문제 95~96쪽

01 걸린 시간 02 ③ 03 (1) 범석 (2) 예 같은 거리를 달리는 데 걸린 시간이 가장 짧기 때문이다. 04 ④ 05 ②, ③ 06 ㉠ 긴, ㉡ 짧은 07 ① 08 ㉠, ㉡ 09 ③ 10 140 km 11 여수 12 ③

01 같은 거리를 이동하는 데 걸린 시간이 짧은 물체가 걸린 시간이 긴 물체보다 더 빠릅니다.

02 같은 거리를 이동한 물체의 빠르기는 물체가 이동하는 데 걸린 시간으로 비교합니다.

③ 지민이는 채린이보다 100 m를 달리는 데 걸린 시간이 짧으므로 더 빠르게 달렸습니다.

03 범석이는 같은 거리를 이동하는 데 걸린 시간이 가장 짧으므로 가장 빨리 달린 친구입니다.

채점 기준

가장 빠르게 달린 친구의 이름과 그렇게 생각한 까닭을 옳게 썼으면 정답으로 합니다.

04 같은 시간 동안 가장 짧은 거리를 이동한 교통수단은 이동한 거리가 가장 짧은 자전거입니다.

05 같은 시간 동안 긴 거리를 이동한 물체가 짧은 거리를 이동한 물체보다 더 빠릅니다. 3시간 동안 210 km를 이동한 오토바이보다 더 빠른 교통수단은 같은 시간 동안 더 긴 거리를 이동한 기차와 자동차입니다.

06 같은 시간 동안 이동한 물체의 빠르기를 비교하는 방법은 같은 시간 동안 물체가 이동한 거리로 비교합니다.

같은 시간 동안 긴 거리를 이동한 물체가 짧은 거리를 이동한 물체보다 더 빠릅니다.

07 물체의 속력은 1초, 1분, 1시간 등과 같은 단위 시간 동안 물체가 이동한 거리입니다.
① 속력이 큰 물체가 더 빠릅니다.

08 '속력이 크다.'는 것의 의미는 같은 거리를 이동하는 데 더 짧은 시간이 걸린다는 뜻입니다.

09 속력은 이동 거리를 걸린 시간으로 나누어 구합니다. 자전거는 2초 동안 8 m를 이동했으므로
속력=(이동 거리)÷(걸린 시간)
=(8 m)÷(2초)=(4 m/s)입니다.

10 140 km/h는 1시간에 140 km를 이동하는 빠르기라는 의미입니다.

11 여수에 분 바람의 속력은 4.8 m/s로, 바람의 속력이 가장 큰 지역입니다.

12 ③ 여수에서 부는 바람의 속력은 4.8 m/s이므로, 대구에서 부는 바람의 속력인 4.3 m/s보다 더 큽니다.

서술형·논술형 평가 돋보기 97쪽

1 아린, ㉮ 같은 거리를 이동하는 데 걸린 시간이 가장 짧은 비행 고깔이 가장 빠른 거야. 2 (1) ㉮ 같은 거리를 이동하는 데 걸린 시간이 가장 짧은 사람이 이기는 경기이다. (2) ㉮ 수영, 사이클, 카약, 요트, 조정, 스키, 스노보드, 봅슬레이 등 3 (1) ㉠ <, ㉡ > (2) ㉮ 같은 시간 동안 물체가 이동한 거리로 비교한다. 같은 시간 동안 긴 거리를 이동한 물체가 짧은 거리를 이동한 물체보다 빠르다. 4 (1) ㉮ 속력을 구해 비교한다. (2) ㉮ 고속 열차의 속력은 134 km/h이고 비행기의 속력은 455 km/h이므로, 비행기가 고속 열차보다 더 빠르다.

1 같은 거리를 이동한 물체의 빠르기는 이동하는 데 걸린 시간으로 비교합니다.

채점 기준

상	잘못 말한 친구의 이름을 쓰고, 바르게 고쳐 쓴 경우
중	잘못 말한 친구의 이름만 쓴 경우
하	답을 틀리게 쓴 경우

2 (1) 마라톤과 쇼트트랙은 같은 거리를 이동하는 데 걸린 시간을 측정해 빠르기를 비교하는 운동 경기로, 걸린 시간이 가장 짧은 사람을 높은 순위로 선정합니다.

채점 기준

걸린 시간이 가장 짧은 사람이 이긴다는 내용으로 옳게 썼으면 정답으로 합니다.

(2) 같은 거리를 이동하는 데 걸린 시간을 측정하는 운동 경기로는 마라톤, 쇼트트랙, 수영, 사이클, 카약, 요트, 조정, 스키, 스노보드, 봅슬레이 등이 있습니다.

3 (1) 같은 시간 동안 거북보다 개가 더 긴 거리를 이동했으므로 개가 거북보다 더 빠릅니다. 같은 시간 동안 말보다 치타가 더 긴 거리를 이동했으므로 치타가 말보다 더 빠릅니다.
(2) 같은 시간 동안 이동한 물체의 빠르기는 물체가 이동한 거리로 비교합니다.

채점 기준

상	같은 시간 동안 이동한 물체의 빠르기와 이동 거리의 관계를 옳게 쓴 경우
중	예시 답안과 의미는 비슷하지만 정확하게 못 쓴 경우
하	답을 틀리게 쓴 경우

4 (1) 속력은 1초, 1분, 1시간 등과 같이 단위 시간 동안 이동한 거리입니다. 이동 거리와 이동하는 데 걸린 시간이 모두 다른 물체의 빠르기는 속력을 구해 비교할 수 있습니다.

채점 기준

속력을 구해 비교한다고 썼으면 정답으로 합니다.

(2) 고속 열차의 속력은 402 km÷3시간=134 km/h이고 비행기의 속력은 455 km÷1시간=455 km/h이므로, 비행기의 속력이 고속 열차의 속력보다 더 큽니다.

채점 기준

상	서울에서 부산까지 이동하는 고속 열차와 서울에서 제주까지 이동하는 비행기의 속력을 구해 빠르기를 옳게 비교한 경우
중	서울에서 부산까지 이동하는 고속 열차와 서울에서 제주까지 이동하는 비행기의 속력을 구하지 않고 빠르기를 비교한 경우
하	답을 틀리게 쓴 경우

(3) 속력과 안전

탐구 문제 100쪽

1 ㉠, ㉢ 2 옐로 카펫

1 ㉠ 에어백은 충돌 사고가 일어났을 때 순식간에 부풀어 탑승자의 몸에 가해지는 충격을 줄여 주기 위해 자동차에 설치된 안전장치입니다. ㉢ 안전띠는 자동차의 속력이 갑자기 변하는 등 긴급 상황에서 탑승자의 몸을 고정해 피해를 줄이기 위해 자동차에 설치된 안전장치입니다.

2 옐로 카펫은 도로에 설치된 안전장치로, 교통사고를 예방하기 위해 횡단보도 근처에 있는 어린이를 운전자가 잘 볼 수 있도록 초등학교 근처 횡단보도 양쪽 바닥과 벽을 노랗게 칠한 것입니다.

핵심 개념 문제 101~102쪽

01 크다 02 안전장치 03 ① 04 안전띠 05 어린이 보호 구역 표지판 06 과속 방지 턱 07 ㉡, ㉢ 08 해설 참조

01 속력이 작은 자동차에서 충돌이 일어났을 때보다 속력이 큰 자동차에서 충돌이 일어났을 때 자동차 탑승자와 보행자가 모두 더 크게 다칠 수 있습니다.

02 자동차와 같은 물체의 속력이 클수록 멈추기 어렵고 충돌할 때 큰 충격을 받습니다. 따라서 도로나 자동차에 속력을 줄이거나 충돌할 때 받는 충격을 줄여 주는 안전장치가 필요합니다.

03 ① 핸들은 자동차에 설치된 안전장치가 아닌, 차량의 방향을 변화시켜 주는 장치입니다.

04 안전띠는 차량 충돌 등 긴급 상황에서 탑승자의 몸을 고정하는 장치입니다.

05 어린이 보호 구역 표지판은 학교 주변 도로에서 자동차의 속력을 제한해 어린이들의 교통안전 사고를 막기 위해 설치합니다.

06 과속 방지 턱은 자동차의 속력을 줄여서 사고를 예방합니다.

07 ㉡ 횡단보도를 건널 때에는 좌우를 살피고, 휴대 전화를 보지 않습니다.
㉢ 킥보드와 바퀴 달린 신발, 인라인스케이트 등은 안전한 장소에서 탑니다.

08 교통안전 수칙은 도로 주변에서 운전자나 보행자가 지켜야 할 규칙을 말합니다. 휴대 전화를 보면서 차도로 걸어가거나 자동차 주변에서 공놀이를 하지 않습니다.

중단원 실전 문제 103~104쪽

01 ㉡ 02 ㉡ 03 예 속력이 작은 자동차보다 속력이 큰 자동차에서 충돌이 일어났을 때 자동차 탑승자와 보행자가 모두 더 크게 다칠 수 있다. 04 (1) (가), (다) (2) (나), (라) 05 (가) ㉠, (나) ㉢, (다) ㉣, (라) ㉡ 06 차간 거리 유지 장치 07 과속 단속 카메라 08 ⑤ 09 ③ 10 ㉡, ㉣ 11 ㉠, ㉡, ㉣, ㉥ 12 예 버스는 차도가 아닌 인도에서 기다린다. 횡단보도를 건널 때 휴대 전화를 보지 않는다. 도로 주변이 아닌 안전한 장소에서 바퀴 달린 신발을 탄다. 도로 주변에서 공을 공 주머니에 넣는다.

01 자동차의 속력이 클수록 충돌할 때 큰 충격을 받아 물체가 많이 파손되거나 사람이 크게 다칠 수 있습니다.

02 ㉡이 ㉠보다 충돌했 때 파손되는 정도가 더 크므로, ㉡의 속력이 더 컸을 것입니다.

03 속력이 작은 자동차에서 충돌이 일어났을 때보다 속력이 큰 자동차에서 충돌이 일어났을 때 자동차 탑승자와 보행자가 모두 더 크게 다칠 수 있습니다.

채점 기준

상	자동차의 속력이 작을 때와 클 때 자동차 탑승자와 보행자가 위험해지는 정도를 비교하여 모두 옳게 쓴 경우
중	자동차의 속력이 작을 때와 클 때 자동차 탑승자와 보행자가 위험해지는 정도를 일부만 옳게 쓴 경우
하	답을 틀리게 쓴 경우

04 (가) 안전띠와 (다) 에어백은 자동차에 설치된 안전장치이고, (나) 횡단보도와 (라) 어린이 보호 구역 표지판은 도로에 설치된 안전장치입니다.

05 ㉠ 긴급 상황에서 탑승자의 몸을 고정하는 안전장치는 (가) 안전띠입니다.
㉡ 자동차의 속력을 제한해 어린이들의 교통안전 사고를 막는 것은 (라) 어린이 보호 구역 표지판입니다.
㉢ 보행자가 안전하게 길을 건널 수 있도록 보호하는 구역은 (나) 횡단보도입니다.
㉣ 충돌 사고에서 순식간에 부풀어 탑승자의 몸에 가해지는 충격을 줄여 주는 안전장치는 (다) 에어백입니다.

06 자동차에 차간 거리 유지 장치를 설치하면 가속 발판을 밟지 않아도 자동차를 운전자가 원하는 속력으로 운행하여 안전거리를 유지할 수 있습니다.

07 과속 단속 카메라는 도로마다 자동차가 일정한 속력 이상 달리지 못하도록 제한하고, 제한 속력보다 빠르게 달리는 차량을 단속하기 위해 도로에 설치한 안전장치입니다.

08 ㉠ 안전모는 머리를 다치는 것을 막기 위해 쓰는 모자입니다. ㉡ 팔꿈치 보호대는 팔꿈치를 보호하기 위해 사용하는 보호 장구입니다. ㉢ 무릎 보호대는 무릎 부위를 보호하기 위하여 대거나 두르는 보호 장구입니다.

09 어린이와 자동차가 모두 조심해서 횡단보도를 건너가면 어린이 교통사고가 일어나지 않습니다.

10 ㉠ 횡단보도를 건널 때에는 좌우를 살피고 걸어서 건넙니다.
㉢ 횡단보도를 건널 때에는 자전거에서 내려 자전거를 끌고 건넙니다.

11 ㉠ 차도에서 버스를 기다리는 어린이, ㉡ 휴대 전화를 보며 횡단보도를 건너는 어린이, ㉣ 도로 주변에서 바퀴 달린 신발을 타는 어린이, ㉥ 도로 주변에서 공놀이를 하는 어린이는 위험합니다.

12 버스를 차도에서 기다리면 큰 속력으로 달려오는 자동차에 부딪칠 위험이 있습니다. 횡단보도를 건널 때 휴대 전화를 보면 미처 멈추지 못하는 자동차와 부딪칠 수 있으므로 위험합니다. 도로 주변에서 바퀴 달린 신발을 타면 보행자와 부딪칠 수 있어 위험합니다. 도로 주변에서 공놀이를 하면 공이 차도로 굴러가 큰 속력으로 달려오는 자동차에 부딪칠 위험이 있으므로, 공은 공 주머니에 넣습니다.

채점 기준

도로 주변에서 어린이가 지켜야 할 교통안전 수칙을 옳게 썼으면 정답으로 합니다.

서술형·논술형 평가 돋보기 105쪽

1 예 자동차의 속력이 클수록 자동차가 멈출 때까지 이동한 거리가 멀기 때문에 보행자와 탑승자가 더 위험할 수 있다. **2** (1) (가) 교통 표지판 (나) 횡단보도 (2) (가) 예 자동차 운전자와 보행자에게 규칙을 알려 준다. (나) 예 보행자가 안전하게 길을 건널 수 있도록 보행자를 보호하는 구역이다. **3** (1) (가) 운전자 (나) 보행자 (2) 예 교통 안전사고를 예방하고 피해를 줄이기 위해서 **4** 예 자전거나 킥보드에서 내려서 끌고 횡단보도를 건넌다.

1 자동차 운전자가 제동 장치를 밟더라도 자동차를 바로 멈출 수 없습니다. 30 km/h로 달리는 자동차보다 50 km/h로 달리는 자동차가 보행자를 발견한 후 멈출 때까지 이동한 거리가 멀기 때문에 속력이 작은 자동차에서 충돌이 일어났을 때보다 속력이 큰 자동차에서 충돌이 일어났을 때 자동차 탑승자와 보행자가 모두 더 크게 다칠 수 있습니다.

채점 기준

상	자동차의 속력이 클수록 위험한 까닭을 자동차가 멈출 때까지 이동한 거리를 비교하여 옳게 쓴 경우
중	자동차의 속력이 클수록 위험한 까닭을 일부만 옳게 쓴 경우
하	답을 틀리게 쓴 경우

2 (1) (가)는 교통 표지판이고 (나)는 횡단보도입니다.
(2) (가) 교통 표지판은 자동차 운전자와 보행자에게 위험 상황이나 규칙을 알려 줍니다.
(나) 횡단보도는 보행자가 안전하게 길을 건널 수 있도록 보행자를 보호하는 구역입니다.

채점 기준

상	교통 표지판과 횡단보도의 역할을 모두 옳게 쓴 경우
중	교통 표지판과 횡단보도의 역할 중 한 가지만 옳게 쓴 경우
하	답을 틀리게 쓴 경우

3 (1) (가)는 운전자가 지켜야 할 안전속도에 관한 내용이고, (나)는 보행자가 지켜야 할 원칙에 관한 내용입니다.
(2) 자동차의 속력이 크면 자동차 운전자가 도로의 위험 상황에 바로 대처하기 어렵고, 보행자가 빠르게 접근하는 자동차를 쉽게 피할 수 없어 자동차와 부딪칠 수 있습니다. 또, 자동차 운전자가 제동 장치를 밟더라도 자동차를 바로 멈출 수 없어 위험합니다. 또한 큰 충격이 가해져 탑승자와 보행자가 크게 다칠 수 있습니다. 따라서 교통 안전사고를 예방하고 피해를 줄이기 위해서 자동차의 속력을 제한합니다.

채점 기준

상	자동차의 속력을 제한하는 까닭을 옳게 쓴 경우
중	자동차의 속력을 제한하는 까닭을 일부만 옳게 쓴 경우
하	답을 틀리게 쓴 경우

4 횡단보도를 건널 때에는 자전거나 킥보드에서 내려서 끌고 건넙니다.

채점 기준

자전거나 킥보드를 타는 어린이가 횡단보도를 건널 때 내려서 끌고 건넌다고 옳게 썼으면 정답으로 합니다.

대단원 마무리 107~110쪽

01 ㉢, ㉣ **02** ③ **03** (3) ○ **04** (1) ㉠, ㉣, ㉥ (2) ㉡, ㉢, ㉤ **05** ⑤ **06** (2) ○ **07** ② **08** 도현, 예 비행기는 활주로에서 천천히 움직이다가 점점 빠르게 달려 하늘로 날아간다. **09** ② **10** (나), (가), (다) **11** (3) ○ **12** 빠르다 **13** 매 **14** ① **15** 국화도 **16** ④ **17** 기차, 자동차, 배, 자전거 **18** ② **19** ① **20** ⑤ **21** ㉡ **22** ⑤ **23** 예 도로 주변에서 공은 공 주머니에 넣고 다닌다. 도로 주변에서 공놀이를 하지 않는다. **24** 속력

01 시간이 지남에 따라 위치가 변한 물체는 ㉢ 구름과 ㉣ 개입니다. ㉠ 민주와 ㉡ 나무는 시간이 지나도 위치가 변하지 않았습니다.

02 시간이 지남에 따라 물체의 위치가 변할 때 물체가 운동한다고 합니다.

03 물체의 운동은 물체가 이동하는 데 걸린 시간과 이동 거리로 나타냅니다.

04 ㉠ 자전거, ㉣ 할머니, ㉥ 자동차는 운동한 물체이고, ㉡ 남자아이, ㉢ 교통 표지판, ㉤ 신호등은 운동하지 않은 물체입니다.

05 물체의 운동은 물체가 이동하는 데 걸린 시간과 이동 거리로 나타냅니다.
⑤ 남자아이는 1초 동안 이동하지 않았습니다.

06 말은 거미보다 더 빠르게 운동합니다.

07 빠르기가 변하는 운동을 하는 물체는 치타, 배드민턴 공, 컬링 스톤, 바이킹, 범퍼카이고, 빠르기가 일정한 운동을 하는 물체는 자동길, 자동계단, 순환 열차, 케이블카, 회전목마입니다.

08 비행기는 활주로에서 출발할 때는 천천히 움직이다가 점점 빠르게 달려 하늘로 날아갑니다.

채점 기준
물체의 운동에 대해 잘못 말한 사람의 이름을 쓰고, 바르게 고쳐 쓴 경우 정답으로 합니다.

09 같은 거리를 이동하는 데 걸린 시간을 측정해 빠르기를 비교하는 운동 경기는 스키, 마라톤, 쇼트트랙, 봅슬레이입니다.
② 사격은 같은 거리를 이동하는 데 걸린 시간을 측정하는 운동 경기가 아닌, 일정한 거리에서 소총 · 권총 · 산탄총 등으로 표적을 쏘아 맞히는 경기입니다.

10 같은 거리를 이동한 장난감 자동차의 빠르기를 비교하는 실험 과정은 다음과 같습니다.
(나) 줄자와 종이테이프로 출발선에서 결승선까지의 거리가 4 m인 경주로를 만듭니다. ➡ (가) 장난감 자동차를 출발선에서 출발시킵니다. ➡ (다) 장난감 자동차가 결승선에 오기까지 걸린 시간을 측정한 뒤 자동차의 빠르기를 비교합니다.

11 같은 거리를 이동하는 데 걸린 시간이 짧은 물체가 걸린 시간이 긴 물체보다 더 빠릅니다. 시안이가 가장 빠른 장난감 자동차를 만들었고, 민준이가 가장 느린 장난감 자동차를 만들었습니다.

12 같은 거리를 운동한 물체의 빠르기는 운동하는 데 걸린 시간이 짧을수록 더 빠릅니다. 같은 시간 동안 운동한 물체의 빠르기는 이동한 거리가 길수록 더 빠릅니다.

13 같은 시간 동안 드론보다 더 긴 거리를 이동한 매가 더 빠릅니다.

14 ㉢ 호랑이는 1초 동안 22 m를 이동합니다.
㉣ 매와 돛새치는 같은 시간 동안 다른 거리를 이동했습니다.

15 바람의 속력을 풍속이라고 합니다. 바람이 가장 빠르게 불 것으로 예상되는 섬은 풍속(바람의 속력)이 가장 큰 국화도입니다.

16 속력은 1초, 1분, 1시간 등과 같은 단위 시간 동안 물체가 이동한 거리를 말하며, km/h와 m/s 등의 단위를 사용합니다. 속력이 크다는 것은 물체가 빠르다는 것이며, 같은 시간 동안 더 긴 거리를 이동하는 것입니다.
④ 속력이 작다는 것은 같은 거리를 이동하는 데 더 긴 시간이 걸린다는 뜻입니다.

17 같은 시간 동안 긴 거리를 이동할수록 빠른 물체입니다. 따라서 속력이 빠른 것부터 순서대로 나열하면 기차, 자동차, 배, 자전거 순입니다.

18 배는 같은 시간 동안 기차보다 더 짧은 거리를 이동했으므로 기차보다 느립니다.

19 속력은 이동 거리를 걸린 시간으로 나누어 구합니다.
2시간에 200 km를 이동하는 자동차의 속력은
200 km ÷ 2시간 = 100 km/h입니다. 이는 시속 백 킬로미터, 백 킬로미터 매 시라고 읽으며 1시간에 100 km를 이동하는 빠르기입니다.
① 100 m/s는 1초에 100 m를 이동하는 빠르기입니다.

20 ① 횡단보도는 도로에 설치된 안전장치로, 보행자가 안전하게 길을 건널 수 있도록 보행자를 보호하는 구역입니다.

② 과속 방지 턱은 도로에 설치된 안전장치로, 자동차의 속력을 줄여서 사고를 예방합니다.

③ 자동 긴급 제동 장치는 자동차에 설치된 안전장치로, 앞차와의 충돌 위험이 있을 때 자동차를 멈춥니다.

④ 차간 거리 유지 장치는 자동차에 설치된 안전장치로, 가속 발판을 밟지 않아도 자동차를 운전자가 원하는 속력으로 운행하여 안전거리를 유지합니다.

21 안전띠는 자동차에 설치된 안전장치로, 긴급 상황에서 탑승자의 몸을 고정합니다.

22 ⓜ 길에서는 휴대 전화를 보지 않고 좌우를 살피며 다녀야 합니다.

23 도로 주변에서 공놀이를 하면 위험하므로 공놀이는 안전한 장소에서 합니다. 그리고 도로 주변에서 공은 공주머니에 넣고 다닙니다.

채점 기준

ⓑ의 어린이가 지켜야 할 교통안전 수칙을 옳게 썼으면 정답으로 합니다.

24 어린이 보호 구역에서 자동차를 운전할 때는 속력을 30 km/h 이하로 줄여서 교통 안전사고를 막습니다. 자동차의 속력이 크면 운전자나 보행자가 돌발 상황에 대처하기 힘들고, 충돌할 때 큰 충격으로 자동차 탑승자와 보행자가 모두 크게 다칠 수 있습니다. 따라서 버스가 정류장에 도착할 때까지 인도에서 안전하게 버스를 기다려야 합니다.

수행 평가 미리 보기 111쪽

1 (1) (가) ㉠, ㉣ (나) ㉡, ㉢, ㉤, ㉥ (2) 해설 참조 2 (1) 자전거: 20 km/h, 자동차: 80 km/h, 배: 40 km/h, 기차: 100 km/h, 시내버스: 60 km/h (2) 예 같은 시간 동안 이동한 물체의 빠르기는 이동한 거리로 비교한다. 같은 시간 동안 긴 거리를 이동한 물체가 짧은 거리를 이동한 물체보다 빠르다.

1 (1) 빠르기가 일정한 운동을 하는 것은 ㉠ 대관람차, ㉣ 회전목마이고, 빠르기가 변하는 운동을 하는 것은 ㉡ 바이킹, ㉢ 롤러코스터, ㉤ 범퍼카, ㉥ 자이로드롭입니다.

(2) ㉡ 바이킹은 위로 올라갈 때는 점점 느리게 운동하다가 최고 높이에서 잠시 멈추고 아래로 내려올 때는 점점 빠르게 운동합니다. ㉢ 롤러코스터는 오르막길에서는 빠르기가 점점 느려지고 내리막길에서는 빠르기가 점점 빨리지는 운동을 합니다. ㉤ 범퍼카는 출발하면서 빨라졌다가 다른 차와 부딪치면서 느려집니다. ㉥ 자이로드롭은 높은 곳까지 천천히 올라갔다가 아래로 내려올 때는 빠르게 내려옵니다.

2 (1) 속력은 이동 거리를 걸린 시간으로 나누어 구합니다.

(2) 같은 시간 동안 이동한 물체의 빠르기는 이동한 거리로 비교합니다. 같은 시간 동안 긴 거리를 이동한 물체가 짧은 거리를 이동한 물체보다 빠릅니다. 같은 시간 동안 가장 긴 거리를 이동한 기차가 가장 빠른 교통수단입니다.

5 단원 산과 염기

(1) 용액의 분류와 지시약

탐구 문제 118쪽

1 탄산수 2 (1) ○ (3) ○ (4) ○

1 탄산수는 산성 용액이므로, 붉은색 리트머스 종이의 색깔을 변하게 하지 않습니다. 유리 세정제와 빨랫비누 물은 염기성 용액이므로, 붉은색 리트머스 종이를 푸른색으로 변하게 합니다.

2 염기성 용액은 페놀프탈레인 용액을 붉은색으로 변하게 합니다. (1) 석회수, (3) 유리 세정제, (4) 빨랫비누 물은 염기성 용액입니다. (2) 묽은 염산은 산성 용액이기 때문에 페놀프탈레인 용액의 색깔을 변하게 하지 않습니다.

핵심 개념 문제 119~121쪽

01 (1) ○ (2) ○ (3) × (4) × 02 ㉣ 03 ㉡ 04 예 냄새가 나는가? 05 지시약 06 ①, ⑤ 07 산성 08 ⑤ 09 ㉠, ㉢ 10 (1) ㉠ (2) ㉡ 11 ㉠, ㉡, ㉣, ㉤ 12 푸른색

01 (1) 식초는 투명하고, 연한 노란색입니다.
(2) 빨랫비누 물은 불투명하고, 하얀색입니다.
(3) 유리 세정제는 투명하고, 냄새가 납니다.
(4) 묽은 염산은 흔들었을 때 거품이 3초 이상 유지되지 않습니다.

02 탄산수, 레몬즙, 석회수는 흔들었을 때 거품이 3초 이상 유지되지 않는 용액입니다.

03 분류 기준을 세울 때는 분류하는 사람에 따라 결과가 달라지지 않는 객관적인 것이어야 합니다.
㉠ 맛은 분류하는 사람에 따라 달라질 수 있으며, 모든 용액의 맛을 볼 수 없습니다. 따라서 맛은 분류 기준이 될 수 없습니다.
㉢ 가격은 용액의 공통점이나 차이점이 될 수 없기 때문에 분류 기준이 될 수 없습니다.

04 분류 기준을 세울 때 여러 가지 용액의 공통점과 차이점을 먼저 생각해 봅니다. 식초, 레몬즙, 유리 세정제, 빨랫비누 물, 묽은 염산은 냄새가 나지만, 탄산수, 석회수, 묽은 수산화 나트륨 용액은 냄새가 나지 않습니다. 따라서 분류 기준은 '냄새가 나는가?'가 될 수 있습니다.

05 지시약은 어떤 용액을 만났을 때 그 용액의 성질에 따라 눈에 띄는 색깔 변화가 나타나는 물질입니다. 지시약의 색깔 변화를 이용해 여러 가지 용액을 산성 용액과 염기성 용액으로 분류할 수 있습니다.

06 겉보기 성질로 구별하기 어려운 용액들은 지시약을 이용해 분류할 수 있습니다. 지시약의 종류에는 푸른색 리트머스 종이, 붉은색 리트머스 종이, 페놀프탈레인 용액, 붉은 양배추 지시약 등이 있습니다.

07 산성 용액은 푸른색 리트머스 종이를 붉은색으로 변하게 하고, 염기성 용액은 붉은색 리트머스 종이를 푸른색으로 변하게 하는 성질이 있습니다.

08 붉은색 리트머스 종이를 푸른색으로 변하게 하는 용액은 염기성 용액입니다. ⑤ 유리 세정제는 염기성 용액입니다. ① 식초, ② 레몬즙, ③ 탄산수, ④ 묽은 염산은 산성 용액입니다. 산성 용액은 붉은색 리트머스 종이의 색깔을 변하게 하지 않습니다.

09 페놀프탈레인 용액이 산성 용액을 만나면 색깔이 변하지 않습니다. ㉠ 식초와 ㉢ 탄산수는 산성 용액입니다. 페놀프탈레인 용액이 염기성 용액을 만나면 붉은색으로 변합니다. ㉡ 석회수와 ㉣ 묽은 수산화 나트륨 용액은 염기성 용액입니다.

10 페놀프탈레인 용액을 떨어뜨렸을 때 색깔을 변하게 하지 않는 용액은 산성 용액이고, 붉은색으로 변하게 하는 용액은 염기성 용액입니다.

11 붉은 양배추 지시약은 산성 용액에서 붉은색 계열로 변합니다. 식초, 레몬즙, 탄산수, 묽은 염산은 산성 용액

입니다. 붉은 양배추 지시약은 염기성 용액에서 푸른색이나 노란색 계열로 변합니다. 석회수와 빨랫비누 물은 염기성 용액입니다.

12 유리 세정제는 염기성 용액으로, 붉은 양배추 지시약을 푸른색으로 변하게 합니다.

중단원 실전 문제 122~124쪽

01 ② 02 ① 03 ① 04 ㉠, ㉡ 05 예 분류 기준: 투명한가?, 그렇다.: 식초, 탄산수, 유리 세정제, 석회수, 묽은 염산, 묽은 수산화 나트륨 용액, 그렇지 않다.: 레몬즙, 빨랫비누 물, 분류 기준: 냄새가 나는가?, 그렇다.: 식초, 레몬즙, 빨랫비누 물, 유리 세정제, 묽은 염산, 그렇지 않다.: 탄산수, 석회수, 묽은 수산화 나트륨 용액 06 ⑤ 07 ㉢ 08 지시약 09 ① 10 ② 11 식초, 레몬즙, 탄산수, 묽은 염산 12 해설 참조 13 ④ 14 (1) 예 페놀프탈레인 용액의 색깔을 변하게 하지 않는다. (2) 예 페놀프탈레인 용액을 붉은색으로 변하게 한다. 15 ④, ⑤ 16 ② 17 ① 18 ㉠, ㉢, ㉥

01 ① 식초는 연한 노란색이고 투명합니다.
③ 레몬즙은 연한 노란색이고 불투명합니다.
④ 오렌지 주스는 노란색이고 불투명합니다.
⑤ 빨랫비누 물은 하얀색이고 불투명합니다.

02 ② 레몬즙, ③ 묽은 염산, ④ 빨랫비누 물, ⑤ 유리 세정제는 냄새가 나는 용액입니다.

03 색깔, 냄새, 투명한 정도와 같은 겉보기 성질로 구별하기 어려운 용액도 있습니다. 이와 같은 용액은 지시약을 이용해 분류할 수 있습니다.

04 용액의 색깔, 냄새, 투명한 정도 등의 특징을 관찰한 뒤 분류 기준을 정해 다양하게 분류할 수 있습니다. ㉢ 색깔이 아름다운가?는 분류하는 사람에 따라 결과가 다르게 나타나므로 분류 기준이 될 수 없습니다.

05 '투명한가?'와 '냄새가 나는가?'로 여러 가지 용액을 분류합니다.

06 분류 기준을 '흔들었을 때 거품이 3초 이상 유지되는가?'로 정해 용액을 분류한 것입니다. 흔들었을 때 거품이 3초 이상 유지되는 용액은 빨랫비누 물, 유리 세정제입니다. 흔들었을 때 거품이 3초 이상 유지되지 않는 용액은 식초, 레몬즙, 탄산수, 석회수, 묽은 염산, 묽은 수산화 나트륨 용액입니다.

07 묽은 염산은 냄새가 나지만 탄산수, 석회수, 묽은 수산화 나트륨 용액은 냄새가 나지 않습니다. 탄산수, 석회수, 묽은 염산, 묽은 수산화 나트륨 용액은 모두 투명하고 색깔이 없으며 흔들었을 때 거품이 3초 이상 유지되지 않습니다.

08 지시약은 어떤 용액을 만났을 때 그 용액의 성질에 따라 눈에 띄는 색깔 변화가 나타나는 물질입니다. 지시약의 색깔 변화를 이용해 여러 가지 용액을 산성 용액과 염기성 용액으로 분류할 수 있습니다.

09 지시약의 종류에는 리트머스 종이, 페놀프탈레인 용액, 붉은 양배추 지시약 등이 있습니다.

10 리트머스 종이를 이용해 여러 가지 용액을 분류하는 실험을 할 때 24홈판, 푸른색 리트머스 종이, 붉은색 리트머스 종이, 가위, 핀셋, 점적병에 담긴 여러 가지 용액(식초, 레몬즙, 유리 세정제, 탄산수, 빨랫비누 물, 석회수, 묽은 염산, 묽은 수산화 나트륨 용액), 보안경, 실험용 장갑 등이 필요합니다.
② 핫플레이트는 리트머스 종이를 이용해 용액을 분류하는 실험에 필요하지 않습니다.

11 푸른색 리트머스 종이를 붉은색으로 변하게 하는 용액은 식초, 레몬즙, 탄산수, 묽은 염산입니다.

12

구분	탄산수	표백제	구연산 용액	제빵 소다 용액
푸른색 리트머스 종이	●	○	●	○
붉은색 리트머스 종이	○	●	○	●

탄산수와 구연산 용액은 산성 용액이므로, 푸른색 리트머스 종이를 붉은색으로 변하게 합니다. 표백제와 제빵

소다 용액은 염기성 용액이므로, 붉은색 리트머스 종이를 푸른색으로 변하게 합니다.

13 페놀프탈레인 용액을 붉은색으로 변하게 하는 용액은 염기성 용액입니다. 식초, 탄산수, 레몬즙, 묽은 염산은 산성 용액이고, 석회수, 묽은 수산화 나트륨 용액은 염기성 용액입니다.

14 페놀프탈레인 용액은 산성 용액과 만나면 색깔이 변하지 않고, 염기성 용액을 만나면 붉은색으로 변합니다. 따라서 페놀프탈레인 용액은 식초를 만나면 색깔이 변하지 않고, 유리 세정제를 만나면 붉은색으로 변합니다.

채점 기준

상	식초와 유리 세정제에 떨어뜨린 페놀프탈레인 용액의 색깔 변화를 모두 옳게 쓴 경우
중	식초와 유리 세정제에 떨어뜨린 페놀프탈레인 용액의 색깔 변화 중 한 가지만 옳게 쓴 경우
하	답을 틀리게 쓴 경우

15 표백제, 빨랫비누 물은 붉은색 리트머스 종이를 푸른색으로 변하게 하고, 페놀프탈레인 용액을 붉은색으로 변하게 하는 염기성 용액입니다.

16 붉은 양배추 지시약은 산성 용액을 만나면 붉은색 계열로 변하고, 염기성 용액을 만나면 푸른색이나 노란색 계열로 변합니다. ② 레몬즙은 산성 용액으로, 붉은 양배추 지시약을 붉은색으로 변하게 합니다.

17 식초와 묽은 염산은 산성 용액입니다. 식초는 색깔이 있지만 묽은 염산은 색깔이 없습니다. 산성 용액은 푸른색 리트머스 종이를 붉은색으로 변하게 하고, 페놀프탈레인 용액의 색깔을 변하게 하지 않습니다. 또 붉은 양배추 지시약은 붉은색 계열로 변하게 합니다.

18 염기성 용액은 페놀프탈레인 용액을 붉은색으로 변하게 합니다. 염기성 용액은 붉은색 리트머스 종이를 푸른색으로 변하게 합니다. 염기성 용액은 붉은 양배추 지시약을 푸른색이나 노란색 계열로 변하게 합니다.

서술형·논술형 평가 돋보기

125쪽

1 (1) 예 색깔이 있는가? (2) ㉡ 식초, 레몬즙, 묽은 염산, 유리 세정제, ㉢ 탄산수, 석회수, 묽은 수산화 나트륨 용액 **2** (1) 예 무색이고 투명하며 냄새가 나지 않기 때문에 쉽게 구분할 수 없다. (2) 예 지시약을 이용하여 성질을 확인한다. **3** (1) 페놀프탈레인 용액 (2) 예 페놀프탈레인 용액은 염기성 용액을 만나면 붉은색으로 변한다. **4** (1) ㉠, ㉢ (2) 예 붉은색 양배추 지시약은 산성 용액을 만나면 붉은색 계열로 변하고, 염기성 용액을 만나면 노란색이나 푸른색 계열로 변한다.

1 (1) 여러 가지 용액의 공통점과 차이점을 바탕으로 분류 기준을 세워 분류합니다.

채점 기준

분류 기준으로 알맞으면 정답으로 합니다.

(2) 냄새가 나는 용액과 냄새가 나지 않는 용액으로 분류합니다.

채점 기준

분류 기준에 따라 용액을 옳게 분류하면 정답으로 합니다.

2 (1) 무색이고 투명하며 냄새가 나지 않는 용액은 겉보기 성질로 쉽게 구분되지 않아 분류하기 어렵습니다.

채점 기준

상	겉보기 성질만으로 용액을 분류하는 어려움을 옳게 쓴 경우
중	겉보기 성질만으로 용액을 분류하는 어려움 중 일부만 쓴 경우
하	답을 틀리게 쓴 경우

(2) 지시약을 이용하여 탄산수와 묽은 수산화 나트륨 용액을 구분할 수 있습니다.

채점 기준

상	지시약을 이용하여 용액을 구분한다고 쓴 경우
중	지시약이라고 명시하지 않고 일부 의미만 전달되도록 쓴 경우
하	답을 틀리게 쓴 경우

3 (1) 묽은 수산화 나트륨 용액에 떨어뜨렸을 때 붉은색으로 변하는 지시약은 페놀프탈레인 용액입니다.

(2) 염기성 용액은 페놀프탈레인 용액을 붉은색으로 변하게 합니다.

채점 기준

상	페놀프탈레인 용액의 성질을 염기성 용액에서의 색깔 변화를 이용하여 옳게 쓴 경우
중	페놀프탈레인 용액으로 용액의 성질을 알 수 있다고만 쓴 경우
하	답을 틀리게 쓴 경우

4 (1) 붉은 양배추 지시약을 뿌려서 말린 종이에 산성 용액인 식초나 묽은 염산으로 그림을 그리면 붉은색으로 변합니다.

(2) 붉은색 양배추 지시약은 산성 용액에서는 붉은색 계열로 변하고, 염기성 용액에서는 노란색이나 푸른색 계열로 변합니다.

채점 기준

상	산성 용액과 염기성 용액에서 붉은색 양배추 지시약의 색깔 변화를 모두 옳게 쓴 경우
중	산성 용액과 염기성 용액에서 붉은색 양배추 지시약의 색깔 변화를 일부만 옳게 쓴 경우
하	답을 틀리게 쓴 경우

(2) 산성 용액과 염기성 용액의 성질

탐구 문제 130쪽

1 (1) ○ 2 ㉠ 산성, ㉡ 염기성

1 페놀프탈레인 용액을 떨어뜨린 묽은 염산에 묽은 수산화 나트륨 용액을 계속 떨어뜨리면 붉은색으로 변합니다.

2 산성 용액에 염기성 용액을 계속 섞으면 산성이 점점 약해집니다. 염기성 용액에 산성 용액을 계속 섞으면 염기성이 점점 약해집니다.

핵심 개념 문제 131~133쪽

01 ㉡, ㉢ 02 아무런 변화가 없다 03 (1) ○ 04 ㉠, ㉣ 05 선우 06 산성 07 염기성 08 ③ 09 (1) ○ (2) × (3) ○ 10 ㉠ 염기성, ㉡ 산성 11 산성 용액 12 (2) ○

01 묽은 염산에 넣었을 때 기포가 발생하면서 녹는 물질은 ㉡ 달걀 껍데기와 ㉢ 대리석 조각입니다.

02 묽은 염산에 삶은 달걀흰자와 두부를 넣으면 아무런 변화가 없습니다.

03 묽은 수산화 나트륨 용액에 삶은 달걀흰자를 넣으면 삶은 달걀흰자가 녹아 흐물흐물해집니다.

04 묽은 수산화 나트륨 용액에 넣었을 때 녹아서 흐물흐물해지는 물질은 ㉠ 두부와 ㉣ 삶은 달걀흰자입니다. ㉡ 달걀 껍데기와 ㉢ 대리석 조각은 묽은 수산화 나트륨 용액에 넣었을 때 변화가 없습니다.

05 묽은 염산에 붉은 양배추 지시약을 넣으면 붉은색으로 변하고, 묽은 수산화 나트륨 용액을 조금씩 계속 넣으면 색깔이 붉은색에서 보라색을 거쳐 점차 푸른색이나 노란색으로 변합니다.

06 묽은 염산에 붉은 양배추 지시약을 넣은 후에 묽은 수산화 나트륨 용액을 조금씩 계속 넣으면 붉은 양배추 지시약의 색깔이 붉은색에서 푸른색이나 노란색 계열로 변하는 것으로 보아 산성이 점점 약해지고 염기성으로 변합니다.

07 염기성인 묽은 수산화 나트륨 용액에 산성인 묽은 염산을 조금씩 계속 넣으면 염기성이 점점 약해지다가 산성으로 변합니다.

08 묽은 수산화 나트륨 용액에 붉은 양배추 지시약을 넣은 후에 묽은 염산을 조금씩 계속 넣으면 노란색에서 청록색, 보라색을 거쳐 점차 붉은색으로 변합니다. 용액의 성질은 염기성이 점점 약해지다가 산성으로 변합니다. ③ 묽은 염산을 계속 넣으면 붉은색 계열로 변합니다.

09 묽은 염산은 무색투명합니다. 묽은 염산에 페놀프탈레인 용액을 떨어뜨리면 색깔 변화가 없고, 묽은 수산화 나트륨 용액을 계속 넣으면 점차 붉은색으로 변합니다.

10 염기성 용액에 산성 용액을 계속 섞으면 염기성이 점점 약해지다가 산성으로 변합니다.

11 식초와 변기용 세제는 산성 용액입니다. 생선을 손질한 도마는 식초로 닦아 생선의 비린내를 없애고, 변기를 청소할 때는 변기용 세제를 이용하여 변기의 때와 냄새를 없앱니다.

12 (1) 속이 쓰릴 때는 산성 용액인 탄산수가 아닌, 염기성 용액인 제산제를 먹습니다.
(2) 욕실을 청소할 때는 염기성 용액인 표백제를 이용합니다.

중단원 실전 문제

134~136쪽

01 ㈎, ㈏ 02 ㉠ 03 ㉠ 산성, ㉡ 산성 04 ④ 05 ④ 06 ③ 07 ㈐ → ㈎ → ㈏ 08 ㉣ 09 ㉠ 산성, ㉡ 염기성 10 (1) ○ 11 수아, 예 염기성 용액에 산성 용액을 계속 넣으면 염기성이 약해져. 12 (3) ○ 13 ⑤ 14 ① 15 (1) ○ (2) ○ 16 염기성 17 예 욕실을 청소할 때 표백제를 이용한다. 유리를 닦을 때 유리 세정제를 이용한다. 막힌 하수구를 뚫을 때 하수구 세정제를 이용한다. 차량용 이물질 제거제로 자동차에 묻은 새의 배설물이나 벌레 자국을 닦는다. 18 ③

01 묽은 염산에 여러 가지 물질을 넣었을 때 시간이 지난 후 변화가 나타나는 것은 달걀 껍데기와 대리석 조각입니다. 삶은 달걀흰자와 두부는 묽은 염산에 넣었을 때 변화가 없습니다.

02 묽은 염산에 달걀 껍데기와 대리석 조각을 넣으면 기포가 발생하면서 녹습니다. 묽은 염산에 삶은 달걀흰자와 두부를 넣으면 변화가 없습니다.

03 산성 용액에 넣은 대리석 조각은 녹지만, 산성 용액에 넣은 삶은 달걀흰자는 변화가 없습니다.

04 묽은 수산화 나트륨 용액에 넣은 삶은 달걀흰자는 녹아서 흐물흐물해집니다.

05 묽은 수산화 나트륨 용액에 넣은 두부는 녹아서 흐물흐물해지고, 용액이 뿌옇게 흐려집니다. 묽은 수산화 나트륨 용액에 넣은 대리석 조각과 달걀 껍데기는 변화가 없습니다.

06 ① 산성 용액에 두부를 넣으면 변화가 없습니다.
② 산성 용액에 달걀 껍데기를 넣으면 기포가 발생하면서 바깥쪽 껍데기가 녹습니다.
④ 염기성 용액에 달걀 껍데기를 넣으면 변화가 없습니다.
⑤ 염기성 용액에 넣은 삶은 달걀흰자는 녹아 흐물흐물해집니다.

07 산성 용액에 염기성 용액을 섞으며 붉은 양배추 지시약의 색깔 변화를 관찰하는 실험 과정을 순서대로 나타내면 다음과 같습니다.
삼각 플라스크에 묽은 염산 20 mL를 넣고, 붉은 양배추 지시약을 몇 방울 떨어뜨립니다. ➡ 삼각 플라스크에 묽은 수산화 나트륨 용액을 5 mL씩 여섯 번 넣습니다. ➡ 지시약의 색깔 변화를 관찰하여 붉은 양배추 지시약의 색깔 변화표와 비교합니다.

08 과정 ㈎에서 묽은 수산화 나트륨 용액을 넣을수록 붉은 양배추 지시약의 색깔은 붉은색에서 보라색을 거쳐 푸른색이나 노란색으로 변합니다.

09 붉은 양배추 지시약의 색깔 변화표에서 붉은색 계열의 색깔이 진해질수록 산성이 강하고, 푸른색이나 노란색 계열의 색깔이 진해질수록 염기성이 강합니다.

10 붉은 양배추 지시약을 떨어뜨린 묽은 수산화 나트륨 용액에 묽은 염산을 넣으면 노란색에서 청록색, 보라색을 거쳐 붉은색으로 변합니다.

11 염기성 용액에 산성 용액을 계속 넣으면 염기성이 약해지고 산성이 강해집니다.

채점 기준

실험에 대해 잘못 말한 사람의 이름을 쓰고, 바르게 고쳐 쓴 경우 정답으로 합니다.

12 염산 누출 사고가 일어난 현장에 염기성 물질인 소석회를 뿌리면 산성인 염산의 성질이 점차 약해집니다.

13 염기성 용액인 묽은 수산화 나트륨 용액에 페놀프탈레인 용액을 넣으면 붉은색으로 변합니다.

14 염기성 용액에 페놀프탈레인 용액을 넣으면 붉은색으로 변합니다. 이 용액에 묽은 염산을 계속 떨어뜨리면 무색이 됩니다.

15 (1) 식초와 (2) 레몬즙은 산성 용액입니다. (3) 하수구 세정제와 (4) 차량용 이물질 제거제는 염기성 용액입니다.

16 제산제는 염기성 용액으로, 위에서 산성 용액인 위액이 많이 나왔을 때 조절하는 약입니다.

17 우리 생활에서 염기성 용액을 다양하게 이용합니다. 염기성 물질인 치약으로 충치를 만드는 입안의 산성 물질을 없애고, 머리카락으로 하수구가 막히면 염기성 세제를 뿌려 뚫습니다.

채점 기준

상	우리 생활에서 염기성 용액을 이용하는 경우를 두 가지 모두 옳게 쓴 경우
중	우리 생활에서 염기성 용액을 이용하는 경우를 한 가지만 옳게 쓴 경우
하	답을 틀리게 쓴 경우

18 변기를 청소할 때 이용하는 변기용 세제는 산성 용액입니다. ㉠ 구연산, ㉡ 레몬즙, ㉣ 묽은 염산은 산성 물질이고, ㉢ 표백제는 염기성 물질입니다.

서술형·논술형 평가 돋보기

137쪽

1 (1) 메추리알 껍데기, 대리암 조각, ㉮ 묽은 염산에 메추리알 껍데기와 대리암 조각을 넣으면 기포가 발생하면서 녹는다. (2) 삶은 메추리알 흰자, 삶은 닭 가슴살 ㉮ 묽은 수산화 나트륨 용액에 삶은 메추리알 흰자와 삶은 닭 가슴살을 넣으면 흐물흐물해지면서 용액이 뿌옇게 흐려진다. **2** (1) ㉮ 노란색에서 푸른색을 거쳐 점차 붉은색으로 변한다. (2) ㉮ 염기성이 점점 약해지다가 산성으로 변한다. **3** (1) 요구르트는 산성이고, 물에 녹인 치약은 염기성이다. (2) ㉮ 요구르트는 입안을 산성 환경으로 만들기 때문에 염기성인 치약으로 양치질을 하면 산성 물질을 없애고 세균 활동을 억제할 수 있다. **4** (1) 염기성 (2) ㉮ 속이 쓰릴 때 제산제를 먹는다. 욕실을 청소할 때 표백제를 이용한다.

1 (1) 산성 용액인 묽은 염산에 메추리알 껍데기와 대리암 조각을 넣으면 기포가 발생하면서 녹습니다.

채점 기준

상	묽은 염산에 넣었을 때 변화가 나타나는 물질과 나타나는 변화를 모두 옳게 쓴 경우
중	묽은 염산에 넣었을 때 변화가 나타나는 물질과 나타나는 변화를 일부만 옳게 쓴 경우
하	답을 틀리게 쓴 경우

(2) 염기성 용액인 묽은 수산화 나트륨 용액에 삶은 메추리알 흰자와 삶은 닭 가슴살을 넣으면 흐물흐물해지면서 용액이 뿌옇게 흐려집니다.

채점 기준

상	묽은 수산화 나트륨 용액에 넣었을 때 변화가 나타나는 물질과 나타나는 변화를 모두 옳게 쓴 경우
중	묽은 수산화 나트륨 용액에 넣었을 때 변화가 나타나는 물질과 나타나는 변화를 일부만 옳게 쓴 경우
하	답을 틀리게 쓴 경우

2 (1) 붉은 양배추 지시약을 떨어뜨렸을 때 노란색이 나타나는 것은 염기성 용액이기 때문입니다. 염기성 용액에 산성 용액인 묽은 염산을 조금씩 계속 떨어뜨리면 노란색에서 푸른색을 거쳐 붉은색으로 변합니다.

(2) 노란색이던 붉은 양배추 지시약의 색깔이 붉은색으

로 변하는 것으로 보아 염기성이 약해지다가 산성으로 변하는 것을 알 수 있습니다.

채점 기준

상	묽은 염산을 조금씩 계속 떨어뜨릴 때 지시약의 색깔 변화와 용액의 성질 변화를 모두 옳게 쓴 경우
중	묽은 염산을 조금씩 계속 떨어뜨릴 때 지시약의 색깔 변화와 용액의 성질 변화를 일부만 옳게 쓴 경우
하	답을 틀리게 쓴 경우

3 (1) 요구르트는 푸른색 리트머스 종이를 붉은색으로 변하게 하고, 페놀프탈레인 용액의 색깔은 변하게 하지 않으므로 산성 용액입니다. 물에 녹인 치약은 붉은색 리트머스 종이를 푸른색으로 변하게 하고, 페놀프탈레인 용액을 붉은색으로 변하게 하기 때문에 염기성 용액입니다.

채점 기준

각 용액의 성질을 옳게 썼으면 정답으로 합니다.

(2) 요구르트를 마시면 입안이 산성 환경이 되어 충치를 일으키는 세균이 활발히 활동합니다. 이때 염기성인 치약으로 양치질을 하면 입안의 산성 물질을 없애 세균의 활동을 억제합니다.

채점 기준

상	양치질을 해야 하는 까닭을 옳게 쓴 경우
중	양치질을 해야 하는 까닭을 일부만 옳게 쓴 경우
하	답을 틀리게 쓴 경우

4 (1) 유리를 닦을 때 이용하는 유리 세정제는 염기성 용액입니다.

(2) 염기성 용액을 이용하는 예에는 속이 쓰릴 때 제산제 먹기, 욕실을 청소할 때 표백제 이용하기, 막힌 하수구를 뚫을 때 하수구 세정제 이용하기, 차량용 이물질 제거제로 자동차에 묻은 새 배설물이나 벌레 자국 닦기 등이 있습니다.

채점 기준

염기성 용액을 이용하는 경우를 옳게 썼으면 정답으로 합니다.

대단원 마무리

139~142쪽

01 ⑤ **02** ④ **03** ㉠ 식초, ㉡ 레몬즙, 빨랫비누 물 **04** 예 두 용액 모두 무색이고 투명하기 때문이다. 두 용액 모두 냄새가 나지 않기 때문이다. 두 용액 모두 흔들었을 때 거품이 3초 이상 유지되지 않기 때문이다. **05** ㉠, ㉢, ㉣ **06** ㉠, ㉣ **07** ② **08** 서우 **09** ① **10** ㉢ **11** ④ **12** (1) × (2) ○ (3) ○ (4) ○ **13** (2) ○ **14** ㉠, ㉢ **15** ㉠ 산성, ㉡ 염기성 **16** ⑤ **17** ㉠ → ㉡ → ㉢ **18** ② **19** ① **20** ㉠ 산성, ㉡ 염기성 **21** 예 속이 쓰릴 때 제산제를 먹는다. 유리를 닦을 때 유리 세정제를 이용한다. 막힌 하수구를 뚫을 때 하수구 세정제를 이용한다. 차량용 이물질 제거제로 자동차에 묻은 새 배설물이나 벌레 자국을 닦는다. **22** ㉡, ㉢ **23** (3) ○ **24** ①

01 ⑤ 묽은 염산은 무색이고, 투명합니다.

02 ④ 무거운 정도는 용액의 양에 따라 달라지므로 분류 기준으로 적합하지 않습니다.

03 '투명한가?'를 분류 기준으로 정하면 식초는 투명하고, 레몬즙과 빨랫비누 물은 불투명합니다.

04 석회수와 묽은 수산화 나트륨 용액은 무색투명하고 냄새가 나지 않으며 흔들었을 때 거품이 3초 이상 유지되지 않습니다. 이처럼 겉보기 성질로 분류하기 어려운 용액을 분류할 때 지시약을 이용합니다.

채점 기준

겉보기 성질을 이용하여 분류 기준을 정하기 어려운 까닭을 옳게 쓴 경우 정답으로 합니다.

05 지시약은 어떤 용액을 만났을 때 그 용액의 성질에 따라 눈에 띄는 색깔 변화가 나타나는 물질입니다. 지시약의 색깔 변화를 이용해 여러 가지 용액을 산성 용액과 염기성 용액으로 분류할 수 있습니다.

㉡ 지시약은 용액의 성질에 따라 다른 색깔을 나타내지만, 시간에 따라 다른 색깔로 변하지 않습니다.

06 유리 세정제, 빨랫비누 물, 석회수는 염기성 용액입니다. 염기성 용액은 ㉠ 붉은색 리트머스 종이를 푸른색

으로 변하게 하고, ㉣ 푸른색 리트머스 종이의 색깔은 변하게 하지 않습니다.

㉡ 푸른색 리트머스 종이를 붉은색으로 변하게 하고, ㉢ 붉은색 리트머스 종이의 색깔을 변하게 하지 않는 용액은 산성 용액입니다.

07 푸른색 리트머스 종이를 붉은색으로 변하게 하는 용액은 산성 용액입니다. 산성 용액에는 탄산수와 묽은 염산이 있습니다. 석회수와 묽은 수산화 나트륨 용액은 염기성 용액입니다.

08 염기성 용액인 석회수와 빨랫비누 물에 페놀프탈레인 용액을 넣으면 붉은색으로 변합니다. 산성 용액인 레몬즙에 페놀프탈레인 용액을 넣으면 색깔이 변하지 않습니다.

09 푸른색 리트머스 종이를 붉은색으로 변하게 하고 페놀프탈레인 용액의 색깔을 변하게 하지 않는 용액은 산성 용액입니다. 식초, 레몬즙, 탄산수, 묽은 염산은 산성 용액입니다.

10 붉은 양배추 지시약을 만드는 방법은 다음과 같습니다. 붉은 양배추를 가위로 잘라 비커에 담습니다. ➡ 비커에 붉은 양배추가 잠길 정도로 뜨거운 물을 넣습니다. ➡ 붉은 양배추를 우려낸 용액을 충분히 식혀 체로 걸러냅니다.

11 붉은 양배추 지시약은 산성 용액에서는 붉은색 계열로 변하고, 염기성 용액에서는 푸른색이나 노란색 계열로 변합니다.

① 식초, ② 레몬즙, ④ 묽은 염산은 산성 용액이므로 붉은색 계열로 변하고, ③ 석회수, ⑤ 유리 세정제는 푸른색 계열로 변합니다.

12 (1) 페놀프탈레인 용액을 붉은색으로 변하게 하는 것은 염기성 용액입니다.

13 두부를 염기성 용액에 넣으면 녹아 흐물흐물해지고, 용액이 뿌옇게 흐려집니다.

(1) 염기성 용액입니다.

(3) 염기성 용액은 붉은색 리트머스 종이를 푸른색으로 변하게 합니다.

(4) 염기성 용액은 푸른색 리트머스 종이의 색깔을 변하게 하지 않습니다.

14 묽은 염산은 산성 용액이므로 ㉠ 대리석 조각을 넣으면 녹고, ㉢ 달걀 껍데기를 넣으면 기포가 발생하면서 바깥쪽 껍데기가 녹습니다.

15 산성 용액은 달걀 껍데기와 대리석 조각을 녹입니다. 염기성 용액은 삶은 달걀흰자와 두부를 녹입니다.

16 산성 용액과 염기성 용액을 섞어보는 실험이므로, 과정 (나)에서 염기성 용액인 묽은 수산화 나트륨 용액을 넣어야 합니다.

① 식초, ② 레몬즙, ③ 사이다, ④ 탄산수는 산성 용액입니다.

17 산성 용액에 염기성 용액을 조금씩 떨어뜨리면 붉은색에서 분홍색, 보라색을 거쳐 점차 푸른색으로 변합니다.

18 붉은 양배추 지시약의 색깔 변화표에서 (가) 쪽으로 갈수록 산성이 강하고, (나) 쪽으로 갈수록 염기성이 강합니다.

② ㉡에 알맞은 용액은 염기성 용액이므로, 산성 용액인 레몬즙은 알맞지 않습니다.

19 산성 용액에 염기성 용액을 넣을수록 산성이 점점 약해집니다. 염기성 용액에 산성 용액을 넣을수록 염기성이 점점 약해집니다. 그 까닭은 섞은 용액 속에 있는 산성을 띠는 물질과 염기성을 띠는 물질이 섞이면서 각각의 성질을 잃어버려 용액의 성질이 변하기 때문입니다.

20 변기용 세제는 산성 용액입니다. 막힌 하수구를 뚫을 때는 염기성 용액인 하수구 세정제를 넣습니다.

21 우리 생활에서 이용하는 염기성 용액에는 욕실을 청소할 때 이용하는 표백제, 속이 쓰릴 때 먹는 제산제, 유리를 닦을 때 이용하는 유리 세정제, 막힌 하수구를 뚫을 때 이용하는 하수구 세정제, 자동차에 묻은 새 배설물이나 벌레 자국을 닦는 차량용 이물질 제거제 등이

있습니다.

채점 기준

염기성 용액을 이용하는 예를 옳게 썼으면 정답으로 합니다.

22 ㉠ 변기를 청소할 때 쓰는 변기용 세제, ㉣ 생선회의 비린내를 없애기 위해 뿌리는 레몬즙은 산성 용액입니다. ㉡ 속이 쓰릴 때 먹는 제산제, ㉢ 유리를 닦을 때 이용하는 유리 세정제는 염기성 용액입니다.

23 속이 쓰릴 때 먹는 제산제는 염기성 용액입니다. (1) 머리카락을 감을 때 이용하는 린스와 (2) 생선을 손질한 도마를 닦을 때 이용하는 식초는 산성 용액입니다.

24 연한 노란색이고 투명하며 시큼한 냄새가 나고, 주전자에 생긴 하얀색 얼룩을 없애거나 음식을 만들 때 이용하는 용액은 식초입니다.

수행 평가 미리 보기 143쪽

1 (1) (가) 식초, 레몬즙, 탄산수, 묽은 염산 등 (나) 유리 세정제, 빨랫비누 물, 석회수, 묽은 수산화 나트륨 용액 등 (2) 예 용액 (가)는 푸른색 리트머스 종이를 붉은색으로 변하게 하고, 붉은색 리트머스 종이의 색깔은 변하게 하지 않으므로 산성 용액이다. 용액 (나)는 붉은색 리트머스 종이를 푸른색으로 변하게 하고, 푸른색 리트머스 종이의 색깔은 변하게 하지 않으므로 염기성 용액이다. 2 (1) 예 ㉠ 기포가 발생하며 바깥쪽 껍데기가 녹는다. ㉡ 변화가 없다. ㉢ 변화가 없다. ㉣ 두부가 녹아 흐물흐물해지고 용액이 뿌옇게 흐려진다. (2) 예 산성 용액은 달걀 껍데기를 녹이지만 두부는 녹이지 못한다. 염기성 용액은 달걀 껍데기를 녹이지 못하지만 두부는 녹인다.

01 (1) 리트머스 종이의 색깔 변화에 따라 용액 (가)에는 식초, 레몬즙, 탄산수, 묽은 염산 등이 해당되고, 용액 (나)에는 유리 세정제, 빨랫비누 물, 석회수, 묽은 수산화 나트륨 용액 등이 해당됩니다.

(2) 리트머스 종이는 산성 용액과 염기성 용액을 확인할 때 이용합니다. 산성 용액은 푸른색 리트머스 종이를 붉은색으로 변하게 하고, 붉은색 리트머스 종이의 색깔을 변하게 하지 않습니다. 염기성 용액은 붉은색 리트머스 종이를 푸른색으로 변하게 하고, 푸른색 리트머스 종이의 색깔을 변하게 하지 않습니다.

02 (1) ㉠ 묽은 염산에 넣은 달걀 껍데기는 기포가 발생하면서 바깥쪽 껍데기가 녹습니다. ㉡ 묽은 염산에 넣은 두부는 변화가 없습니다. ㉢ 묽은 수산화 나트륨 용액에 넣은 달걀 껍데기는 변화가 없습니다. ㉣ 묽은 수산화 나트륨 용액에 넣은 두부는 녹아 흐물흐물해지고 용액이 뿌옇게 흐려집니다.

(2) 산성 용액에 달걀 껍데기를 넣으면 달걀 껍데기가 녹고, 두부를 넣으면 변화가 없습니다. 염기성 용액에 달걀 껍데기를 넣으면 변화가 없고, 두부를 넣으면 두부가 녹아 흐물흐물해지고 용액이 뿌옇게 흐려집니다.

2단원 (1) 중단원 쪽지 시험 5쪽

01 생태계 02 생물 요소 03 예 햇빛, 온도, 물, 흙, 공기 등 04 생산자 05 다람쥐 06 분해자 07 비생물 요소 08 먹이 사슬 09 먹이 사슬, 먹이 그물 10 먹이 그물 11 생태계 평형 12 예 댐 건설, 도로 건설, 건물 건설, 환경 오염 등

6~7쪽

중단원 확인 평가 2 (1) 생태계

01 생태계 02 예 나무, 토끼풀, 토끼, 다람쥐, 버섯, 개미, 나비 03 ④ 04 (1) – ㉢ (2) – ㉡ (3) – ㉠ 05 ⑤ 06 생산자 07 ⑤ 08 ④ 09 ④ 10 생태계 평형 11 ② 12 ㉠, ㉡, ㉣

01 제시된 그림은 나무, 토끼풀, 토끼, 다람쥐, 버섯, 개미, 나비와 같은 생물과 생물을 둘러싸고 있는 환경이 서로 영향을 주고받고 있는 숲 생태계의 모습을 나타낸 것입니다.

02 생물 요소는 동물, 식물과 같이 살아 있는 것입니다.

03 생태계는 살아 있는 생물 요소와 살아 있지 않은 비생물 요소로 구성되어 있는데, 비생물 요소에는 햇빛, 온도, 물, 흙, 공기 등이 있습니다. 세균은 생물 요소입니다.

04 생태계의 생물 요소는 양분을 얻는 방법에 따라 생산자, 소비자, 분해자로 분류할 수 있습니다. 민들레와 같이 살아가는 데 필요한 양분을 스스로 만드는 생물을 생산자라고 합니다. 두더지와 같이 다른 생물을 먹어 양분을 얻는 생물을 소비자라고 합니다. 곰팡이와 같이 죽은 생물이나 생물의 배출물을 분해해 양분을 얻는 생물을 분해자라고 합니다.

05 생태계의 모든 생물은 양분을 얻어 살아갑니다. 버섯은 스스로 양분을 만들지 못하고, 죽은 생물이나 생물의 배출물을 분해해 양분을 얻는 분해자입니다.

06 생태계를 구성하는 생물 요소는 다른 생물 요소와 서로 영향을 주고받습니다. 만약 생태계에서 생산자가 없어진다면 생산자를 먹는 소비자는 먹이가 없어서 죽게 되고, 그 소비자를 먹는 다음 단계의 소비자도 먹이가 없어서 죽게 될 것입니다. 결국 생태계의 모든 생물이 멸종하게 될 것입니다.

07 지렁이는 촉촉한 흙에서 살고, 지렁이가 다닌 흙은 공기가 잘 통하고 지렁이의 배출물로 인해 흙이 비옥해집니다. 나무에서 떨어진 낙엽은 썩어서 흙을 비옥하게 하고, 비옥해진 흙에서 빛과 온도 등의 영향을 받으며 자란 식물은 동물이 숨을 쉬기 위해 마시는 산소를 만들어줍니다. 이처럼 생물 요소와 비생물 요소는 서로 영향을 주고받습니다.

08 다람쥐는 개구리를 잡아먹지 않습니다.

09 ① 먹이 그물을 나타낸 것입니다.
② 소비자는 다양한 종류의 생물을 먹습니다.
③ 생산자는 생물을 먹지 않습니다.
⑤ 먹이 사슬보다 생태계에서 생물이 살아가기에 유리한 먹이 관계입니다.

10 생태계 평형은 생태계를 구성하고 있는 생물의 수 또는 양이 균형을 이루며 안정된 상태를 유지하는 것입니다.

11 어느 지역에 토끼의 수가 갑자기 늘어났을 경우 토끼의 먹이가 되는 토끼풀의 양은 줄어들고, 토끼를 먹는 여우의 수는 일시적으로 늘어나게 됩니다. 이와 같이 특정한 생물의 수나 양이 갑자기 늘어나거나 줄어들면 생태계 평형이 깨집니다.

12 먹고 먹히는 관계에 있는 생물의 종류와 수가 균형을 이루어 생물이 안정된 상태를 유지하는 것을 생태계 평형이라고 합니다. 생태계 평형을 깨뜨리는 원인으로는 가뭄, 홍수, 태풍, 지진, 산불 등 자연재해와 댐 · 도로 · 건물 건설, 환경 오염 등 사람의 활동이 있습니다.

생태계 평형이 깨지면 원래대로 회복하는 데 오랜 시간이 걸리고 많은 노력이 필요하므로, 생태계 평형이 깨지지 않도록 노력해야 합니다.

2단원 (2) 중단원 쪽지 시험 9쪽

01 콩나물에 주는 물의 양 02 햇빛 03 초록색 04 햇빛 05 온도 06 적응 07 겨울잠 08 가시 모양 09 환경 오염 10 대기 오염 11 땅에 묻은 12 자동차

10~11쪽

중단원 확인 평가 2 (2) 생물과 환경

01 ③ 02 ㉠ 03 (가) 햇빛(물), (나) 물(햇빛) 04 ③ 05 (3) ○ 06 ④ 07 ② 08 ④ 09 ㉡, ㉣ 10 수질 오염 11 ⑤ 12 ②, ④

01 ㉠과 ㉡은 물이 콩나물의 자람에 미치는 영향을 알아보는 실험이므로 콩나물에 주는 물의 양을 다르게 해야 합니다.

02 ㉠과 같이 햇빛이 잘 드는 곳에 두고 물을 준 콩나물의 떡잎과 떡잎 아래 몸통은 초록색으로 변하고, 떡잎 아래 몸통이 길어지고 굵어집니다.

03 ㉠과 ㉡의 경우에는 햇빛이 잘 드는 곳에서 콩나물에 주는 물의 양을 다르게 하여 실험하였고, ㉢과 ㉣의 경우에는 어둠상자로 덮어 햇빛을 차단한 곳에서 콩나물에 주는 물의 양을 다르게 하여 실험하였습니다. 이 실험은 햇빛과 물이 콩나물의 자람에 미치는 영향을 알아보는 실험입니다.

04 철새는 온도에 따라 먹이를 구하기 쉽고 살기에 적당한 곳으로 이동하며 생활합니다.

05 (1)은 모래로 뒤덮여 있는 매우 덥고 건조한 지역에서 사는 사막여우의 모습입니다.
(2)는 흰 눈과 얼음으로 뒤덮여 있는 매우 추운 극지방에서 사는 북극여우의 모습입니다.
(3)은 황토색의 마른풀과 회색 돌로 덮여 있는 춥고 건조한 지역에서 사는 티베트모래여우의 모습입니다.

06 선인장은 잎이 가시 모양이어서 수분 손실이 적고, 두꺼운 줄기에 물을 많이 저장할 수 있어 사막과 같은 물이 부족한 환경에서 살 수 있습니다.

07 ① 사막여우의 커다란 귀는 몸 안의 열을 잘 배출할 수 있게 더운 지방에 적응한 모습입니다.
③ 대벌레의 나뭇가지를 닮은 생김새는 몸을 숨기기에 유리하게 나뭇가지가 많은 주변 환경에 적응한 모습입니다.
④ 독수리의 튼튼한 갈고리 모양의 부리는 고기를 찢거나 강하게 무는 데 알맞게 적응한 모습입니다.
⑤ 부레옥잠의 잎자루에 있는 공기 주머니는 물에 뜰 수 있게 적응한 결과입니다.

08 고슴도치와 공벌레는 위협을 느끼면 몸을 둥글게 말아 오므립니다. 이는 적의 공격으로부터 몸을 보호하기에 유리한 행동입니다.

09 공장에서 나오는 매연, 쓰레기를 태울 때 나오는 여러 가지 기체 등은 대기를 오염시키는 직접적인 원인이 됩니다.

10 바다에서의 기름 유출 사고는 수질 오염의 직접적인 원인이 됩니다. 흘러나온 기름은 바다에 얇은 막을 형성하면서 넓게 퍼져 공기와 접촉을 막아 바닷속에 산소 부족 현상을 일으킵니다. 이로 인해 바다에 사는 어류는 물론 갯벌에 사는 조개류를 비롯한 모든 생물이 살기 어렵게 됩니다.

11 많은 동물이 바다로 떠내려간 쓰레기 때문에 피해를 입고 있습니다. 버려진 그물과 낚싯줄 등에 걸려 목숨을 잃는 경우도 많고, 해양 동물이 비닐봉지를 먹이로 오인하고 삼켜 비닐봉지가 목에 걸려 질식하거나 소화 기관 장애를 겪기도 합니다.

12 생태계 보전을 위해 일회용품의 사용을 줄이고, 가까운 거리는 자동차 대신에 걷거나 자전거를 이용해 이동하는 등의 노력을 꾸준히 실천해야 합니다.

12~14쪽

대단원 종합 평가 2. 생물과 환경

01 ② 02 ④ 03 ③ 04 예 생물이 양분을 얻는 방법 05 ③ 06 ④ 07 ⑤ 08 (가) 09 ㉡ 10 지진, 산불, 가뭄, 댐 건설 11 (1) ○ (2) ○ (3) × 12 ③ 13 초록색 14 온도 15 ④ 16 ②, ④ 17 ② 18 물 19 민석 20 ⑤

01 ① 화단과 같은 작은 규모의 생태계도 있습니다.
③ 사람도 생태계의 구성 요소입니다.
④ 어항처럼 사람이 만든 인위적인 생태계도 있습니다.
⑤ 생태계의 구성 요소인 생물 요소와 비생물 요소는 서로 영향을 주고받습니다.

02 하천 주변에서 살거나 먹이를 구하는 생물들은 하천 생태계의 구성 요소입니다. 또한 물, 햇빛 등의 비생물 요소 역시 하천 생태계의 구성 요소입니다. 올빼미는 숲 생태계의 구성 요소입니다.

03 생태계의 구성 요소에는 생물 요소와 비생물 요소가 있습니다. 동물, 식물, 버섯처럼 살아 있는 것을 생물 요소라고 하고, 햇빛, 물, 공기, 흙, 온도처럼 살아 있지 않은 것을 비생물 요소라고 합니다.

04 생물이 살아가는 데 양분이 필요하고, 생물은 각각의 방식으로 양분을 얻어 살아갑니다. 생태계를 구성하는 생물 요소는 양분을 얻는 방법에 따라 생산자, 소비자, 분해자로 분류할 수 있습니다.

05 명아주, 떡갈나무와 같이 살아가는 데 필요한 양분을 스스로 만드는 생물을 생산자라고 하고, 노루, 토끼, 다람쥐, 여우와 같이 다른 생물을 먹어 양분을 얻는 생물을 소비자라고 하며, 세균, 버섯과 같이 죽은 생물이나 생물의 배출물을 분해해 양분을 얻는 생물을 분해자라고 합니다.

06 세균, 곰팡이, 버섯은 죽은 생물이나 생물의 배출물을 분해해 양분을 얻는 분해자입니다.

07 생태계의 구성 요소 중 비생물 요소인 온도는 생물 요소인 나무에서 낙엽이 지는 것에 영향을 미칩니다. 또 낙엽은 썩어서 비생물 요소인 흙이 비옥해지는 데 영향을 미칩니다. 이처럼 생태계에서 생물 요소와 비생물 요소는 서로 영향을 주고받습니다.

08 메뚜기는 벼를 먹고, 개구리는 메뚜기를 먹습니다. 이와 같이 생물의 먹이 관계가 사슬처럼 연결되어 있는 것을 먹이 사슬이라고 합니다.

09 참새는 나방 애벌레만 먹는 것이 아니라 벼나 옥수수도 먹고, 메뚜기도 먹습니다. 나방 애벌레의 수가 줄어들어도 참새는 다른 생물도 먹기 때문에 큰 영향을 받지 않습니다.

10 생태계 평형은 여러 가지 원인 때문에 깨지기도 합니다. 생태계 평형이 깨지는 원인으로는 가뭄, 홍수, 태풍, 지진, 산불, 댐 건설, 도로 건설, 건물 건설, 환경 오염 등이 있습니다.

11 늑대가 없어진 국립 공원에 사슴의 수는 빠르게 늘어나게 되고, 사슴의 먹이가 되는 강가의 풀과 나무는 제대로 자라지 못하게 됩니다. 결국 풀과 나무가 없어지기 때문에 오랜 시간에 걸쳐 사슴의 수도 서서히 줄어들게 됩니다. 이와 같이 특정한 생물의 수가 갑자기 줄어들면 생태계 평형이 깨집니다.

12 탈지면으로 감싼 콩나물을 페트병에 담아 어둠상자로 덮고 햇빛을 차단한 후 물을 주면 콩나물의 떡잎이 그대로 노란색이고 떡잎 아래 몸통이 길게 자랍니다.

13 콩나물이 햇빛을 받으면 떡잎과 떡잎 아래 몸통이 초록색으로 변하고, 떡잎 아래 몸통이 길어지고 굵어지게 됩니다. 이와 같이 햇빛은 콩나물의 자람에 영향을 미칩니다.

14 온도의 영향으로 개와 고양이는 털갈이를 합니다. 나뭇잎에 단풍이 드는 것 또한 온도의 영향 때문에 생기는 현상입니다.

15 사막에 사는 선인장은 잎이 가시 모양이어서 수분 손실이 적고, 두꺼운 줄기에 물을 많이 저장할 수 있어 건조한 환경에서 살아남기에 유리합니다.

16 북극곰의 털 색깔은 흰 눈으로 덮여 있는 서식지와 같은 하얀색입니다. 북극곰은 온몸이 두꺼운 털로 덮여 있고 지방층이 두꺼워 추운 극지방에서 살아갈 수 있게 적응하였습니다. 귀가 크면 몸의 열이 잘 배출되므로, 큰 귀는 추운 곳에 사는 동물의 특징으로 알맞지 않습니다.

17 박쥐는 빛이 없는 어두운 동굴에 사는 생물로, 빛이 없어 볼 수 없기 때문에 시력이 나쁩니다. 대신 초음파를 들을 수 있는 귀가 발달해 있어 어두운 동굴에서 먹이를 사냥하여 살아가기에 유리합니다.

18 가정의 생활 하수 등으로 인해 물이 오염되면 물에서 사는 생물이 오염된 물로 인해 병에 걸리거나 모습이 이상해지기도 하며, 심하면 죽음에까지 이를 수 있습니다.

19 쓰레기를 땅속에 묻으면 토양이 오염되어 나쁜 냄새가 심하게 나고, 식물에 오염 물질이 점점 쌓여 식물을 먹는 다른 생물에 나쁜 영향을 미치게 됩니다. 일회용품의 사용은 쓰레기 매립으로 인한 토양 오염을 더 심하게 만드는 행동입니다.

20 ① 바다에 무분별하게 버려진 그물로 인해 많은 바다 동물들이 그물에 갇혀 죽어가고 있습니다. 못 쓰게 된 그물은 바다에 버리지 않도록 합니다.
② 다 쓰고 난 농약통을 땅에 묻게 되면 토양이 오염됩니다.
③ 대기 오염의 원인이 되는 공장의 매연을 줄일 수 있도록 노력해야 합니다.
④ 설거지를 할 때에는 합성 세제의 사용을 줄이도록 노력해야 합니다.

2단원 서술형·논술형 평가 15쪽

01 (1) 생산자: ㉣, 소비자: ㉡, 분해자: ㉠, ㉢ (2) 예 죽은 생물이나 생물의 배출물을 분해해 양분을 얻는다. **02** 예 수리부엉이는 토끼 외에 다른 생물도 먹고 살아가기 때문이다. **03** (1) ㉢ (2) 예 콩나물이 자라는 데 햇빛, 물, 온도가 필요하다. **04** 예 자동차의 매연으로 인한 대기 오염을 줄일 수 있다.

01 (1) 민들레는 생산자에 해당되고, 토끼는 소비자에 해당되며, 버섯과 세균은 분해자에 해당됩니다.
(2) 버섯과 세균처럼 죽은 생물이나 생물의 배출물을 분해해 양분을 얻는 생물을 분해자라고 합니다.

채점 기준	
상	분해자가 양분을 얻는 방법을 옳게 쓴 경우
중	분해자가 양분을 얻는 방법을 일부만 옳게 쓴 경우
하	답을 틀리게 쓴 경우

02 수리부엉이는 토끼 외에 참새, 직박구리, 뱀, 개구리 등 다른 생물도 먹고 살 수 있으므로 토끼의 수가 줄어들어도 큰 영향을 받지 않습니다.

채점 기준	
상	수리부엉이가 살아갈 수 있는 까닭을 먹이 관계와 관련지어 옳게 쓴 경우
중	수리부엉이가 살아갈 수 있는 까닭을 먹이 관계와 관련지어 쓰지 못한 경우
하	답을 틀리게 쓴 경우

03 (1) 어둠상자로 덮고 물을 준 콩나물은 일주일 뒤 떡잎이 그대로 노란색이고, 떡잎 아래 몸통이 길게 자란 것을 관찰할 수 있습니다.
(2) 햇빛, 물, 온도 조건을 다르게 하여 콩나물의 자람을 일주일 동안 관찰하면, 햇빛과 물을 주고 알맞은 온도에서 자란 콩나물이 잘 자란다는 것을 알 수 있습니다.

채점 기준	
상	햇빛, 물, 온도가 콩나물의 자람에 미치는 영향에 대한 내용으로 옳게 쓴 경우
중	햇빛, 물, 온도가 콩나물의 자람에 미치는 영향에 대해 예시 답안과 의미는 비슷하지만 정확하게 못 쓴 경우
하	답을 틀리게 쓴 경우

04 자동차의 매연은 대기 오염의 주된 원인이 됩니다. 가까운 거리를 이동할 때 자동차를 이용하는 대신 자전거를 이용한다면, 자동차의 매연으로 인한 대기 오염을 줄일 수 있어 생태계 보전에 도움이 됩니다.

채점 기준

상	자동차 대신 자전거를 이용할 경우 대기 오염을 줄일 수 있다는 내용으로 주어진 두 낱말을 모두 사용하여 쓴 경우
중	주어진 두 낱말을 모두 사용하였으나 의미 전달이 정확하게 안 된 경우 또는 주어진 두 낱말 중 한 가지만 사용하여 쓴 경우
하	답을 틀리게 쓴 경우

3단원 (1) 중단원 쪽지 시험

17쪽

01 습도 02 건습구 습도계 03 낮을 04 습도가 높을 때 05 제습기 06 이슬 07 이른 아침 08 응결 09 하늘 10 응결 11 비 또는 비가 내리는 것 12 눈

18~19쪽

중단원 확인 평가 3 (1) 습도, 이슬, 안개, 구름, 비, 눈

01 수증기 02 ㉡ 03 ③ 04 ①, ③ 05 ㉢ 06 ② 07 ㉠ 08 ④ 09 ㉠ 검은색, ㉡ 뿌옇게 흐려지는 10 ⑤ 11 ④ 12 (1) – ㉡ (2) – ㉠

01 공기 중에는 우리 눈에 보이지 않지만 수증기가 있습니다. 공기 중에 수증기가 포함되어 있는 정도를 습도라고 합니다.

02 건습구 습도계는 물이 증발하는 것을 이용하여 습도를 측정하는 장치입니다. 온도계 두 개 중 하나는 건구 온도계로 설치하고, 다른 하나는 액체샘 부분을 헝겊으로 감싼 뒤 헝겊 아랫부분을 물에 잠기도록 하여 습구 온도계로 설치합니다.

03 습도표의 세로줄에서 건구 온도(14 ℃)를 찾고 가로줄에서 건구 온도와 습구 온도의 차(14 ℃ − 9 ℃ = 5 ℃)를 찾습니다. 그런 다음, 가로줄과 세로줄이 만나는 지점인 51 %가 현재 습도입니다.

건구 온도 (℃)	건구 온도와 습구 온도의 차(℃)						
	0	1	2	3	4	⑤	6
12	100	89	78	68	57	48	38
13	100	89	79	69	59	49	40
⑭	100	89	79	70	60	㊿51	42
15	100	90	80	70	61	52	44

04 빨래가 잘 마르고, 피부가 쉽게 건조해지는 것은 습도가 낮을 때 일어나는 현상입니다. 세균이나 곰팡이가 자라기 쉬워 음식물이 쉽게 상하고, 화장실에 곰팡이가 잘 생기며, 실제보다 더 덥게 느껴져 불쾌감을 느끼기 쉬운 것은 습도가 높을 때 일어나는 현상입니다.

05 습도가 낮을 때 가습기를 사용하여 습도를 높일 수 있습니다.

06 응결이란 공기 중의 수증기가 물방울이 되는 현상을 말합니다. 응결은 온도가 낮을 때 잘 일어납니다. 밤새 차가워진 나뭇잎이나 풀잎의 표면에 맺힌 이슬은 응결의 대표적인 예입니다. 겨울철 유리창에 맺힌 물방울, 얼음물이 담긴 컵 표면에 맺힌 물방울, 여름철 차가운 물이 나오는 수도꼭지에 맺힌 물방울도 차가워진 물체의 표면에 공기 중의 수증기가 물방울로 맺힌 응결의 예입니다.

07 제시된 실험은 이슬 발생 실험입니다. 물기가 없는 집기병에 물과 조각 얼음을 $\frac{1}{2}$ 정도 넣은 후, 집기병 표면을 마른 수건을 닦으면 집기병 표면에 얼음물의 높이까지 작은 물방울이 생깁니다.

08 제시된 실험은 안개를 발생시키기 위한 실험입니다. 집기병에 뜨거운 물을 넣어 집기병을 데운 뒤 물을 버리고, 불을 붙인 향을 집기병에 넣었다 뺀 뒤 조각 얼음이 담긴 페트리 접시를 집기병 위에 올려놓으면 집기병 안이 뿌옇게 흐려집니다.

09 안개 발생 실험에서 집기병 뒤에 검은색 종이를 세워놓으면 집기병 안이 뿌옇게 흐려지는 현상을 더 잘 관찰할 수 있습니다.

10 지표면에서 하늘로 올라가면서 공기의 온도는 점점 낮

아지게 되는데, 이때 공기 중의 수증기가 응결해 작은 물방울이나 작은 얼음 알갱이가 되어 하늘에 떠 있는 것을 구름이라고 합니다.

11 이슬은 공기 중의 수증기가 차가워진 나뭇잎이나 풀잎 같은 물체 표면에 닿아 응결해 생깁니다. 안개는 지표면 근처의 공기가 차가워지면서 공기 중의 수증기가 응결해 생깁니다. 구름은 공기 중의 수증기가 응결해 하늘에 떠 있는 것입니다. 이와 같이 이슬, 안개, 구름은 만들어지는 과정과 만들어지는 위치가 각각 다르지만, 공기 중의 수증기가 응결해 나타나는 현상이라는 공통점이 있습니다.

12 구름 속 작은 물방울이 합쳐지면서 커지고 무거워져 떨어지거나, 크기가 커진 얼음 알갱이가 녹아서 떨어지면 비가 됩니다. 구름 속 작은 얼음 알갱이가 커지면서 무거워져 떨어질 때 녹지 않은 채로 떨어지면 눈이 됩니다.

3단원 (2) 중단원 쪽지 시험 21쪽

01 얼음물 02 줄어듭니다 03 기압 04 많을 05 고기압 06 저기압 07 얼음물, 따뜻한 물 08 바람 09 고기압, 저기압 10 낮 11 바다, 육지 12 낮, 밤

22~23쪽

중단원 확인 평가 3 (2) 기압과 바람

01 ㉠ 02 ㉠ 저기압, ㉡ 고기압 03 < 04 ④ 05 ㉠ 높아지면, ㉡ 줄어든다 06 (1) 고 (2) 저 07 ④ 08 온도 09 ㉠ 10 ① 11 ③ 12 ㉠

01 따뜻한 물에 넣은 플라스틱 통의 무게는 처음보다 줄어들고, 얼음물에 넣은 플라스틱 통의 무게는 처음보다 늘어납니다.

02 같은 부피에서 따뜻한 공기가 차가운 공기보다 가벼워 기압이 더 낮습니다. 따라서 따뜻한 공기가 든 통 속은 저기압, 차가운 공기가 든 통 속은 고기압 상태입니다.

03 공기의 온도가 높아지면 같은 부피에 있는 공기의 양이 적어져서 무게가 가벼워지고, 공기의 온도가 낮아지면 같은 부피에 있는 공기의 양이 많아져서 무게가 무거워집니다. 따라서 같은 부피일 때 따뜻한 공기는 차가운 공기보다 더 가볍습니다.

04 머리말리개의 온풍 기능을 선택해 1분 동안 공기를 넣으면 플라스틱 통 안 공기의 온도는 높아집니다. 따뜻한 공기는 상대적으로 차가운 공기보다 같은 부피에서 공기의 양이 적어 가볍기 때문에 플라스틱 통의 무게는 처음의 무게보다 줄어듭니다.

05 머리말리개를 이용하여 기온에 따른 공기의 무게를 비교하는 실험에서 머리말리개의 온풍 기능을 선택해 공기를 넣으면 플라스틱 통 안 공기의 온도가 높아져 플라스틱 통 안 공기의 무게는 줄어듭니다.

06 같은 부피에서 차가운 공기는 따뜻한 공기보다 무거워 기압이 더 높습니다. 두 지점에서 상대적으로 주위보다 공기의 양이 많아 무거워져 기압이 높은 것을 고기압이라고 하고, 상대적으로 주위보다 공기의 양이 적어 가벼워져 기압이 낮은 것을 저기압이라고 합니다.

07 따뜻한 물과 얼음물을 담아 사각 플라스틱 그릇 위 공기의 온도에 변화를 준 뒤, 향 연기의 움직임을 통해 공기의 움직임을 확인하기 위한 바람 발생 모형실험입니다.

08 상자 안에 있는 두 개의 사각 플라스틱 그릇 안에 각각 따뜻한 물과 얼음물을 담는 까닭은 따뜻한 물과 얼음물로 인해 사각 플라스틱 그릇 위 공기의 온도를 다르게 하여 공기의 움직임을 관찰하기 위해서입니다.

09 향 연기는 얼음물 위에서 따뜻한 물 위로 이동합니다. 얼음물 위의 공기가 따뜻한 물 위의 공기보다 온도가 낮아 얼음물 위는 고기압이 되고 따뜻한 물 위는 저기압이 되므로, 공기가 고기압에서 저기압으로 이동하는 것입니다.

10 바람은 두 지역 사이에 기압의 차가 생겨 고기압에서 저기압으로 공기가 이동하는 현상입니다.

11 맑은 날 바닷가에서 낮에는 육지가 바다보다 온도가 높으므로 육지 위의 공기가 주변보다 가벼워 저기압이 되고, 상대적으로 온도가 낮은 바다 위의 공기는 주변보다 무거워 고기압이 됩니다. 따라서 바람이 바다에서 육지로 붑니다.

12 맑은 날 바닷가에서 밤에는 바다가 육지보다 온도가 높으므로 바다 위는 저기압, 육지 위는 고기압이 됩니다. 따라서 바람이 육지에서 바다로 붑니다.

3단원 (3) 중단원 쪽지 시험

25쪽

01 온도, 습도 02 예 따뜻하고 습해진다. 03 차가운 대륙 04 북서쪽 대륙 05 예 따뜻하고 습하다. 06 따뜻하고 건조한 07 예 우산, 장화 등 08 추운 09 마스크 10 열사병 11 생활 기상 지수 12 자외선 지수

26~27쪽

중단원 확인 평가 3 (3) 계절별 날씨와 우리 생활

01 ④ 02 차가운 대륙 03 ㉢ 04 ⑤ 05 ㉡ 06 ⑤ 07 ④ 08 ②, ⑤ 09 ① 10 ④ 11 ③ 12 (3) ○

01 공기 덩어리가 대륙이나 바다와 같은 넓은 지역에 오래 머무르면 그 지역의 온도나 습도와 성질이 비슷해집니다. 따뜻한 바다 위에 오래 머무른 공기 덩어리는 따뜻하고 습한 성질을 갖게 됩니다.

02 공기 덩어리가 차가운 대륙 위에 오래 머무르면 차갑고 건조한 성질을 갖게 됩니다. 공기 덩어리가 사막이나 따뜻한 대륙 위에 오래 머무르면 따뜻하고 건조한 성질을 갖게 됩니다. 공기 덩어리가 따뜻한 바다 위에 오래 머무르면 따뜻하고 습한 성질을 갖게 됩니다.

03 우리나라의 봄과 가을 날씨는 남서쪽 대륙에서 이동해 오는 따뜻하고 건조한 성질을 가진 공기 덩어리의 영향을 받기 때문에 따뜻하고 건조합니다.

04 차갑고 건조한 성질을 가진 ㉠ 공기 덩어리는 우리나라의 겨울 날씨에 영향을 미치고, 차갑고 습한 성질을 가진 ㉡ 공기 덩어리는 우리나라의 초여름 날씨에 영향을 미치며, 따뜻하고 건조한 성질을 가진 ㉢ 공기 덩어리는 우리나라의 봄과 가을 날씨에 영향을 미칩니다. 또한 따뜻하고 습한 성질을 가진 ㉣ 공기 덩어리는 우리나라의 여름 날씨에 영향을 미칩니다.

05 우리나라의 초여름에는 북동쪽에 있는 차갑고 습한 공기 덩어리의 영향으로 동해안 지역에 서늘한 날씨가 나타납니다.

06 북서쪽 대륙에서 이동해 오는 차갑고 건조한 성질을 가진 ㉠ 공기 덩어리의 영향을 받아서 우리나라의 겨울에 춥고 건조한 날씨가 나타납니다. 건조한 겨울철에는 습도를 알맞게 조절하기 위해 실내에서 가습기를 사용합니다.

07 우리나라의 계절별 평균 기온과 평균 습도를 나타낸 그래프를 해석하면, 여름철에 기온과 습도가 가장 높다는 것을 알 수 있습니다. 날씨가 덥고 습한 여름에는 불쾌감을 느끼기 쉽습니다.

08 다른 계절보다 평균 습도가 비교적 낮은 우리나라의 겨울과 봄에는 건조하기 때문에 감기와 같은 호흡기 질환이 생기기 쉽고, 피부가 쉽게 건조해져서 피부 질환이 생길 수 있습니다. 모기, 식중독, 열사병은 주로 기온이 높고 습한 여름철에 우리의 건강을 위해 조심해야 할 것들입니다.

09 날씨와 우리 생활은 서로 밀접한 관계가 있습니다. 맑고 따뜻한 날에는 학교 화단에 꽃을 심거나, 운동장에서 달리기 등의 체육활동을 하고, 운동회를 할 수 있습니다. 또 가벼운 옷차림으로 현장 체험 학습을 갈 수도 있습니다. 비가 내리는 날에는 우산을 쓰거나 우비를 입고 등교합니다.

10 날씨는 사람들이 상품을 구입하는 데에 중요한 영향을 미칩니다. 날씨를 이용해 상품의 판매량을 증가시킬 수 있는 다양한 방법을 '날씨 마케팅'이라고 합니다. 문제에서 제시한 날씨 마케팅이 효과를 잘 볼 수 있는 날씨는 눈이 내리는 날입니다.

11 자외선 지수는 하루 중 태양 고도가 가장 높을 때 지표에 도달하는 자외선량을 지수로 나타낸 것입니다. 자외선 지수가 높은 날에는 양산, 모자, 색안경, 자외선 차단제 등을 사용하여 강한 자외선으로부터 우리 몸을 보호해야 합니다.

12 (1) 빨래를 하기 전에는 빨래 지수를 알아봅니다.
(2) 감기 가능 지수가 높은 날에는 외출을 자제하고 과로하지 않도록 조심합니다.

28~30쪽

대단원 종합 평가 3. 날씨와 우리 생활

01 ③ 02 68 03 ② 04 ㉠ 수증기, ㉡ 응결 05 ③
06 (3) ○ 07 (1) – ㉢ (2) – ㉡ (3) – ㉠ 08 비: ㉠ 눈: ㉡
09 ㉠ 10 ㉡ 11 (1) ○ (2) × (3) × 12 모래 13 물 위
14 ㉡ 15 ④ 16 ② 17 ⑤ 18 여름 19 ③ 20 ⑤

01 ① 습도의 단위는 %입니다.
② 습도는 일정하지 않고 날씨와 상황에 따라 변합니다.
④ 습도는 공기 중에 수증기가 포함된 정도입니다.
⑤ 건습구 습도계를 이용하여 건구 온도와 습구 온도를 각각 측정한 후, 습도표의 세로줄에서 건구 온도를 찾고 가로줄에서 건구 온도와 습구 온도의 차를 찾은 다음 가로줄과 세로줄이 만나는 지점이 현재 습도입니다.

02 습도표의 세로줄에서 건구 온도(22 ℃)를 찾고 가로줄에서 건구 온도와 습구 온도의 차(22 ℃ − 18 ℃ = 4 ℃)를 찾은 다음, 가로줄과 세로줄이 만나는 지점인 68 %가 현재 습도입니다.

건구 온도 (℃)	건구 온도와 습구 온도의 차(℃)				
	0	1	2	3	④
20	100	91	83	74	66
21	100	91	83	75	67
㉒	100	92	83	75	⑱68
23	100	92	84	76	69

03 습도가 높을 때 습도를 조절하기 위해 옷장이나 신발장 속에 습기 제거제를 넣어두거나, 실내에 마른 숯을 놓아둡니다. 포장된 김 안에 습기 제거제를 넣어 눅눅해지는 것을 막습니다. 습도가 낮을 때 습도를 조절하기 위해 가습기를 사용하거나 물이나 차를 끓이기도 하고, 실내에 젖은 수건이나 빨래를 널어둡니다.

04 이슬은 공기 중의 수증기가 차가워진 물체 표면에 응결해 물방울로 맺혀 있는 것입니다. 밤이 되어 기온이 낮아지면 차가워진 나뭇가지나 풀잎 표면, 거미줄 등에 이슬이 맺힙니다.

05 집기병에 뜨거운 물을 넣어 집기병 안을 1분 정도 데운 뒤 물을 버리고, 향에 불을 붙여 연기를 집기병 안에 넣은 뒤 조각 얼음이 담긴 페트리 접시를 집기병 위에 올려놓으면 집기병 안이 뿌옇게 흐려집니다.

06 안개 발생 실험 결과 집기병 안이 조각 얼음이 담긴 페트리 접시의 아래부터 뿌옇게 흐려지는 것을 볼 수 있습니다. 집기병 안의 따뜻한 수증기가 페트리 접시 위의 조각 얼음 때문에 집기병 속에서 응결하기 때문입니다.

07 이슬, 안개, 구름은 공기 중의 수증기가 응결해 나타나는 현상이라는 공통점이 있습니다. 반면에 만들어지는 과정과 위치는 각각 다릅니다. 이슬은 차가워진 물체의 표면에 생기고, 안개는 지표면 근처에서 생기며, 구름은 높은 하늘에서 생깁니다.

08 비는 구름 속 작은 물방울들이 합쳐지면서 커지고 무거워져 떨어지는 것입니다. 눈은 구름 속 작은 얼음 알갱이가 커지면서 무거워져 떨어질 때 녹지 않은 채로 떨어지는 것입니다.

09 플라스틱 통의 무게를 먼저 측정한 후 머리말리개의 온

풍 기능을 선택해 1분 동안 공기를 넣고 플라스틱 통의 무게를 다시 측정하면 플라스틱 통의 무게가 줄어든 것을 확인할 수 있습니다.

10 머리말리개의 온풍 기능으로 플라스틱 통 안 공기의 온도가 올라가면 공기의 무게는 줄어듭니다. 실험 결과, 차가운 공기보다 따뜻한 공기가 더 가볍다는 것을 알 수 있습니다.

11 (2) 공기의 무게 때문에 생기는 힘을 기압이라고 합니다. (3) 같은 부피에서 차가운 공기가 따뜻한 공기보다 무거워 기압이 더 높습니다.

12 전등으로 같은 시간 동안 그릇에 담은 물과 모래를 가열하면 모래가 더 빨리 데워져서 모래의 온도가 물보다 더 높습니다.

13 모래가 물보다 빨리 데워져 온도가 더 높으므로 물 위의 공기보다 모래 위의 공기의 온도가 더 높습니다. 따라서 물 위는 고기압이 되고, 모래 위는 저기압이 됩니다.

14 맑은 날 바닷가에서 낮에는 육지보다 온도가 낮은 바다에서 육지로 바람이 불고, 밤에는 바다보다 온도가 낮은 육지에서 바다로 바람이 붑니다. 육지와 바다의 기압 차로 바람이 불고, 맑은 날 낮과 밤에 부는 바람의 방향은 다릅니다.

15 공기 덩어리가 따뜻하고 건조한 대륙 위에 오래 머무르면 따뜻하고 건조한 성질을 갖게 됩니다. 우리나라의 봄에 따뜻하고 건조한 날씨가 나타나는 까닭은 남서쪽 대륙에서 이동해 오는 따뜻하고 건조한 성질을 가진 공기 덩어리의 영향을 받기 때문입니다.

16 우리나라의 여름에는 남동쪽 바다에서 이동해 오는 따뜻하고 습한 성질을 가진 공기 덩어리의 영향을 받아 덥고 습한 날씨가 나타납니다.

17 우리나라의 겨울에 춥고 건조한 날씨가 나타나는 까닭은 북서쪽 대륙에서 이동해 오는 차갑고 건조한 성질을 가진 공기 덩어리의 영향을 받기 때문입니다.

18 우리나라의 여름철은 남동쪽 바다에서 이동해 오는 공기 덩어리의 영향을 받아 덥고 습하기 때문에 에어컨이나 부채로 온도를 조절하고, 제습기 등으로 습도를 조절하며 생활합니다.

19 날씨와 우리 생활은 서로 밀접한 관계가 있습니다. 맑은 날에는 가벼운 옷차림을 하거나, 야외에서 운동을 합니다. 무덥고 습한 날에 실외에서 오랫동안 있으면 열사병에 걸릴 수 있으므로, 운동장보다는 체육관과 같은 실내에서 체육활동을 해야 합니다.

20 자외선 지수는 하루 중 태양 고도가 가장 높을 때 지표에 도달하는 자외선량을 지수로 나타낸 것입니다.

3단원 서술형·논술형 평가

31쪽

01 (1) 응결 (2) 예 이슬은 차가워진 물체의 표면에서 만들어지고, 안개는 지표면 근처에서 만들어진다. 02 예 우리나라의 여름에는 온도가 높아 구름 속 작은 얼음 알갱이가 커지면서 무거워져 떨어질 때 녹기 때문이다. 03 (1) ㉠ (2) 예 얼음물 위의 공기는 따뜻한 물 위의 공기보다 온도가 낮아 얼음물 위는 고기압이 되고 따뜻한 물 위는 저기압이 되므로 공기가 고기압에서 저기압으로 이동하는 것이다. 04 ㉢, 예 따뜻하고 건조하다.

01 (1) 이슬은 공기 중의 수증기가 차가워진 물체 표면에 응결해 물방울로 맺혀 있는 것입니다. 안개는 지표면 가까이에 있는 공기 중의 수증기가 응결해 작은 물방울로 떠 있는 것입니다. 이슬과 안개는 모두 공기 중의 수증기가 응결해 나타나는 현상입니다.

(2) 이슬과 안개는 만들어지는 위치가 각각 다릅니다. 이슬은 차가워진 물체의 표면에서 만들어지고, 안개는 지표면 근처에서 만들어집니다.

채점 기준

상	이슬과 안개가 만들어지는 위치를 모두 옳게 쓴 경우
중	이슬과 안개가 만들어지는 위치를 일부만 옳게 쓴 경우
하	답을 틀리게 쓴 경우

02 구름은 공기 중의 수증기가 응결해 작은 물방울이나 작은 얼음 알갱이가 되어 하늘에 떠 있는 것이고, 구름 속 작은 얼음 알갱이가 커지면서 무거워져 떨어질 때 녹지 않은 채로 떨어지면 눈이 됩니다. 우리나라의 여름에는 온도가 높아 구름 속 작은 얼음 알갱이가 떨어질 때 녹기 때문에 눈이 내리지 않습니다.

채점 기준

상	우리나라의 여름에 눈이 내리지 않는 까닭을 여름의 높은 기온과 관련지어 옳게 쓴 경우
중	예시 답안과 의미는 비슷하지만 정확하게 못 쓴 경우
하	답을 틀리게 쓴 경우

03 (1) 따뜻한 물과 얼음물이 각각 담긴 그릇 사이에 세운 향에 불을 붙이면 향 연기는 얼음물 위에서 따뜻한 물 위로 이동합니다.

(2) 향 연기의 움직임은 공기의 움직임을 나타냅니다. 얼음물 위의 공기가 따뜻한 물 위의 공기보다 온도가 낮아 얼음물 위는 고기압이 되고 따뜻한 물 위는 저기압이 되어, 공기가 고기압에서 저기압으로 이동하는 것입니다.

채점 기준

상	얼음물 위에서 따뜻한 물 위로 향 연기가 움직이는 까닭을 온도에 따라 달라지는 기압과 관련지어 옳게 쓴 경우
중	예시 답안과 의미는 비슷하지만 정확하게 못 쓴 경우
하	답을 틀리게 쓴 경우

04 우리나라의 봄에는 따뜻하고 건조한 날씨가 나타나는데, 그 까닭은 남서쪽 대륙에서 이동해 오는 따뜻하고 건조한 성질을 가진 공기 덩어리의 영향을 받기 때문입니다.

채점 기준

상	우리나라의 따뜻하고 건조한 봄 날씨에 영향을 미치는 공기 덩어리의 성질을 옳게 쓴 경우
중	공기 덩어리의 성질을 예시 답안과 의미는 비슷하지만 정확하게 못 쓴 경우
하	답을 틀리게 쓴 경우

4단원 (1) 중단원 쪽지 시험

33쪽

01 운동 02 위치 03 이동 거리 04 이동하는 데 걸린 시간 05 치타 06 자전거 07 변하는 08 일정한 09 기차 10 대관람차 11 빠르게 12 천천히, 빠르게

34~35쪽

중단원 확인 평가 4 (1) 물체의 운동과 빠르기

01 ㉢ 02 위치 03 서윤 04 ㉣ 05 (1) ○ (2) ○ (3) × 06 ㉠ 07 ㉠ 빠르게, ㉡ 느리게 08 ②, ④ 09 ㉠ 빠르게, ㉡ 느려지면서 10 ㉢ 11 ㉠, ㉤ 12 ①, ⑤

01 시간이 지남에 따라 물체의 위치가 변할 때 물체가 운동한다고 합니다. ㉢ 운동하지 않는 물체는 시간이 지남에 따라 위치가 변하지 않습니다.

02 운동하는 물체는 시간이 지남에 따라 위치가 변합니다.

03 물체의 운동은 물체가 이동하는 데 걸린 시간과 이동 거리로 나타냅니다.

04 ㉣ 화분은 시간이 지나도 처음 위치에 그대로 있습니다.

05 물체의 운동은 이동하는 데 걸린 시간과 이동 거리로 나타냅니다.
(3) 걸어가는 사람은 1초 동안 3칸을 이동했습니다.

06 느리게 운동하는 물체도 빠르기가 변하기도 합니다.

07 두 물체의 운동을 비교했을 때 빠르게 운동하는 물체는 치타, 말, 자동차이고, 느리게 운동하는 물체는 달팽이, 거북, 자전거입니다.

08 기차와 컬링 스톤은 빠르기가 변하는 운동을 하는 물체입니다. 펭귄과 자이로드롭도 빠르기가 변하는 운동을 합니다. 자동길과 스키장 승강기는 빠르기가 일정한 운동을 합니다.

09 배드민턴공은 빠르기가 변하는 운동을 하는 물체입니다. 배드민턴 채로 배드민턴공을 치면 처음에는 빠르게 날아가다가 점점 느려지면서 바닥으로 떨어집니다.

10 ㉢ 자동계단은 위층과 아래층으로 이동하는 동안 빠르기가 일정한 운동을 합니다.

11 공항에 있는 물체들 중 ㉠ 비행기, ㉤ 청소차는 빠르기가 변하는 운동을 하고, ㉡ 자동길, ㉢ 자동계단, ㉣ 공항 순환 열차, ㉥ 수하물 자동 운반대는 빠르기가 일정한 운동을 합니다.

12 ② 바이킹은 위로 올라갈 때는 점점 느리게 운동하다가 최고 높이에서 잠시 멈추고 아래로 내려올 때는 점점 빠르게 운동합니다.
③ 자이로 드롭은 높은 곳까지 천천히 올라갔다가 아래로 내려올 때는 빠르게 내려옵니다.
④ 롤러코스터는 오르막길에서는 빠르기가 점점 느려지고 내리막길에서는 빠르기가 점점 빨라지는 운동을 합니다.

4단원 (2) 중단원 쪽지 시험

37쪽

01 짧습니다 02 걸린 시간 03 쇼트트랙 04 시간 05 긴, 짧은 06 속력 07 이동 거리, 걸린 시간 08 예 km/h, m/s 09 예 오십칠 킬로미터 매 시, 시속 오십칠 킬로미터 10 9 m/s 11 크다 12 버스

38~39쪽

중단원 확인 평가 4 (2) 빠르기의 비교와 속력

01 ④ 02 ㉣ 03 ④ 04 치타, 타조, 말, 거북 05 ⑤ 06 ㉡, ㉢ 07 (1) 걸린 시간 (2) 이동한 거리 08 (가) ㉢, (나) ㉥ 09 ② 10 이동 거리 11 (1) 50 km/h (2) 20 km/h (3) 35 km/h 12 ④

01 수영 경기에서는 같은 거리를 이동하는 데 걸린 시간을 측정해 선수들의 빠르기를 비교합니다. 따라서 걸린 시간이 가장 짧은 선수가 가장 빠릅니다.
④ 은경이의 기록은 28초 75로 민아의 기록인 29초 20보다 걸린 시간이 짧으므로, 은경이가 민아보다 빠릅니다.

02 같은 거리를 이동한 물체의 빠르기를 비교하려면 이동하는 데 걸린 시간을 측정합니다.

03 쇼트트랙은 같은 거리를 이동하는 데 걸린 시간을 측정해 빠르기를 비교합니다. 쇼트트랙과 같은 방법으로 순위를 정하는 운동 경기에는 수영, 마라톤, 사이클, 스피드 스케이팅 등이 있습니다.
④ 멀리뛰기는 더 멀리 뛴 선수가 이기는 경기입니다.

04 같은 시간 동안 이동한 물체의 빠르기를 비교하려면 물체가 이동한 거리를 비교합니다. 따라서 가장 긴 거리를 이동한 동물이 가장 빠릅니다. 가장 긴 거리를 이동한 동물부터 순서대로 나열하면 치타, 타조, 말, 거북의 순서입니다.

05 ① 거북이 말보다 더 짧은 거리를 이동했으므로 거북이 말보다 느린 동물입니다.
② 타조가 말보다 더 긴 거리를 이동했으므로 타조가 말보다 빠른 동물입니다.
③ 거북이 치타보다 더 짧은 거리를 이동했으므로 거북이 치타보다 느린 동물입니다.
④ 타조가 거북보다 더 긴 거리를 이동했으므로 타조가 거북보다 빠른 동물입니다.

06 같은 시간 동안 이동한 물체의 빠르기는 물체가 이동한 거리로 비교합니다. 같은 시간 동안 긴 거리를 이동한 물체가 짧은 거리를 이동한 물체보다 빠릅니다.

07 (가)는 같은 거리를 이동하는 데 걸린 시간으로 물체의 빠르기를 비교하고, (나)는 같은 시간 동안 이동한 거리로 물체의 빠르기를 비교합니다.

08 (가)에서는 같은 거리를 이동하는 데 걸린 시간이 가장 짧은 ㉢이 가장 빠릅니다. (나)에서는 같은 시간 동안 가장 긴 거리를 이동한 ㉥이 가장 빠릅니다.

09 (가)에서 물체의 빠르기는 ㉢, ㉠, ㉡의 순서이고, (나)에서 물체의 빠르기는 ㉥, ㉤, ㉣의 순서입니다.
① (가)에서 ㉠이 ㉢보다 느립니다.
③ (나)에서 ㉣보다 ㉥이 빠릅니다.

④ ㈎에서 ㉡이 가장 느립니다.

⑤ ㈏에서 ㉣이 가장 느립니다.

10 물체의 속력은 이동 거리를 걸린 시간으로 나누어 구합니다.

11 버스의 속력은 200 km÷4시간=50 km/h, 자전거의 속력은 60 km÷3시간=20 km/h, 배의 속력은 70 km÷2시간=35 km/h입니다.

12 속력은 1초, 1분, 1시간 등과 같은 단위 시간 동안 물체가 이동한 거리를 말합니다.

④ 30 m/s는 1초 동안 30 m를 이동하는 빠르기입니다.

4단원 (3) 중단원 쪽지 시험

41쪽

01 작은, 큰 02 안전장치 03 안전띠 04 에어백 05 횡단보도 06 과속 방지 턱 07 안전모 08 안전한 09 인도 10 위험한, 공 주머니에 넣고 11 30 km/h 12 기다립니다

42~43쪽

중단원 확인 평가 4 (3) 속력과 안전

01 ㉠, ㉡ 02 민주 03 60 km/h 04 속력 05 ① 06 ④ 07 ② 08 ⑤ 09 횡단보도 10 ② 11 ㉢, ㉣ 12 ①

01 자동차의 속력이 크면 자동차 운전자가 도로의 위험 상황에 바로 대처하기 어렵고, 보행자는 빠르게 접근하는 자동차를 쉽게 피할 수 없어 자동차와 부딪칠 수 있습니다.

02 어린이 보호 구역에서는 횡단 중에 교통사고가 가장 많이 발생합니다.

03 자동차의 속력이 클수록 충돌했을 때 보행자가 더 크게 다칠 수 있습니다.

04 속력과 관련된 안전장치를 설치하면 속력이 큰 물체와 부딪쳤을 때 피해를 줄일 수 있습니다. 그래서 자동차나 도로에 탑승자와 보행자의 안전을 위한 안전장치를 설치합니다.

05 ② 어린이 보호 구역 표지판, ③ 교통 표지판, ④ 과속 방지 턱, ⑤ 옐로 카펫은 도로에 설치된 안전장치입니다.

06 앞차와의 충돌 위험이 있을 때 자동차를 멈추기 위해 자동차에 설치된 안전장치는 자동 긴급 제동 장치입니다.

07 과속 방지 턱은 자동차의 속력을 줄여서 사고를 예방하기 위해 도로에 설치된 안전장치입니다.

08 어린이 보호 구역 표지판은 초등학교 및 유치원, 어린이집 주변 도로에서 자동차의 속력을 30 km/h 이하로 제한해 어린이들의 교통 안전사고를 막습니다.

09 횡단보도는 보행자가 안전하게 길을 건널 수 있도록 보행자를 보호하는 구역입니다.

10 ② 어린이용 킥보드는 도로교통법상 보행자로 취급됩니다. 따라서 차가 없는 안전한 곳에서 타야 합니다.

11 ㉠ 도로 주변에서는 공놀이를 하지 않고 공은 공 주머니에 넣어야 합니다. 공놀이는 차가 없는 안전한 곳에서 합니다. ㉡ 버스를 기다릴 때는 인도에서 안전하게 기다려야 합니다.

12 ① 도로에서는 무단 횡단을 해서는 안 됩니다.

44~46쪽

대단원 종합 평가 4. 물체의 운동

01 ㉠, ㉡, ㉣ 02 ㈎ 시간, ㈏ 위치 03 ㉡ 04 ④ 05 (1) 4 (2) 10 06 ①, ⑤ 07 ㉠, ㉡ 08 ㉢ 09 ④ 10 ㉠, ㉡ 11 ② 12 (1) 치타 (2) 사막 거북 13 ③ 14 (1) ○ (2) × (3) ○ 15 ⑤ 16 ㉠, ㉢, ㉡ 17 ④, ⑤ 18 ③ 19 ③ 20 ⑤

01 운동한 물체는 시간이 지남에 따라 위치가 변합니다. ㉠, ㉡, ㉣은 시간이 지남에 따라 위치가 변하였습니다.

㉢은 시간이 지남에 따라 위치가 변하지 않았습니다.

02 시간이 지남에 따라 위치가 변할 때 물체가 운동한다고 합니다.

03 물체의 운동은 물체가 이동하는 데 걸린 시간과 이동 거리로 나타냅니다.

04 ① 교문은 운동하지 않는 물체입니다.
② 나무는 운동하지 않는 물체입니다.
③ 구름은 운동하는 물체입니다.
⑤ 기어가는 개미는 운동하는 물체입니다.

05 자전거와 자동차의 앞부분을 기준으로 1초 동안 이동한 거리를 측정합니다.

06 ② 자동계단은 빠르기가 일정한 운동을 합니다.
③ 같은 물체라도 빠르기가 일정한 운동을 할 때도 있고 빠르기가 변하는 운동을 할 때도 있습니다.
④ 컬링 스톤은 빠르기가 변하는 운동을 합니다.

07 ㉠ 자동길과 ㉡ 케이블카는 빠르기가 일정한 운동을 합니다. ㉢ 범퍼카는 빠르기가 변하는 운동을 합니다.

08 바이킹은 빠르기가 변하는 운동을 합니다. 위로 올라갈 때는 점점 느리게 운동하다가 최고 높이에서 잠시 멈추고 아래로 내려올 때는 점점 빠르게 운동합니다.
㉢ 원을 그리며 빠르기가 일정한 운동을 하는 놀이 기구의 예로 대관람차가 있습니다.

09 같은 거리를 이동한 물체의 빠르기는 물체가 이동하는 데 걸린 시간으로 비교합니다. 1위의 기록은 8초 59이고, 3위의 기록은 10초 75이므로 2위의 기록은 그사이의 값인 ④ 9초 57이 알맞습니다.

10 같은 거리를 이동한 물체의 빠르기는 물체가 이동하는 데 걸린 시간으로 비교합니다. 같은 거리를 이동하는 데 걸린 시간이 짧은 물체가 걸린 시간이 긴 물체보다 더 빠릅니다.

11 같은 거리를 이동하는 데 걸린 시간을 측정해 빠르기를 비교하는 운동 경기는 조정, 수영, 마라톤, 봅슬레이입니다.
② 역도는 걸린 시간을 측정하는 경기가 아니라, 바벨을 머리 위로 들어 올려 누가 더 무거운 무게를 들 수 있는지를 겨룹니다.

12 같은 시간 동안 이동한 물체의 빠르기는 물체가 이동한 거리로 비교합니다. 따라서 가장 빠른 동물은 치타이고, 가장 느린 동물은 사막 거북입니다.

13 같은 시간 동안 긴 거리를 이동한 물체가 짧은 거리를 이동한 물체보다 더 빠릅니다.
① 토끼는 치타보다 느립니다.
② 닭은 사막 거북보다 빠릅니다.
④ 타조는 여러 동물 중에서 두 번째로 빠릅니다.
⑤ 가장 긴 거리를 이동한 치타가 가장 빠릅니다.

14 이동 거리와 이동하는 데 걸린 시간이 모두 다른 물체의 빠르기를 비교할 때는 속력을 구해 비교할 수 있습니다. 속력은 1초, 1분, 1시간 등과 같은 단위 시간 동안 물체가 이동한 거리를 말합니다.

15 ① 삼백 미터 매 시 ➡ 300 m/h
② 초속 삼백 킬로미터 ➡ 300 km/s
③ 분속 삼백 킬로미터 ➡ 300 km/m
④ 삼백 킬로미터 매 초 ➡ 300 km/s

16 속력은 이동 거리를 걸린 시간으로 나누어 구합니다.
㉠ 3시간 동안 60 km를 달리는 곰의 속력
=60 km÷3시간=20 km/h
㉡ 1시간 동안 12 km를 달리는 사람의 속력
=12 km÷1시간=12 km/h
㉢ 2시간 동안 32 km를 달리는 자전거의 속력
=32 km÷2시간=16 km/h

17 ① 자전거의 속력은 18 km/h이고 자동차의 속력은 80 km/h로, 자전거는 자동차보다 느립니다.
② 기차의 속력은 140 km/h이고 헬리콥터의 속력은 250 km/h로, 기차는 헬리콥터보다 느립니다.
③ 버스의 속력은 60 km/h입니다.

18 ㉠은 에어백, ㉡은 옐로 카펫입니다.

19 ③ 횡단보도를 건널 때는 휴대 전화를 보지 않고 좌우를 살피며 건넙니다.

20 ⑤ 어린이 보호 구역 내에서는 모든 자동차의 속력을 30 km/h 이하로 줄여서 주행해야 합니다.

4단원 서술형·논술형 평가 47쪽

01 예 자동차 운전자가 도로의 위험 상황에 바로 대처하기 어렵다. 보행자가 빠르게 접근하는 자동차를 쉽게 피할 수 없어 자동차와 부딪칠 수 있다. 자동차의 운전자가 제동 장치를 밟더라도 자동차를 바로 멈출 수 없어 위험하다. 충돌할 때 큰 충격이 가해져 자동차 탑승자와 보행자가 크게 다칠 수 있다. **02** (1) 대관람차, 회전목마 (2) 예 오르막길에서는 빠르기가 점점 느려지고 내리막길에서는 빠르기가 점점 빨라진다. **03** (1) 예 약 80 km/h의 속력으로 이동하는 타조는 약 56 km/h의 속력으로 이동하는 기린보다 더 빠르다. (2) 예 약 60 km/h의 속력으로 이동하는 호랑이는 약 97 km/h의 속력으로 이동하는 인디아영양은 잡지 못하고, 약 48 km/h의 속력으로 이동하는 멧돼지는 잡을 수 있을 것이다. **04** (1) ㉡ (2) 예 ㉠ 충돌 사고가 일어났을 때 순식간에 부풀어 탑승자의 몸에 가해지는 충격을 줄여 준다. ㉡ 긴급 상황에서 탑승자의 몸을 고정한다.

01 자동차의 속력이 클수록 자동차 운전자가 도로의 위험 상황에 바로 대처하기 어렵고, 보행자가 빠르게 접근하는 자동차를 쉽게 피할 수 없어 자동차와 부딪칠 수 있으며, 자동차 운전자가 제동 장치를 밟더라도 자동차를 바로 멈출 수 없어 위험합니다. 또 충돌할 때 큰 충격이 가해져 자동차 탑승자와 보행자가 크게 다칠 수 있습니다.

채점 기준

상	자동차의 속력이 클수록 위험한 까닭을 옳게 쓴 경우
중	자동차의 속력이 클수록 위험한 까닭을 일부만 옳게 쓴 경우
하	답을 틀리게 쓴 경우

02 (1) 바이킹과 범퍼카는 빠르기가 변하는 운동을 합니다.
(2) 롤러코스터는 오르막길에서는 빠르기가 점점 느려지고 내리막길에서는 빠르기가 점점 빨라지는 운동을 합니다.

채점 기준

상	오르막길과 내리막길에서 운동하는 롤러코스터의 빠르기에 대해 모두 옳게 쓴 경우
중	오르막길과 내리막길에서 운동하는 롤러코스터의 빠르기에 대해 일부만 옳게 쓴 경우
하	답을 틀리게 쓴 경우

03 (1) 타조의 속력은 약 80 km/h이고, 기린의 속력은 약 56 km/h입니다.

채점 기준

상	타조와 기린의 속력을 이용하여 빠르기를 옳게 비교한 경우
중	타조와 기린의 속력을 이용하지 않고 타조가 기린보다 더 빠르다고만 쓴 경우
하	답을 틀리게 쓴 경우

(2) 호랑이의 속력은 약 60 km/h이고, 인디아영양의 속력은 약 97 km/h이며, 멧돼지의 속력은 약 48 km/h입니다. 따라서 호랑이는 인디아영양은 잡지 못하고 멧돼지는 잡을 수 있습니다.

채점 기준

상	호랑이, 인디아영양, 멧돼지의 속력을 비교하여 옳게 예상한 경우
중	호랑이, 인디아영양, 멧돼지의 속력 중 일부만 비교하여 예상한 경우
하	답을 틀리게 쓴 경우

04 (1) (나)의 ㉠은 에어백, ㉡은 안전띠입니다. (가)는 안전띠에 대한 홍보물이므로, ㉡과 관련이 있습니다.
(2) ㉠ 에어백은 충돌 사고가 일어났을 때 순식간에 부풀어 탑승자의 몸에 가해지는 충격을 줄여 줍니다.
㉡ 안전띠는 긴급 상황에서 탑승자의 몸을 고정합니다.

채점 기준

상	에어백과 안전띠의 기능을 모두 옳게 쓴 경우
중	에어백과 안전띠의 기능 중 한 가지만 옳게 쓴 경우
하	답을 틀리게 쓴 경우

5단원 (1) 중단원 쪽지 시험

49쪽

01 탄산수 02 유리 세정제 03 분류 기준 04 ○
05 × 06 지시약 07 레몬즙 08 푸른색으로 변한다.
09 붉은색으로 변한다. 10 산성 용액 11 예 식초, 레몬즙,
탄산수, 묽은 염산 12 푸른색 계열

50~51쪽

중단원 확인 평가 5 (1) 용액의 분류와 지시약

01 ㉠ 연한 푸른색, ㉡ 불투명함, ㉢ 냄새가 남 02 ⑤ 03
⑤ 04 (2) ○ (3) ○ 05 ㉠, ㉢ 06 ㉡ 07 (1) – ㉠ (2)
– ㉠ (3) – ㉡ (4) – ㉡ 08 산성 09 ⑤ 10 (가), (다), (나)
11 ㉠, ㉢ 12 ⑤

01 식초는 연한 노란색이고 투명하며 냄새가 납니다. 유리 세정제는 연한 푸른색이고 투명하며 냄새가 납니다. 빨랫비누 물은 하얀색이고 불투명하며 냄새가 납니다.

02 유리 세정제, 빨랫비누 물은 흔들었을 때 거품이 3초 이상 유지되고, 식초, 묽은 염산은 흔들었을 때 거품이 3초 이상 유지되지 않습니다.

03 레몬즙은 연한 노란색이고 불투명하며 냄새가 나고 흔들었을 때 거품이 3초 이상 유지되지 않습니다. 탄산수는 무색투명하고 냄새가 나지 않으며 흔들었을 때 거품이 3초 이상 유지되지 않습니다. 묽은 수산화 나트륨 용액은 무색투명하고 냄새가 나지 않으며 흔들었을 때 거품이 3초 이상 유지되지 않습니다.

04 지시약은 용액의 성질에 따라 다른 색깔로 변합니다.

05 푸른색 리트머스 종이를 붉은색으로 변하게 하는 것은 산성 용액입니다. ㉠ 식초와 ㉢ 레몬즙은 산성 용액입니다. ㉡ 석회수와 ㉣ 빨랫비누 물은 염기성 용액으로, 푸른색 리트머스 종이의 색깔을 변하게 하지 않습니다.

06 붉은색 리트머스 종이를 푸른색으로 변하게 하는 것은 염기성 용액입니다. ㉡ 석회수와 ㉣ 빨랫비누 물은 염기성 용액입니다. 석회수는 무색투명하고 냄새가 나지 않으며 흔들었을 때 거품이 3초 이상 유지되지 않습니다. 빨랫비누 물은 하얀색이고 불투명하며 냄새가 나고 흔들었을 때 거품이 3초 이상 유지됩니다.

07 산성 용액에 페놀프탈레인 용액을 떨어뜨리면 색깔이 변하지 않고, 염기성 용액에 페놀프탈레인 용액을 떨어뜨리면 붉은색으로 변합니다.
(1) 레몬즙과 (2) 묽은 염산은 산성 용액이고, (3) 유리 세정제와 (4) 빨랫비누 물은 염기성 용액입니다.

08 용액 ㉠과 같이 푸른색 리트머스 종이를 붉은색으로 변하게 하고, 붉은색 리트머스 종이와 페놀프탈레인 용액의 색깔은 변하게 하지 않는 용액은 산성 용액입니다.

09 용액 ㉡과 같이 붉은색 리트머스 종이는 푸른색으로 변하게 하고 푸른색 리트머스 종이의 색깔은 변하게 하지 않으며, 페놀프탈레인 용액의 색깔을 붉은색으로 변하게 하는 용액은 염기성 용액입니다.

10 붉은 양배추 지시약을 만드는 방법은 다음과 같습니다. 붉은 양배추를 잘라 비커에 담습니다. → 비커에 붉은 양배추가 잠길 정도로 뜨거운 물을 넣습니다. → 붉은 양배추를 우려낸 용액을 충분히 식혀 체로 거른 뒤 사용합니다.

11 붉은 양배추 지시약을 산성 용액에 떨어뜨리면 붉은색 계열로 변합니다.
㉡ 산성 용액인 탄산수에 붉은 양배추 지시약을 떨어뜨리면 붉은색 계열로 변하고, 염기성 용액인 석회수에 붉은 양배추 지시약을 떨어뜨리면 푸른색 계열로 변합니다.
㉣ 용액에 붉은 양배추 지시약을 떨어뜨리면 용액의 색깔이 변하는 것이 아니라, 붉은 양배추 지시약의 색깔이 변하는 것입니다.

12 산성 용액은 푸른색 리트머스 종이를 붉은색으로 변하게 하고, 페놀프탈레인 용액의 색깔을 변하게 하지 않으며, 붉은 양배추 지시약은 붉은색 계열로 변하게 합니다. 산성 용액에는 식초, 레몬즙, 사이다, 구연산 용액, 묽은 염산 등이 있습니다. 염기성 용액은 붉은색 리

트머스 종이를 푸른색으로 변하게 하고, 페놀프탈레인 용액의 색깔을 붉은색으로 변하게 하며, 붉은 양배추 지시약을 푸른색이나 노란색 계열로 변하게 합니다. 염기성 용액에는 유리 세정제, 빨랫비누 물, 석회수, 묽은 수산화 나트륨 용액 등이 있습니다.

5단원 (2) 중단원 쪽지 시험 53쪽

01 기포 02 삶은 달걀흰자 03 두부 04 염기성 05 대리석 06 푸른색 07 산성 08 노란색, 붉은색 09 산성 10 식초 11 산성 12 염기성

54~55쪽

중단원 확인 평가 5 (2) 산성 용액과 염기성 용액의 성질

01 ① 02 ④, ⑤ 03 ③, ④ 04 ㉠, ㉢ 05 민주 06 산성 07 ㉠ 염기성, ㉡ 산성 08 ㉢ 09 ㉠ 염기성, ㉡ 약해지기 10 ㉠ 11 (1) ㉠, ㉣ (2) ㉡, ㉢ 12 ③

01 달걀을 넣었을 때 바깥쪽 껍데기를 녹인 용액은 산성 용액입니다. ② 석회수, ③ 유리 세정제, ④ 빨랫비누 물, ⑤ 묽은 수산화 나트륨 용액은 염기성 용액으로 달걀 껍데기를 녹이지 않습니다.

02 묽은 수산화 나트륨 용액에 두부를 넣으면 두부가 녹아 흐물흐물해지고 용액이 뿌옇게 흐려집니다.

03 묽은 수산화 나트륨 용액에 삶은 달걀흰자와 삶은 닭 가슴살을 넣으면 녹아서 흐물흐물해집니다.

① 달걀 껍데기, ② 대리석 조각, ⑤ 메추리알 껍데기를 묽은 수산화 나트륨 용액에 넣으면 변화가 없습니다.

04 대리석으로 만든 서울 원각사지 십층 석탑에 유리 보호 장치를 한 까닭은 ㉠ 산성을 띤 빗물에 훼손될 수 있고, ㉢ 새의 배설물 같은 산성 물질이 닿으면 녹을 수 있기 때문입니다.

05 붉은 양배추 지시약이 산성 용액을 만나면 붉은색 계열을 나타내고, 염기성 용액을 만나면 푸른색이나 노란색 계열을 나타내므로 산성이 가장 강한 것은 ㉠입니다.

06 붉은 양배추 지시약의 색깔이 붉은색 계열에서 점차 노란색 계열로 변하는 것으로 보아 산성 용액에 염기성 용액을 넣을수록 점점 산성이 약해지고 염기성이 강해지는 것을 알 수 있습니다.

07 염기성 용액에 산성 용액을 섞으면 염기성이 약해지고 산성이 강해집니다. 그 까닭은 섞은 용액 속에 있는 산성을 띠는 물질과 염기성 띠는 물질이 섞이면서 용액의 성질이 변하기 때문입니다.

08 ㉢ 산성 용액과 염기성 용액을 섞으면 항상 산성 용액의 성질이 강해지는 것이 아니라 양이 더 많아지는 용액의 성질이 강해집니다.

09 산성화된 호수에 염기성인 석회를 뿌리면 호수의 산성화된 정도가 약해집니다.

10 생선을 손질한 도마를 식초로 닦는 것은 산성 용액을 이용하는 예입니다.

㉠ 속이 쓰릴 때 먹는 제산제는 염기성 용액입니다.

11 ㉠ 생선에 레몬즙을 뿌려 비린내를 없애고, ㉣ 변기용 세제로 화장실 변기의 때와 냄새를 없애는 것은 산성 용액을 이용하는 예입니다. ㉡ 욕실을 청소할 때 표백제를 이용하고, ㉢ 막힌 하수구를 뚫을 때 하수구 세정제를 이용하는 것은 염기성 용액을 이용하는 예입니다.

12 구연산 용액은 푸른색 리트머스 종이를 붉은색으로 변하게 하고, 붉은색 리트머스 종이를 변하게 하지 않는 산성 용액입니다. 산성인 구연산 용액은 세균의 번식을 막아 주고 그릇에 남아 있는 염기성 세제를 없애는 데도 이용됩니다.

56~58쪽

대단원 종합 평가 5. 산과 염기

01 ③ 02 ③ 03 지시약 04 ①, ② 05 염기성 06 식초: ◯, 레몬즙: ◯, 유리 세정제: ●, 탄산수: ◯ 07 ④ 08 ㉠ 09 ② 10 용액 ㉠: 묽은 염산, 용액 ㉡: 묽은 수산화 나트륨 용액 11 (1) ○ 12 산성 13 ② 14 (2) ○ 15 ㉡ 16 ⑤ 17 ② 18 (1) ○ (2) ○ (3) ○ (4) × 19 ① 20 ㉢

01 ① 식초는 연한 노란색으로 투명하고 냄새가 나며 흔들었을 때 거품이 3초 이상 유지되지 않습니다.
② 레몬즙은 연한 노란색으로 불투명하고 냄새가 나며 흔들었을 때 거품이 3초 이상 유지되지 않습니다.
③ 탄산수는 무색투명하고 냄새가 나지 않으며 흔들었을 때 거품이 3초 이상 유지되지 않습니다.
④ 유리 세정제는 연한 푸른색으로 투명하고 냄새가 나며 흔들었을 때 거품이 3초 이상 유지됩니다.
⑤ 빨랫비누 물은 하얀색으로 불투명하며 냄새가 나고 흔들었을 때 거품이 3초 이상 유지됩니다.

02 ① 사이다, ② 석회수, ④ 유리 세정제, ⑤ 묽은 수산화 나트륨 용액은 투명한 용액이고, ③ 오렌지 주스는 불투명한 용액입니다.

03 지시약은 어떤 용액을 만났을 때 그 용액의 성질에 따라 눈에 띄는 색깔 변화가 나타나는 물질로, 지시약을 이용해 산성 용액과 염기성 용액으로 분류할 수 있습니다. 지시약의 종류에는 리트머스 종이, 페놀프탈레인 용액, 붉은 양배추 지시약 등이 있습니다.

04 ㉠은 푸른색 리트머스 종이를 붉은색으로 변하게 하는 산성 용액입니다. 식초, 레몬즙은 산성 용액이고, 유리 세정제, 빨랫비누 물, 묽은 수산화 나트륨 용액은 염기성 용액입니다.

05 ㉡은 붉은색 리트머스 종이를 푸른색으로 변하게 하는 염기성 용액입니다.

06 페놀프탈레인 용액을 각 용액에 떨어뜨렸을 때 페놀프탈레인 용액의 색깔이 변하지 않으면 산성 용액이고, 페놀프탈레인 용액이 붉은색으로 변하면 염기성 용액입니다. 식초, 레몬즙, 탄산수는 산성 용액으로 페놀프탈레인 용액의 색깔이 변하지 않고, 유리 세정제는 염기성 용액으로 페놀프탈레인 용액이 붉은색으로 변합니다.

07 붉은색 리트머스 종이를 푸른색으로 변하게 하고, 페놀프탈레인 용액을 붉은색으로 변하게 하는 용액은 염기성 용액입니다. 염기성 용액에는 유리 세정제, 빨랫비누 물, 묽은 수산화 나트륨 용액 등이 있습니다.

08 붉은 양배추 지시약의 색깔 변화표에서 ㉠ 쪽으로 갈수록 산성이 강해 붉은색 계열을 나타냅니다. 묽은 염산은 산성 용액입니다.

09 ② 탄산수는 산성 용액이므로 붉은 양배추 지시약이 붉은색으로 변합니다.

10 묽은 염산에 달걀 껍데기와 삶은 달걀흰자를 넣으면 달걀 껍데기는 기포가 생기면서 녹고 삶은 달걀흰자는 변하지 않습니다. 묽은 수산화 나트륨 용액에 달걀 껍데기와 삶은 달걀흰자를 넣으면 달걀 껍데기는 변하지 않고 삶은 달걀흰자는 녹아서 흐물흐물해집니다.

11 (2) 염기성 용액은 달걀 껍데기는 녹이지 못하고, 삶은 달걀흰자는 녹입니다.
(3) 달걀 껍데기는 산성 용액에 넣으면 녹고, 삶은 달걀흰자는 염기성 용액에 넣으면 녹습니다.

12 산성 용액은 대리석을 녹이는 성질이 있습니다.

13 붉은 양배추 지시약은 산성 용액에서는 붉은색 계열, 염기성 용액에서는 푸른색이나 노란색 계열을 나타냅니다. 따라서 어떤 용액은 산성 용액입니다.
② 산성 용액에 두부를 넣으면 변화가 없습니다.

14 (1) 붉은 양배추 지시약을 넣은 묽은 염산에 묽은 수산화 나트륨 용액을 계속 넣으면 붉은색 계열에서 점차 푸른색이나 노란색 계열로 변합니다.

15 산성 용액은 푸른색 리트머스 종이를 붉은색으로 변하게 하고, 페놀프탈레인 용액의 색깔을 변하게 하지 않으며, 붉은 양배추 지시약을 붉은색 계열로 변하게 합니다.
염기성 용액은 붉은색 리트머스 종이를 푸른색으로 변하게 하고, 페놀프탈레인 용액을 붉은색으로 변하게 하며, 붉은 양배추 지시약을 푸른색이나 노란색 계열로 변하게 합니다.

16 염기성 용액에 페놀프탈레인 용액을 넣으면 페놀프탈레인 용액이 붉은색으로 변하고, 이 용액에 산성 용액을 조금씩 계속 넣으면 염기성이 약해져 무색이 됩니다.
① 용액 ㉠은 산성 용액입니다.

② 산성 용액은 붉은 양배추 지시약을 붉은색으로 변하게 합니다.

③ 산성 용액은 페놀프탈레인 용액의 색깔을 변하게 하지 않습니다.

④ 산성 용액은 붉은색 리트머스 종이의 색깔을 변하게 하지 않습니다.

17 용액 ㉡은 산성 용액으로, 붉은 양배추 지시약을 떨어뜨렸을 때 붉은색 계열로 변하게 합니다.

18 묽은 염산에 묽은 수산화 나트륨 용액을 계속 떨어뜨리면 산성이 약해지다가 점차 염기성으로 변합니다.

19 ㉠ 제산제는 위산이 많이 나와 속이 쓰릴 때 복용하는 약으로, 염기성 용액입니다. 유리 세정제는 염기성 용액이고, 변기용 세제, 레몬즙, 구연산, 식초는 산성 용액입니다.

20 욕실을 청소할 때 이용하는 표백제는 염기성 용액입니다. ㉡ 린스는 산성 용액이고, ㉢ 하수구 세정제는 염기성 용액입니다.

5단원 서술형·논술형 평가

59쪽

01 (1) 용액 ㉠: 산성, 용액 ㉡: 염기성 (2) 예 용액 ㉠에 두부를 넣으면 변화가 없고, 대리석 조각을 넣으면 기포가 발생하면서 녹는다. 용액 ㉡에 두부를 넣으면 두부가 녹아 흐물흐물해지며 용액이 뿌옇게 흐려지고, 대리석 조각을 넣으면 변화가 없다. **02** (1) ㉠ 푸른색, ㉡ 염기성 (2) 예 붉은 양배추 지시약이 산성 용액을 만나면 붉은색 계열로 변한다. **03** (1) 변기용 세제: 산성, 표백제: 염기성 (2) 예 푸른색 리트머스 종이와 붉은색 리트머스 종이에 몇 방울씩 떨어뜨려 색깔 변화를 관찰한다. 페놀프탈레인 용액을 몇 방울 떨어뜨려 색깔 변화를 관찰한다. 붉은 양배추 지시약을 몇 방울 떨어뜨려 색깔 변화를 관찰한다. **04** (1) 염기성 (2) 예 염산이 누출된 곳에 염기성을 띤 소석회를 뿌리면 산성이 점차 약해지기 때문이다.

01 (1) 용액 ㉠은 푸른색 리트머스 종이를 붉은색으로 변하게 하는 산성 용액입니다. 용액 ㉡은 붉은색 리트머스 종이를 푸른색으로 변하게 하는 염기성 용액입니다.

(2) 용액 ㉠은 산성 용액이므로 대리석 조각을 녹이고, 용액 ㉡은 염기성 용액이므로 두부를 녹입니다.

채점 기준

상	산성 용액과 염기성 용액에 두부와 대리석 조각을 넣었을 때의 변화를 모두 옳게 쓴 경우
중	산성 용액과 염기성 용액에 두부와 대리석 조각을 넣었을 때의 변화 중 일부만 옳게 쓴 경우
하	답을 틀리게 쓴 경우

02 (1) 제빵 소다 용액은 염기성 용액이므로 붉은 양배추 지시약을 떨어뜨리면 푸른색으로 변합니다.

(2) 붉은 양배추 지시약이 산성 용액을 만나면 붉은색 계열로 변합니다.

채점 기준

산성 용액을 만났을 때 붉은 양배추 지시약의 색깔 변화를 옳게 썼으면 정답으로 합니다.

03 (1) 변기용 세제는 산성 용액이고, 표백제는 염기성 용액입니다.

(2) 지시약을 이용하면 산성 용액과 염기성 용액을 확인할 수 있습니다.

채점 기준

상	지시약을 이용하는 방법을 두 가지 모두 옳게 쓴 경우
중	지시약을 이용하는 방법을 한 가지만 옳게 쓴 경우
하	답을 틀리게 쓴 경우

04 (1) 소석회는 염기성 물질로, 산성을 약하게 하는 데 이용됩니다.

(2) 산성 용액과 염기성 용액을 섞으면 용액 속에 있는 산성을 띠는 물질과 염기성을 띠는 물질이 섞이면서 용액의 성질이 변합니다.

채점 기준

소석회를 뿌리는 까닭을 옳게 썼으면 정답으로 합니다.

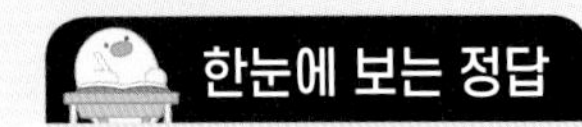

Book 1 개념책

2 단원 생물과 환경

(1) 생태계

탐구 문제 18쪽

1 ㉢, ㉠ 2 ③

핵심 개념 문제 19~21쪽

01 ㉠ 02 ④ 03 ② 04 (1) – ㉡ (2) – ㉠ 05 ㉢ 06 분해자 07 ㉠ 08 (1) ○ (2) ○ (3) × 09 먹이 사슬 10 먹이 그물 11 깨진다 12 ①

중단원 실전 문제 22~24쪽

01 생태계 02 ④ 03 ① 04 ② 05 예 토끼풀, 나무 06 (3) ○ 07 ③ 08 예 생산자를 먹는 소비자는 먹이가 없어서 죽게 되고, 그 소비자를 먹는 다음 단계의 소비자도 먹이가 없어서 죽게 될 것이며, 결국 생태계의 모든 생물이 멸종하게 될 것이다. 09 ⑤ 10 ㉠ 11 ㉠ 노루, ㉡ 여우 12 ③ 13 먹이 그물 14 ① 15 예 먹이 그물은 먹이 한 종류의 수나 양이 줄어들어도 생태계에 있는 다른 종류의 먹이를 먹을 수 있어 영향을 덜 받는 먹이 관계이기 때문이다. 16 (1) ○ 17 생태계 평형 18 ①, ②

서술형·논술형 평가 돋보기 25쪽

1 (1) ㉠ 예 참새, 까치, 지렁이, 잠자리, 강아지풀, 풀, 나무, 버섯 ㉡ 예 햇빛, 공기, 돌, 흙 (2) 예 지렁이는 그늘진 곳의 촉촉한 흙에서 살고, 지렁이가 다닌 흙은 지렁이의 배출물로 인해 비옥해진다. 2 예 죽은 생물이나 생물의 배출물이 분해되지 않아서 우리 주변이 죽은 생물이나 생물의 배출물로 가득 차게 될 것이다. 3 (1) 먹이 사슬 (2) 예 실제 생태계에서 여우는 토끼만 먹는 것이 아니라 다양한 종류의 생물을 먹기 때문이다. 4 예 사슴의 수는 적절하게 유지되었고, 강가의 풀과 나무도 잘 자랐다.

(2) 생물과 환경

탐구 문제 30쪽

1 햇빛 2 (2) ○

핵심 개념 문제 31~33쪽

01 ㉢ 02 온도, 햇빛, 물 03 햇빛 04 ④ 05 ④ 06 물 07 대기 오염 08 ② 09 생태계 10 (3) ○ 11 보전 12 규태

중단원 실전 문제 34~36쪽

01 ④ 02 ㉣ 03 ①, ③ 04 ㉢ 05 예 콩나물이 자라는 데 알맞은 온도가 필요하다. 06 물 07 온도 08 ㉡ 09 ⑤ 10 ㉡ 11 ㉢ 12 예 적에게서 몸을 숨기거나 먹잇감에 접근하기 유리하다. 13 ④ 14 겨울잠 15 ③, ⑤ 16 ② 17 ㉠ 18 예 종이컵, 비닐봉지 등 일회용품의 사용을 줄인다. 자동차를 타는 대신 대중교통을 이용한다. 가까운 거리는 자동차 대신 자전거로 이동한다.

서술형·논술형 평가 돋보기 37쪽

1 (1) ㉠ (2) 예 콩나물이 자라는 데 햇빛과 물이 영향을 미친다. 2 예 온도가 적당하며 먹이를 구하기 쉬운 곳에서 살기 위해서 이동한다. 3 예 눈이 크고 시력이 발달해 빛이 적은 밤에도 주변을 잘 볼 수 있다. 4 (1) 토양 오염 (2) 예 식물에 오염 물질이 점점 쌓여 식물을 먹는 다른 생물에 나쁜 영향을 미친다.

대단원 마무리 39~42쪽

01 ㉠, ㉢ 02 세균, 멧돼지, 잠자리, 곰, 검정말 03 ③ 04 ② 05 예 살아가는 데 필요한 양분을 스스로 만드는 생산자이다. 06 ③, ⑤ 07 예 민들레 → 나비 → 참새, 풀 → 나비 → 거미 등 08 ㉡, ㉣, ㉢, ㉠ 09 먹이 그물 10 ④ 11 ① 12 (3) ○ 13 ⑤ 14 예 떡잎이 연두색으로 변하고, 떡잎 아래 몸통이 가늘어지고 시든다. 15 ④ 16 온도, 물 17 ④ 18 ① 19 ①, ④ 20 ㉣ 21 ④ 22 ③ 23 ① 24 ㉠, ㉢

수행 평가 미리 보기 43쪽

1 (1) 해설 참조 (2) 예 먹이 사슬은 먹이 관계가 한 방향으로만 연결되지만, 먹이 그물은 먹이 관계가 여러 방향으로 연결된다. 2 (1) ㉠ 수질 오염, ㉡ 토양 오염 (2) 예 샴푸량을 적절하게 줄인다. 친환경 세제를 사용한다. 세탁물을 모아서 세탁한다. 우유나 음료수를 하수구에 버리지 않는다.

3 단원 날씨와 우리 생활

(1) 습도, 이슬, 안개, 구름, 비, 눈

탐구 문제 50쪽

1 (3) ○ 2 응결

핵심 개념 문제 51~52쪽

01 습도 02 (1) – ㉠ (2) – ㉡ 03 건습구 습도계 04 ④ 05 이슬 06 (1) ○ (2) × (3) × 07 비 08 ②

중단원 실전 문제 53~55쪽

01 이수 02 ④ 03 76 04 (3) ○ 05 ② 06 예 가습기를 사용한다. 물이나 차를 끓인다. 젖은 수건이나 빨래를 널어둔다. 07 ⑤ 08 ㉠, ㉣ 09 ① 10 ①, ③ 11 ③ 12 구름 13 ㉢ 14 예 공기 중의 수증기가 응결해 나타나는 현상이다. 15 ㉡ 16 구름 17 ㉢ 18 눈

서술형·논술형 평가 돋보기 56쪽

1 (1) 높을 (2) 예 제습기를 사용한다. 에어컨을 사용한다. 마른 숯을 실내에 놓아둔다. 2 예 차가워진 풀잎 표면에 공기 중의 수증기가 응결하기 때문이다. 3 (1) 향 연기 (2) 예 뿌옇게 흐려진다. 4 예 구름 속 작은 물방울이 합쳐지면서 커지고 무거워져 떨어지거나, 크고 무거워진 얼음 알갱이가 녹아서 떨어지면 비가 된다.

(2) 기압과 바람

탐구 문제 59쪽

1 (3) ○ 2 해설 참조

핵심 개념 문제 60~61쪽

01 ㉡ 02 ㉠ 따뜻한, ㉡ 차가운 03 ② 04 ㉠, ㉣ 05 ④ 06 ㉢ 07 ㉠ 고기압, ㉡ 저기압 08 (1) ㉡ (2) ㉠

중단원 실전 문제 62~64쪽

01 ③ 02 수조, 수건, 얼음물, 따뜻한 물, 전자저울, 플라스틱 통 03 ① 04 예 같은 부피일 때 따뜻한 공기보다 차가운 공기가 더 무겁다. 05 ④ 06 적기 07 무게 08 (1) × (2) ○ (3) × 09 ㉡ 10 ㉡ 11 ④ 12 예 물 위의 공기는 온도가 낮아 고기압이 되고 모래 위의 공기는 온도가 높아 저기압이 되어 공기가 이동하기 때문이다. 13 ④ 14 (3) ○ 15 ㉢ 16 ⑤ 17 (1) 저기압 (2) 고기압 18 예 낮에는 육지 위가 저기압, 바다 위가 고기압이 되고, 밤에는 바다 위가 저기압, 육지 위가 고기압이 되기 때문에 바람의 방향이 바뀐다.

서술형·논술형 평가 돋보기 65쪽

1 (1) ㉠ 따뜻한 물, ㉡ 얼음물 (2) 예 따뜻한 공기보다 차가운 공기가 더 무겁기 때문이다. 같은 부피에서 차가운 공기가 따뜻한 공기보다 공기의 양이 더 많아서 무겁기 때문이다. 2 예 공기는 고기압에서 저기압으로 이동하므로 공기가 이동하면 그 지역의 공기의 무게가 달라지기 때문이다. 3 (1) ㉠ 저기압, ㉡ 고기압 (2) 예 따뜻한 물이 담긴 지퍼 백 위의 공기는 따뜻해져서 저기압이 되고, 얼음물이 담긴 지퍼 백 위의 공기는 차가워져서 고기압이 되어, 향 연기는 고기압인 얼음물이 담긴 지퍼 백 위에서 저기압인 따뜻한 물이 담긴 지퍼 백 위로 움직인다. 4 예 낮에는 바다에서 육지로 바람이 불고, 밤에는 육지에서 바다로 바람이 분다.

(3) 계절별 날씨와 우리 생활

탐구 문제 68쪽

1 생활기상지수 2 자외선 지수

핵심 개념 문제 69~70쪽

01 (1) – ㉡ (2) – ㉠ 02 ㉠ 바다, ㉡ 대륙 03 겨울 04 ㉠ 05 ② 06 (1) × (2) ○ (3) × 07 생활기상지수 08 ③

중단원 실전 문제 71~72쪽

01 ②, ④ 02 ㉠, ㉢ 03 따뜻한 바다 04 ㉣ 05 ④ 06 예 따뜻하고 건조한 ㉢ 공기 덩어리의 영향으로 우리나라의 봄과 가을에 따뜻하고 건조한 날씨가 나타난다. 07 ㉠ 남동쪽, ㉡ 습한 08 ③ 09 ② 10 ④ 11 소이 12 예 다양한 날씨에 사람들이 적절하게 대처하며 생활할 수 있도록 하기 위해서이다.

서술형·논술형 평가 돋보기 73쪽

1 (1) ㉢ (2) 예 북서쪽 대륙에서 이동해 오는 차갑고 건조한 성질을 가진 ㉠ 공기 덩어리의 영향을 받는 우리나라의 겨울철은 춥고 건조한 날씨가 나타난다. 2 예 여름에는 남동쪽 바다에서 이동해 오는 따뜻하고 습한 공기 덩어리의 영향을 받기 때문이다. 3 (1) 비가 내리는 날 (2) 예 비가 내리면 놀이터에서 놀기 어렵고, 음식점에 직접 가기 힘들기 때문이다. 4 예 날씨가 무덥고 습할 때는 실외에서 오랫동안 있으면 열사병에 걸릴 수 있다.

대단원 마무리 75~78쪽

01 건구 온도 02 ② 03 ①, ④ 04 예 제습기를 사용해 습도를 낮춘다. 05 ③ 06 ⑤ 07 ㉡, ㉠, ㉢ 08 ㉢ 09 ② 10 예 구름 속 작은 얼음 알갱이가 커지면서 무거워져 떨어질 때 녹지 않은 채 떨어지면 눈이 된다. 11 ㉣ 12 ㉠ 13 ② 14 ㉢ 15 → 16 예 바람은 두 지점 사이에 기압 차가 생겨 공기가 이동하는 것으로, 고기압에서 저기압으로 분다. 17 ㉠ 18 (2) ○ (3) ○ 19 ①, ③ 20 ① 21 우산, 부채, 습기 제거제, 자외선 차단제, 차가운 음료 22 ④ 23 ⑤ 24 ⑤

수행 평가 미리 보기 79쪽

1 (1) 47 (2) 예 가습기를 사용한다. 젖은 수건이나 빨래를 널어둔다. 2 (1) ㉠ 무겁고, ㉡ 가볍다 (2) 예 상대적으로 차가운 공기는 따뜻한 공기보다 무거워 기압이 높고, 이것을 고기압이라고 한다. 상대적으로 따뜻한 공기는 차가운 공기보다 가벼워 기압이 낮고, 이것을 저기압이라고 한다.

4 단원 물체의 운동

(1) 물체의 운동과 빠르기

탐구 문제 84쪽

1 ㉤, ㉥ 2 지연

핵심 개념 문제 85~86쪽

01 위치 02 ㉢ 03 ㉠, ㉡ 04 (3) ○ 05 (1) ○ 06 ㉢ 07 ① 08 ③

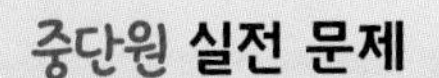

중단원 실전 문제 87~88쪽

01 ② 02 ㉠ 03 ① 04 ①, ④ 05 ㉠ 1, ㉡ 6 06 서윤 07 (1) 느리게 (2) 빠르게 08 ② 09 ㉠ 천천히, ㉡ 빠르게, ㉢ 천천히, ㉣ 빠르게, ㉤ 빠르게, ㉥ 느려져 10 ④ 11 (1) 대관람차, 회전목마 (2) 바이킹, 범퍼카, 롤러코스터 12 (1) 예 바이킹 (2) 예 위로 올라갈 때는 점점 느리게 운동하다가 최고 높이에서 잠시 멈추고 아래로 내려올 때는 점점 빠르게 운동한다. 한쪽 끝에서 반대쪽 끝으로 이동할 때 빠르기가 빨라지다가 점차 느려진다.

서술형·논술형 평가 돋보기 89쪽

1 (1) 정원 (2) 예 시간이 지남에 따라 물체의 무게가 변할 때가 아니라, 위치가 변할 때 물체가 운동한다고 하기 때문이다. 2 (1) ㉠, ㉡ (2) 예 ㉢, 달리는 사람은 1초 동안 1 m를 이동했다. ㉣, 자전거는 1초 동안 4 m를 이동했다. 3 예 치타가 나무늘보보다 빠르게 운동한다. 나무늘보는 치타보다 느리게 운동한다. 4 예 롤러코스터는 오르막길에서는 빠르기가 점점 느려지고 내리막길에서는 빠르기가 점점 빨라지는 운동을 한다.

(2) 빠르기의 비교와 속력

탐구 문제 92쪽

1 짧을수록 2 하민

핵심 개념 문제 93~94쪽

01 시간 02 수아 03 (2) ○ 04 개 05 ③ 06 삼십 킬로미터 매 시, 시속 삼십 킬로미터 07 자동차 08 (1) < (2) =

중단원 실전 문제 95~96쪽

01 걸린 시간 02 ③ 03 (1) 범석 (2) 예 같은 거리를 달리는 데 걸린 시간이 가장 짧기 때문이다. 04 ④ 05 ②, ③ 06 ㉠ 긴, ㉡ 짧은 07 ① 08 ㉠, ㉡ 09 ③ 10 140 km 11 여수 12 ③

서술형·논술형 평가 돋보기 97쪽

1 아린, 예 같은 거리를 이동하는 데 걸린 시간이 가장 짧은 비행 고깔이 가장 빠른 거야. 2 (1) 예 같은 거리를 이동하는 데 걸린 시간이 가장 짧은 사람이 이기는 경기이다. (2) 예 수영, 사이클, 카약, 요트, 조정, 스키, 스노보드, 봅슬레이 등 3 (1) ㉠ <, ㉡ > (2) 예 같은 시간 동안 물체가 이동한 거리로 비교한다. 같은 시간 동안 긴 거리를 이동한 물체가 짧은 거리를 이동한 물체보다 빠르다. 4 (1) 예 속력을 구해 비교한다. (2) 예 고속 열차의 속력은 134 km/h이고 비행기의 속력은 455 km/h이므로, 비행기가 고속 열차보다 더 빠르다.

(3) 속력과 안전

탐구 문제 100쪽

1 ㉠, ㉢ 2 옐로 카펫

핵심 개념 문제 101~102쪽

01 크다 02 안전장치 03 ① 04 안전띠 05 어린이 보호 구역 표지판 06 과속 방지 턱 07 ㉡, ㉢ 08 해설 참조

중단원 실전 문제 103~104쪽

01 ㉡ 02 ㉡ 03 예 속력이 작은 자동차보다 속력이 큰 자동차에서 충돌이 일어났을 때 자동차 탑승자와 보행자가 모두 더 크게 다칠 수 있다. 04 (1) (가), (다) (2) (나), (라) 05 (가) ㉠, (나) ㉢, (다) ㉣, (라) ㉡ 06 차간 거리 유지 장치 07 과속 단속 카메라 08 ⑤ 09 ③ 10 ㉡, ㉣ 11 ㉠, ㉡, ㉣, ㉥ 12 예 버스는 차도가 아닌 인도에서 기다린다. 횡단보도를 건널 때 휴대 전화를 보지 않는다. 도로 주변이 아닌 안전한 장소에서 바퀴 달린 신발을 탄다. 도로 주변에서 공을 공 주머니에 넣는다.

서술형·논술형 평가 돋보기 105쪽

1 ㉥ 자동차의 속력이 클수록 자동차가 멈출 때까지 이동한 거리가 멀기 때문에 보행자와 탑승자가 더 위험할 수 있다. **2** (1) (가) 교통 표지판 (나) 횡단보도 (2) (가) ㉥ 자동차 운전자와 보행자에게 규칙을 알려 준다. (나) ㉥ 보행자가 안전하게 길을 건널 수 있도록 보행자를 보호하는 구역이다. **3** (1) (가) 운전자 (나) 보행자 (2) ㉥ 교통 안전사고를 예방하고 피해를 줄이기 위해서 **4** ㉥ 자전거나 킥보드에서 내려서 끌고 횡단보도를 건넌다.

대단원 마무리 107~110쪽

01 ㉢, ㉣ **02** ③ **03** (3) ○ **04** (1) ㉠, ㉣, ㉥ (2) ㉡, ㉢, ㉤ **05** ⑤ **06** (2) ○ **07** ② **08** 도현, ㉥ 비행기는 활주로에서 천천히 움직이다가 점점 빠르게 달려 하늘로 날아간다. **09** ② **10** (나), (가), (다) **11** (3) ○ **12** 빠르다 **13** 매 **14** ① **15** 국화도 **16** ④ **17** 기차, 자동차, 배, 자전거 **18** ② **19** ① **20** ⑤ **21** ㉡ **22** ⑤ **23** ㉥ 도로 주변에서 공은 공 주머니에 넣고 다닌다. 도로 주변에서 공놀이를 하지 않는다. **24** 속력

수행 평가 미리 보기 111쪽

1 (1) (가) ㉠, ㉣ (나) ㉡, ㉢, ㉤, ㉥ (2) 해설 참조 **2** (1) 자전거: 20 km/h, 자동차: 80 km/h, 배: 40 km/h, 기차: 100 km/h, 시내버스: 60 km/h (2) ㉥ 같은 시간 동안 이동한 물체의 빠르기는 이동한 거리로 비교한다. 같은 시간 동안 긴 거리를 이동한 물체가 짧은 거리를 이동한 물체보다 빠르다.

5 단원 산과 염기

(1) 용액의 분류와 지시약

탐구 문제 118쪽

1 탄산수 **2** (1) ○ (3) ○ (4) ○

핵심 개념 문제 119~121쪽

01 (1) ○ (2) ○ (3) × (4) × **02** ㉣ **03** ㉡ **04** ㉥ 냄새가 나는가? **05** 지시약 **06** ①, ⑤ **07** 산성 **08** ⑤ **09** ㉠, ㉢ **10** (1) ㉠ (2) ㉡ **11** ㉠, ㉡, ㉣, ㉤ **12** 푸른색

중단원 실전 문제 122~124쪽

01 ② **02** ① **03** ① **04** ㉠, ㉡ **05** ㉥ 분류 기준: 투명한가?, 그렇다.: 식초, 탄산수, 유리 세정제, 석회수, 묽은 염산, 묽은 수산화 나트륨 용액, 그렇지 않다.: 레몬즙, 빨랫비누 물, 분류 기준: 냄새가 나는가?, 그렇다.: 식초, 레몬즙, 빨랫비누 물, 유리 세정제, 묽은 염산, 그렇지 않다.: 탄산수, 석회수, 묽은 수산화 나트륨 용액 **06** ⑤ **07** ㉢ **08** 지시약 **09** ① **10** ② **11** 식초, 레몬즙, 탄산수, 묽은 염산 **12** 해설 참조 **13** ④ **14** (1) ㉥ 페놀프탈레인 용액의 색깔을 변하게 하지 않는다. (2) ㉥ 페놀프탈레인 용액을 붉은색으로 변하게 한다. **15** ④, ⑤ **16** ② **17** ① **18** ㉠, ㉢, ㉥

서술형·논술형 평가 돋보기 125쪽

1 (1) ㉥ 색깔이 있는가? (2) ㉡ 식초, 레몬즙, 묽은 염산, 유리 세정제, ㉢ 탄산수, 석회수, 묽은 수산화 나트륨 용액 **2** (1) ㉥ 무색이고 투명하며 냄새가 나지 않기 때문에 쉽게 구분할 수 없다. (2) ㉥ 지시약을 이용하여 성질을 확인한다. **3** (1) 페놀프탈레인 용액 (2) ㉥ 페놀프탈레인 용액은 염기성 용액을 만나면 붉은색으로 변한다. **4** (1) ㉠, ㉢ (2) ㉥ 붉은색 양배추 지시약은 산성 용액을 만나면 붉은색 계열로 변하고, 염기성 용액을 만나면 노란색이나 푸른색 계열로 변한다.

(2) 산성 용액과 염기성 용액의 성질

탐구 문제 130쪽

1 (1) ○ 2 ㉠ 산성, ㉡ 염기성

핵심 개념 문제 131~133쪽

01 ㉡, ㉢ 02 아무런 변화가 없다 03 (1) ○ 04 ㉠, ㉣ 05 선우 06 산성 07 염기성 08 ③ 09 (1) ○ (2) × (3) ○ 10 ㉠ 염기성, ㉡ 산성 11 산성 용액 12 (2) ○

중단원 실전 문제 134~136쪽

01 (가), (나) 02 ㉠ 03 ㉠ 산성, ㉡ 산성 04 ④ 05 ④ 06 ③ 07 (다) → (가) → (나) 08 ㉣ 09 ㉠ 산성, ㉡ 염기성 10 (1) ○ 11 수아, 예 염기성 용액에 산성 용액을 계속 넣으면 염기성이 약해져. 12 (3) ○ 13 ⑤ 14 ① 15 (1) ○ (2) ○ 16 염기성 17 예 욕실을 청소할 때 표백제를 이용한다. 유리를 닦을 때 유리 세정제를 이용한다. 막힌 하수구를 뚫을 때 하수구 세정제를 이용한다. 차량용 이물질 제거제로 자동차에 묻은 새의 배설물이나 벌레 자국을 닦는다. 18 ③

서술형·논술형 평가 돋보기 137쪽

1 (1) 메추리알 껍데기, 대리암 조각, 예 묽은 염산에 메추리알 껍데기와 대리암 조각을 넣으면 기포가 발생하면서 녹는다. (2) 삶은 메추리알 흰자, 삶은 닭 가슴살 예 묽은 수산화 나트륨 용액에 삶은 메추리알 흰자와 삶은 닭 가슴살을 넣으면 흐물흐물해지면서 용액이 뿌옇게 흐려진다. 2 (1) 예 노란색에서 푸른색을 거쳐 점차 붉은색으로 변한다. (2) 예 염기성이 점점 약해지다가 산성으로 변한다. 3 (1) 요구르트는 산성이고, 물에 녹인 치약은 염기성이다. (2) 예 요구르트는 입안을 산성 환경으로 만들기 때문에 염기성인 치약으로 양치질을 하면 산성 물질을 없애고 세균 활동을 억제할 수 있다. 4 (1) 염기성 (2) 예 속이 쓰릴 때 제산제를 먹는다. 욕실을 청소할 때 표백제를 이용한다.

대단원 마무리 139~142쪽

01 ⑤ 02 ④ 03 ㉠ 식초, ㉡ 레몬즙, 빨랫비누 물 04 예 두 용액 모두 무색이고 투명하기 때문이다. 두 용액 모두 냄새가 나지 않기 때문이다. 두 용액 모두 흔들었을 때 거품이 3초 이상 유지되지 않기 때문이다. 05 ㉠, ㉢, ㉣ 06 ㉠, ㉣ 07 ② 08 서우 09 ① 10 ㉢ 11 ④ 12 (1) × (2) ○ (3) ○ (4) ○ 13 (2) ○ 14 ㉠, ㉢ 15 ㉠ 산성, ㉡ 염기성 16 ⑤ 17 ㉠ → ㉡ → ㉢ 18 ② 19 ① 20 ㉠ 산성, ㉡ 염기성 21 예 속이 쓰릴 때 제산제를 먹는다. 유리를 닦을 때 유리 세정제를 이용한다. 막힌 하수구를 뚫을 때 하수구 세정제를 이용한다. 차량용 이물질 제거제로 자동차에 묻은 새 배설물이나 벌레 자국을 닦는다. 22 ㉡, ㉢ 23 (3) ○ 24 ①

수행 평가 미리 보기 143쪽

1 (1) (가) 식초, 레몬즙, 탄산수, 묽은 염산 등 (나) 유리 세정제, 빨랫비누 물, 석회수, 묽은 수산화 나트륨 용액 등 (2) 예 용액 (가)는 푸른색 리트머스 종이를 붉은색으로 변하게 하고, 붉은색 리트머스 종이의 색깔은 변하게 하지 않으므로 산성 용액이다. 용액 (나)는 붉은색 리트머스 종이를 푸른색으로 변하게 하고, 푸른색 리트머스 종이의 색깔은 변하게 하지 않으므로 염기성 용액이다. 2 (1) 예 ㉠ 기포가 발생하며 바깥쪽 껍데기가 녹는다. ㉡ 변화가 없다. ㉢ 변화가 없다. ㉣ 두부가 녹아 흐물흐물해지고 용액이 뿌옇게 흐려진다. (2) 예 산성 용액은 달걀 껍데기를 녹이지만 두부는 녹이지 못한다. 염기성 용액은 달걀 껍데기를 녹이지 못하지만 두부는 녹인다.

Book 2 실전책

2단원 (1) 중단원 쪽지 시험 5쪽

01 생태계 02 생물 요소 03 예 햇빛, 온도, 물, 흙, 공기 등 04 생산자 05 다람쥐 06 분해자 07 비생물 요소 08 먹이 사슬 09 먹이 사슬, 먹이 그물 10 먹이 그물 11 생태계 평형 12 예 댐 건설, 도로 건설, 건물 건설, 환경 오염 등

중단원 확인 평가 2 (1) 생태계 6~7쪽

01 생태계 02 예 나무, 토끼풀, 토끼, 다람쥐, 버섯, 개미, 나비 03 ④ 04 (1) – ㉢ (2) – ㉡ (3) – ㉠ 05 ⑤ 06 생산자 07 ⑤ 08 ④ 09 ④ 10 생태계 평형 11 ② 12 ㉠, ㉡, ㉣

2단원 (2) 중단원 쪽지 시험 9쪽

01 콩나물에 주는 물의 양 02 햇빛 03 초록색 04 햇빛 05 온도 06 적응 07 겨울잠 08 가시 모양 09 환경 오염 10 대기 오염 11 땅에 묻은 12 자동차

중단원 확인 평가 2 (2) 생물과 환경 10~11쪽

01 ③ 02 ㉠ 03 (가) 햇빛(물), (나) 물(햇빛) 04 ③ 05 (3) ○ 06 ④ 07 ② 08 ④ 09 ㉡, ㉣ 10 수질 오염 11 ⑤ 12 ②, ④

대단원 종합 평가 2. 생물과 환경 12~14쪽

01 ② 02 ④ 03 ③ 04 예 생물이 양분을 얻는 방법 05 ③ 06 ④ 07 ⑤ 08 (가) 09 ㉡ 10 지진, 산불, 가뭄, 댐 건설 11 (1) ○ (2) ○ (3) × 12 ③ 13 초록색 14 온도 15 ④ 16 ②, ④ 17 ② 18 물 19 민석 20 ⑤

2단원 서술형·논술형 평가 15쪽

01 (1) 생산자: ㉣, 소비자: ㉡, 분해자: ㉠, ㉢ (2) 예 죽은 생물이나 생물의 배출물을 분해해 양분을 얻는다. 02 예 수리부엉이는 토끼 외에 다른 생물도 먹고 살아가기 때문이다. 03 (1) ㉢ (2) 예 콩나물이 자라는 데 햇빛, 물, 온도가 필요하다. 04 예 자동차의 매연으로 인한 대기 오염을 줄일 수 있다.

3단원 (1) 중단원 쪽지 시험 17쪽

01 습도 02 건습구 습도계 03 낮을 04 습도가 높을 때 05 제습기 06 이슬 07 이른 아침 08 응결 09 하늘 10 응결 11 비 또는 비가 내리는 것 12 눈

중단원 확인 평가 3 (1) 습도, 이슬, 안개, 구름, 비, 눈 18~19쪽

01 수증기 02 ㉡ 03 ③ 04 ①, ③ 05 ㉢ 06 ② 07 ㉠ 08 ④ 09 ㉠ 검은색, ㉡ 뿌옇게 흐려지는 10 ⑤ 11 ④ 12 (1) – ㉡ (2) – ㉠

3단원 (2) 중단원 쪽지 시험 21쪽

01 얼음물 02 줄어듭니다 03 기압 04 많을 05 고기압 06 저기압 07 얼음물, 따뜻한 물 08 바람 09 고기압, 저기압 10 낮 11 바다, 육지 12 낮, 밤

중단원 확인 평가 3 (2) 기압과 바람 22~23쪽

01 ㉠ 02 ㉠ 저기압, ㉡ 고기압 03 < 04 ④ 05 ㉠ 높아지면, ㉡ 줄어든다 06 (1) 고 (2) 저 07 ④ 08 온도 09 ㉠ 10 ① 11 ③ 12 ㉠

3단원 (3) 중단원 쪽지 시험 25쪽

01 온도, 습도 02 예 따뜻하고 습해진다. 03 차가운 대륙 04 북서쪽 대륙 05 예 따뜻하고 습하다. 06 따뜻하고 건조한 07 예 우산, 장화 등 08 추운 09 마스크 10 열사병 11 생활기상지수 12 자외선 지수

중단원 확인 평가 3 (3) 계절별 날씨와 우리 생활 26~27쪽

01 ④ 02 차가운 대륙 03 ㉢ 04 ⑤ 05 ㉡ 06 ⑤ 07 ④ 08 ②, ⑤ 09 ① 10 ④ 11 ③ 12 (3) ○

대단원 종합 평가 3. 날씨와 우리 생활 28~30쪽

01 ③ 02 68 03 ② 04 ㉠ 수증기, ㉡ 응결 05 ③ 06 (3) ○ 07 (1) – ㉢ (2) – ㉡ (3) – ㉠ 08 비: ㉠ 눈: ㉡ 09 ㉠ 10 ㉡ 11 (1) ○ (2) × (3) × 12 모래 13 물 위 14 ㉡ 15 ④ 16 ② 17 ⑤ 18 여름 19 ③ 20 ⑤

3단원 서술형·논술형 평가 31쪽

01 (1) 응결 (2) 예 이슬은 차가워진 물체의 표면에서 만들어지고, 안개는 지표면 근처에서 만들어진다. 02 예 우리나라의 여름에는 온도가 높아 구름 속 작은 얼음 알갱이가 커지면서 무거워져 떨어질 때 녹기 때문이다. 03 (1) ㉠ (2) 예 얼음물 위의 공기는 따뜻한 물 위의 공기보다 온도가 낮아 얼음물 위는 고기압이 되고 따뜻한 물 위는 저기압이 되므로 공기가 고기압에서 저기압으로 이동하는 것이다. 04 ㉢, 예 따뜻하고 건조하다.

4단원 (1) 중단원 쪽지 시험 33쪽

01 운동 02 위치 03 이동 거리 04 이동하는 데 걸린 시간 05 치타 06 자전거 07 변하는 08 일정한 09 기차 10 대관람차 11 빠르게 12 천천히, 빠르게

중단원 확인 평가 4 (1) 물체의 운동과 빠르기 34~35쪽

01 ㉢ 02 위치 03 서윤 04 ㉣ 05 (1) ○ (2) ○ (3) × 06 ㉠ 07 ㉠ 빠르게, ㉡ 느리게 08 ②, ④ 09 ㉠ 빠르게, ㉡ 느려지면서 10 ㉢ 11 ㉠, ㉤ 12 ①, ⑤

4단원 (2) 중단원 쪽지 시험 37쪽

01 짧습니다 02 걸린 시간 03 쇼트트랙 04 시간 05 긴, 짧은 06 속력 07 이동 거리, 걸린 시간 08 예 km/h, m/s 09 예 오십칠 킬로미터 매 시, 시속 오십칠 킬로미터 10 9 m/s 11 크다 12 버스

중단원 확인 평가 4 (2) 빠르기의 비교와 속력 38~39쪽

01 ④ 02 ㉣ 03 ④ 04 치타, 타조, 말, 거북 05 ⑤ 06 ㉡, ㉢ 07 (1) 걸린 시간 (2) 이동한 거리 08 (가) ㉢, (나) ㉥ 09 ② 10 이동 거리 11 (1) 50 km/h (2) 20 km/h (3) 35 km/h 12 ④

4단원 (3) 중단원 쪽지 시험 41쪽

01 작은, 큰 02 안전장치 03 안전띠 04 에어백 05 횡단보도 06 과속 방지 턱 07 안전모 08 안전한 09 인도 10 위험한, 공 주머니에 넣고 11 30 km/h 12 기다립니다

중단원 확인 평가 4 (3) 속력과 안전 42~43쪽

01 ㉠, ㉡ 02 민주 03 60 km/h 04 속력 05 ① 06 ④ 07 ② 08 ⑤ 09 횡단보도 10 ② 11 ㉢, ㉣ 12 ①

44~46쪽

대단원 종합 평가 4. 물체의 운동

01 ㉠, ㉡, ㉣ 02 (가) 시간, (나) 위치 03 ㉡ 04 ④ 05 (1) 4 (2) 10 06 ①, ⑤ 07 ㉠, ㉡ 08 ㉢ 09 ④ 10 ㉠, ㉡ 11 ② 12 (1) 치타 (2) 사막 거북 13 ③ 14 (1) ○ (2) × (3) ○ 15 ⑤ 16 ㉠, ㉢, ㉡ 17 ④, ⑤ 18 ③ 19 ③ 20 ⑤

4단원 서술형·논술형 평가 47쪽

01 ㉑ 자동차 운전자가 도로의 위험 상황에 바로 대처하기 어렵다. 보행자가 빠르게 접근하는 자동차를 쉽게 피할 수 없어 자동차와 부딪칠 수 있다. 자동차의 운전자가 제동 장치를 밟더라도 자동차를 바로 멈출 수 없어 위험하다. 충돌할 때 큰 충격이 가해져 자동차 탑승자와 보행자가 크게 다칠 수 있다. 02 (1) 대관람차, 회전목마 (2) ㉑ 오르막길에서는 빠르기가 점점 느려지고 내리막길에서는 빠르기가 점점 빨라진다. 03 (1) ㉑ 약 80 km/h의 속력으로 이동하는 타조는 약 56 km/h의 속력으로 이동하는 기린보다 더 빠르다. (2) ㉑ 약 60 km/h의 속력으로 이동하는 호랑이는 약 97 km/h의 속력으로 이동하는 인디아영양은 잡지 못하고, 약 48 km/h의 속력으로 이동하는 멧돼지는 잡을 수 있을 것이다. 04 (1) ㉡ (2) ㉑ ㉠ 충돌 사고가 일어났을 때 순식간에 부풀어 탑승자의 몸에 가해지는 충격을 줄여 준다. ㉡ 긴급 상황에서 탑승자의 몸을 고정한다.

5단원 (1) 중단원 쪽지 시험 49쪽

01 탄산수 02 유리 세정제 03 분류 기준 04 ○ 05 × 06 지시약 07 레몬즙 08 푸른색으로 변한다. 09 붉은색으로 변한다. 10 산성 용액 11 ㉑ 식초, 레몬즙, 탄산수, 묽은 염산 12 푸른색 계열

50~51쪽

중단원 확인 평가 5 (1) 용액의 분류와 지시약

01 ㉠ 연한 푸른색, ㉡ 불투명함, ㉢ 냄새가 남 02 ⑤ 03 ⑤ 04 (2) ○ (3) ○ 05 ㉠, ㉢ 06 ㉡ 07 (1) – ㉠ (2) – ㉠ (3) – ㉡ (4) – ㉡ 08 산성 09 ⑤ 10 (가), (다), (나) 11 ㉠, ㉢ 12 ⑤

5단원 (2) 중단원 쪽지 시험 53쪽

01 기포 02 삶은 달걀흰자 03 두부 04 염기성 05 대리석 06 푸른색 07 산성 08 노란색, 붉은색 09 산성 10 식초 11 산성 12 염기성

54~55쪽

중단원 확인 평가 5 (2) 산성 용액과 염기성 용액의 성질

01 ① 02 ④, ⑤ 03 ③, ④ 04 ㉠, ㉢ 05 민주 06 산성 07 ㉠ 염기성, ㉡ 산성 08 ㉢ 09 ㉠ 염기성, ㉡ 약해지기 10 ㉠ 11 (1) ㉠, ㉣ (2) ㉡, ㉢ 12 ③

56~58쪽

대단원 종합 평가 5. 산과 염기

01 ③ 02 ③ 03 지시약 04 ①, ② 05 염기성 06 식초: ◯, 레몬즙: ◯, 유리 세정제: ●, 탄산수: ◯ 07 ④ 08 ㉠ 09 ② 10 용액 ㉠: 묽은 염산, 용액 ㉡: 묽은 수산화 나트륨 용액 11 (1) ○ 12 산성 13 ② 14 (2) ○ 15 ㉡ 16 ⑤ 17 ② 18 (1) ○ (2) ○ (3) ○ (4) × 19 ① 20 ㉢

5단원 서술형·논술형 평가 59쪽

01 (1) 용액 ㉠: 산성, 용액 ㉡: 염기성 (2) ㉑ 용액 ㉠에 두부를 넣으면 변화가 없고, 대리석 조각을 넣으면 기포가 발생하면서 녹는다. 용액 ㉡에 두부를 넣으면 두부가 녹아 흐물흐물해지며 용액이 뿌옇게 흐려지고, 대리석 조각을 넣으면 변화가 없다. 02 (1) ㉠ 푸른색, ㉡ 염기성 (2) ㉑ 붉은 양배추 지시약이 산성 용액을 만나면 붉은색 계열로 변한다. 03 (1) 변기용 세제: 산성, 표백제: 염기성 (2) ㉑ 푸른색 리트머스 종이와 붉은색 리트머스 종이에 몇 방울씩 떨어뜨려 색깔 변화를 관찰한다. 페놀프탈레인 용액을 몇 방울 떨어뜨려 색깔 변화를 관찰한다. 붉은 양배추 지시약을 몇 방울 떨어뜨려 색깔 변화를 관찰한다. 04 (1) 염기성 (2) ㉑ 염산이 누출된 곳에 염기성을 띤 소석회를 뿌리면 산성이 점차 약해지기 때문이다.

EBS와 함께하는 자기주도 학습 초등·중학 교재 로드맵

		예비 초등 / 1학년 / 2학년 / 3학년 / 4학년 / 5학년 / 6학년
전과목 기본서/평가		BEST 만점왕 국어/수학/사회/과학 — 교과서 중심 초등 기본서
		만점왕 통합본 학기별(8책) HOT — 바쁜 초등학생을 위한 국어·사회·과학 압축본
		만점왕 단원평가 학기별(8책) — 한 권으로 학교 단원평가 대비
		기초학력 진단평가 초2~중2 — 초2부터 중2까지 기초학력 진단평가 대비
국어	독해	4주 완성 독해력 1~6단계 — 학년별 교과 연계 단기 독해 학습
	문학	
	문법	
	어휘	어휘가 독해다! 초등 국어 어휘 1~2단계 — 1, 2학년 교과서 필수 낱말 + 읽기 학습
		어휘가 독해다! 초등 국어 어휘 기본 — 3, 4학년 교과서 필수 낱말 + 읽기 학습
		어휘가 독해다! 초등 국어 어휘 실력 — 5, 6학년 교과서 필수 낱말 + 읽기 학습
	한자	참 쉬운 급수 한자 8급/7급 II/7급 — 한자능력검정시험 대비 급수별 학습
		어휘가 독해다! 초등 한자 어휘 1~4단계 — 하루 1개 한자 학습을 통한 어휘 + 독해 학습
	쓰기	참 쉬운 글쓰기 1-따라 쓰는 글쓰기 — 맞춤법·받아쓰기로 시작하는 기초 글쓰기 연습
		참 쉬운 글쓰기 2-문법에 맞는 글쓰기/3-목적에 맞는 글쓰기 — 초등학생에게 꼭 필요한 기초 글쓰기 연습
	문해력	어휘/쓰기/ERI독해/배경지식/디지털독해가 문해력이다 — 평생을 살아가는 힘, 문해력을 키우는 학기별 • 단계별 종합 학습
		문해력 등급 평가 초1~중1 — 내 문해력 수준을 확인하는 등급 평가
영어	독해	EBS ELT 시리즈 | 권장 학년 : 유아 ~ 중1
		EBS Big Cat — Collins BIG CAT — 다양한 스토리를 통한 영어 리딩 실력 향상
		EBS랑 홈스쿨 초등 영독해 Level 1~3 — 다양한 부가 자료가 있는 단계별 영독해 학습
		EBS 기초 영독해 — 중학 영어 내신 만점을 위한 첫 영독해
	문법	EBS Big Cat — Shinoy and the Chaos Crew — 흥미롭고 몰입감 있는 스토리를 통한 풍부한 영어 독서
		EBS랑 홈스쿨 초등 영문법 1~2 — 다양한 부가 자료가 있는 단계별 영문법 학습
		EBS 기초 영문법 1~2 HOT — 중학 영어 내신 만점을 위한 첫 영문법
	어휘	EBS랑 홈스쿨 초등 필수 영단어 Level 1~2 — 다양한 부가 자료가 있는 단계별 영단어 테마 연상 종합 학습
	쓰기	EBS easy learning — easy learning — 저연령 학습자를 위한 기초 영어 프로그램
	듣기	초등 영어듣기평가 완벽대비 학기별(8책) — 듣기 + 받아쓰기 + 말하기 All in One 학습서
수학	연산	만점왕 연산 Pre 1~2단계, 1~12단계 — 과학적 연산 방법을 통한 계산력 훈련
	개념	
	응용	만점왕 수학 플러스 학기별(12책) — 교과서 중심 기본 + 응용 문제
	심화	만점왕 수학 고난도 학기별(6책) — 상위권 학생을 위한 초등 고난도 문제집
	특화	초등 수해력 영역별 P단계, 1~6단계(14책) — 다음 학년 수학이 쉬워지는 영역별 초등 수학 특화 학습서
사회	사회/역사	초등학생을 위한 多담은 한국사 연표 — 연표로 흐름을 잡는 한국사 학습
		매일 쉬운 스토리 한국사 1~2 / 스토리 한국사 1~2 — 하루 한 주제를 이야기로 배우는 한국사/ 고학년 사회 학습 입문서
과학	과학	
기타	창체	창의체험 탐구생활 1~12권 — 창의력을 키우는 창의체험활동·탐구
	AI	쉽게 배우는 초등 AI 1(1~2학년) — 초등 교과와 융합한 초등 1~2학년 인공지능 입문서
		쉽게 배우는 초등 AI 2(3~4학년) — 초등 교과와 융합한 초등 3~4학년 인공지능 입문서
		쉽게 배우는 초등 AI 3(5~6학년) — 초등 교과와 융합한 초등 5~6학년 인공지능 입문서